"十二五"职业教育国家规划教材
经全国职业教育教材审定委员会审定

煤 矿 安 全

（第 2 版）

主　编　常现联　冯拥军
副主编　陈荣邦　温世平　刘鹏程

煤 炭 工 业 出 版 社
·北　京·

内 容 提 要

本书依据采矿技术专业教学标准及最新国家标准、《煤矿安全规程》和规范编写，系统地介绍了矿井瓦斯、矿尘、火灾、水害、顶板灾害、机电运输等安全技术基础知识及灾害事故的发生规律与安全技术防范措施，并简要介绍了矿山救护知识。

本书是煤炭职业院校采矿技术专业的规划教材，也可作为技工学校教材、煤矿基层干部的培训教材及相关专业工程技术人员的参考书。

前　　言

依据国务院《关于加快发展现代职业教育的决定》(国发〔2014〕19号)、教育部《关于"十二五"职业教育教材建设的若干意见》(教职成〔2012〕9号)和《关于开展"十二五"职业教育国家规划教材选题立项工作的通知》(教职成司函〔2012〕237号)要求，我们将修订的《煤矿安全》进行了申报。经全国职业教育教材审定委员会审定，修订后的教材被列为"十二五"职业教育国家规划教材。

教材修订过程中严格按照国家法律法规编写，调整了区域防突措施、石门揭煤有关规定、瓦斯突出危险性预测预报、煤炭自燃的早期识别及预报、煤矿防灭火、防水闸门、矿井热害防治等内容，增加了煤层瓦斯含量与压力的测定、瓦斯检查制度、矿井瓦斯传感器的设置、瓦斯突出矿井管理、煤矿井下不同的产生粉尘地点应满足的防尘要求、煤矿防尘管理、重大危险源与重大安全隐患等内容。

本教材具体编写分工：第一章由河南工业和信息化职业学院陈荣邦编写；第二章第一节至第四节由焦作煤业集团温世平编写；第二章第五节至第九节由河南神火集团谢文强编写；第三章由河南工业和信息化职业学院冯拥军编写；第四章由河南工业和信息化职业学院张海波编写；第五章和附录由河南工业和信息化职业学院刘鹏程编写；第六章由河南工业和信息化职业学院屈扬编写；第七章由河南工业和信息化职业学院常现联编写。全书由常现联、冯拥军统稿。

在编写过程中，吸收和借鉴了同类教材和书籍的精华，谨在此一并表示衷心的感谢。

由于编者水平有限，书中可能会有错误和不妥之处，恳请有关专家和广大读者提出宝贵意见，以便再版时修改。

编　者

2015年2月

目　　次

第一章　安全生产法律法规与安全管理

第一节　煤矿安全生产方针

我国煤矿大多数为井工开采，受自然条件的影响大，作业环境恶劣，受水、火、瓦斯、矿尘、顶板、矿震、地热的威胁，且生产环节多，作业场所狭窄、经常转移，这些特点决定了煤矿生产事故的多发性。党和政府十分注重安全生产工作，在新中国成立以来的各个时期都把"安全第一、预防为主"作为煤矿生产的基本方针和行为准则。尤其是改革开放以来，为了加强安全生产监督管理，防止和减少生产安全事故，保障人民群众生命和财产安全，促进经济发展，进一步加快了安全生产领域的法制建设。经过近 10 年的努力，煤矿生产条件有了大幅度改善，就业人员素质有了显著提高，事故率大幅度下降，2013 年百万吨死亡率降至 0. 293，2014 年煤矿百万吨死亡率同比下降 12. 2% 。

《中华人民共和国安全生产法》规定，安全生产管理要坚持"安全第一、预防为主、综合治理"的方针。这里的方针是指安全生产工作总的原则，即安全生产工作中的各项具体制度、措施，都要体现、符合这个方针的要求，必须始终把安全放在首位。为了贯彻安全生产方针，我们必须按照科学发展观的要求，健全法制，完善政策，加强监管，狠抓落实。坚持以人为本，坚持安全发展，坚持"安全第一、预防为主、综合治理"。

一、安全生产方针的含义

"安全第一、预防为主、综合治理"是完整的统一体，三者之间具有内在严密的逻辑关系：安全第一是统帅和灵魂，没有安全第一的思想，预防为主就失去了思想支撑，综合治理就失去了整治依据。预防为主是实现安全第一的根本途径，只有把安全生产的重点放在超前防范上，才能有效减少事故发生，实现安全生产。综合治理是落实安全第一、预防为主的手段和方法。事故源于隐患，只有认真治理隐患，有效防范事故，才能把"安全第一"落到实处。

"安全第一"就是指在处理安全与生产及其他各项工作的关系时，要强调安全、突出安全，坚持安全优先，把安全放在一切工作的首要位置。当生产及其他工作与安全发生矛盾时，一切服从于安全。在新的历史条件下，以人为本，就必须珍爱人的生命；科学发展，就必须安全发展；构建和谐社会，就必须构建安全社会。

"预防为主"是实现安全第一的前提条件，就是把安全生产工作的关口前移，依靠立法保证、政策引导和企业更新改造、技术进步和科学管理，通过改善劳动安全卫生条件，控制危险因素，消除事故隐患，从根本上防止事故发生。在新的历史时期，预防为主就是要大力实施"科技兴安"战略，把安全生产状况的根本好转建立在依靠科技进步和提高劳动者素质上。

"综合治理"就是指适应我国安全生产形势的要求，自觉遵循安全生产规律，正视安全生产工作的长期性、艰巨性和复杂性，抓住安全生产工作中的主要矛盾和关键环节，综合运用经济、法律、行政等手段，人管、法治、技防多管齐下，并充分发挥社会、职工、舆论的监督作用，有效解决安全生产领域的问题。

二、“管理、装备、培训”三并重原则

“管理、装备、培训”三并重的原则是科学发展观的重要体现，是我国煤矿安全生产长期实践经验的总结，是安全生产的三大支柱。坚持管理、装备、培训三并重，就是要把安全生产建立在加强科学管理、依靠科技进步、提高劳动者素质的基础上。“管理”是要落实企业安全主体责任，体现人的主观能动性，先进有效的管理是煤矿安全生产的重要保证。“装备”是“科技兴安”的主要体现，是人们同自然进行斗争，保障安全生产的必备物质基础和重要武器。“培训”是提高从业人员素质的主要手段。通过加强安全教育培训，提高从业人员的安全文化素质，才能使高技术装备发挥作用，才能进行高水平的管理，才能确保安全生产的进行。

第二节　煤矿安全生产法律法规

一、我国煤矿安全法律法规体系

法律体系通常是指由一个国家现行的各个部门法构成的有机联系的统一整体。我国的法律体系可划分为以下几个层次：

1. 《中华人民共和国宪法》

宪法是我国法律体系的根本大法和核心，是建立法律体系的依据和基础，任何法律法规都不得与宪法相抵触。宪法规定，要为从业人员加强劳动保护，改善劳动条件。

2. 基本法律

基本法律如《中华人民共和国刑法》《中华人民共和国劳动法》等，这些法律调整的是基本的社会关系，集中了法律体系的基本调整方法。

3. 普通法

普通法包括《中华人民共和国安全生产法》《中华人民共和国矿山安全法》《中华人民共和国煤炭法》等。一些经全国人大及其常委会批准的国际公约，在我国国内具有同等法律效力，等同于法律。这些部门法就相应的领域作出了具体的规定。

4. 行政法规

行政法规是一种特别法，是由国家制定或批准的规定某些事项或某一机关的组织、职权等的法律文件，一般以条例、规范、标准、规程、细则、决定、办法、指令、通知等形式颁布（发布）。如国务院颁布的《矿山安全监察条例》《特别重大事故调查程序暂行规定》，国家安全生产监督管理总局颁布的《煤矿安全规程》《安全生产违法处罚条例》等，它们也是安全生产法律法规体系中数量最多、内容最具体的法律性文件，与法律共同形成了完整的法律体系。

各级地方人大通过的法律文件，也属于行政法规（又称地方法律）范畴，其法律效力仅在管辖区域内有效。

二、煤矿安全生产法律、法规简介

1.《中华人民共和国安全生产法》

《中华人民共和国安全生产法》是我国安全生产领域的一部基本法,对生产经营单位的安全生产保障、从业人员的权利和义务、安全生产的监督管理、生产安全事故的应急救援与调查处理、法律责任等内容进行了规定。它的颁布实施,是我国安全生产领域影响深远的一件大事,是安全生产法制建设的里程碑,它标志着我国安全生产工作进入了一个新的阶段。

2.《中华人民共和国煤炭法》

《中华人民共和国煤炭法》就煤炭生产开发规划与煤矿建设、煤炭生产与煤矿安全、煤炭经营、煤矿矿区保护、监督检查、法律责任等进行了规定，共八章八十一条。《中华人民共和国煤炭法》的主要目的：①以法律手段来解决煤炭开发利用方面存在的办矿失控、乱采滥挖、煤炭资源破坏严重、浪费触目惊心的问题，以保证煤炭的合理开发和保护煤炭资源；②以法律手段解决煤炭生产混乱、安全管理薄弱和事故频繁发生以及煤炭经营无序的局面，用法律来规范煤炭生产行为和经营行为，使其规范化和法制化；③以法律的形式确立发展煤炭工业的大政方针，解决好煤炭工业发展中遇到的困难和问题，维护煤炭行业和煤炭企业、煤矿职工的合法权益。

《中华人民共和国煤炭法》就安全生产方针、安全管理制度、安全生产责任制度、安全教育与培训制度、矿工紧急情况避险、矿工特殊保护制度、意外伤害保险和监督管理等进行了规定。

3.《中华人民共和国矿山安全法》

《中华人民共和国矿山安全法》是新中国成立以来第一部矿山安全法律。其立法主导思想如下：

（1）坚持保护矿工生命安全的宗旨。在整个立法过程中，处处体现“安全第一、预防为主”的方针，一切采矿活动都必须保证矿山和职工的生命安全。

（2）认真总结新中国成立以来的矿山安全经验，从实际出发，强调矿山的安全管理。在立法中，正确地将劳动行政主管部门的监督与矿山行业主管部门的管理结合起来，将国家监督和民众监督结合起来。

（3）突出矿山企业及其主管人员的安全责任。在矿山安全与人的关系中，主要方面是人，特别是企业的管理人员，矿长的责任尤其重大。规定企业的主管人员要尽职尽责，要建立健全各级生产和管理人员的安全生产责任制。

（4）坚持积极慎重的方针，要讲科学性和可行性，要从实际出发，注重调查研究等。

4.《中华人民共和国劳动法》

《中华人民共和国劳动法》共有总则、促进就业、劳动合同和集体合同、工作时间和休息休假、工资、劳动安全卫生、女职工和未成年工特殊保护、职业培训、社会保险和福利、劳动争议、监督检查、法律责任和附则等。

《中华人民共和国劳动法》就劳动者应享有的基本权利和在劳动环节中应享有的具体权利和用人单位必须履行的义务、劳动合同、劳动报酬、劳动竞争以及违反规定应承担的法律责任等进行了明确的规定，体现了维护劳动者合法权益与用人单位利益相结合的原则、按劳分配与公平救助相结合的原则、劳动者平等竞争与特殊劳动保护相结合的原则以及劳动行为自主与劳动标准制约相结合的原则。

《中华人民共和国劳动法》规定的劳动者拥有的权利包括平等就业和选择职业的权利、取得劳动报酬的权利、休息休假的权利、获得劳动安全卫生保护的权利、接受职业技能培训的权利、享受社会保险和福利的权利、提请劳动争议处理的权利及法律、法规规定的其他权利等。同时必须履行完成劳动任务、提高职业技能、执行劳动安全卫生规程以及遵守劳动纪律和职业道德的义务。

5. 中华人民共和国安全生产行业标准和《煤矿安全规程》

中华人民共和国安全生产行业标准是国家对安全生产的强制性标准。该标准对煤矿基本建设项目的安全设施设计审查和竣工验收、矿井通风、瓦斯防治、矿尘防治、矿井水灾防治等，都做了明确的规定，是煤矿安全装备与管理达标的主要依据，是我国煤矿安全生产的技术法规。

《煤矿安全规程》是我国指导煤矿安全生产、建设、管理最权威的一部技术法规，是国家关于安全生产的方针、政策及法律、法规的具体体现，是各级煤矿安全监察机构开展安全监察和行政执法的依据，同时也是各级人民政府和管理部门开展安全检查和行政执法的依据，是保障煤矿职工安全与健康，保护国家资源和财产不受损失，全面落实科学发展观，促进煤炭工业现代化建设必须遵循的准则。

新中国成立以来，随着煤炭生产的发展和装备的进步以及事故教训的积累，煤炭行业的主管部门曾多次颁布和修订了《煤矿安全规程》。现行《煤矿安全规程》共四编二十章七百五十一条。它的颁布实施，对于改善煤矿安全生产条件，提高煤矿安全工作水平和技术装备，减少各类事故，遏制煤矿重特大事故的发生，保障煤矿职工人身安全与健康，具有十分重要的现实意义。

到2020年我国要全面建成小康社会，要求安全发展必须有新的理念，煤矿安全生产必须实现根本好转。要实现煤矿安全生产的根本好转，《煤矿安全规程》必须先行，只有严格的标准，才能有好的效果。为此，新的《煤矿安全规程》正在修订之中。新规程将进一步体现全面落实安全生产的法律法规，与单项规章、标准等进一步衔接，同时体现大量新工艺、新技术、新装备、新材料在煤矿的应用。在安全技术和现场管理方面更加突出预防性，体现科学性，保持稳定性，注重操作性，把人民生命安全放在更加突出的位置。

6. 煤矿其他安全法规

(1)《煤炭生产许可证管理办法》。为了煤矿生产活动和管理的规范化以及煤炭资源的合理开发利用与保护，1994 年 12 月 20 日国务院发布实施了《煤炭生产许可证管理办法》。这是我国第一部对矿产资源生产开发管理实行行政许可证制度的行政法规，该办法对国有和地方煤矿取得煤炭生产许可证的条件、取得许可证的程序、监督管理、违反有关规定的处罚等作了规定。

(2)《煤矿安全监察条例》。这是我国深化体制改革，保障安全生产的又一重大举措。《煤矿安全监察条例》分别就煤矿安全监察机构及职责、煤矿安全监察内容、罚则和附则等进行了规定。它的出台，不仅填补了我国矿山安全监察的空白，而且为制止和惩罚违规违章，提供了法律武器。

(3)《安全生产许可证条例》与《煤矿企业安全生产许可证实施办法》。《安全生产许可证条例》规定，对从事矿山等直接关系生命财产安全的特定活动可以实施行政许可。

这是国家在安全生产上采取的重大举措，是严格市场安全准入的法律武器。建立安全生产行政许可制度，管住源头，防止不具备安全生产条件的企业进入生产领域，是推进安全生产工作从被动防范向源头管理的重要手段，是推进依法行政的具体体现。

《煤矿企业安全生产许可证实施办法》对煤矿企业取得许可证的条件和程序等进行了规定，对已经生产的煤矿企业，必须依法进行安全程度评估。不具备安全生产条件，没有依法取得安全生产许可证的矿井，责令停止生产，且依法关闭淘汰。取得安全生产许可证的矿井，发现不再具备安全生产条件时，要暂扣或吊销安全生产许可证。

（4）《安全生产违法行为行政处罚办法》。为了贯彻落实《中华人民共和国安全生产法》，制裁安全生产违法行为，规范安全生产行政处罚工作，保证生产经营单位依法进行安全生产，根据有关法律的规定制定了《安全生产违法行为行政处罚办法》，就行政处罚的种类、行政处罚的程序、行政处罚的适用条件、行政处罚的执行等作了具体规定。

此外，国务院颁布的《特别重大事故调查程序暂行规定》《企业职工伤亡事故报告和处理规定》和有关部门颁布的《国有重点煤矿事故隐患排查制度》《防治煤与瓦斯突出规定》《矿井防灭火规范》《煤矿防治水规定》以及有关安全生产的指令等，都是煤矿安全生产法规的主要组成部分。

三、煤矿安全标准体系

煤矿安全标准是组成我国安全生产法律体系的重要内容，是煤矿安全生产的技术法规。根据《中华人民共和国标准化法》的规定，标准分国家标准、行业标准、地方标准和企业标准。国家标准、行业标准又分为强制性标准和推荐性标准。

1. 煤矿安全标准

煤矿安全标准分广义安全标准和狭义安全标准。广义安全标准是指为维持煤矿生产经营活动、保障煤矿安全生产而制定颁布的一切有关安全生产方面的技术要求，包括设备、装备、器材等。狭义的煤矿安全标准是指为保障煤矿安全生产，而制定颁布的有关技术、管理、方法、产品等要求。

煤矿安全标准可分为基础标准、安全管理标准、技术规范标准、方法安全标准和产品安全标准五类，其中既有国家标准（GB 标准），也有行业标准（AQ 标准、MT 标准等）。

2. 煤矿安全生产标准体系

煤矿安全生产标准体系是一个功能齐全的有机整体，针对矿井从勘探开发建设、煤炭开采一直到矿井关闭的全过程可能出现的安全生产隐患与问题，按照煤矿安全技术管理的分类方式，如矿井通风、瓦斯防治、防灭火、防尘、水害防治、爆破安全、机械电气安全和煤矿应急救援等各个环节，均从管理、技术和产品三个方面制定标准，从而形成完整科学的煤矿安全生产标准体系。

第三节 煤矿安全管理

一、煤矿安全管理基础知识

安全与危险是相对的概念，是人们对生产、生活中是否可能遭受健康损害和人身伤亡的综合认识。安全是指客观事物（指安全条件与安全状况）的危险程度能够为人们普遍接受的状态，是一个与时俱进的概念，现代的安全已经远远超过了古人“无危则安，无缺则全”的范畴。安全生产是指生产中不出事故、不发生危险、不存在隐患、不破坏环境，设施、设备、环境等符合有关规定的状态。

安全管理是管理中的一个特定领域，既指对劳动生产过程中的事故和防止事故发生的管理，又指对生活和生活环境中的安全问题的管理。此处所述主要针对前者而言，是管理者对安全生产进行计划、指挥、协调和控制的一系列活动，以预先发现、分析、消除或控制生产过程中的各种危险，防止发生事故、职业病和环境危害，以保护职工的生命安全与健康，保证企业生产的顺利发展，促进企业生产效率的提高。

1. 安全管理的基本原理

（1）系统原理。系统指由若干相互联系、相互作用、相互依赖的要素组成的具有特定功能和确定目标的有机整体。应用系统原理，即把管理的对象看成是一个有机的“人、机、物、环境”统一系统，对问题的各个方面和各种关系进行全面和系统的综合分析和研究，并采取相应对策。系统原理体现在全企业、全部门、全过程、全员的安全管理中。

（2）人本原理。管理要以人为主体，以调动人的积极性为根本，这就是人本原理。人本原理是科学发展观的重要方面，是创建和谐社会的必由之路。管理活动中，人既是管理的主体，又是管理的客体，在一定的管理层次上既管理他人，又被他人管理，上下衔接形成一条以人为主体的管理链。离开人，就无所谓管理。因此，一切管理活动均要以调动人的积极性、主动性和创造性为根本，使全体人员能够明确整体目标、各自的职责、工作的意义和相互的关系，从而在和谐的气氛中积极、主动和创造性地完成各自的任务。

（3）整分合原理。企业是一个高效率的有序系统，具有明显的层次性。现代高效率的管理必须在整体规划下明确分工，在分工基础上进行有效的组合，这就是整分合原理。安全管理要构成有序的管理体系，各层次要各司其职，下一层次要服从上一层次的管理，下一层次不能解决的问题，由上一层次来协调解决，各层次间要协调配合，综合平衡地发展。

（4）反馈原理。反馈就是由控制系统把信息输送出去，又把其作用结果返送回来，并对信息再输出产生影响，从而起到控制的作用，达到调整未来行动的目的。如煤矿生产中的例会制度、现场交接班制度等，就是生产过程中信息的汇集与反馈的过程。

（5）能级原理。能级原理就是在企业管理系统中，根据管理功能的不同，把管理系统分成不同级别，把相应的管理内容和管理者都分配到相应的级别中去，各占其位、各司其职。管理能级的层次分为经营层、管理层、执行层、操作层。各能级必须动态地对应，做到人尽其才，各尽所能。

（6）封闭原理。任何一个管理系统必须构成一个连续的封闭回路，才能有效地进行管理活动，这就是封闭原理。它要求管理机构中，不仅要有指挥中心、执行机构，还应有监督机构和反馈机构。这些机构应相互独立、相互制约、权责明确，形成一个闭环回路。管理过程中，执行、监督、反馈、奖惩必须配套实施，缺一不可。

（7）弹性原理。管理是在系统内、外部环境条件千变万化的形势下进行的，管理工作中的方法、手段、措施等必须保持充分的伸缩性，以保证管理有很强的适应性和灵活性，从而有效地实现动态管理，这就是弹性原理。

（8）动力原理。管理必须有强大的推动力，只有正确地运用动力，才能使管理工作持续而有效地进行下去，这就是动力原理。动力可分为物质动力、精神动力和信息动力。

在安全管理的原理中，人本原理是劳动保护、安全管理中最基本、最本质和最常用的原理，是一切工作的出发点和终结点。能级原理和弹性原理反映了劳动保护、安全管理工作的特有规律，而其他原理是一切管理工作都应遵循的基本规律。

2. 安全管理的基本原则

（1）“安全第一、预防为主、综合治理”原则。“安全第一”是我国法定的安全生产方针，是一切生产企业实现安全生产的指导思想。“预防为主”就是要把安全工作的重点从事后处理转变为事前预防。“综合治理”就是自觉遵循安全生产规律，综合运用多种手段，有效解决安全生产领域的问题。

（2）安全生产人人管理，自我管理的原则。该原则不仅对人而言，也是针对部门的要求。职工个人在自身的职责范围内，必须自觉执行安全制度和劳动纪律，遵守工艺规范和操作规程，自我发现、防范、控制不安全因素，不伤害自己，不伤害别人，不被别人伤害；各个部门要对本部门的安全生产负责，防止或控制各类事故发生，实现安全生产。

（3）管生产必须管安全的原则。管生产必须管安全的原则要求做到不安全不生产。生产经营单位的主要负责人对单位的安全生产负主要责任，其他管理人员都必须在承担生产责任的同时对职责范围内的安全工作负责。

（4）“三同时”原则。“三同时”原则是指建设工程的安全设施必须和主体工程同时设计、同时施工、同时投入生产和使用。该原则的坚持，可以促使企业按照安全规程和行业技术规范的要求，为安全生产创造物质基础。

（5）“四不放过”原则。“四不放过”原则是指发生事故后，事故管理上要做到原因没查清不放过，当事人未受到处理不放过，群众未受到教育不放过，整改措施未落实不放过。其基本出发点是汲取教训预防事故，避免同类事故重复出现。

二、煤矿安全管理制度

安全管理制度可分为安全生产责任制、安全工作制度、事故预防制度和安全奖惩制度。《煤矿安全规程》规定，煤矿企业必须建立、健全各级领导安全生产责任制、安全目标管理制度、安全奖惩制度、安全技术措施审批制度、安全隐患排查制度、安全检查制度、安全办公会议制度等。

（1）安全生产责任制。安全生产责任制是明确企业各级部门和个人在生产过程中应负的安全责任的规定。它主要规范企业法定代表人、企业主要负责人、企业分管安全负责人、企业技术负责人和安全管理部门负责人的安全生产职责，以及工人安全生产责任和业务保安责任制。

（2）安全办公会议制度。安全办公会议制度是煤矿企业为明确安全办公会议的召开周期、内容、主持人和参加人员的规定。安全办公会议必须由安全生产第一责任人主持。会议应当有完整的记录，载明议定的事项、决定以及落实的人员、措施和期限。会议记录、纪要应纳入档案管理。

（3）安全目标管理制度。安全目标管理制度是煤矿企业依据上级下达的安全指标，结合实际制定年度或阶段安全生产目标，并将指标逐级分解，明确责任、保证措施、考核和奖惩办法等工作制定的制度。

(4) 安全投入保障制度。安全投入保障制度是指煤矿按国家有关规定建立稳定的安全投入资金渠道，保证新增、改善和更新安全系统、设备、设施，消除事故隐患，改善安全生产条件，安全生产宣传、教育、培训，安全奖励，推广应用先进安全技术措施和管理方法，抢险救灾等均有可靠的资金来源。安全投入应能充分保证安全生产需要，安全投入资金要专款专用。煤矿企业应当编制年度安全技术措施计划，确定项目，落实资金、完成时间和责任人的制度。

(5) 安全质量标准化管理制度。安全质量标准化管理制度就安全设施及设备的配置、安装、使用和管理进行规定，并对检查标准、检查周期、考核评级奖惩办法、组织检查的部门和人员进行了明确规定。

(6) 安全教育与培训制度。安全教育与培训制度是煤矿企业为保证煤矿企业职工掌握本职工作应具备的法律法规知识、安全知识、专业技术知识和操作技能；明确企业职工教育与培训的周期、内容、方式、标准和考核办法；明确相关部门安全教育与培训的职责和考核办法；明确年度安全生产教育与培训计划，确定任务，落实费用等工作制定的制度。

(7) 事故隐患排查制度。煤矿企业为保证及时发现和消除矿井在各生产环节方面存在的隐患；明确事故隐患的识别、评估、报告、监控和治理标准；按照分级管理的原则，明确隐患治理的责任和义务等制定的事故隐患排查制度。

(8) 安全监督检查制度。煤矿企业应保证有专门的安全管理机构，配备足额的专职安全管理人员，有效地监督安全生产规章制度、规程、标准、规范等执行情况：重点检查矿井“一通三防”的装备、管理情况；明确安全检查的周期、内容、检查标准、检查方式、负责组织检查的部门和人员、对检查结果的处理办法。对查出的问题和隐患应按定项目、定人员、定措施、定时间的原则落实处理，并将结果进行通报及存档备案。

(9) 安全技术审批制度。煤矿为确定各类工程设计、作业规程、安全措施和方案等安全技术审批的内容、程序、标准、时限、审批级别；审批人员职别和资格，编制、审核、审批人员的职责、权限和义务等规定。安全技术审批应保证依据充分、正确、具体，安全措施可靠，能够有效指导生产施工、作业和操作等。

(10) 矿用设备、器材使用管理制度。煤矿设备多为特种设备，一旦发生事故会往往造成人身伤亡和重大经济损失，对安全生产影响大。因此，国家对特种设备的设计、制造、安装、使用、检测、维修、改造和报废，都进行了具体的规定。煤矿生产中使用的设备，必须有行业准入标志。单位应按照有关规定，对设备建账建卡，明确责任人，加强设备的使用、维修和管理工作。同时，国家对严重危及生产安全的落后工艺、落后设备实行淘汰制度。

(11) 矿井主要灾害预防管理制度。煤矿为明确可能导致重大事故的“一通三防”、防治水、冲击地压、职业危害等主要危险，有针对性地分别制定专门制度，强化管理，加强监控，制定预防措施。

(12) 煤矿事故应急救援制度。煤矿应结合矿井灾害条件，按照有关规定编制矿井灾害预防与处理计划和事故应急预案。应急预案规定了各种灾害的预防措施，灾害发生前的一般预兆和现场人员应急方法以及处理事故的一般原则、方法、组织和后勤保障等，并经报批后贯彻实施。

（13）安全奖罚制度。安全生产奖罚制度是为了促进煤矿的安全生产，提高职工安全生产的积极性，要完善安全生产奖罚制度，包括安全风险抵押制度、安全生产奖罚制度、安全质量结构工资制度等。制度必须兼顾责任、权利、义务，规定明确，奖罚对应；明确奖罚的项目、标准和考核办法。

（14）入井检身与出入井人员清点制度。为明确入井人员禁止带入井下的物品和检查方法；明确人员入井、升井登记、清点和统计、报告办法，保证准确掌握井下作业人数和人员名单，及时发现未能正常升井的人员并查明原因等工作制度。目前，井下人员跟踪定位系统在煤矿的广泛使用，为井下人员的动态管理提供了便利。

（15）安全操作规程管理制度。安全操作规程管理制度是工作人员从进入操作现场、操作准备到操作结束和离开操作现场全过程的各个操作环节，分别制定各工种的岗位操作规程，明确各工种、岗位对操作人员的基本要求、操作程序和标准，指出违反操作程序和标准可能导致的危险和危害以及违反规定应受到的处罚等。

（16）安全管理的工作制度。安全工作制度主要包括安全办公制度、安全调度制度、安全检查汇报制度、事故分析报告制度、班前教育制度、安全职级制度等。

（17）事故预防制度。防止事故发生，为煤矿安全生产创造本质安全化作业条件和作业环境，要建立预防各类事故发生的制度体系。这主要应包括“三同时”制度、工程设计审批制度、工程施工检查验收制度、劳动保护制度、事故防范制度、重大事故隐患排查制度、安全职级制度、安全技措资金提取和使用制度、质量管理制度、入井检查考勤制度等。

（18）工伤事故调查处理制度。工伤事故调查处理制度已经纳入国家行政法规。从事故的报告、救援、调查处理、法律责任等都进行了明确的规定，其主要目的是通过对已发生事故的管理，找出发生事故的原因及其规律，总结教训。

（19）安全措施编制审批制度。煤矿的采掘工作面和各单项工程，在开工前必须编制作业规程。当出现影响安全的特殊情况和施工条件发生变化时必须制定安全技术措施。措施包括施工标准、具体技术要求和预防事故的措施等，并按规定的程序审批。安全措施一经批准后，施工单位的工程技术人员必须认真地向作业人员贯彻，并严格按安全措施施工作业。

（20）特种作业人员的培训制度。煤矿特种作业人员多，对安全生产的影响大。因此，煤矿特种作业人员必须经过专门的安全知识与安全操作技能培训，并经过考核，取得特种作业资格，方可上岗工作的制度。国家对煤矿特种作业人员的管理是“强制培训、分级管理、统一标准、考核发证”。煤矿的特殊工种有井下电气工、井下爆破工、安全监测监控工、瓦斯检查工、提升机操作工、采煤机（掘进机）操作工、瓦斯抽采工、防突工、探放水工等。

（21）重大危险源管理制度。煤矿井工开采的重大危险源有高瓦斯矿井、煤与瓦斯突出矿井、有煤尘爆炸危险的矿井、水文地质条件复杂的矿井、煤层自然发火期不大于6个月的矿井、煤层冲击倾向为中等及以上的矿井。存在重大危险源的矿井，必须采取技术上、行为上和管理上的控制措施，并根据法律规定，编写重大事故隐患报告书，报送省级安全生产监督管理部门和有关主管部门，并同时报送当地人民政府及有关部门等制度。

（22）安全预评价制度。建设项目的安全评价主要是指在建设项目的可行性研究阶段的安全预评价，即根据建设项目可行性研究报告的内容，运用科学的评价方法，分析和预测该建设项目存在的职业危险、危害因素的种类和危险、危害程度，提出合理可行的安全技术和管理对策，作为该建设项目初步设计中安全设计和建设项目安全管理、监察的主要依据。

三、安全管理方法

安全管理方法分传统安全管理与系统安全管理两类。传统安全管理的特点主要是依靠方针、政策、法规、制度，凭经验、靠强制、人管人，工作以“事后”为主。系统安全管理是在传统安全管理的基础上，利用系统工程原理，突出“事前”防范，从危险源的识别入手，通过对系统本身的分析、预测、评价，采取相应措施，消除或控制危险因素，使系统优化，达到最佳安全程度。目前，煤矿安全管理两类并存，优势互补。

1. 方针导向法

方针导向法的全称是安全生产方针政策导向管理法。安全生产方针政策是安全管理工作的指南和保证。认真贯彻执行安全生产方针政策，明确安全生产方向，在技术上、组织上、管理上得到保障，是实现安全生产最根本的方法。

2. 法规约束法

法规约束法，即安全生产法规制度管理法。安全法规制度是贯彻党和国家安全生产方针政策和实施安全生产的最基本的规范。依靠法规制度来管理安全生产，是安全管理的基本要求和方法。

3. 安全措施计划法

安全措施计划是指安全技术措施计划，煤矿俗称“安措工程计划”，主要包括安全技术发展规划、安全技术措施计划、矿井灾害预防处理计划等。安全措施计划是厂矿企业改善劳动保护、安全生产条件、防止工伤事故、预防职业病和职业中毒的组织、技术、管理措施，是实现企业安全生产的重要举措，也是主要的安全生产管理方法之一。

4. 安全检查法

安全检查又称安全生产检查，是煤矿企业根据生产特点，对生产过程中的安全生产状况进行经常性、定期性、监督性的管理活动，也是促使煤矿企业在整个生产活动的过程中，贯彻安全生产方针、执行安全生产法规、按章作业、依制度办事，实施对安全生产管理的一种重要方法。通常采用的检查方法包括连续跟踪检查、特种检查、实际操作检查、突击检查等。

5. 安全生产责任制法

安全生产责任制法，是通过建立健全生产企业及其管理单位（部门）与人员的安全生产责任制度，把安全管理工作纳入党、政议事日程和全员管理轨道，实现安全生产的一种方法。安全生产责任制是企业的一项基本安全制度，是企业岗位责任制的一个重要组成部分。

6. 安全目标管理法

安全目标管理就是运用目标管理的原理和方法，对企业安全生产工作实施管理和控制的一种管理方法。以企业总的安全管理目标为基础，定性、定量地逐级向下分解，使上下目标明确化、具体化、程序化，使上下左右关系协调，并把企业的每个职工科学地组织在目标体系中，使之明确自己在目标体系中所处的地位、责任和作用。

7. 代明循环管理法

代明循环管理法又叫 PDCA 循环法，俗称上楼梯法，即通过对影响安全生产隐患的分析，找出关键影响因素并制定措施。在措施实施中加强检查落实，发现问题时制定措施及时解决，使系统不断完善，使安全管理工作不断地提高。

8. 统计分析法

统计分析法是指应用数理统计的方法，对已发生的大量偶然性事件进行量化的综合分析，找出客观性规律及薄弱环节，供有关部门及领导采取相应措施，达到降低事故的目的。它是安全管理常用的主要方法之一。煤矿统计分析常用的方法主要有数表法、专业法、技术法、指数法和图析法。

9. 系统工程管理法

煤矿安全系统工程管理法是以系统工程的原理和方法为基础，以现代系统安全管理的理论基础和主要方法为指导来管理矿井的安全生产，可以改变传统的安全管理现状，实现系统安全化，达到最佳的安全生产效益。

10. 系统安全评价法

安全评价是以实现安全为目的，应用安全系统工程原理和方法，辨识与分析工程、系统、生产经营活动中的危险、有害因素，预测发生事故或造成职业危害的可能性及其严重程度，寻找“治本”的道路，提出科学、合理、可行的安全对策措施建议，防止事故发生，实现煤矿安全生产。安全评价可针对一个特定的对象，也可针对一定区域范围。

煤矿安全评价按照实施阶段不同分为安全预评价、安全验收评价、安全现状评价。按评价结果的量化程度可分为定性评价和定量评价。根据评价的目的和对象不同，评价方法也不同，煤矿常用的主要有安全检查表法、预先危险性分析法、事故树分析法、事件树分析法和因果图分析法等。

（1）安全检查表法。安全检查表法是依据相关的标准、规范，对工程、系统中已知的危险类别、设计缺陷以及与一般工艺设备、操作、管理有关的潜在危险性和有害性进行判别检查。为了避免检查项目遗漏，事先把检查对象分割成若干系统，以提问或打分的形式，将检查项目列表，这种表就称为安全检查表。它是系统安全工程的一种最基础、最简便、应用最广泛的系统危险性评价方法。目前，安全检查表在我国不仅用于查找系统中各种潜在的事故隐患，还对各检查项目给予量化，用于系统安全评价。

根据安全检查的目的、对象和着眼点的不同，安全检查表可分为设计用安全检查表、局（公司）级安全检查表、矿级安全检查表、区队安全检查表、班组安全检查表、岗位安全检查表、专业性安全检查表、事故分析检查表等。

（2）预先危险性分析法。预先危险性分析是在系统设计审查阶段，或在某项活动之前，进行的危险性分析。它对系统可能存在的危险类别、发生条件及其结果进行概略分析，尽量避免采用不安全的技术和危险物质，防止使用不安全的技术和设备。如果迫不得已必须采用时，从设计和工艺上考虑采取安全措施，使这些危险不至于发展成为事故。因此，危险性预先分析的目的是把危险性分析工作做在行动之前，防患于未然，避免由于考虑不周而造成损失。

（3）事故树分析法。事故树分析是一种逻辑演绎分析法。它从一个可能的事故开始，一层一层地逐步找出引起事故触发的事件、直接原因、间接原因和基础原因，并分析这些原因间的相互逻辑关系，用逻辑树图把这些原因及逻辑关系表示出来，绘制成事故树，再用事故树定性定量分析。

进行事故树分析，可以描述事故因素及其逻辑关系，发现系统中的潜在危险，可以找出控制事故的要点，以便采取最优化的安全措施。事故树分析具有广泛的使用范围和推广应用前景。

(4) 事件树分析法。事件树分析是一种时序逻辑分析法。它按照事故发生发展的先后顺序，分阶段一步一步分析，每一步都从成功或失败两种可能后果考虑，用树状图表示其可能结果。

事件树分析的理论基础是系统工程的决策论。事件树分析法既可定性分析事故的动态变化过程，又可进行定量计算，确定事故各种可能状态发生的概率。它主要用于预测事故发展趋势，调查事故扩大过程，找出事故隐患，研究事故预防的最佳对策。

(5) 因果图分析法。因果图分析法是一种分析各类事故发生原因的有效方法。分析时，一层一层深挖事故的原因，然后用文字和箭头表示因果关系，在图上呈现出各种原因的分支线条，犹如鱼刺，因此又叫鱼刺图。因果图是一种表示事故后果与事故原因之间关系的关系图。

11. 控制图管理法

控制图是在趋势图的基础上做出来的，它是监督安全生产发生异常变化的"眼睛"，是通过样本来了解安全生产（或事故）波动情况并控制它的一种图像方法。

12. 安全信息管理法

安全信息管理是煤矿安全管理的重要方法之一，是有关安全生产的信息收集、处理与应用的方法。对于安全信息管理系统来说，信息收集、处理完善与否，应用得当与否，很大程度上决定着企业安全生产管理的水平。

随着科学技术水平的进步，计算机广泛地应用于煤矿生产的各个环节，如煤矿井下监控系统、计算机绘图等，为安全信息管理的系统化、规范化提供了保障。

13. 无声管理与安全标志法

无声管理是安全生产中应用最广泛的方法之一，是使用文字（标语、口号、文件）、标志（图形、符号）来充分体现某种管理作用的方法。无声管理充分体现了无人监督的监督，无人警告的警告，无人提示的提示，无人禁止的禁止，实施了多方面的安全管理作用。它是靠人们的积极性、主动性和自我约束性及人员之间的相互监督，达到管理之目的。

14. ABC 管理法

根据影响安全生产隐患的重要程度，或事件出现的多少、解决的难易程度，管理可分为 ABC 三级，实行分类控制，加强重点。按重要程度划分时，重点项目为 A 类，一般项目为 B 类，次要项目为 C 类。

15. 本质安全技术

系统本质安全化是指对于一个人—机—环境系统，在一定社会和技术经济条件下，使其具有较完善的安全设计、相当可靠的质量和有效的管理技术。内容包括人员本质安全化，机具本质安全化，作业环境本质安全化、人—机—环境系统管理本质安全化等。

煤矿实现本质安全化的途径包括：①从根本上消除事故、毒害发生的条件；②设备或系统具备自动防止操作失误、设备故障和工艺异常的功能；③设置空间和时间性防护；④实行安全措施的最佳配合等。

16. 隐患排查管理法

隐患通常是指可能导致事故发生的危险状态、人的不安全行为及管理上的缺陷，也指人—机—环境系统安全品质的缺陷。隐患排查管理是综合应用各种管理方法和技术，对生产作业中的各种隐患进行识别、分析、评价、排查和分级监控，以消灭或控制事故隐患。

在《国务院关于预防煤矿生产安全事故的特别规定》中，列举了煤矿的15种重大安全隐患。同时规定存在这些隐患和行为的，应当立即停产整顿，排除隐患。

17. 质量标准化管理

煤矿企业的质量管理是煤矿实现安全、文明生产的基础和前提。质量标准化管理是指矿井的采煤、掘进、机电、运输、通风、防治水等生产环节和相关岗位的安全质量工作，必须符合法律、法规、规章、规程等规定，且达到和保持一定的标准，使煤矿始终处于安全生产的良好状态，以适应保障矿工生命安全和煤炭工业现代化建设的需要。

四、煤矿事故管理

事故是人们在进行有目的的活动中，发生的违背人们意愿的意外事件，它迫使人们有目的的活动暂时或永久停止。在煤矿生产中，凡是意外灾害或设备损坏，造成人员伤亡或环境破坏，或生产停止、影响生产达到一定程度的事件都叫事故。凡是能给煤矿生产或人员生命安全、财产造成严重危害的事故统称为煤矿重大灾害事故。

值得注意的是，煤矿事故绝大多数是人们“三违”造成的，反映出加强煤矿安全管理，强化煤矿安全意识，提高煤矿从业人员的素质意义重大。

（一）事故的分类

1. 根据事故造成的人员伤亡或者直接经济损失分类

（1）特别重大事故是指造成30人以上死亡，或者100人以上重伤（包括急性工业中毒，下同），或者1亿元以上直接经济损失的事故。

（2）重大事故是指造成10人以上30人以下死亡，或者50人以上100人以下重伤，或者5000万元以上1亿元以下直接经济损失的事故。

（3）较大事故是指造成3人以上10人以下死亡，或者10人以上50人以下重伤，或者1000万元以上5000万元以下直接经济损失的事故。

（4）一般事故是指造成3人以下死亡，或者10人以下重伤，或者1000万元以下直接经济损失的事故。

2. 按事故形成的因素分类

按事故形成的因素可分为责任事故和非责任事故两大类。责任事故是指人们在生产、建设过程中不执行有关安全法规，违反规章制度而发生的事故。非责任事故指在不可抗力作用下、不能预知的情况下发生的事故，如自然事故、意外事故等。

3. 按事故伤害对象分类

按事故伤害对象可分为伤亡事故和非伤亡事故两大类。伤亡事故是指事故中发生人身伤害、急性中毒甚至死亡的事件。非伤亡事故是指由于各种原因造成生产中断、设备设施损坏，但没有人员伤亡的事故。

4. 伤亡事故分类

按事故伤害严重程度分为轻伤事故、重伤事故和死亡事故。

5. 按伤亡事故性质分类

煤炭企业根据生产的特殊性，按伤亡事故的性质分为顶板事故、瓦斯事故、机电事故、运输事故、爆破事故、水灾、火灾、其他事故等。

6. 煤矿非伤亡事故的分级

在煤矿生产活动中，由于管理不善、操作失误、设备缺陷等原因，造成中断生产、设备损坏等，但未造成人员伤亡的事故，称为非伤亡事故。根据原煤炭部规定，煤矿非伤亡事故分为三级。

凡符合下列情况之一的，为一级非伤亡事故：发生的事故使全矿井停产 8 h 以上，或采区停产 3 昼夜以上；瓦斯、煤尘燃烧爆炸；煤与瓦斯突出，其突出煤量超过 50 t（含 50 t）；井下发火封闭采区或影响安全生产；火灾使矿井全部停产或一翼停产；采区通风不良，风流瓦斯超限或瓦斯积聚，造成停产；采煤工作面冒顶 10 m 以上（含 10 m）；掘进工作面冒顶 5 m 以上（含 5 m）；巷道冒顶 10 m 以上（含 10 m）。

凡符合下列情况之一的，为二级非伤亡事故：发生的事故使全矿井停产 2 h 以上，但不足 8 h 或采区停产 8 h 以上，但不足 3 昼夜；井下发火密闭采掘工作面；煤与瓦斯突出，其突出煤量超过 10 t（含 10 t）；因水灾使采区停产；采掘工作面通风不良，风流瓦斯超限或瓦斯积聚，造成停产；采煤工作面冒顶 5 m 以上（含 5 m）；掘进工作面冒顶 3 m 以上（含 3 m）；巷道冒顶 5 m 以上（含 5 m）。

凡符合下列情况之一的，为三级非伤亡事故：发生的事故使全矿井停产 0.5 ~ 2 h，或采区停产 2 ~ 8 h；通风不良或局部通风机无计划停电，使风流中瓦斯积聚，浓度超过 3%；煤与瓦斯突出，其突出煤量在 10 t 以下；范围不大的井下火灾；因水灾使一个采掘工作面停产；采煤工作面冒顶 3 m 以上（含 3 m）；掘进工作面冒顶 3 m 以下；巷道冒顶 5 m 以下。

（二）事故管理

1. 事故报告制度

事故发生后，事故现场有关人员应当立即向本单位负责人报告；情况紧急时，事故现场有关人员可以直接向事故发生地县级以上人民政府安全生产监督管理部门和负有安全生产监督管理职责的有关部门报告。单位负责人接到报告后，应当于 1 h 内向事故发生地县级以上人民政府安全生产监督管理部门和负有安全生产监督管理职责的有关部门报告。

安全生产监督管理部门和负有安全生产监督管理职责的有关部门接到事故报告后，应当依照规定的程序上报和通知有关部门。安全生产监督管理部门和负有安全生产监督管理职责的有关部门逐级上报事故情况，每级上报的时间不得超过 2 h。

2. 事故调查处理

事故调查处理的目的是为了查清事故原因，处理责任人，制定预防措施避免类似事故再次发生。同时，通过事故的统计分析，总结经验教训，为事故的预防提供决策依据。事故处理必须坚持“四不放过原则”。

事故处理必须编写调查报告，内容包括事故发生单位概况；事故发生经过和事故救援情况；事故造成的人员伤亡和直接经济损失；事故发生的原因和事故性质；事故责任的认定以及对事故责任者的处理建议；事故防范和整改措施等。

事故结案处理后，事故的有关资料一并归档保存。

复习思考题

1. 安全生产方针的含义是什么？
2. 简述煤矿安全法律体系的主要内容。
3. 简述《中华人民共和国安全生产法》的立法目的。
4. 安全管理的基本原理有哪些？
5. 安全管理的基本原则有哪些？
6. 安全管理的基本制度有哪些？
7. 安全评价有哪些方法？
8. 生产安全事故划分的依据是什么？是如何划分的？
9. 煤矿事故是如何划分的？
10. 什么是事故处理的“四不放过”原则？
11. 为什么说中华人民共和国安全生产行业标准、《煤矿安全规程》是每一个煤矿从业人员必须遵守的行为准则？

第二章 矿 井 瓦 斯

矿井瓦斯是影响煤矿安全的有毒有害气体的总称。这些有毒有害气体主要有爆炸性气体（如甲烷、氢气等）、窒息性气体（如一氧化碳、硫化氢、氮气等）、刺激性气体（如二氧化氮、二氧化硫等）。由于在上述有害气体中，甲烷的成分在90%以上，故人们所说的矿井瓦斯一般是指甲烷。

第一节 瓦 斯 的 生 成

古植物在成煤的泥炭化阶段和煤化作用阶段，被分解产生大量瓦斯（甲烷、二氧化碳）。据计算，每形成1 t中等变质程度的煤大约有1200 m^3 以上的瓦斯伴生，由长烟煤到无烟煤，每吨大约有240 m^3 瓦斯伴生。但经过漫长的地质年代，这些瓦斯大部分被释放到空气中，仅有极少量残存于煤体和围岩中，且随着采掘工作而释放出来，构成对矿井安全的威胁。据统计，在煤矿较大以上事故中，瓦斯事故起数和死亡人数在各类事故中占第一位。不把瓦斯事故控制住，就不能实现全国煤矿安全状况的根本好转，也无法保障煤炭工业的健康发展。

除上述在成煤过程中生成的瓦斯外，还有少量生物化学来源的瓦斯、空气来源的瓦斯、放射性分解的瓦斯和岩石变质瓦斯等。据统计，我国埋深1500 m以浅的煤层气地质储量为 10.87×10^{12} m^3，埋深2000 m以浅的煤层气地质储量为 36.81×10^{12} m^3，超过了天然气的储量。

第二节 瓦斯的性质与赋存

一、瓦斯性质

瓦斯是无色、无味、无臭气体，标准状况下的密度是空气的0.552倍，难溶于水，易扩散（扩散性是空气的1.6倍），无毒，不助呼吸，其浓度升高时会使氧气浓度相对下降而使人窒息。因此，贸然进入通风不良巷道或巷道高冒处有缺氧窒息的危险。

瓦斯在空气中体积比达5%～16%，遇明火或650～750 ℃的高温热源可爆炸，爆源温度可达1850～2650 ℃，爆炸冲击波可达每秒数百米，造成生命和财产损失。

二、瓦斯的存在状态

瓦斯在煤层与围岩中的存在状态有游离状态和吸附状态两种。

瓦斯以自由气体形式存在于煤体与围岩的裂隙、孔隙中的状态称为游离状态，又叫自由状态。特点是瓦斯能自由运动，并呈现压力。此状态下瓦斯量的大小取决于自由空间的大小、瓦斯的压力和温度等。

煤是固态胶体，具有很大的吸附性。同时，煤有很大的空隙内表面积，其吸附能力相当大。瓦斯分子被紧密凝集在固体孔隙表面的现象称为吸着状态，瓦斯进入到煤的胶粒结构内部时称为吸收状态。

吸着与吸收状态称为吸附状态，是瓦斯分子与碳原子相互吸引的结果，属物理吸附。吸附量的大小取决于煤的变质程度、煤孔隙结构特点和瓦斯压力大小以及温度高低等。

自由态瓦斯被吸附时称吸附，吸附态瓦斯转化为自由态时称解吸。二者在一定条件下可相互转化。在煤矿生产中，当煤岩破坏、压力降低时，大量吸附态的瓦斯不断解吸为自由态涌向采掘空间，这是瓦斯涌出的基本形式。

三、瓦斯含量及影响因素

单位体积（或质量）的煤（围岩）中，在一定温度和压力下所含瓦斯的多少称瓦斯含量，单位为 m^3/m^3 或 m^3/t。煤、岩层瓦斯含量越高，开采时瓦斯涌出量就越大，对安全生产的威胁也越大。影响瓦斯含量的主要因素有瓦斯生成量、瓦斯保存和放散条件。

1. 瓦斯生成量

在相同条件下，成煤有机质多，含杂质少，瓦斯生成量大；煤的炭化程度越高，固定碳越多，瓦斯生成量越大；古老煤田成煤早，瓦斯生成量大。

2. 瓦斯保存和放散条件

瓦斯保存和放散条件是影响瓦斯含量的决定因素，主要有煤的变质程度、煤的赋存条件、岩石性质、地质构造、水文地质条件等。

（1）煤的变质程度。煤的变质程度直接影响瓦斯的生成量和孔隙率。碳含量为 89% 时，煤的孔隙率最小，吸附能力最小。

（2）煤的赋存条件。由于岩石透气性差，瓦斯沿煤层流动要比穿层流动容易得多。因此，瓦斯含量随煤层埋藏深度增加而增加。相同条件下，煤层倾角越小，瓦斯含量越大。

（3）岩石性质。顶底板致密、完整且较厚时，瓦斯不易放散，瓦斯含量高；否则相反。如大同煤田变质程度高于抚顺煤田，由于大同煤田顶板为孔隙发育的砂质页岩，瓦斯含量很小。而抚顺煤田顶板为厚而致密的油页岩，透气性差，瓦斯含量大，是世界著名的高瓦斯煤田。

（4）地质构造。地质构造地区瓦斯变化大。许多矿井开采中都存在程度不同的瓦斯涌出异常区，多数都与地质构造有关。一般地，张应力地区煤岩层透气性好，瓦斯易放散，瓦斯含量小，而压应力地区则相反。

（5）水文地质条件。压力为 101325 Pa、温度为 20 ℃时，100 体积的水可溶解 3.5 体积的瓦斯。地下有流动的水时，经过漫长的地质年代可带走大量的瓦斯。

此外，煤层瓦斯压力、煤层地质年代对瓦斯含量也有一定程度的影响。

四、煤层瓦斯含量与压力的测定

（一）煤层瓦斯含量的测定

煤层瓦斯含量测定方法可分直接法与间接法两类。根据应用范围又可分为地质勘探钻孔瓦斯含量测定法和井下应用的瓦斯含量测定法。

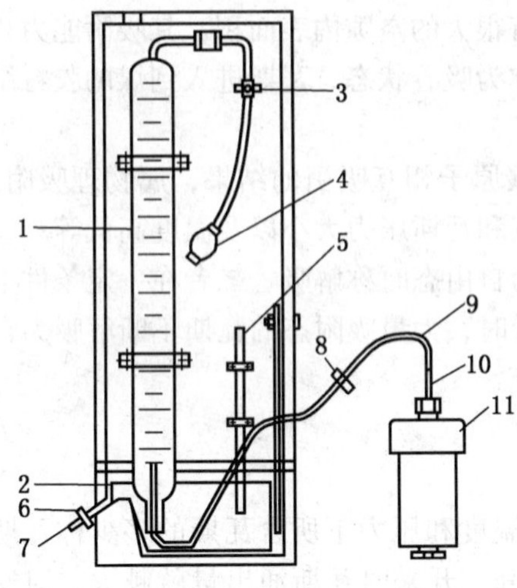

1—量管；2—水槽；3—螺旋夹；4—吸气球；5—温度计；6、8—弹簧夹；7—排水管；9—排气管；10—穿刺针头；11—密封罐

图2－1　瓦斯解吸速度测定仪

使用密闭容器在采掘工作面或地质钻孔中采集新鲜煤样，在实验室脱气仪上抽出全部瓦斯，确定单位质量煤体抽出瓦斯量。这种在实验室中直接测定的方法叫直接测定法。直接测定法在生产实践中应用较广，我国广泛采用集气式岩芯采样器采样的直接测定法。

间接法测定煤层瓦斯含量是根据井下实测或根据已知规律推算的煤层瓦斯压力，并根据试验室测定的煤的吸附等温线、孔隙率和工业分析结果，最后计算确定煤层瓦斯含量。

1. 直接法确定煤层瓦斯含量

1）地质勘探时期煤层瓦斯含量测定方法

地质勘探时期的煤层瓦斯含量用瓦斯解吸速度测定仪测定，如图2－1所示。首先按照规定的方法、时间和程序使用普通煤芯管钻取长度不小于0.4 m、质量为300～400 g的煤芯，立即放入密封罐中。将密封罐连接于瓦斯解吸速度测定仪，然后利用吸气球将测定仪气球、气导管内的空气排出，将水槽内的水吸入量管至零位线，然后再进行排水集气法收集120 min内煤样解吸的瓦斯。其中，观测的第一个60 min内，第一次间隔2 min，以后每隔3～5 min读数一次；第二个60 min内每间隔10～20 min内读数一次。

煤样瓦斯含量包括采样过程中瓦斯损失量、煤样120 min解吸瓦斯含量、粉碎前脱气瓦斯量、粉碎后脱气瓦斯量。将得出的总瓦斯量换算成标准状态值并除以煤样质量，即为采样地点煤层瓦斯含量。

采样过程中瓦斯损失量可用图解法或解析法计算。脱气瓦斯量使用真空脱气泵测量。

2）石门钻孔解吸速度法测定煤层瓦斯含量

石门钻孔解吸速度法测定煤层瓦斯含量，就是利用石门钻孔提取钻屑，用瓦斯解吸速度法测定煤层瓦斯含量。该方法的基本原理与地质勘探钻孔所用解吸法相同。与地质勘探钻孔相比，煤样暴露时间短，一般为3～5 min，且煤样瓦斯解吸起始时间能准确测定；煤样在钻孔中的瓦斯解吸条件与空气中基本相同，无泥浆和泥浆压力的影响。

石门钻孔所取煤样粒度较小，煤解吸瓦斯速度随时间的变化规律符合式（2－1），即

$$q = q_1 t^{-k} \tag{2-1}$$

式中　q——解吸时间为t时煤样的瓦斯解吸速度；

q_1——$t=1$ min时煤样瓦斯解吸速度；

t——煤样瓦斯解吸时间；

k——瓦斯解吸速度随时间的衰减系数。

在解吸时间为t的累计解吸瓦斯量为

$$Q = \int_0^t q_1 t^{-k} \mathrm{d}t = \frac{q_1}{1-k} t^{1-k} \tag{2-2}$$

用该方法测定时，从石门钻孔见煤时开始计时，直至开始进行煤样瓦斯解吸测定这段

时间即为煤样的暴露时间 t_0。由此煤样瓦斯解吸测定前损失的瓦斯量为

$$Q_1=\frac{q_1}{1-k}t_0^{1-k} \tag{2-3}$$

式中 Q_1——煤样损失瓦斯量，mL/g；

t_0——解吸测定前煤样暴露时间，min。

通过煤样瓦斯解吸速度随时间变化的测定，瓦斯解吸速度随时间的衰减系数确定后，即可确定损失瓦斯量，其他各部分瓦斯量的测定与地质勘探钻孔法相同。该方法的适用条件是衰减系数必须小于1。现场应用时采用孔径为1 mm的筛子采样，煤样粒度均大于1 mm。

2. 间接法确定煤层瓦斯含量

煤层瓦斯含量的间接确定法是目前国内外最常用的方法。该方法是根据已知的煤层瓦斯压力和实验室测出的煤的吸附常数值，计算煤层的瓦斯含量。计算公式为

$$X=\frac{abp}{1+bp}\cdot\frac{1}{1+0.31W}e^{n(t_s-t)}+\frac{10Kp}{k} \tag{2-4}$$

$$n=\frac{0.02}{0.993+0.7p}$$

式中 X——纯煤（煤中可燃质）的瓦斯含量，m^3/t；

a、b——吸附常数；

p——煤层瓦斯压力，MPa；

t_s——实验室进行吸附实验时的温度，℃；

t——煤层温度，℃；

W——煤的水分，%；

n——系数；

K——煤的孔隙容积，m^3/t；

k——瓦斯压缩系数，按表2-1取值。

表2-1 瓦斯压缩系数

瓦斯压力/MPa	煤层温度/℃					
	0	10	20	30	40	50
0.1	1.00	1.04	1.08	1.12	1.16	1.20
1.0	0.97	1.02	1.06	1.10	1.14	1.18
2.0	0.95	1.00	1.04	1.08	1.12	1.16
3.0	0.92	0.97	1.02	1.06	1.10	1.14
4.0	0.90	0.95	1.00	1.04	1.08	1.12
5.0	0.87	0.93	0.98	1.02	1.06	1.11
6.0	0.85	0.90	0.95	1.00	1.05	1.10
7.0	0.83	0.88	0.93	0.98	1.04	1.09

式（2-4）所示煤层瓦斯含量为煤的吸附瓦斯量与游离瓦斯量之和。为消除水分影响带来的误差，最好用原始水分煤样进行吸附试验，而不再进行水分对吸附量影响的校

正。当实验室吸附试验温度与煤层温度相同时，则不必进行温度校正。

原煤瓦斯含量的确定还必须按式（2－5）进行换算，即

$$X_0 = X\frac{100 - A - W}{100} \tag{2-5}$$

式中 X_0——原煤瓦斯含量，m^3/t；

A——原煤灰分，%。

该方法虽然为间接计算法，由于煤的吸附常数和煤层瓦斯压力是实测值，因此仍很接近实际值。

（二）煤层瓦斯压力（含量）的测定

煤层瓦斯压力分为煤层原始瓦斯压力和煤层残存瓦斯压力。煤层原始瓦斯压力是指煤层未受采动、瓦斯抽采及人为卸压等影响的煤层瓦斯压力。煤层残存瓦斯压力是指煤层受采动、瓦斯抽采及人为卸压等影响后残存的瓦斯压力。

煤矿井下瓦斯压力测定分为直接测定法和间接测定法。直接测定法分为打钻、封孔和测压等主要步骤。间接测定法目前采用 WP－1 型或 QPC－1 型煤层瓦斯压力（含量）快速测定仪测定瓦斯。

1. 煤矿井下煤层瓦斯压力的直接测定

1）瓦斯压力直接测定方法分类

按测压时是否向测压钻孔内注入补偿气体，测定方法可分为主动测压法和被动测压法。主动测压法是指在钻孔预设测定装置和仪表并完成密封后，通过预设装置向测压气室充入一定压力的气体（一般选用氮气、二氧化碳或其他惰性气体），从而缩短瓦斯压力平衡所需时间，进而缩短测压时间。被动测压法是指测压钻孔被密封后，利用被测煤层瓦斯的自然渗透作用，达到测压气室瓦斯压力平衡，进而测定煤层瓦斯压力。

2）按封孔方法及材料分类

按测压钻孔封孔材料的不同可分为胶囊（胶圈）—密封黏液封孔测压法和注浆封孔测压法。胶囊（胶圈）—密封黏液封孔测压法是指采用胶囊（胶圈）、密封黏液对测压钻孔进行封孔测压的方法。注浆封孔测压法是指封孔材料为水泥、膨胀剂加水搅拌成的混合浆液，通过注浆泵注入测压钻孔进行封孔的测压方法。

3）注意事项

（1）测定地点的选择应满足如下要求：①测定地点应优先选择在石门或岩巷的进风系统中，且行人少便于安设保护栅栏的地方；②测定地点应岩性致密，无断层、裂隙等地质构造，瓦斯赋存状况具有代表性；布孔时应避开含水层、溶洞，并保证与其距离不小于 50 m；③测压钻孔应有足够的封孔深度，穿层测压钻孔的见煤点或顺层测压钻孔的测压气室应位于巷道卸压圈之外，采用注浆封孔的测压钻孔倾角应不小于 5°；④同一地点应设置两个测压钻孔，其终孔见煤点或测压气室应在相互影响范围以外，距石门测压外应不小于 20 m；⑤对于煤层原始瓦斯压力的测压钻孔应避开采动、瓦斯抽采及其他人为卸压影响范围，并保证测压钻孔与其距离不小于 50 m；煤层残存瓦斯压力的测压钻孔则根据测压目的的要求进行测压地点选择；石门揭煤瓦斯压力测定钻孔的布置按《防治煤与瓦斯突出规定》的有关规定进行。

（2）测定钻孔的施工及封孔应满足下列要求：①钻孔直径宜为 65～95 mm，钻孔长度

应保证测压所需的封孔深度，且应尽可能加长测压钻孔的封孔深度；②钻孔施工应保证钻孔平直、孔形完整，穿层测压钻孔除特厚煤层外应穿透煤层全厚，对于特厚煤层测压钻孔应进入煤层 1.5 ~3 m；③钻孔施工中应准确记录钻孔开钻及完钻时间、钻孔方位、倾角、长度、见煤时间及长度等，钻孔施工完成后应立即用压风或清水清洗钻孔，清除钻屑，保证钻孔畅通。

（3）测压钻孔施工完成后应在 24 h 内完成钻孔的封孔工作。采用胶囊（胶圈）－密封黏液封孔时，封孔深度应不小于 10 m。采用注浆封孔的封孔深度应满足式（2－6）的要求：

$$L_{封} \geqslant L_1 / D\cot|\theta| \tag{2-6}$$

式中 $L_{封}$——钻孔封孔深度，m；

L_1——钻孔所需最小深度（有效封孔段长度），m；L_1 应保证穿层测压钻孔的见煤点、顺煤层测压钻孔的测压气室位于巷道的卸压圈之外，且 L_1 不小于12 m；穿层测压钻孔的 L_1 不应进入被测煤层，顺煤层测压钻孔封孔后应保证其测压气室长度不小于 1.5 m；

D——钻孔的直径，m；

θ——钻孔的倾角，$5° \leqslant |\theta| \leqslant 90°$。

在完成封孔工作 24 h 后即可进行测定工作。

（4）测定与测定结果的确定应满足下列要求：①采用主动测压时，只在第一次测定时向测压钻孔充入补偿气体，补偿气体的充气压力宜为预计的煤层瓦斯压力的 0.5 倍；采用被动测压法时，不进行气体补偿；②采用主动测压法时应每天观测一次测定压力表，当煤层瓦斯压力小于 4 MPa 时，其观测时间需 5 ~10 d；当煤层瓦斯压力大于 4 MPa 时，则需 10 ~20 d；采用被动测压法时应至少 3 d 观测一次测定压力表，根据煤层瓦斯压力及透气性大小的不同，其观测时间一般需 20 ~30 d 以上；③在观测中若发现瓦斯压力值变化较大，则应适当缩短观测时间的间隔；当瓦斯压力在 3 d 内的变化小于 0.015 MPa，且观测时间达到规定时，测压工作即可结束；否则，应延长测压时间；④在结束测压工作、撤卸测压装置时，应制定相应的安全措施，并测量从钻孔中放出的水量；若钻孔与含水层、溶洞导通，则此测压钻孔作废并按有关规定进行封堵；若测压孔没有与含水层、溶洞导通，则需对钻孔水对测定结果的影响进行修正；⑤同一测压地点以最高瓦斯压力测定值作为测定结果。

2. 煤层瓦斯压力（含量）的间接测定

煤层瓦斯压力（含量）间接测定的常用仪表有 WP－1 型煤层瓦斯压力（含量）快速测定仪、QPC－1型煤层瓦斯压力（含量）快速测定仪和 ACW－1 型煤层瓦斯压力（含量）快速测定仪等。

WP－1 型煤层瓦斯压力（含量）快速测定仪根据煤样解吸速度与时间变化呈幂函数关系，利用瓦斯解吸速度特征指标计算煤层瓦斯含量、煤层瓦斯压力，并具有自动测定、存储、计算、显示、打印等功能。它由煤样罐、检测器和数据处理机三部分组成。煤样罐由高密封性的有机玻璃制成，以保证煤样装入后不漏气。检测器装有流量传感器，测定煤样的瓦斯解吸量和解吸速度，并经放大调整和 A/D 转换生成数字信息储存和显示。测定结束后，由数据处理系统计算后，显示并最终打印出测定数据。

该仪器适用于煤矿井下任一工作地点，测定时不影响回采或掘进工作面的正常工作，测定速度快，不仅可测定煤层瓦斯含量，还可测定工作面前方煤体瓦斯压力，并能进行煤与瓦斯突出的预测预报。

QPC－1 型和 ACW－1 型煤层瓦斯压力（含量）快速测定仪的工作原理和测定方法与 WP－1 型煤层瓦斯压力（含量）快速测定仪大同小异，QPC－1 型煤层瓦斯压力（含量）快速测定仪目前仅适用于压力不大于 3 MPa 的瓦斯压力和含量的测定。

第三节　矿井瓦斯涌出量与等级划分

一、矿井瓦斯涌出形式

根据瓦斯涌出时在空间上和时间上的变化可分普通涌出和特殊涌出。

1. 普通涌出

瓦斯由煤、岩中缓慢地、均匀地、持久地涌出的形式叫普通涌出。涌出时，首先是自由态瓦斯，然后是吸附态瓦斯解吸涌出，这种涌出决定了矿井（采区）瓦斯的平衡。

普通涌出是瓦斯涌出的主要形式，占涌出量的绝大部分。当瓦斯压力很高时，可听到涌出时的“嘶嘶”响声，手放在煤壁上可感觉到凉，可见水中冒气泡等。

2. 特殊涌出

特殊涌出又称异常涌出，指从煤体或岩体裂隙、空洞、钻孔或炮眼中大量涌出瓦斯（二氧化碳）的现象。可分为瓦斯喷出和煤（岩）与瓦斯（二氧化碳）突出。瓦斯特殊涌出给安全生产带来很大威胁，是煤矿安全重点防控的灾害之一。

二、瓦斯涌出量及影响因素

（一）瓦斯涌出量及表示方法

以普通涌出形式涌出的瓦斯总量叫瓦斯涌出量。按范围可分为矿井瓦斯涌出量、采区瓦斯涌出量、工作面瓦斯涌出量等。瓦斯涌出量的表示方法有绝对瓦斯涌出量和相对瓦斯涌出量。

1. 绝对瓦斯涌出量

单位时间内涌出瓦斯的多少称为绝对瓦斯涌出量，用 Q_{CH_4} 表示，单位为 m^3/min 或 m^3/d。绝对瓦斯涌出量的计算公式为

$$Q_{CH_4} = Q_{总} C \tag{2-7}$$

或

$$Q_{CH_4} = 60 \times 24 Q_{总} C = 1440 Q_{总} C$$

式中　$Q_{总}$——矿井（采区、工作面）总回风量，m^3/min；

C——回风流中瓦斯浓度，%。

由于矿井生产能力和开采规模不同，Q_{CH_4} 的大小不能完全真正反映出瓦斯涌出的严重程度。因此，瓦斯涌出的严重程度可用相对瓦斯涌出量来衡量。

2. 相对瓦斯涌出量

平均日产 1 t 煤涌出瓦斯的多少，称为相对瓦斯涌出量，用 q_{CH_4} 表示，单位为 m^3/t。

相对涌出量的计算式为

$$q_{CH_4}=\frac{Q_{CH_4}}{T} \tag{2-8}$$

式中　T——瓦斯涌出计算时间（日、月）内的产量，t。

3. 瓦斯涌出不均衡系数

任何矿井都存在瓦斯涌出的不均匀性，若这种不均匀性过大，势必影响矿井安全生产，必须采取措施加以解决。瓦斯涌出不均衡系数是指某区域内最高瓦斯涌出量与区域内平均瓦斯涌出量的比值。采煤工作面或掘进工作面瓦斯涌出不均衡系数一般为1.2～1.5，矿井或采区的瓦斯涌出不均衡系数一般为1.1～1.3。

（二）瓦斯涌出量影响因素

瓦斯涌出量的影响因素可分为自然因素和开采技术因素。

1. 自然因素

瓦斯涌出量与煤层和围岩瓦斯含量成正比，与地面气压变化成反比。一个矿井一年内气压的变化可达6000 Pa以上，一日内可达2000 Pa以上，若矿井瓦斯主要来源于采空区时，要特别注意地面气压的变化和矿井主要通风机风压的变化。尤其是矿井突然停电时，由于井下风压的变化，往往造成采空区、火区中的有毒有害气体涌出。

2. 开采技术因素

（1）开采规模。矿井开采范围越大、开采深度越深、生产能力越大，瓦斯涌出量越大。

（2）开采顺序与开采方法。先采煤层瓦斯涌出量大；工作面周期来压时较正常时间瓦斯涌出量大；全部垮落法控制顶板较充填法瓦斯涌出量大；工作面后退式开采较前进式开采瓦斯涌出量小；采区采出率低，失煤多，瓦斯涌出量大等。

（3）生产工艺过程。炮采工作面生产工艺分为破、装、运、支、处五道工序，往往落煤时瓦斯涌出量最大。因此，高瓦斯采煤工作面机械化采煤时滚筒截深要适当减小；炮采时要分小段爆破，以防落煤时出现瓦斯超限现象。

（4）风压、风量的变化。风压变化对瓦斯涌出量的影响近似于地面气压的变化，抽出式通风时成正比，压入式通风时成反比。由于瓦斯易扩散，矿井风量增加时，风速加快，瓦斯涌出量增加。

（5）采空区密闭质量。采空区密闭质量差，漏风严重，不但瓦斯涌出量增加，而且也不利于自然发火的控制和矿井通风管理。

（6）通风系统。有利于控制采空区瓦斯涌出的通风系统可降低瓦斯涌出量，如倒退式回采U型通风系统较Y型、Z型通风系统瓦斯涌出量小。

三、矿井瓦斯等级划分与瓦斯等级鉴定

（一）矿井瓦斯等级划分

《煤矿安全规程》规定，一个矿井只要有一个煤（岩）层发现过瓦斯，该矿井即为瓦斯矿井，并按瓦斯矿井管理。瓦斯矿井按瓦斯相对涌出量、绝对涌出量和涌出形式划分为瓦斯矿井、高瓦斯矿井和煤（岩）与瓦斯（二氧化碳）突出矿井。

1. 煤（岩）与瓦斯（二氧化碳）突出矿井

具备下列情形之一的矿井为煤（岩）与瓦斯（二氧化碳）突出矿井：发生过煤（岩）与瓦斯（二氧化碳）突出的；经鉴定具有煤（岩）与瓦斯（二氧化碳）突出煤（岩）层的；依照有关规定有按照突出管理的煤层，但在规定期限内未完成突出危险性鉴定的。

2. 高瓦斯矿井

具备下列情形之一的矿井为高瓦斯矿井：矿井相对瓦斯涌出量大于 10 m^3/t；矿井绝对瓦斯涌出量大于 40 m^3/min；矿井任一掘进工作面绝对瓦斯涌出量大于 3 m^3/min；矿井任一采煤工作面绝对瓦斯涌出量大于 5 m^3/min。

3. 瓦斯矿井

同时满足下列条件的矿井为瓦斯矿井：矿井相对瓦斯涌出量小于或等于 10 m^3/t；矿井绝对瓦斯涌出量小于或等于 40 m^3/min；矿井各掘进工作面绝对瓦斯涌出量均小于或等于 3 m^3/min；矿井各采煤工作面绝对瓦斯涌出量均小于或等于 5 m^3/min。

（二）矿井瓦斯等级划分的目的意义

（1）法律法规与安全管理对不同瓦斯等级矿井的要求不同。如高瓦斯矿井、煤（岩）与瓦斯突出矿井为重大危险源，必须按照法规对重大危险源的规定进行管理。

（2）确定矿井开拓开采与通风系统的依据。如煤与瓦斯突出矿的运输和轨道大巷、主要风巷、采区上山和下山（盘区大巷）等主要巷道必须布置在岩层或非突出煤层中；高瓦斯矿、煤与瓦斯突出矿以及煤层易自燃和有热害的矿，应采用对角式通风或分区式通风；高瓦斯矿、煤与瓦斯突出以及煤层易自燃矿的采区，必须布置至少 1 条专用回风道；煤与瓦斯突出矿井严禁任何两个工作面串联通风，采煤工作面严禁下行通风；突出煤层的任何采掘工作面以及到突出煤层最小法向距离小于 10 m 的采掘工作面之间或与其他采掘工作面严禁进行串联通风等。

（3）确定矿井风量的依据。如没有瓦斯或低瓦斯矿井，可按井下同时工作的最多人数和吨煤供风标准计算矿井风量，高瓦斯矿井必须考虑井下同时工作的最多人数和总回风流中瓦斯不超限计算矿井风量。

（4）确定矿井瓦斯管理制度的依据。如《煤矿安全规程》规定，低瓦斯采掘工作面瓦斯检查每班不少于 2 次，高瓦斯采掘工作面不少于 3 次，煤与瓦斯突出采掘工作面必须设专人经常性检查瓦斯，并设瓦斯断电仪。

（5）爆破与炸药选择的依据。如低瓦斯矿岩石掘进工作面可使用安全等级不低于一级的煤矿安全许用炸药；低瓦斯矿煤层采掘工作面、半煤岩掘进工作面必须使用安全等级不低于二级的煤矿安全许用炸药；高瓦斯矿必须使用安全等级不低于三级的煤矿安全许用炸药；有煤（岩）与瓦斯突出危险的工作面，必须使用安全等级不低于三级的煤矿许用含水炸药。

（6）掘进安全装备系列化标准不同。如高瓦斯矿掘进工作面必须采用双风机、双电源、自动换向分风器和“三专两闭锁”的供风方式等，突出矿还必须采取“四位一体”的综合防突措施等。

（7）通风与安全监测监控要求不同。如低瓦斯矿必须在采掘工作面风流中设置瓦斯传感器，高瓦斯矿必须在采掘工作面风流和回风流中设置瓦斯传感器，而瓦斯突出矿除在采掘工作面风流和回风流中设置瓦斯传感器外，还必须在进风流中设置瓦斯传感器。

（8）机电设备选型的依据。如低瓦斯矿的井底车场、总进风巷和主要进风巷中可使用矿用一般型电气设备和架线式电机车，高瓦斯矿在上述巷道中必须使用矿用防爆型设备和使用防爆特殊型蓄电池电机车等。

此外，由于瓦斯等级不同，矿井安全条件也不同，有些地方对不同瓦斯等级的矿井的生产能力作了规定。

（三）矿井瓦斯等级鉴定

《煤矿安全规程》规定，每年必须对矿井进行瓦斯等级和二氧化碳涌出量的鉴定工作，报省（自治区、直辖市）负责煤炭行业管理的部门审批，并报省级煤矿安全监察机构备案。上报时应包括开采煤层最短发火期和自燃倾向性、煤尘爆炸性的鉴定结果。矿井瓦斯等级鉴定应由煤炭企业组织鉴定或委托有资质的中介结构进行鉴定。鉴定数据必须准确可靠，如实反映情况，鉴定单位对鉴定结果负责。

1. 鉴定时间的选择

根据矿井生产和气候变化，选择瓦斯涌出量较大的一个月作为鉴定时间，一般选择在7、8 月份。在测定月中取上、中、下旬各一天，间隔 10 d，在每天的各班中进行。

2. 测站选择

确定瓦斯等级时，按每一自然矿井、煤层、翼、水平和各采区分别计算相对瓦斯涌出量和绝对瓦斯涌出量。因此测点应布置在主要通风机的风硐、各水平、各煤层和各采区的进、回风道测风站内。无测风站时，可选取断面规整并无杂物堆积的一段平直巷道做测点。

每一测定班的测定时间应选在正常生产时刻，各测点并尽可能做到在同一时刻进行测定工作。

3. 测定内容

测定内容主要为风量、风流中瓦斯或二氧化碳浓度，同时应测定和统计瓦斯抽采量和月产煤量。如果进风流中含有瓦斯或二氧化碳时，还应在进风流中测定风量、瓦斯（二氧化碳）浓度。进回风流的瓦斯（二氧化碳）涌出量之差，就是鉴定地区的风排瓦斯（二氧化碳）量。

抽采瓦斯的矿井，在测定风排瓦斯（二氧化碳）量的同时，在相应的地区还要测定瓦斯抽采量。瓦斯涌出量包括抽出的瓦斯量和风排瓦斯量。

各测点要准确测定风量、风流中瓦斯和二氧化碳浓度以及气压、温度、湿度等。每班至少应测三次取平均值，每次应取巷道断面上、中、下三个测点取平均值。

有瓦斯抽采系统的矿井，在测定日内同时测定矿井瓦斯抽出量，以合并计算确定瓦斯等级。同时，在鉴定月内，应记录地面气压、温度、湿度等气象条件，以备参考。

4. 记录整理与瓦斯等级确定

取各测点一日中三次测定的平均值为该日测定值，然后取测定月三日中涌出量最大值作为确定瓦斯涌出量的依据。鉴定工作的记录与计算，一般采用表格的方式。

矿井瓦斯等级确定后，填写矿井瓦斯等级鉴定报告，按照《煤矿安全规程》规定程序，连同其他有关资料一起上报有关部门审批，并报有关部门备案。鉴定报告包括：

（1）矿井基本情况，见表 2－2。

表2-2　矿井基本情况表

<table>
<tr><td colspan="2">矿井名称</td><td></td><td colspan="2">隶属关系</td><td></td></tr>
<tr><td colspan="2">详细地址</td><td></td><td colspan="2">法人代表</td><td></td></tr>
<tr><td colspan="2">矿井职工数</td><td></td><td colspan="2">下井职工数</td><td></td></tr>
<tr><td colspan="2">井田面积/km²</td><td></td><td colspan="2">可采储量/Mt</td><td></td></tr>
<tr><td colspan="2">矿井现状</td><td>□生产□基建</td><td colspan="2">投产日期</td><td></td></tr>
<tr><td colspan="2">设计生产能力/(Mt·a⁻¹)</td><td></td><td colspan="2">核定生产能力/(Mt·a⁻¹)</td><td></td></tr>
<tr><td colspan="2">上年度原煤产量/Mt</td><td></td><td colspan="2">本年度计划产量/Mt</td><td></td></tr>
<tr><td colspan="2">可采煤层数</td><td></td><td colspan="2">现开采煤层名称</td><td></td></tr>
<tr><td colspan="2">煤层开采顺序</td><td></td><td colspan="2">地质构造复杂程度</td><td></td></tr>
<tr><td colspan="2">煤层倾角/(°)</td><td></td><td colspan="2">主采煤层厚度/m</td><td></td></tr>
<tr><td colspan="2">开拓方式</td><td></td><td colspan="2">井筒数</td><td></td></tr>
<tr><td colspan="2">水平数</td><td></td><td colspan="2">现开采水平</td><td></td></tr>
<tr><td colspan="2">采区数</td><td></td><td colspan="2">现开采采区名称</td><td></td></tr>
<tr><td colspan="2">采煤工作面数</td><td></td><td colspan="2">煤巷掘进工作面数</td><td></td></tr>
<tr><td colspan="2">采煤方法</td><td></td><td colspan="2">采煤工艺</td><td></td></tr>
<tr><td colspan="2">顶板控制方法</td><td></td><td colspan="2">掘进方式</td><td></td></tr>
<tr><td colspan="2">矿井通风方式</td><td></td><td rowspan="2">主要通风机</td><td>型号、台数</td><td></td></tr>
<tr><td colspan="2">矿井通风方法</td><td></td><td>电机功率/kW</td><td></td></tr>
<tr><td colspan="2">矿井总进风量/(m³·min⁻¹)</td><td></td><td colspan="2">矿井总回风量/(m³·min⁻¹)</td><td></td></tr>
<tr><td colspan="2">矿井通风等积孔/m²</td><td></td><td colspan="2">突出煤层名称</td><td></td></tr>
<tr><td colspan="2">地面抽采泵型号及台数</td><td></td><td colspan="2">抽采泵电机功率/kW</td><td></td></tr>
<tr><td colspan="2">井下移动泵站型号及台数</td><td></td><td colspan="2">移动泵站电机功率/kW</td><td></td></tr>
<tr><td colspan="2">抽采管直径及长度</td><td></td><td colspan="2">瓦斯抽采方法</td><td></td></tr>
<tr><td colspan="2">瓦斯抽采泵站负压/kPa</td><td></td><td colspan="2">瓦斯抽采浓度/%</td><td></td></tr>
<tr><td colspan="2">上年度抽采量/Mm³</td><td></td><td colspan="2">抽采瓦斯利用率/%</td><td></td></tr>
<tr><td colspan="2">安全监控系统型号</td><td></td><td colspan="2">生产厂家</td><td></td></tr>
<tr><td colspan="2">监控系统安装时间</td><td></td><td colspan="2">联网情况</td><td></td></tr>
<tr><td colspan="2">瓦斯传感器安装数</td><td></td><td colspan="2">瓦斯检查报警仪有效台数</td><td></td></tr>
<tr><td rowspan="2">瓦斯检查员数量</td><td>应配人数</td><td></td><td rowspan="2">自救器数量</td><td>应配台数</td><td></td></tr>
<tr><td>实配人数</td><td></td><td>实配台数</td><td></td></tr>
<tr><td colspan="2">其他需要说明的问题</td><td colspan="4"></td></tr>
</table>

（2）矿井瓦斯和二氧化碳测定基础数据表，见表2-3。

（3）矿井瓦斯和二氧化碳测定结果报告表，见表2-4。

（4）矿井通风系统图（绘制矿井通风系统图，并标注测定地点的位置）。

（5）瓦斯来源分析。

（6）矿井煤尘爆炸性鉴定情况（情况说明，附鉴定报告）。

表 2-3　矿井瓦斯和二氧化碳涌出量测定基础数据表

＿＿＿＿矿＿＿＿＿井　　　　　　＿＿＿＿年＿＿＿＿月

测点名称	气体名称	旬别	日期	第一班			第二班			第三班			三班平均排风量/($m^3 \cdot min^{-1}$)	瓦斯抽采量/($m^3 \cdot min^{-1}$)	瓦斯总量/($m^3 \cdot min^{-1}$)	月工作日/d	月产量/t	说明
				风量/($m^3 \cdot min^{-1}$)	浓度/%	涌出量/($m^3 \cdot min^{-1}$)	风量/($m^3 \cdot min^{-1}$)	浓度/%	涌出量/($m^3 \cdot min^{-1}$)	风量/($m^3 \cdot min^{-1}$)	浓度/%	涌出量/($m^3 \cdot min^{-1}$)						
	瓦斯	上																
		中																
		下																
	二氧化碳	上																
		中																
		下																

表 2-4　矿井瓦斯等级鉴定和二氧化碳测定结果报告表

＿＿＿＿矿＿＿＿＿井　　　　　　＿＿＿＿年＿＿＿＿月

矿井、煤层、翼、水平、采区名称	气体名称	三旬中最大一天的涌出量/($m^3 \cdot min^{-1}$)			月实际工作日/d	月产量/t	月平均日产量/($t \cdot d^{-1}$)	相对涌出量/($m^3 \cdot t^{-1}$)	矿井瓦斯等级	上年度瓦斯等级	上年度矿井瓦斯抽出量		说明
		风排量	抽出量	总量							绝对量/($m^3 \cdot min^{-1}$)	相对量/($m^3 \cdot t^{-1}$)	
	瓦斯												
	二氧化碳												

(7) 煤层自然发火倾向性鉴定（情况说明，附鉴定报告）、煤层自然发火期及内、外因火灾发生情况。

(8) 矿井煤（岩）瓦斯（二氧化碳）突出情况，瓦斯（二氧化碳）喷出情况。

(9) 鉴定月份生产状况及鉴定结果简要分析或说明。

(10) 鉴定单位和鉴定人员。

正在建设的矿井每年也应进行矿井瓦斯等级的鉴定工作。在没有采区投产的情况下，当单条掘进巷道的绝对瓦斯涌出量大于 3 m^3/min 时，矿井应定为高瓦斯矿井；在有采区投产的情况下，当采区相对瓦斯涌出量大于 10 m^3/t 时，矿井也应定为高瓦斯矿井；在采掘中发生过煤（岩）与瓦斯（二氧化碳）突出的矿井应定为煤（岩）与瓦斯（二氧化碳）突出矿井。如果鉴定结果与矿井设计不符时，应提出修改矿井瓦斯等级的专门报告，报原设计单位同意。

四、矿井瓦斯来源分析

1. 按瓦斯来源划分

煤层群开采时，一般分为本煤层瓦斯涌出、邻近煤层瓦斯涌出和围岩瓦斯涌出。

开采单一煤层时,采区瓦斯涌出一般分为掘进巷道涌出、采煤工作面涌出、采空区涌出、围岩涌出和采落煤炭涌出。矿井瓦斯来源一般分为回采区涌出、掘进区涌出和已采区涌出。

2. 各种涌出影响因素

掘进巷道瓦斯涌出强度和延续时间取决于煤层瓦斯含量、煤层透气性、巷道断面面积以及巷道保存时间等。掘进巷道涌出所占比重取决于采煤方法，如大准备量的短柱式采煤法的瓦斯涌出量大于长壁式采煤法。

采煤工作面在爆破落煤或采煤机割煤时涌出量增加。

邻近层瓦斯涌出量取决于邻近层瓦斯含量、瓦斯压力、层间距、围岩性质及顶板控制方法等。

3. 瓦斯分源治理

当瓦斯主要来源于掘进区时，应合理安排采掘比例和开拓布置，必要时预抽瓦斯。当瓦斯主要来源于回采区时，应采用工作面受压小、煤炭破碎率低、运煤快的采煤法。且合理布置采区，工作面错开落煤、放顶时间，选择合理的通风系统，或先开采涌出量小的煤层，或预抽煤层瓦斯等。当瓦斯主要来源于采空区时，可选择采出率高的采煤法或无煤柱开采，且加强采空区密闭质量，必要时采取采空区抽采瓦斯等。

当瓦斯主要来源于邻近层时，可选择邻近层抽采瓦斯措施。

五、矿井瓦斯涌出量预测

新设计矿井或生产矿井新水平、新采区，都必须进行瓦斯涌出量预测，以确定新矿井、新水平、新采区投产后涌出瓦斯等级和瓦斯涌出量的大小，作为矿井和采区通风设计、瓦斯抽采及瓦斯管理的依据。根据某些已知数据，按照一定的方法估算某一个区域的瓦斯涌出量的工作叫瓦斯涌出量预测。目前我国主要采用的有矿山统计法和分源预测法。

（一）矿山统计法

矿山统计法是根据矿井实际生产中瓦斯涌出量与开采深度的关系,预测某一开采深度的瓦斯涌出量的方法。这种方法以生产矿井实际统计资料分析整理，简单实用，应用广泛。

$$q=\frac{H-H_0}{\alpha}+2 \tag{2-9}$$

式中 q——矿井相对瓦斯涌出量，m^3/t；

H——开采深度，m；

H_0——瓦斯风化带深度，m；

α——相对瓦斯涌出量随开采深度的变化梯度，$m/(m^3 \cdot t^{-1})$。

1. 瓦斯梯度的确定

$$\alpha=\frac{H_2-H_1}{q_2-q_1} \tag{2-10}$$

式中 H_2——瓦斯带内二水平的开采深度，m；

H_1——瓦斯带内一水平的开采深度，m；

q_2——在 H_2 深度开采时的相对瓦斯涌出量，m^3/t；

q_1——在 H_1 深度开采时的相对瓦斯涌出量，m^3/t。

当瓦斯风化带以下有多个水平时，α 可计算其加权平均值。当瓦斯涌出量与开采深度呈线性关系时，可分别以横坐标表示开采深度，以纵坐标表示瓦斯相对涌出量（图 2－2），实线表示由统计资料得出的涌出量与开采深度的关系，虚线则表示某预测深度的瓦斯涌出量。但预测瓦斯涌出量外推范围沿垂深不得超过 200 m，沿煤层倾斜方向不得超过 600 m。

当瓦斯涌出量与开采深度不呈线性关系，即 α 不是常数时，应首先根据实测资料确定 α 值与开采深度的变化规律，然后再进行预测。

2. 瓦斯风化带的确定

瓦斯涌出量与开采度的关系曲线是在瓦斯风化带以下才成立的。由于赋存在煤层中的瓦斯通过煤层、围岩裂隙和断层向地表移动，造成该区域煤层瓦斯含量减少。同时，地表大气又向煤层移动，就形成了由浅到深的二氧化碳－氮气带、氮气带、氮气－甲烷带、甲烷带（图 2－3），各带的气体组分见表 2－5。

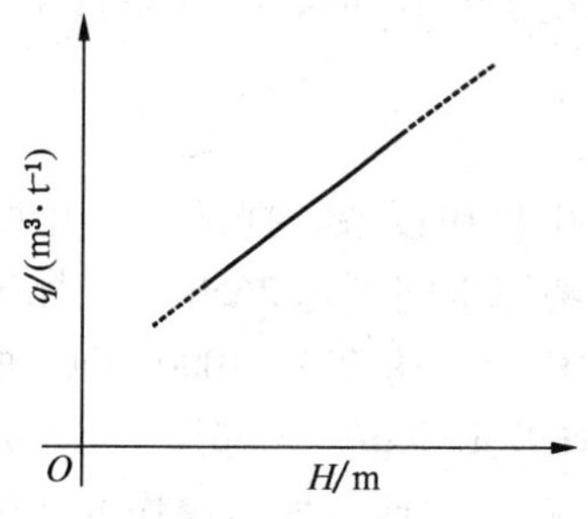

图 2－2 矿井瓦斯相对涌出量与开采深度的关系

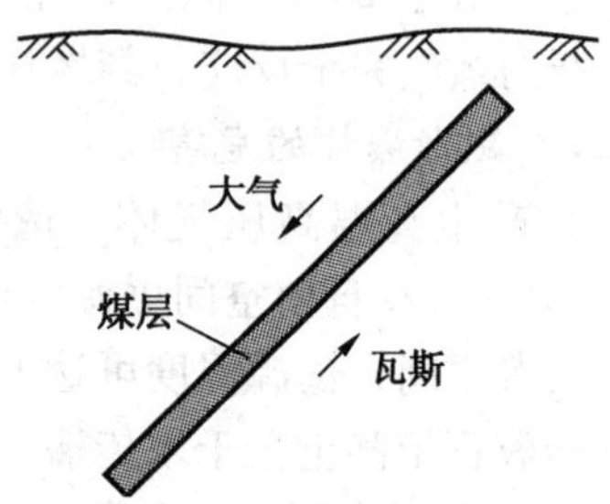

图 2－3 瓦斯风化带的形成

瓦斯风化带的深度可通过计算或实测煤层瓦斯参数确定。计算时可通过下式确定：

$$H_0=H_1-\alpha(q_1-2) \tag{2-11}$$

根据实测煤层瓦斯参数确定瓦斯风化带的下部边界时，可参照下列条件确定。

表2-5　沿煤层垂向各带气体组分

名称（由上而下）	成　因	二氧化碳/%	氮气/%	甲烷/%
二氧化碳-氮气带	空气-生化成因	20~80	20~80	0~10
氮气带	空气成因	0~20	80~100	0~20
氮气-甲烷带	变质成因	0~20	20~80	20~80
甲烷带	变质成因	0~10	0~20	80~100

（1）瓦斯及重烃的浓度之和占气体组分的80%以上（体积比）。

（2）瓦斯压力 $p=0.1\sim0.15$ MPa。

（3）瓦斯相对涌出量 $q=2\sim3\ m^3/t$。

（4）煤层瓦斯含量。长焰煤为1.0~1.5 m^3/t，气煤为1.5~2.0 m^3/t，肥煤、焦煤为2.0~2.5 m^3/t，瘦煤为2.5~3.0 m^3/t，贫煤为3.0~4.0 m^3/t，无烟煤为5.0~7.0 m^3/t。

（二）分源预测法

分源预测法就是根据矿井瓦斯涌出构成，预测采煤工作面、掘进工作面以及围岩和采空区瓦斯涌出量，作为新水平、新采区瓦斯涌出量的依据。这种预测方法误差大且复杂，生产矿井较少采用。

第四节　瓦斯爆炸与预防

一、瓦斯燃烧与爆炸

（一）瓦斯燃烧爆炸的过程

瓦斯与氧气混合，遇高温热源时发生剧烈而复杂的氧化反应，若反应生成热速度大于散热速度时，则造成热量积聚，温度升高，化学反应进一步加快，最后成为爆炸。爆炸时在瞬间放出大量能量并发出巨大的声响。反应的化学方程式为

$$CH_4+2O_2 = CO_2+2H_2O+882.6\ kJ/mol$$

由上式知，瓦斯与氧气完全反应的体积比为1∶2。由于大气中氧含量为20.96%，矿井条件下不低于20%，因此，瓦斯与空气混合体积比为9.5%时，矿井条件下为9.1%时，瓦斯与氧气完全反应，其爆炸威力最强。

（二）瓦斯爆炸的危害

（1）产生高温高压气体，造成人员伤亡，破坏井巷和设备。据试验，瓦斯浓度为9.5%时爆炸，在自由空间爆源温度可达1850 ℃，在密闭空间可达2650 ℃。煤矿井下条件介于二者之间，爆源温度可达1850~2650 ℃。爆炸压力可达700~1000 kPa，爆风冲击波以每秒数百米甚至上千米传播，造成人员伤亡，破坏巷道设备，扬起煤尘参与爆炸。

（2）引起煤尘爆炸。我国60%以上的煤矿煤尘具有爆炸性。煤尘爆炸的下限浓度一般认为是45 g/m^3，正常情况下空气中的煤尘是达不到爆炸浓度的，但遇上爆炸的冲击波、有车辆通过、撞击、震动等，使落尘扬起，瞬间达到爆炸浓度引起爆炸，使事故扩大，造成更大的伤亡。

（3）产生窒息条件。瓦斯爆炸后产生大量有毒有害气体，往往是造成死亡的主要原因。某煤矿瓦斯爆炸后气体成分分析：氧气为6%~12%，氮气为82%~88%，二氧化碳

为4% ~8%，一氧化碳为2% ~4%。若煤尘参与爆炸时，一氧化碳浓度会更高。据统计，发生瓦斯、煤尘爆炸时，70%以上的死亡者是由于一氧化碳中毒所致。

（4）引起火灾。爆炸的高温可引燃井下的风筒等可燃物。由于爆炸后通风系统遭破坏和火源的存在，当瓦斯涌出达到爆炸浓度时，还会发生第二次、第三次爆炸事故。

二、瓦斯爆炸条件及影响因素

瓦斯爆炸必须同时具备三个条件：一定的瓦斯浓度，足够的氧气，一定温度的引火热源。三个条件缺一不可，因此上述三条件称为瓦斯爆炸的充分必备条件。我们所采取的预防瓦斯爆炸事故的措施，就是消除其中任一个条件或全部条件。

（一）瓦斯浓度

瓦斯爆炸是链反应，只能在一定浓度下才爆炸。瓦斯浓度过低时，反应生成的热量不足，生成活化中心少，但能在火焰外围形成较稳定的浅蓝色火焰。当瓦斯浓度过高时，氧气相对不足，又不能生成足够的活化中心。同时，由于瓦斯的热容量较空气大2.5倍，剩余的瓦斯又吸收反应生成的热量，不能形成热量的积聚，也不能发展成为爆炸，但新鲜空气进入时，可使瓦斯稀释而爆炸。

实践证明，瓦斯在新鲜空气中爆炸的浓度体积比为5% ~16%，其中9.1% ~9.5%时爆炸力最强。当瓦斯浓度低于5%时，只燃烧不爆炸。因此，当矿井发生瓦斯燃烧火灾灭火时，不得减风或停风，以防瓦斯积聚爆炸。当瓦斯积聚引起爆炸事故时，要尽快恢复通风，以防瓦斯积聚再次爆炸。如2004年某高瓦斯矿工作面上隅角发生瓦斯燃烧事故，在灭火无效的情况下决定密闭工作面。在密闭墙将要接顶时发生了瓦斯爆炸，造成施工的多人受伤。

当瓦斯浓度高于16%时不燃烧也不爆炸，但新鲜空气进入时，由于稀释作用就有发生燃烧或爆炸的可能。因此，若矿井发生瓦斯突出或喷出引起爆炸事故时，要尽快扑灭火源后再恢复通风，否则风流稀释瓦斯就会发生爆炸。但由于受多种因素的影响，瓦斯爆炸的上下限不是固定不变的。主要影响因素如下：

1. 可燃气体的混入

煤矿可燃气体除瓦斯外，还有氢气、一氧化碳、硫化氢等，尤其是煤在自然发火热裂解过程中释放出的乙烯等重烃气体，其爆炸下限、点火温度和着火能量低。当混合气体中存在其他可燃气体，且其爆炸下限低于瓦斯时，混合气体的爆炸下限也降低。某些可燃气体的参数见表2-6。

表2-6 煤矿爆炸性气体参数

气体名称	爆炸下限/%	爆炸上限/%	最低点燃温度/℃	最小着火能量（20 ℃、101325 Pa）/mJ
瓦斯	5	16	650	0.28
乙烷	3.22	12.45	515	0.25
乙烯	2.75	28.6		
氢气	4	74.2	560	0.019
一氧化碳	12.5	75	605	
硫化氢	4.3	45.5	270	

因此，可燃气体的混入可使瓦斯爆炸界限扩大，即可使不具备爆炸浓度的瓦斯具有爆炸性。尤其是煤炭自燃火灾和矿井发生外因火灾用水灭火时，要特别注意其他可燃气体爆炸。如某低瓦斯矿发生火灾，救护队员用水灭火时设专人检查瓦斯，在瓦斯不超限的情况下发生了爆炸，事故原因分析是灭火时产生的水煤气发生了爆炸。

2. 煤尘的混入

煤尘为可燃物，受热分解可释放出大量可燃气体。如 1 kg 中等程度变质的煤受热时可释放出 290 ~ 350 dm^3 可燃气体，而且这些可燃气体燃点和爆炸下限低。因此，煤尘的存在不仅可使瓦斯爆炸界限扩大，而且可使爆炸强度更猛烈。如空气中有大量煤尘飞扬时，瓦斯浓度达 3% 时就可爆炸。

3. 惰性气体的混入

惰性气体的混入可降低氧气含量，阻碍反应时活化中心的形成，降低爆炸的危险性。如在混合气体中加入 25.5% 的二氧化碳，或 36% 的氮气，或 4.2% 的二溴二氟甲烷，或 6.1% 的一溴三氟甲烷，可使任何浓度下的瓦斯失去爆炸性。

惰性气体的混入在正常情况下无意义，但对启封火区和矿井火灾时利用惰性气体灭火，同时抑制瓦斯爆炸事故的发生，具有重要的实际意义。

4. 混合气体的初温与压力

升高温度可加快化学反应速度，温度每升高 1℃，化学反应速度可提高 10 倍；混合气体初温越高，爆炸界限越大。所以，火灾时可使不具备爆炸浓度的瓦斯具有爆炸性。矿井发生火灾灭火时，必须设专人检查瓦斯，当瓦斯达到 2% 且继续升高时，必须及时撤出人员，以防瓦斯爆炸。

气体的压缩性强，同等条件下压力越高，其密度越大，单位体积的气体分子数也越多，反应的机会也越多，爆炸范围越大。因此，矿井发生瓦斯燃烧火灾时，不得采用震动法灭火，以防压力升高引起不具备爆炸浓度的瓦斯爆炸。

混合气体爆炸范围与温度和压力的关系见表 2-7。

表 2-7 混合气体爆炸范围与温度和压力的关系

温度/℃	范围（体积比）/%	压力/kPa	范围（体积比）/%
20	6 ~ 13.4	700	3.25 ~ 18.75
100	5.45 ~ 13.4	101.3	5.6 ~ 14.3
300	4.4 ~ 14.25	1013	5.9 ~ 17.2
600	3.35 ~ 16.4	5065	5.4 ~ 29.4

（二）引火温度

1. 瓦斯的引火温度与着火能量

点燃瓦斯需要的最低温度称引火温度。在正常大气压条件下，瓦斯的引火温度一般认为是 650 ~ 750 ℃。引火温度越高，其能量也越大，瓦斯的爆炸界限扩大。因此，矿井火灾时，可使不具备爆炸浓度的瓦斯发生爆炸。

点燃瓦斯所需要的最低能量称着火能量。瓦斯浓度为 8.3% ~ 8.6% 时，着火能量只有0.28 mJ。因此，井下的各种明火、自燃、静电火花、撞击或摩擦产生的火花都可点燃瓦斯。矿井所使用的本质安全型电气设备的防爆原理，就是限制其火花的能量（规定不大于0.25 mJ）小于瓦斯的着火能量。当电气设备着火能量大时，采用坚固的金属外壳予以封闭，这就是防爆型电气设备的原理。

2. 迟延现象与感应期

由于瓦斯的热容量是空气的2.5倍，其遇高温或热源并不马上燃烧爆炸，要迟延一个很短的时间，这种现象叫引燃迟延现象，迟延的时间叫感应期。

瓦斯引燃的感应期与瓦斯浓度和引火温度等有关。瓦斯浓度越高，感应期越长；引火温度越高，感应期越短。不同瓦斯浓度和引火温度下的感应期见表2-8。

表2-8　不同瓦斯浓度和引火温度下的感应期

瓦斯浓度/%	引火温度/℃				
	775	875	975	1075	1175
	感应期/s				
6	1.08	0.35	0.12	0.039	
7	1.15	0.36	0.13	0.041	0.010
8	1.25	0.37	0.14	0.042	0.012
9	1.30	0.39	0.14	0.044	0.015
10	1.40	0.41	0.15	0.049	0.018
12	1.64	0.44	0.16	0.055	0.020

瓦斯的引燃感应期对井下爆破和机电设备管理工作有十分重要的实际意义。井下爆破时，虽然炸药爆炸的瞬间温度高达2000 ℃以上，但由于存在的时间极短，只有几毫秒，小于瓦斯的感应期，因此并不能引起瓦斯爆炸。若使用不合格的炸药，或裸露爆破，或炮泥填塞不符合要求，或雷管延时过长等，火焰存在的时间超过瓦斯的引燃感应期时，就有引起瓦斯燃烧或爆炸的可能。

同时，煤矿井下有许多机电设备，且现代化程度越高，机电设备越多。这些机电设备存在短路、过流、接地等隐患，若设备出现上述现象时能及时切断电源，使电火花存在的时间小于瓦斯引燃感应期，也不至于引燃瓦斯。

实际中的瓦斯引燃感应期要比理论值短得多，甚至消失。如爆破时，由于压力升高，感应期缩短；当混合气体中存在瓦斯同系物时，感应期缩短；当混合气体中含有0.5%的甲醛或0.32%的二氧化氮时，感应期完全消失。而甲醛是瓦斯氧化过程的中间产物，二氧化氮是硝铵炸药爆炸后产物。

（三）氧气浓度

瓦斯爆炸是瓦斯与氧气剧烈反应的结果，因此氧气浓度降低，爆炸的界限缩小，当氧气浓度降低到12%以下时，瓦斯失去爆炸性。如图2-4所示，正常气压下，瓦斯浓度与氧气的关系可用*AD*线表示。当氧气浓度降低时，爆炸下限为*BE*线，爆炸上限为*CE*线，氧气浓度为12%时混合气体失去爆炸性。因此，混合气体的爆炸性形成爆炸区、不爆炸区和新鲜空气进入时可能爆炸区三个区域。

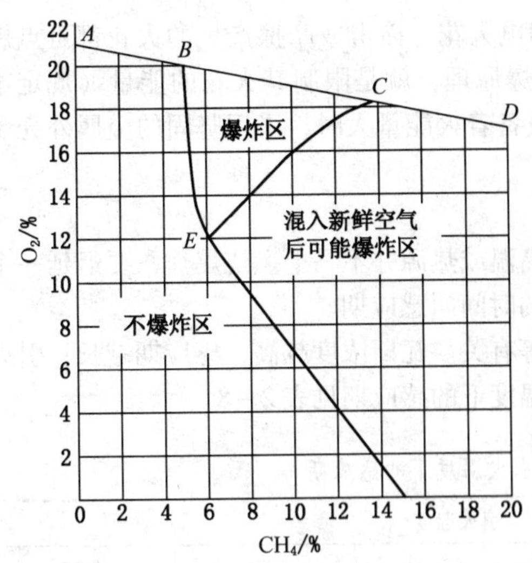

图 2-4　瓦斯与空气混合爆炸界限与氧气浓度的关系

《煤矿安全规程》规定，采掘工作面进风流中氧气浓度不得低于 20%，即矿井正常条件下充足的氧气始终是满足的，氧浓度对瓦斯爆炸的影响正常情况下无意义，但对于火区的启封等有重要的实际意义。火区内往往存在高浓度的瓦斯，只有氧气浓度低于 12% 时才不会发生爆炸事故。若火源没有完全熄灭，启封火区或存在漏风，当新鲜空气流入时，就会发生瓦斯爆炸事故。如某矿由于掘进工作面发生瓦斯突出引发瓦斯爆炸事故予以封闭，几天后打开密闭恢复通风时发生了瓦斯爆炸，又重新封闭。一周后再次打开密闭，恢复通风时又发生了瓦斯爆炸。之后重复上述操作又发生多起爆炸事故，后来发现是由于巷道高冒处有煤炭自燃火源存在所致。因此，发生矿井火灾采取密闭法灭火或启封火区时，都必须制定预防瓦斯爆炸的措施。

综上，瓦斯爆炸的下限为 5%，而规定采掘工作面风流中瓦斯浓度不得大于 1%，主要原因在于：①可燃气体的存在，可使瓦斯爆炸的下限降低，且重烃化合物的相对分子质量越重，其爆炸下限和着火能量越小；②混合气体中煤尘的存在可使爆炸下限降低；③高气压和热量高的高温热源可引燃不具备爆炸浓度的瓦斯；④瓦斯浓度在时间上、空间上的不均匀性，人员检测在时间上、空间上的漏检性，以及测定仪表存在误差和测定人员存在读数误差等。

三、预防瓦斯爆炸的措施

（一）防止瓦斯积聚

井下局部空间瓦斯浓度达 2% 以上、空间体积大于 $0.5\ m^3$ 时都称为瓦斯积聚。防止瓦斯积聚的主要措施如下：

1. 加强通风

加强通风是预防瓦斯积聚的最根本措施。矿井通风就是通过通风这个手段，达到防瓦斯积聚、防尘、防火的目的。矿井要采用机械通风，每一矿井都必须有独立、合理的通风系统；各水平、各采区布置单独回风道，实行分区通风；风流便于调节和控制，保证风流的连续、稳定；严禁超能力生产，保证足够的风速、风量，将瓦斯冲淡至允许浓度以下并排出井外；避免不符合规定的串联通风、角联通风、扩散通风、微风等通风安全隐患的存在等。

2. 瓦斯抽采

瓦斯抽采是瓦斯治理“十二字”方针的重要内容，具有釜底抽薪、源头治本作用，是瓦斯治理的基础性、关键性措施，也是我国大多数高瓦斯矿和煤与瓦斯突出矿预防煤与瓦斯突出的主要措施之一。当矿井采用通风的方法解决瓦斯问题在技术上、经济上不合理时，应采取抽采瓦斯措施，以降低煤（岩）层瓦斯含量，减小煤层开采时的瓦斯涌出量。

3. 加强瓦斯检查与监测

要认真落实《煤矿安全规程》瓦斯防治和通风安全监测监控的有关规定，建立健全安全监测队伍和管理制度，落实安全监测责任。低瓦斯矿采掘工作面瓦斯检查每班不得少于2次，高瓦斯矿每班不少于3次。有煤与瓦斯突出危险的采掘工作面，或瓦斯涌出量大、变化异常的采掘工作面，要设专人经常性检查瓦斯。要认真落实“一炮三检”和“三人联锁爆破”制度，对检查中发现的问题及时处理。

各类矿井都应按照《煤矿安全规程》有关规定设置瓦斯传感器，其报警、断电和断电范围等功能符合有关规定。

4. 合理安排生产，防止盲巷出现

当巷道长度超过6 m，又没有通风手段通风或微风时，都叫盲巷。盲巷容易积聚瓦斯造成事故，必须在采掘生产安排上防止盲巷出现。

首先要从巷道设计、计划安排和施工程序上，做到合理、准确，避免出现任何形式的盲巷。井下所有已开工的掘进巷道，必须按设计要求竣工，不准中途停掘，对确有特殊情况需要停止掘进的巷道，必须编制停工报告，制定安全措施并报矿技术负责人批准。

对于掘进施工中的独头巷道，局部通风机必须保持连续运转，不得停风。临时停风的地点，要立即断电撤人，并在巷道口断开风筒，设置栅栏，揭示警标，严禁人员入内。当停风区内的瓦斯和二氧化碳浓度达到3.0%或其他有害气体超过规定，不能立即处理时，必须在24 h内临时密闭。

长期停工的煤巷及瓦斯涌出较大的岩巷必须构筑永久密闭；报废的旧巷应及时充填或永久密闭；封闭的盲巷要建立台账，定期检查，至少每周一次；只打栅栏的盲巷应设置检查点，每天在栅栏外风流中至少检查一次，发现问题采取措施及时处理。

有瓦斯积存的盲巷恢复通风排放瓦斯或打开密闭时，应特别慎重，必须按照有关规定编制专门的排放瓦斯安全措施，并报矿技术负责人批准后实施。

5. 及时有效地处理局部积聚瓦斯

生产中容易积聚瓦斯的地点包括：采煤工作面上隅角、采煤机附近、临时停风的掘进工作面、顶板冒落的空洞内、低风速的顶板附近、打钻施工时的钻眼附近以及工作面采空区边界等。可采取向这些地点加大风量，提高风速，引导风流冲淡排出，将盲巷、冒顶空间封闭隔绝，必要时抽采等措施予以处理。

（二）瓦斯积聚的处理措施

1. 采煤工作面上隅角积聚瓦斯的处理

采煤工作面上出口接近采空区的三角部位叫上隅角，工作面上行通风时，此处易积聚瓦斯。上隅角易发生瓦斯事故的原因包括：①采空区漏风，漏风出口易带出高浓度的瓦斯；②直角转弯易形成涡流，瓦斯不易被风流带出；③瓦斯流动方向与风流方向一致，低风速下瓦斯不易形成紊流带出，易在上隅角积聚；④工作面上下出口煤壁在双重应力下较松软，易产生放炮火源；⑤回柱绞车等电气设备易产生电火花等。

预防上隅角瓦斯积聚的根本性措施是改变巷道布置和通风系统。从预防上隅角瓦斯积聚而言，在条件许可时，倾斜长壁工作面较走向长壁工作面要好；下行通风优于上行通风；Y型、Z型通风系统优于U型通风系统等。但这些方法都不同程度地受到一定条件的限制，应综合考虑。

上隅角瓦斯积聚的预防与处理措施有引导风流冲淡排出、尾巷排放法、通风设备排出法、瓦斯抽采等。

(1) 引导风流冲淡排出。当工作面瓦斯涌出量不大，上隅角瓦斯超限不严重时，可在上隅角附近设置帆布风障或木板隔墙，引导风流经过上隅角将积聚的瓦斯冲淡排出，如图2－5所示。风障可设置1道或多道，这种方式简便易行，使用广泛。

(2) 尾巷排放法。对于没有煤炭自然发火危险的煤层，当工作面双巷布置或布置有尾巷时，可通过改变工作面漏风方向，使漏风经过工作面上隅角，冲淡、排出积聚的瓦斯，如图2－6所示。当排放效果不好时，可通过在工作面回风巷设置调节风门等措施，增大工作面与尾巷间的压力差和漏风量，提高排放效果。

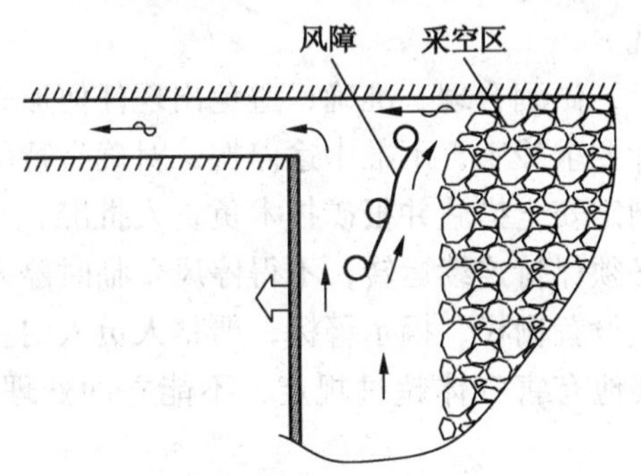

图2－5　风障引导风流排放上隅角积聚瓦斯

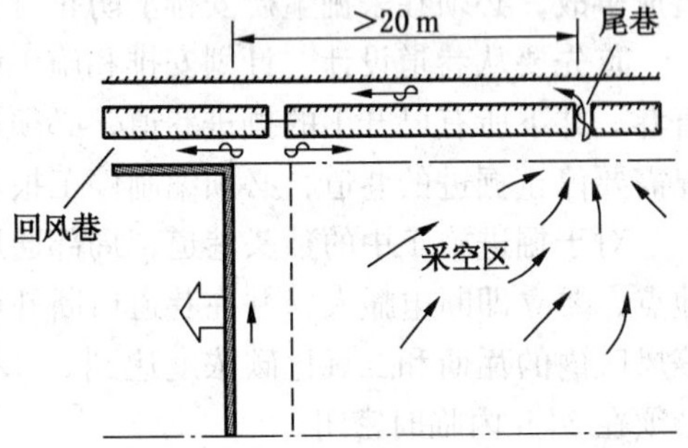

图2－6　利用尾巷排放上隅角积聚瓦斯

采用尾巷排放时，要加强尾巷风流中瓦斯的检查和监控，保证回风流中瓦斯不超限。

当采煤工作面瓦斯涌出量大于或等于20 m^3/min，进回风巷道净断面8 m^2以上，经抽采瓦斯且抽采率25%以上且增大风量已达到最高允许风速后，其回风巷风流中瓦斯浓度仍不能降低到1.0%以下时，可采用专用排瓦斯巷，但该巷回风流中的瓦斯浓度不得超过2.5%，并遵守下列规定：①工作面风流控制必须可靠；②专用排瓦斯巷必须在工作面进回风巷道系统之外另外布置，并编制专门设计和制定专项安全技术措施；③严禁将工作面回风巷作为专用排瓦斯巷管理；④专用排瓦斯巷及其辅助性巷道内不得进行生产作业和设置电气设备；⑤专用排瓦斯巷进行巷道维修工作时，瓦斯浓度必须低于1.0%；⑥专用排瓦斯巷内风速不得低于0.5 m/s；⑦专用排瓦斯巷内必须使用不燃性材料支护，并应有防静电、摩擦和撞击火花的安全措施；⑧专用排瓦斯巷必须贯穿整个工作面推进长度且不得留有盲巷；⑨专用排瓦斯巷内必须安设瓦斯传感器，当瓦斯浓度达到2.5%时，能发出报警信号并切断工作面电源，工作面必须停止工作，进行处理；⑩专用排瓦斯巷禁止布置在易自燃煤层中。

(3) 通风设备排出法。当上隅角瓦斯积聚较严重，引导风流冲淡排出效果不能满足要求时，可在上隅角附近设置风、水引射器，将上隅角积聚的瓦斯排至工作面缺口以外的回风流中。如河南平煤集团研制的小型液压通风机等，排放效果良好。

(4) 瓦斯抽采。当采空区涌出量很大，上隅角瓦斯积聚严重，采用其他方法达不到预期效果时，可利用矿井瓦斯抽采系统或瓦斯抽采移动泵站，在上隅角采空区中布置管道进行瓦斯抽采。

此外,若条件许可时,上隅角采取超前放顶、超前充填等措施,也能有效预防瓦斯积聚。

2. 采煤机截割部附近瓦斯积聚的处理

采煤机截割部附近容易发生瓦斯事故，其主要原因包括新破落煤炭，且生产能力大，瓦斯涌出量也大；通风不好，瓦斯易积聚；采煤机等电气设备有发生电火花的可能；截齿与坚硬夹石或割顶板、割支架顶梁易发生摩擦火花等。

采煤机截割部附近瓦斯积聚的处理措施主要包括：

（1）降低瓦斯涌出量不均衡性。如改变作业方式和劳动组织形式，由“三八”制改为“四六”制，由两采一准改为边采边准，减小采煤机的截深，降低牵引速度等。

（2）加大工作面进风量。机采工作面生产能力大，瓦斯涌出量也大。如在条件许可时，采用 W 型通风系统；在有效防尘等措施下，可适当加大进风量，提高工作面风速，但不得大于 5 m/s。

（3）加强采煤机附近的通风。如在采煤机摇臂附近安设水风扇，不仅可吹散滚筒附近的瓦斯，而且又可起到防尘的作用。

（4）瓦斯抽采。当工作面瓦斯涌出量很大，采用其他方法达不到预期效果时，可采取工作面瓦斯抽采措施，以降低煤层含量，减少涌出量。

3. 掘进工作面瓦斯积聚的处理

掘进工作面易发生瓦斯事故的主要原因包括巷道处于先揭露的煤体中，瓦斯涌出量大；局部通风机通风，风流不稳定；掘进工作面电气设备多，易产生电火花；掘进工作面经常爆破，易发生爆破火源等。

掘进工作面预防瓦斯事故的根本性措施在于全面贯彻落实掘进工作面安全装备系统化标准和《煤矿安全规程》有关规定。此外，对工作面穿过的老巷、老空、瓦斯涌出异常区，要编制专门的防瓦斯安全技术措施；对大断面掘进巷道可适当加大风量，使瓦斯充分混合带出；对巷道高冒处及时充填或引导风流吹散；对裂隙发育的涌出异常区及时封堵等。当瓦斯涌出量大，采用通风的方法解决瓦斯问题不合理时，应采取抽采措施等。

4. 顶板附近层状瓦斯

对于大断面、低风速的巷道，往往容易在顶板附近形成层状瓦斯流。如某矿 -400 m 大巷掘进时穿透断层，涌出大量瓦斯，在掘进工作面后方轨道大巷顶部形成厚 15 cm、长 30 m 的瓦斯层，浓度达 10%。据英国、德国统计，三分之二的瓦斯燃烧爆炸事故发生于顶板层状瓦斯。随着机械化程度的提高，矿井巷道断面不断增大，预防顶板附近的瓦斯是一个不可忽视的问题。顶板附近层状瓦斯的预防措施主要包括：

（1）加大巷道平场风速，使瓦斯与风流充分混合带出。一般认为，防止瓦斯层状积聚的风速不应小于 0.5 ~1 m/s。

（2）加大顶板附近风速。对于设置防爆棚挑顶或工作面设备组装点因其他原因断面局部扩大的巷道，可在其顶板附近设置导风板，或抬高风筒增加漏风，或压气管道设置漏风三通等方法，吹散顶板附近积聚的瓦斯。

（3）密闭隔绝瓦斯涌出源。当瓦斯通过顶板裂缝涌出且涌出量不大时，可用木板、黄泥、注浆等方法封堵。

同时，要加强顶板附近的瓦斯检查，如安设瓦斯传感器、悬挂瓦斯报警仪等，发现问题及时处理。

5. 顶板冒落孔洞内瓦斯积聚的处理

由于瓦斯较空气轻，易上浮，顶板高冒孔洞内是瓦斯最容易积聚的地方。对于放顶煤开采工作面，一般设专用排瓦斯巷。对于巷道高冒处，可将冒落区用不燃性材料填实，或用当风板、风袖等引导风流吹散等。值得注意的是，当冒落空洞高时，采用人体进入填实法处理施工前，必须对冒落孔洞内进行通风，否则有瓦斯晕人或燃烧爆炸的危险。

6. 刮板输送机底槽瓦斯积聚的处理

刮板输送机停止运转时，底槽往往容易积聚瓦斯，刮板输送机运转时产生的摩擦火花可引起瓦斯的燃烧或爆炸，这种案例已屡见不鲜。采取的防治措施包括：及时清除底槽残存煤炭和输送两侧散落煤炭，保证底槽畅通；保证输送机经常性运转，以防瓦斯积聚；将压风引至底槽，吹散积聚的瓦斯；当底槽积聚瓦斯时，可吊起输送机处理等。

7. 预防钻孔施工时引燃瓦斯的措施

在高瓦斯煤（岩）层中打孔时，往往钻孔附近瓦斯超限，稍有不慎，就会引起瓦斯燃烧等事故。预防打钻引燃瓦斯的措施主要包括：

（1）打钻时，要配备铜锤、铜锹，用于敲打钻杆与清理煤粉。钻杆应轻拿轻放，以防撞击产生火花。

（2）打钻要湿式作业，或在孔口安装喷雾装置喷淋。

（3）打钻过程中要反复进退钻杆，倒出钻屑，防止摩擦产生高温引燃瓦斯、煤尘。钻杆过热时，要及时用水冷却。

（4）打钻施工人员应佩带便携式瓦斯检测报警仪，瓦斯超限时必须立即停止作业。

（5）工作面有超前钻孔或报废孔时，要用水、黄土等惰性材料充填。

（6）钻场附近应配备灭火器，发生燃烧时及时扑灭。

8. 盲巷瓦斯积聚的处理

独头掘进巷道停风或密闭区启封等盲巷恢复生产时，必须首先排除积聚的瓦斯。排除瓦斯是一项十分复杂、危险的工作，稍有疏忽就会造成事故。排除瓦斯时必须制定安全技术措施，安全技术组织措施一般应包括如下内容：

（1）必须坚持撤人、断电、限量。即排放瓦斯流经路线和瓦斯流切断出口的区域以及其他影响范围内的所有人员必须撤出；同时排放瓦斯流经巷道和受排放瓦斯影响的其他范围的电源必须全部切断；采取控制法排放，严禁“一吹风”，确保排出的瓦斯流与矿井全风压风流汇合前瓦斯浓度不大于1.5%，混合后不超过1.0%；未形成全风压通风的地点，排放瓦斯时全风压风流中瓦斯浓度严格控制不超过0.5%；在排放瓦斯流与矿井全风压流汇合点设置瓦斯自动监测报警断电仪。

（2）必须落实三项责任。已批准的排放瓦斯措施必须由矿技术负责人或通风安全副总工程师负责组织贯彻落实，安排专人负责撤离人员和设立警戒，凡是受到排放瓦斯影响的硐室、巷道和排放瓦斯风流切断安全出口的采掘工作面，必须停止作业撤出人员，指定人员警戒，禁止其他人员进入；安排专人负责切断电源和电气设备完好情况的检查，断电要在采区变电所和配电点同时切断；加强排放瓦斯工作的领导，明确排放人员名单，责任到人，所有参加排放人员必须在措施上签字。

（3）计算瓦斯积聚量，根据供风量确定排放时间和排放方法。

（4）瓦斯排放实行分级管理。排放瓦斯风流流经路线短，直接进入回风流，不影响其他采掘工作面的排放瓦斯安全措施，由矿技术负责人组织有关部门共同审查，并经矿技术负责人批准后，由通风区（队）长现场指挥排放。

因停电造成局部通风机停风，掘进巷道贯通老巷和采空区等需要排放瓦斯时，都必须由矿技术负责人组织，编制针对性的安全排放措施，并由矿技术负责人指挥排放瓦斯。

掘进巷道或贯通老巷、已封闭的停风区，积聚瓦斯浓度超过3.0%，排放路线长、影响范围大、排放风流切断其他采掘工作面安全出口的，其排放瓦斯的措施，必须由矿技术负责人组织有关部门共同审查，报上一级技术负责人批准。由矿技术负责人组织实施并任总指挥，通风安全副总工程师带领有关人员现场指挥排放工作。

（5）排放串联通风地区瓦斯时必须严格遵守排放次序，首先应从进风方向第一台局部通风机开始排放，只有串联通风机排放瓦斯结束后，被串通风机方准送电。排放瓦斯流经区域内，必须撤出人员，切断电源，严禁二次串联风。

（6）安全监督部门负责监督排放瓦斯措施的实施，必须有安监人员在现场监督检查，安全措施不落实时严禁排放；违章排放时必须立即禁止，并追其责任，严肃处理。

（7）瓦斯排放后只有检查该区域瓦斯浓度达到安全规定并稳定一定时间后，方可允许人员进入，恢复送电。

（8）必须做好瓦斯排放记录，并与排放措施一并保存备查。

（9）瓦斯积聚排放方法。当停风时间短，瓦斯浓度低时可直接启动风机一次性排放。当瓦斯浓度高时，必须采取控制法排放，即通过控制局部通风机供风量来控制排放瓦斯流浓度。局部通风机供风量常用的控制方法主要包括：在局部通风机吸风口加盖木板，通过增大风机风阻减少供风量；通过用钢丝捆扎风机出风口风筒，增大风阻调整供风量；断开风筒接头（或安设三通），通过调整漏风来调整供风量；断开风筒由外及里分段排放等。

此外，瓦斯排放专用风机的出现为瓦斯排放工作的安全提供了保障。它在风机上设置有一可自动调节的漏风门，以调节风机的供风量。在排放瓦斯流与矿井全风压风流汇合处设置可控制风机漏风门的瓦斯传感器，当瓦斯浓度大于1.5%自动增大漏风，减小排出的瓦斯量；当排出的瓦斯浓度低时，自动减小漏风量，增大排出的瓦斯量，以缩短排放时间。

无论选择哪种排放瓦斯的方法，都必须设专人加强回风流中瓦斯浓度的检查，始终控制回风流中瓦斯浓度不超限。

9. 巷道贯通时的瓦斯管理

巷道贯通前，一般巷道相距20 m前，综合机械化掘进巷道在相距50 m前，突出煤层掘进工作面在相距60 m前，必须停止一个工作面作业，做好调整通风系统的准备工作。有关部门负责组织编制专门的巷道贯通安全技术措施和通风系统调整方案。若巷道贯通的是老巷或废巷，如果能恢复通风的，要启封密闭，排放瓦斯，恢复通风。

在突出煤层中，掘进工作面与煤层巷道交叉贯通前，被贯通的煤层巷道必须超过贯通位置，其超前距不得小于5 m，并且贯通点周围10 m内的巷道应加强支护。

巷道贯通时，有关领导必须现场统一指挥，确保施工安全。只准一个工作面向前掘进，对方工作面必须停止一切工作，撤出作业人员，设置栅栏及警标，加强支护，防止冒顶，保持正常通风。只有在两个工作面及其回风流中的瓦斯浓度都在1.0%以下，两个工作面都设置专人警戒后，方可进行装药爆破作业。

对于间距小于20 m的平行巷道，其中一个进行爆破时，两个工作面的人员都必须撤至安全地点。

巷道贯通后，必须停止采区内的一切工作，立即进行通风系统调整，实现全风压通风，并检查风速、瓦斯浓度和通风系统，只有当风速、瓦斯浓度符合有关规定，风流稳定后，方可恢复生产。

10. 全矿井停电瓦斯积聚的处理

由于某种原因造成全矿井停电时，主要通风机停止运转，井下无风或微风形成瓦斯积聚，恢复送电时若处理不当，就有可能引起瓦斯爆炸。同时，主要通风机停止运转时，矿井压力发生变化，可能从封闭的火区或采空区中泄出一氧化碳、氮气、甲烷等，造成中毒或窒息事故，尤其是压入式通风矿井。对于涌水量大的矿井，停电使水泵不能排水，时间长了可能造成淹井事故。

全矿突然停电是安全的重大安全隐患，必须采取安全措施预防事故的发生。安全措施应包括以下内容：

（1）停止工作，切断电源，撤出人员。受停风影响区域必须立即停止工作，将人员撤至进风巷，必要时撤至地面。

（2）打开防爆门（盖）和有关风门，充分利用自然风压通风。此时要特别加强井口附近的火源管理。

（3）加强瓦斯、爆破和电气设备的检查。各作业地点必须停止爆破，瓦斯检查员要加强瓦斯的检查和汇报，同时检查各电气设备是否处于断开状态，否则必须予以断开，以防自动恢复送电。

（4）派救护队加强瓦斯涌出异常区、采空区和火区的瓦斯检查，特别是封闭火区有害气体的检查。

（5）井上来电后，关闭防爆门（盖），及时启动主要通风机，恢复矿井通风。

（6）制定安全技术措施，按照由近及远的原则排除井下积聚的瓦斯。只有确认井下有害气体不超限，处于安全状态后，方可向井下采区、采掘工作面等逐级恢复送电。

（三）防止瓦斯引燃措施

1. 防止明火

严禁携带烟草和点火物品下井。井口房、通风机房和抽采瓦斯泵站附近 20 m 内，不得有烟火或用火炉取暖；井下严禁使用灯泡和电炉取暖。井下和井口房内不得从事电焊、气焊、喷灯焊接等工作，如果必须在井下主要硐室、主要进风巷和井口房内进行电焊、气焊和喷灯焊接等工作时，必须遵守《煤矿安全规程》有关规定，制定安全措施并履行审批手续；矿灯应完好，否则不得发出，应该爱护矿灯，严禁拆开、敲打、撞击；严格井下火区管理；任何人发现井下火情时，应立即采取一切尽可能的办法直接灭火，并迅速报告矿调度室，以便及时处理等。

2. 加强爆破管理

爆破作业人员必须经过专门培训，经考试合格持证上岗。井下爆破作业时，打眼、装药、封泥和爆破都必须遵守《煤矿安全规程》有关规定，必须使用煤矿许用炸药和煤矿许用电雷管。使用煤矿许用毫秒延期电雷管时，最后一段的延期时间不得超过 130 ms。严禁裸露爆破和一次装药分次爆破。

3. 防止电火花

井下使用的电气设备和供电网路都必须符合《煤矿安全规程》规定。井下不得带电检修、搬迁电气设备（包括电缆和电线）；井下防爆电气设备的运行、维护和修理工作，必须符合防爆性能的各项技术要求，保证其防爆性能完好，消除电气火花的产生；防爆性能受到破坏时的电气设备，应立即处理或更换，不得继续使用；井下供电应做到“三无”“四有”“四齐全”和“三坚持”，即无“鸡爪子”“羊尾巴”、明接头；有过电流和漏电保护，有螺栓和弹簧垫，有密封圈和挡板，有接地装置；电缆悬挂整齐、防护装置齐全，绝缘用具齐全，图纸资料齐全；坚持使用检漏断电器，坚持使用煤电钻综合保护和坚持使用局部通风机风电闭锁装置。

4. 严防摩擦火花和撞击火花的发生

随着机械化程度的不断提高，机械摩擦、撞击火花引起的事故危险性增加。为此，采煤机、掘进机禁止使用摩钝的截齿；向截槽内喷雾洒水；在摩擦发热的部件上安设过热保护装置或温度检测报警断电装置；利用难引燃性合金工具；在摩擦部件的金属表面溶敷活性小的金属，使其形成的摩擦火花难以引燃瓦斯等。

5. 防止静电火花的产生

严禁穿化学纤维衣物下井；矿井中使用的胶带、风筒等塑料、橡胶、树脂等高分子聚合材料制品，应进行防静电处理等。

此外，随着科学技术的进步，激光在矿山测量中的使用日趋广泛，也带来了一种新的点燃瓦斯热源，也要加强其管理工作。

矿井火源的管理不仅是预防瓦斯引燃的需要，也是预防矿井火灾的重要手段。如某地方煤矿在停产期间违章停风，造成井下瓦斯积聚，违章焊接井架时火花落入井下引起爆炸，造成井架摧毁和人员伤亡的重大事故。

（四）防止瓦斯爆炸范围扩大措施

1. 分区通风

分区通风就是井下各用风地点（或区域）的并联通风。分区通风各用风地点都有新风，当某风路发生灾害时易于控制，互相影响小，安全性好；且通风系统简单，总风阻、总阻力小，通风费用低。同时，通风能力强，风量易于调节，实现风量的按需分配。因此，《煤矿安全规程》规定，每一生产水平和每一采区，都必须布置单独的回风道，实行分区通风。采煤工作面和掘进工作面都应采用独立通风。

同时，在布置矿井巷道时，总进风与总回风不宜太近，不但可避免爆炸时造成风流短路，通风系统破坏，而且对减少漏风，提高有效风量率，预防煤炭自燃也十分有利。

2. 设防爆门和反风系统

在安装风机的井口必须设置防爆门，井下发生爆炸时冲击波冲开防爆门而保护了风机。防爆门应正对风流方向，每 6 个月检查检修 1 次。

矿井必须有反风系统，反风系统必须在 10 min 内改变风流方向，且反风量不得小于正常风量的 40% 。反风设施每季度至少检查 1 次，每年进行 1 次反风演习，通风系统发生较大变化时，也应进行 1 次反风演习。

3. 设置隔爆棚，限制爆炸范围扩大

《煤矿安全规程》规定，开采有煤尘爆炸危险煤层的矿井，必须有预防和隔绝煤尘爆炸的措施。矿井的两翼、相邻的采区、相邻的煤层、相邻的工作面间，煤层掘进巷道与其相连的巷道间，煤仓与其相连的巷道间，采用独立通风并有煤尘爆炸危险的其他地点同与其相连通的巷道间，都必须用水棚或岩粉棚隔开。

高瓦斯矿井煤巷掘进工作面，应设隔爆设施。

4. 编制灾害预防与处理计划和事故应急预案

当矿井发生事故时，为了安全、迅速、有效地救灾和控制事故影响范围及其危害程度，防止事故扩大，将事故造成的人员伤亡和财产损失降低到最低限度，《煤矿安全规程》规定，煤矿企业必须编制年度灾害预防和处理计划，并根据具体情况及时修改。灾害预防和处理计划由矿长负责组织实施。煤矿企业每年必须至少组织1次矿井救灾演习。同时，矿井应根据实际安全条件和事故发生规律，制定适应强的各种事故应急预案。

灾害预处计划和事故应急预案是矿井为了减少事故后果而预先制定的救灾方案，是进行事故救援活动的行动指南，规定了重大事故预防的措施、事故处理的原则、方法和技术，以及事故救援的组织保障和物质保障等，矿井应根据有关规定认真贯彻落实。

第五节　瓦斯浓度监测

一、瓦斯浓度的规定

井下不同地点瓦斯浓度的有关规定和超限时应采取的措施见表2-9。值得注意的是，煤矿目前坚持的是瓦斯浓度达0.8%断电管理制度。

表2-9　不同作业地点瓦斯及二氧化碳浓度临界值与应采取的处理措施

作业地点	允许浓度/%	超限时必须采取的处理措施
矿井总回风流或一翼回风流	$CH_4 \leq 0.75$ $CO_2 \leq 0.75$	必须立即查明原因，进行处理
采区回风流，采掘工作面回风风流	$CH_4 \leq 1.0$ $CO_2 \leq 1.5$	必须停止工作，撤出人员，采取措施，进行处理
采掘工作面进风流	$CO_2 \leq 0.5$ $CH_4 \leq 0.5$	切断进风巷内全部非本质安全型电气设备
采掘工作面风流中及其他作业地点；爆破地点附近20 m以内	$CH_4 \leq 1$	必须停止工作，停止用电钻打眼；严禁爆破
采掘工作面风流中及其他作业地点	$CH_4 \leq 1.5$	必须停止工作，切断电源，撤出人员，采取措施，进行处理
采掘工作面回风流	$CO_2 \leq 1.5$	
电动机及其开关附近20 m风流	$CH_4 \leq 1.5$	必须停止工作，切断电源，撤出人员，采取措施，进行处理
采掘工作面及其他巷道内，体积大于0.5 m^3的空间内	$CH_4 \leq 2$	附近20 m内必须停止工作，撤出人员，切断电源，进行处理
回风流中的机电硐室的进风侧	$CH_4 \leq 0.5$	切断机电硐室内全部非本质安全型电气设备
局部通风机及开关附近10 m以内风流	$CH_4 \leq 0.5$	可人工开启局部通风机

表 2-9（续）

作业地点	允许浓度/%	超限时必须采取的处理措施
符合《煤矿安全规程》规定的串联通风，被串联的工作面进风流	$CO_2 \leqslant 0.5$ $CH_4 \leqslant 0.5$	切断被串工作面及进、回风流巷内全部非本质安全型电气设备
因瓦斯超限切断电源的电气设备	$CH_4 \leqslant 1$ $CO_2 \leqslant 1.5$	可通电启动电气设备
临时停工的地点		不得停风。否则必须切断电源，设置栅栏，揭示警标，禁止人员进入，并向调度室报告。停工区内二氧化碳、甲烷达3%而不能立即处理时，必须在24 h内封闭完毕

二、瓦斯检查制度

（1）实行计划管理。矿井应根据生产部署编制矿井瓦斯检查计划图表，其内容应包括瓦斯检查地点、检查次数、巡回检查路线、巡回检查时间、检查人员的安排等。

（2）瓦斯检查员的配备必须满足矿井安全生产需要。高瓦斯采掘工作面和有煤（岩）与瓦斯突出危险的采掘工作面以及瓦斯涌出量较大、变化异常的采掘工作面都必须配专职瓦斯检查员。瓦斯检查员必须有3年以上煤矿实践经验，并经专门培训，考核合格，持证上岗。

（3）瓦斯检查员必须严格按照瓦斯检查计划图表检查瓦斯。每次巡回检查时间不超过3 h，检查时间误差不超过20 min，并严格按照规定进行记录。瓦斯检查必须做到检查手册、记录牌板、瓦斯管理台账“三对口”。

（4）瓦斯检查员必须严格执行“一炮三检”制度和“三人联锁爆破”制度。每一次爆破必须做到装药前、爆破前、爆破后检查瓦斯，做到装药前爆破点附近20 m范围内瓦斯浓度达到1.0%时不准装药；爆破前爆破点附近20 m范围内瓦斯浓度达到1.0%时不准爆破，若回风流中瓦斯浓度超过1.0%时撤出人员；爆破后待通风一定时间炮烟吹散后与爆破工、班组长同时检查瓦斯。

（5）矿井所有采掘工作面、硐室、使用中的机电设备附近、有人员作业的地点都应纳入检查范围，并做到低瓦斯矿井的采掘工作面每班至少检查2次；高瓦斯矿井的采掘工作面每班至少检查3次；有煤（岩）与瓦斯突出危险的采掘工作面，有瓦斯喷出危险的采掘工作面和瓦斯涌出量较大、变化异常的采掘工作面必须设专人经常检查；停工的采掘工作面和备采工作面，以及可能涌出或积聚瓦斯的硐室和巷道，每班至少检查1次瓦斯。井下停风地点栅栏处风流中的瓦斯每天至少检查1次，挡风墙（密闭墙）处的瓦斯浓度每周至少检查1次。应该检查瓦斯的其他地点，每班至少检查1次瓦斯。

（6）瓦斯检查员实行请示报告制度，每班必须汇报检查的情况。当发现问题或安全隐患时必须及时汇报。当瓦斯浓度超过规定时，必须立即责令现场人员停止作业，并将人员撤到安全地点，采取措施进行处理。当瓦斯浓度超限超过处理权限时，应在瓦斯超限地点的通道入口设置栅栏、揭示警标，并及时报告。

(7) 瓦斯检查员必须严格执行井下现场交接班制度。若当班瓦斯超限、无计划停电停风尚未处理完时，必须在工作地点交接班。瓦斯检查员交接班应交清以下内容：分工区域内的通风系统、瓦斯、煤尘、防火、爆破、局部通风情况，有无异常情况需要下一班处理或采取措施；分工区域内当班未处理完的“一通三防”隐患情况和需要继续处理的内容；分工区域内的各种通风安全设施完好情况，设备的运行状况，是否需要维修、增加或拆除设施及设备；有关领导交办的工作落实情况和需要请示的问题等。

接班人员对交接内容了解清楚后，双方必须在交接班手册上签字备查。

(8) 矿长、矿技术负责人、采掘区（队）长、通风区（队）长、工程技术人员、爆破工、流动电钳工、班长下井时，必须携带便携式瓦斯检测仪。安全监测工必须携带便携式瓦斯检测报警仪或便携式光学瓦斯检测仪。

(9) 除矿山救护队员佩带救护装置外，其他任何人检查瓦斯时，都不得进入瓦斯浓度超过 3% 的区域，否则，必须制定切实可靠的安全措施，并履行报批手续严格按措施的要求执行。

(10) 实行瓦斯班报、日报制度。矿长、矿技术负责人以及“一通三防”管理部门必须认真审阅瓦斯报表，掌握瓦斯变化情况，发现问题及时处理。

(11) 实行瓦斯超限报告制度和责任追究制度。瓦斯超限时间超过 1 min 时，必须向矿值班领导汇报。矿井必须及时向上一级有关部门汇报，其中瓦斯浓度不小于 3.0% 时必须 10 min 内汇报；瓦斯浓度小于 3.0% 时必须 30 min 内汇报。

矿井因通风不良或无计划停电停风所造成的瓦斯积聚，均应视为事故进行追查，并对责任矿井和责任人进行处罚。

三、瓦斯检测仪器分类

1. 按瓦斯检测仪器作用原理分类

按瓦斯检测仪器作用原理，可分为光干涉式、热效式、热导式及其他瓦斯检测仪。

光干涉式瓦斯检测仪是根据瓦斯和空气对光的折射率之差的原理测定瓦斯的，具有精度高、测量范围大、安全性好，而且可测定二氧化碳的特点。但它的精度受气压和温度的影响，背景气体变化时也影响测定结果，而且不易实现自动化。

热效式瓦斯检测仪是根据瓦斯在催化元件上氧化生热引起电阻参数变化，导致电压变化的原理来测定瓦斯的。具有测量系统简单可靠、转入信号强、受背景气体影响小、易实现自动化的优点。但它不能测定高浓度瓦斯，硫化氢气体与硅蒸汽易使元件中毒，测量元件寿命短。

热导式瓦斯检测仪是根据瓦斯和空气对热的传导率差来测定瓦斯的，具有测量范围广，可连续测量，被测气体不易发生化学、物理变化，读数稳定等优点。但它功率小，低浓度下精度低，受气温及背景气体的影响大。

此外还有许多其他仪器，如气相色谱式、光线吸收式、声差速式、离子式、体积测量式瓦斯检测仪等，但这些仪器在煤矿常规测量中使用不多。

2. 按用途分类

按仪器用途可分为瓦斯检测、监测仪器，瓦斯监测报警仪，瓦斯监测报警与断电仪器等。按仪器的使用方式，又分为便携式、机载式、固定式检测仪等。

3. 按测量范围分类

按仪器测量范围，光学瓦斯检测仪器可分为低浓度测定仪器（0~10%）和高浓度测定仪器（0~100%）。低浓度测定仪器用于瓦斯日常管理的测定，当测定瓦斯抽采浓度或瓦斯突出与喷出后的浓度时，必须使用高浓度测定仪器。具有瓦斯突出、喷出危险的煤层开采时，所使用的甲烷传感器具有同时测定低浓度和高浓度的功能。

四、光学瓦斯检测仪

（一）结构原理

光学瓦斯检测仪是目前煤矿广泛使用的仪器，主要有抚顺产 AQG 型和西安产 GWJ 型，仪器的外形和工作原理如图 2-7、图 2-8 所示。光源经平面镜后分为两路，一路经空气室，另一路经瓦斯室。由于其光程不同，就产生了一种特有的光干涉条纹。将条纹对准基线（对零），当含有瓦斯（或二氧化碳）的空气进入瓦斯室后，由于不同的气体对光的折射率不同而引起光干涉条纹的偏移，其位移与瓦斯（或二氧化碳）浓度成正比，即可根据条纹偏移的距离来确定瓦斯浓度。

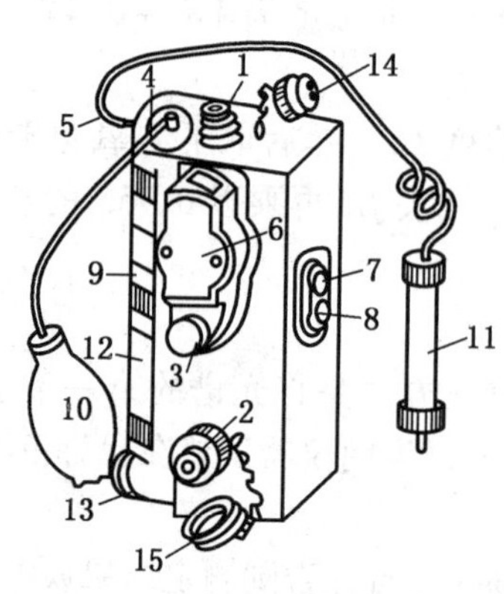

1—目镜；2—主调旋钮；3—微调旋钮；4—吸气管；5—进气管；6—微读数观察窗；7—微读数开关；8—光源开关；9—水分吸收管；10—吸气球；11—二氧化碳吸收管；12—干电池；13—光源盖；14—目镜盖；15—主调旋钮盖

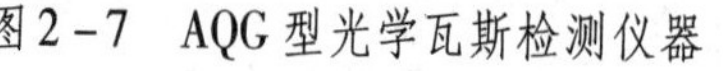

图 2-7　AQG 型光学瓦斯检测仪器

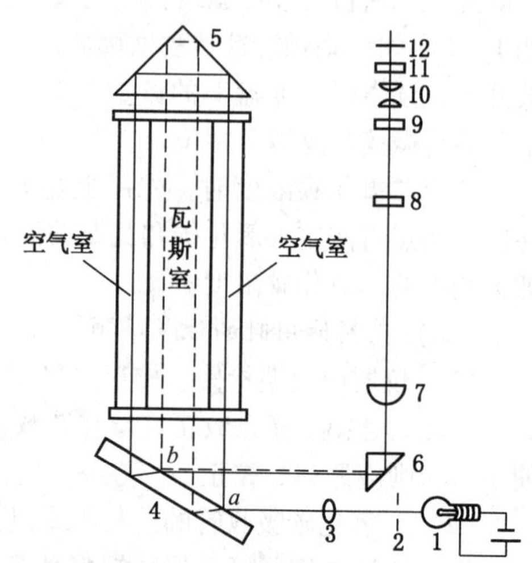

1—光源灯泡；2—光栅；3—聚光镜；4—平面镜；5—反射棱镜；6—折射棱镜；7—物镜；8—微测玻璃；9—分划板；10—场镜；11—目镜；目镜保护玻璃

图 2-8　光学瓦斯检测仪器的原理

（二）使用方法

1. 测定前的准备工作

（1）药品性能检查。检查水分吸收管中的氯化钙（或硅胶）和二氧化碳吸收管中的钠石灰是否变质。若变色或粉末状则失效，应更换新药剂。药剂的颗粒 3~5 mm 为宜，过大过小都会影响测定的精度。颗粒过大时不能充分吸收气样中的水分或二氧化碳，过小又容易堵塞气路甚至其粉末进入气室。

（2）内外气路系统检查。首先检查吸气球是否漏气，用手掐住吸气球胶管，并捏扁吸气球，若气球不胀起，则表明不漏气；然后将气球胶管与仪器连接，堵住进气孔，捏扁吸气球，若气球不胀起，则表明仪器不漏气；再将进气胶管与仪器连接，用手掐住进气胶管，并捏扁吸气球，若气球不胀起，则表明外气路不漏气；最后检查气路是否畅通，反复捏放吸气球，以气球瘪起自如为好，同时又清洗了气室。

（3）光路系统检查。按下光源电门，由目镜观察，并旋转目镜筒，调整到分划板清晰为止。再看光干涉条纹是否清晰，若不清晰时，可打开光源盖，通过调整光源直到条纹清晰为止，然后装好仪器待用。

2. 测定方法

（1）对零。首先在与待测地点温度相近的进风巷中，捏放气球数次吸入新鲜空气清洗瓦斯室。按下微调开关，观看微读数窗、扭动微读数旋钮，使微读数为零。然后按下光源开关，观看目镜，转动主调螺旋，使光干涉条纹中最明显的一条黑线对准零位（常称基线对零），并盖好主调螺旋盖，以防零位变动。

调基准地点与待测地点的环境温度差不应大于 10 ℃，且越接近越好。否则会出现由于温差过大引起测定时零点漂移，引起测定结果误差过大的现象。

（2）测定。将进气胶管伸入测点，捏瘪吸气球 5 ~ 6 次，使待测气样进入气室。按下光源开关，由目镜读出基线在刻度板上所处的位置。若黑基线处于刻度板两个整数之间，如 1 ~ 2 之间，则顺时针转动微读数盘，使基线退到较低的整数数值 1 上，然后按下微读数开关，读出微读数盘上的读数为 0.4。则测定气样的瓦斯浓度为 1% + 0.4% = 1.4%，记录后将微读数盘退回零位。

测定二氧化碳浓度时，先用上述方法测定瓦斯浓度 C_1，然后取下二氧化碳吸收管，在同一测点再测定二氧化碳和瓦斯的混合浓度 C_2。C_2 减去 C_1 再乘以 0.955 的校正系数，即为测点的二氧化碳浓度。

（三）仪器使用时的注意事项

（1）仪器应定期检修、校正。目测时最简单的校正方法是将光谱的第一条条纹对在零位，此时若第 5 条条纹正好落在读数为 7 的刻度线上，说明仪器误差在允许范围内可以使用，否则应调整、校正。

（2）二氧化碳吸收管的药粒不易过大，以 3 ~ 5 mm 为宜，否则测定结果误差偏大。

（3）火区、密闭区等严重缺氧地带测定结果误差偏大，最好用化学分析法测定。据实验：氧气浓度每下降 1%，瓦斯浓度偏高 0.2%。

（4）若空气中含有一氧化碳、硫化氢气体时，测定结果偏大，可用 40% 氧化铜和 60% 二氧化锰混合剂，或活性炭吸收。

（5）目镜不清或光线暗淡时，可通过调整焦距或光源达到最佳状态。

（6）要爱护仪器，轻拿轻放，防止碰撞和震动，停用时取出电池置于干燥处。

（四）检测时的注意事项

《煤矿安全规程》规定，矿长、矿技术负责人、爆破工、采掘区队长、通风区队长、工程技术人员、班长、流动电钳工下井时，必须携带便携式瓦斯检测仪。瓦斯检查工必须携带便携式光学瓦斯检测仪。安全检测工必须携带便携式瓦斯检测报警仪或便携式光学瓦斯检测仪。瓦斯浓度的人工检测，应注意以下事项：

1. 采样

测定瓦斯时在上部采集气样，测定二氧化碳时在下部采集气样。每个测点不少于 3

次，取最大值作为测定结果。测定人员应逆风而立，以防呼吸影响测定结果。

测定瓦斯和测定瓦斯与二氧化碳混合浓度的操作应在巷道同一个测点进行，否则会出现瓦斯与二氧化碳混合浓度值小于瓦斯浓度值的现象。

2. 风流中瓦斯、二氧化碳的检测

风流系指距巷道顶、底板及两帮一定距离空间内的风流，测定地点的选择必须能反应风流中瓦斯的实际值，如测风站等。

（1）巷道风流中瓦斯、二氧化碳的检测。巷道风流的范围如下：棚支护时为距支架和底板各 50 mm 的空间；无支护或锚喷、砌碹支护的巷道为距巷道顶、帮、底各 200 mm 的空间。

矿井总进、回风，一翼总进、回风，水平总进、回风风流中瓦斯或二氧化碳的检测，应在相应的测风站中进行。采区回风流瓦斯或二氧化碳的检测应在采区各用风地点回风流全部汇合后的地点测定。

（2）采煤工作面及进、回风流。采煤工作面风流是指距煤壁、顶、底各 200 mm（煤厚小于 1 m 时取 100 mm）和以采空区切顶线为界的采煤工作面空间的风流，工作面的上（下）隅角、未放顶的空间等局部地点，按工作面风流处理。

工作面上（下）隅角顶板条件差，是采空区瓦斯流出通道，检查时应遵守支护完好、逐渐靠近的原则。或用长胶管采集气样，以防意外。工作面特殊爆破时（如强制放顶），必须有经过批准的安全技术措施，并按照措施的规定范围检查瓦斯。采煤工作面进、回风流中瓦斯或二氧化碳的检测，应在距煤壁线不大于 10 m 处的工作面进、回风中进行。

（3）掘进工作面及回风流中瓦斯或二氧化碳的检测。掘进工作面回风流是指距回风出口 10 ~ 15 m 范围的风流（抽出式通风时在风筒中测定）。

掘进工作面风流是指风筒出风口到工作面的空间，包括上部左、右角瓦斯情况（距顶、帮、煤壁 200 mm）；第一架棚左、右柱窝二氧化碳情况（距帮、底 200 mm）。

掘进工作面应检查的地点包括巷道高冒处瓦斯情况；局部通风机附近 10 m 范围内瓦斯、二氧化碳情况；电动机以及开关附近 20 m 范围内瓦斯、二氧化碳情况；单巷掘进的煤巷、半煤岩巷回风流每 100 m 检查一次瓦斯、二氧化碳情况；爆破后通风 15 min（有煤与瓦斯突出危险的 30 min），待炮烟吹散后对回风流和爆破地点全面检查。

（4）采掘工作面爆破点附近 20 m 范围内风流中瓦斯的检测。采煤工作面爆破点附近 20 m 是指沿煤壁两端各 20 m。若采空区顶板未冒落时，切顶线以外 1.2 m 也需要检查。采空区爆破法强制放顶时，采空区的瓦斯也需要测定，测定范围按照已批准的安全技术措施执行。

掘进工作面爆破点附近 20 m 是指掘进方向向外 20 m。尤其是要特别注意巷道高冒处瓦斯的检查。

（5）爆破过程中的瓦斯检测。爆破是在恶劣的环境中进行的，同时涌出大量瓦斯，往往容易达到燃烧与爆炸的浓度。因此，爆破时爆破工、班组长、瓦斯检查员必须到现场，严格执行“十不爆破”“一炮三检”和“三人联锁爆破”制度。爆破点附近 20 m 范围瓦斯达到 1% 不准装药；爆破点附近 20 m 范围内及其回风流中瓦斯达 1% 不准爆破；爆破后通风 15 min（有煤与瓦斯突出危险的 30 min），待炮烟吹散后，爆破工、班组长、瓦检员进入爆破点对爆破效果和瓦斯浓度进行全面检查。并将检查的结果互相核对，取其中最大值为检查结果。

(6) 电气设备附近 20 m 范围风流中瓦斯的检测。电气设备附近是指电动机及开关沿风流上下各 20 m 范围内的风流。

3. 局部瓦斯检测

局部地点瓦斯浓度高，同时检测时又要尽可能靠近这些地点，因此危险性大，要特别注意预防窒息或瓦斯燃烧爆炸事故。

(1) 盲巷中瓦斯或二氧化碳的检测。长期停风的巷道要 2 人检查，且一前一后，拉开一定距离。首先从巷道入口处开始检查，且边走边检查，当瓦斯或二氧化碳浓度大于 3%，或其他有害气体超过规定时随时撤出，并在入口处设置栅栏和警示。

在上山盲巷主要检查瓦斯,在下山盲巷主要检查二氧化碳,同时检查其他有害气体。

(2) 低风速等通风不良巷道中的检测。在通风不良的巷道中检测时，要坚持边走边检测，发现瓦斯、二氧化碳浓度高时及时退出，并向有关部门报告，及时处理。要特别注意大断面低风速巷道顶板附近和高冒处以及涌出异常地段瓦斯的检查，要用长管采集气样，且适当延长采集时间。

(3) 高冒处以及突出空洞内瓦斯的检测。高冒处瓦斯和有毒有害气体的浓度高，人员不得进入高冒区，只能用长胶管采集气样，且遵守由外及里的原则。当瓦斯浓度大于 3% 时或其他有害气体超过规定时，应及时进行封闭处理，不得留下隐患。

五、热效式瓦斯检测仪器

目前，热效式瓦斯检测仪器是使用中最多的一种电测仪器，其工作原理如图 2－9 所示。它由热敏元件和可调基准的白元件分别接在一个电桥的相邻桥臂上，电桥的另两个桥臂分别接入适当的电阻，它们共同组成测量电桥。

正常条件下，通过调整调基电阻使电桥平衡，表中无电流、电压输出。当混合气体经过测定元件时，在催化剂的作用下瓦斯发生氧化，氧化的热量使测量元件的温度升高，电阻值增加，于是电桥就失去平衡，输出一定的电压。该电信号经放大电路、报警电路、显示电路等处理，实现瓦斯浓度显示、声光报警、断电和远距离信号传输等功能。

该类仪器的主要缺点是只能测低浓度的瓦斯，因此《煤矿安全规程》规定，瓦斯传感器每天必须用便携式瓦斯检测报警仪或便携式光学瓦斯检测仪对照，当读数误差大于允许值时，先以读数较大的为依据，采取安全措施并在 8 h 内对 2 种设备调校完毕。瓦斯传感器每 7 d 必须用标准气样调校一次，每 7 d 必须对瓦斯超限断电功能进行测试。安全监测设备必须定期进行调试、校正，每月至少 1 次。

六、热导式瓦斯检测仪器

热导式瓦斯检测仪器与热效式瓦斯检测仪器的构造基本相同，区别在于两种仪器传感器的构造和原理不同。热导式瓦斯检测仪器是依据空气的导热系数随瓦斯含量的变化而变化这一特性，通过测量这个变化来达到测量瓦斯目的，原理如图 2－10 所示。

图中 r_1 和 r_2 为两个分别置于同一气室的结构尺寸、形状完全相同的小孔腔中的热敏元件，与电阻 R_3、R_4 共同构成电桥的 4 个臂。其中 r_1 的小孔腔与大气连通，称为工作室，r_2 的小孔腔充入清净空气后密封，称为比较室。

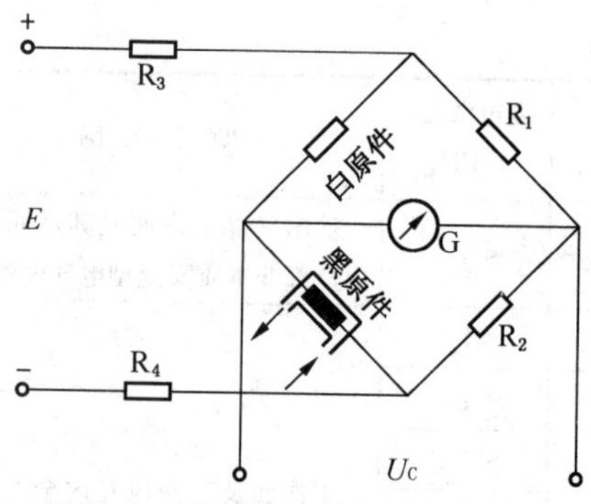

图 2-9　热效式瓦斯检测仪器原理

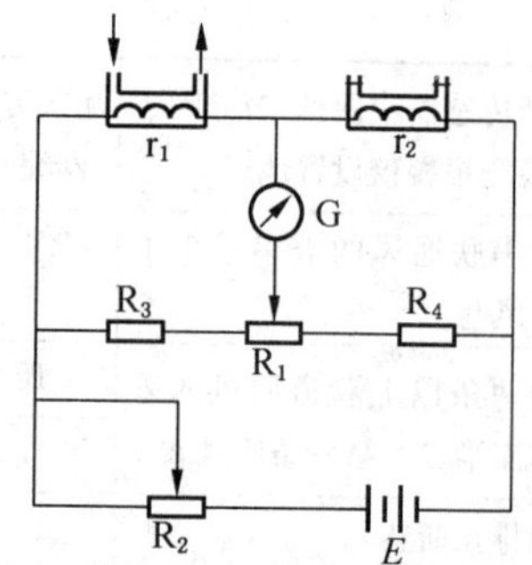

图 2-10　热导式瓦斯检测仪器原理

在无瓦斯的情况下，由于 2 个小孔腔中各种条件皆同，2 个热敏元件的散热状态也相同，电桥处于平衡状态，电表 G 上无电流通过，其指示为零。当含有瓦斯的气体进入气室与 r_1 接触后，由于瓦斯比空气的导热系数大、散热好，因此 r_1 温度下降，电阻值减小，电桥失去平衡，电表 G 中便有电流通过。且瓦斯含量越高，电桥就越不平衡，输出的电流就越大。因此，我们根据电流的大小，便可得出矿井空气中瓦斯的浓度。

利用这种原理制成的检定器，低浓度下测量误差大，一般用于检测高浓度瓦斯，如瓦斯抽采。

七、矿井瓦斯传感器的设置

1. 瓦斯传感器的设置地点和报警、断电规定

瓦斯传感器应布置在巷道的上方，垂直悬挂，距顶板（顶梁）的距离不得大于 300 mm，并不影响行人和行车，安装维护方便，距巷道侧壁的距离不得小于 200 mm。其报警浓度、断电浓度、复电浓度和断电范围及便携式瓦斯检测报警仪的报警浓度必须符合表 2-10 的规定。

表 2-10　瓦斯传感器的报警浓度、断电浓度、复电浓度和断电范围及便携式瓦斯检测报警仪的报警浓度

瓦斯传感器或便携式瓦斯检测报警仪设置地点	瓦斯传感器编号	报警浓度/% CH_4	断电浓度/% CH_4	复电浓度/% CH_4	断电范围
采煤工作面上隅角	T_0	≥1.0	≥1.5	<1.0	工作面及其回风巷内全部非本质安全型电气设备
采煤工作面上隅角设置的便携式瓦斯检测报警仪		≥1.0			
低瓦斯和高瓦斯矿井的采煤工作面	T_1	≥1.0	≥1.5	<1.0	工作面及其回风巷内全部非本质安全型电气设备
煤与瓦斯突出矿井的采煤工作面	T_1	≥1.0	≥1.5	<1.0	工作面及其进、回风巷内全部非本质安全型电气设备
采煤工作面回风巷	T_2	≥1.0	≥1.0	<1.0	工作面及其回风巷内全部非本质安全型电气设备
煤与瓦斯突出矿井的采煤工作面进风巷	T_3	≥0.5	≥0.5	<0.5	进风巷内全部非本质安全型电气设备

表2-10（续）

瓦斯传感器或便携式瓦斯检测报警仪设置地点	瓦斯传感器编号	报警浓度/% CH_4	断电浓度/% CH_4	复电浓度/% CH_4	断电范围
采用串联通风的被串采煤工作面进风巷	T_4	≥0.5	≥0.5	<0.5	被串采煤工作面及其进回风巷内全部非本质安全型电气设备
采用两条以上巷道回风的采煤工作面第二、第三条回风巷	T_5	≥1.0	≥1.5	<1.0	工作面及其回风巷内全部非本质安全型电气设备
	T_6	≥1.0	≥1.0	<1.0	
专用排瓦斯巷	T_7	≥2.5	≥2.5	<2.5	
有专用排瓦斯巷的采煤工作面混合回风流处	T_8	≥1.0	≥1.0	<1.0	
高瓦斯、煤与瓦斯突出矿井采煤工作面回风巷中部		≥1.0	≥1.0	<1.0	
采煤机		≥1.0	≥1.5	<1.0	采煤机及工作面刮板输送机电源
采煤机设置的便携式瓦斯检测报警仪		≥1.0			
煤巷、半煤岩巷和有瓦斯涌出岩巷的掘进工作面	T_1	≥1.0	≥1.5	<1.0	掘进巷道内全部非本质安全型电气设备
煤巷、半煤岩巷和有瓦斯涌出岩巷的掘进工作面回风流中	T_2	≥1.0	≥1.0	<1.0	
采用串联通风的被串掘进工作面局部通风机前	T_3	≥0.5	≥0.5	<0.5	被串掘进巷道内全部非本质安全型电气设备
		≥0.5	≥1.5	<0.5	包括局部通风机在内的被串掘进巷道内全部非本质安全型电气设备
高瓦斯矿井双巷掘进工作面混合回风流处	T_3	≥1.5	≥1.5	<1.0	包括局部通风机在内的双巷掘进巷道内全部非本质安全电源
高瓦斯和煤与瓦斯突出矿井掘进巷道中部		≥1.0	≥1.0	<1.0	掘进巷道内全部非本质安全型电气设备
掘进机		≥1.0	≥1.5	<1.0	掘进机电源
掘进机设置的便携式瓦斯检测报警仪		≥1.0			
采区回风巷		≥1.0	≥1.0	<1.0	采区回风巷内全部非本质安全型电气设备
一翼回风巷及总回风巷		≥0.70			
回风流中的机电设备硐室的进风侧		≥0.5	≥0.5	<0.5	机电设备硐室内全部非本质安全型电气设备
使用架线电机车的主要运输巷道内装煤点处		≥0.5	≥0.5	<0.5	装煤点处上风流100 m内及其下风流的架空线电源和全部非本质安全型电气设备
高瓦斯矿井进风的主要运输巷道内使用架线电机车时，瓦斯涌出巷道的下风流处		≥0.5	≥0.5	<0.5	瓦斯涌出巷道上风流100 m内及其下风流的架空线电源和全部非本质安全型电气设备

表 2-10（续）

瓦斯传感器或便携式瓦斯检测报警仪设置地点	瓦斯传感器编号	报警浓度/% CH_4	断电浓度/% CH_4	复电浓度/% CH_4	断电范围
矿用防爆特殊型蓄电池电机车内		≥0.5	≥0.5	<0.5	机车电源
矿用防爆特殊型蓄电池电机车内设置的便携式瓦斯检测报警仪		≥0.5			
矿用防爆特殊型柴油机车内设置的便携式瓦斯检测报警		≥0.5			
兼做回风井的装有带式输送机的井筒		≥0.5	≥0.7	<0.7	井筒内全部非本质安全型电气设备
采区回风巷、一翼回风巷及总回风巷道内临时施工的电气设备上风侧		≥1.0	≥1.0	<1.0	采区回风巷、一翼回风巷及总回风巷道内全部非本质安全型电气设备
井下煤仓上方、地面选煤厂煤仓上方		≥1.5	≥1.5	<1.5	储煤仓运煤的各类运输设备及其他非本质安全型电源
封闭的地面选煤厂内		≥1.5	≥1.5	<1.5	选煤厂内全部电气设备
封闭的带式输送机地面走廊内，带式输送机上方		≥1.5	≥1.5	<1.5	带式输送机地面走廊内全面非本质安全型电气设备
地面瓦斯抽采泵站室内		≥0.5			
井下临时瓦斯抽采泵站内下风侧栅栏外		≥0.5	≥1.0	<0.5	瓦斯抽采泵站电源
瓦斯抽采泵输入管路中		≤25			
利用瓦斯时，瓦斯抽采泵站输出管路中		≤30			
不利用瓦斯、采用干式抽采瓦斯设备的瓦斯抽采泵站输出管路中		≤25			

2. 采煤工作面瓦斯传感器的设置

(1) 长壁式采煤工作面瓦斯传感器必须按图 2-11 所示设置。U 型通风系统在上隅角设置瓦斯传感器 T_0 或便携式瓦斯检测报警仪，其位置距巷帮和采空区侧充填带均不大于 800 mm，距顶板不大于 300 mm。在工作面设置瓦斯传感器 T_1，工作面回风巷设置瓦斯传感器 T_2；若煤与瓦斯突出矿井的瓦斯传感器 T_1 不能控制采煤工作面进风巷内全部非本质安全型电气设备时，则在进风巷设置瓦斯传感器 T_3；低瓦斯和高瓦斯矿井采煤工作面采用串联通风时，被串工作面的进风巷设置瓦斯传感器 T_4，如图 2-11a 所示。Z 型、Y

型、H 型和 W 型通风系统的采煤工作面瓦斯传感器的设置参照上述规定执行，如图 2－11b、图 2－11c、图 2－11d、图 2－11e 所示。

当采煤工作面采用两条巷道回风的方式布置时，瓦斯传感器必须按图 2－12 所示设置。瓦斯传感器 T_0、T_1 和 T_2 的设置同图 2－11a 所示，在第二条回风巷设置瓦斯传感器 T_5、T_6。采用三条巷道回风的采煤工作面，第三条回风巷瓦斯传感器的设置与第二条回风巷瓦斯传感器 T_5、T_6 的设置相同。

设置有专用排瓦斯巷的采煤工作面，瓦斯传感器必须按图 2－13 所示设置。瓦斯传感器 T_0、T_1 和 T_2 的设置同图 2－11a 所示，在专用排瓦斯巷设置瓦斯传感器 T_7，在工作面混合回风流处设置瓦斯传感器 T_8。

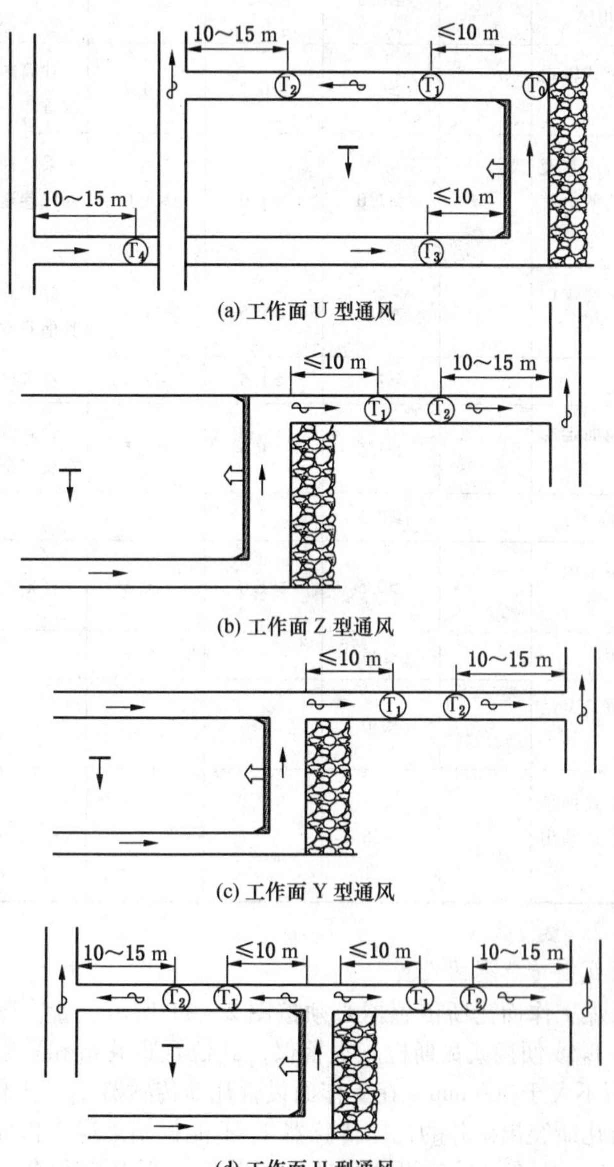

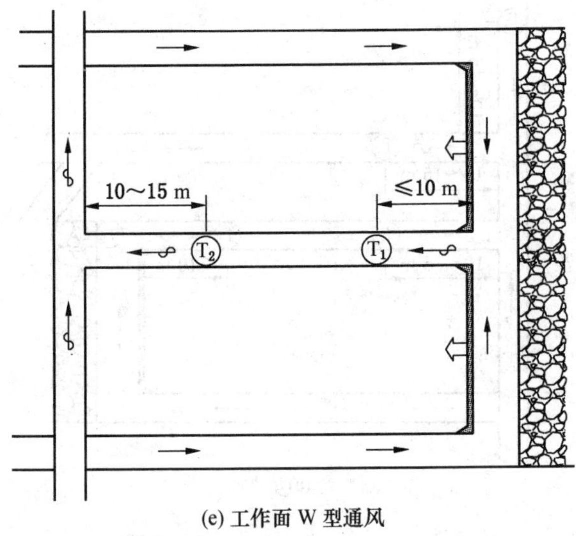

(e) 工作面 W 型通风

图 2－11 采煤工作面瓦斯传感器的设置

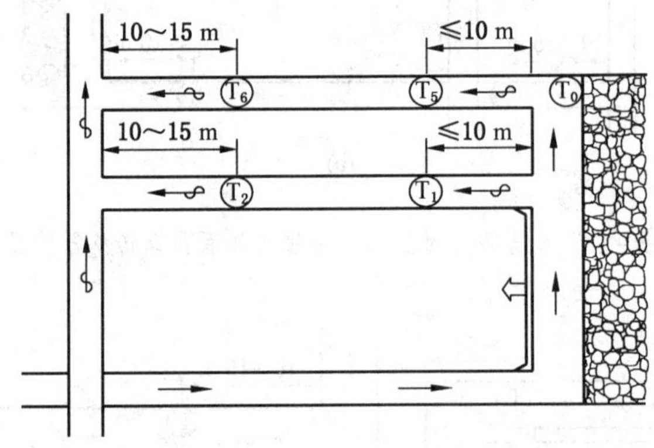

图 2－12 采用两条巷道回风的采煤工作面瓦斯传感器的设置

高瓦斯矿和煤与瓦斯突出矿井的采煤工作面的回风巷长度大于 1000 m 时，必须在回风巷中部增设瓦斯传感器 T_2，且以后每延长 500～1000 m 增设一个瓦斯传感器。

采煤机必须设置机载式瓦斯断电仪或便携式瓦斯检测报警仪。

非长壁式采煤工作面瓦斯传感器的设置参照上述规定执行，即在上隅角设置瓦斯传感器 T_0 或便携式瓦斯检测报警仪，在工作面及其回风巷各设置 1 个瓦斯传感器。

3. 掘进工作面瓦斯传感器的设置

煤巷、半煤岩巷和有瓦斯涌出岩巷的掘进工作面瓦斯传感器必须按图 2－14 所示设置，并实现瓦斯风电闭锁。在工作面混合风流处设置瓦斯传感器 T_1，在工作面回风流中设置瓦斯传感器 T_2；采用串联通风的掘进工作面，必须在被串工作面局部通风机前设置瓦斯传感器 T_3。

高瓦斯和煤与瓦斯突出矿井双巷掘进瓦斯传感器必须按图 2－15 所示设置。瓦斯传感器 T_1 和 T_2 的设置同图 2－14 所示。

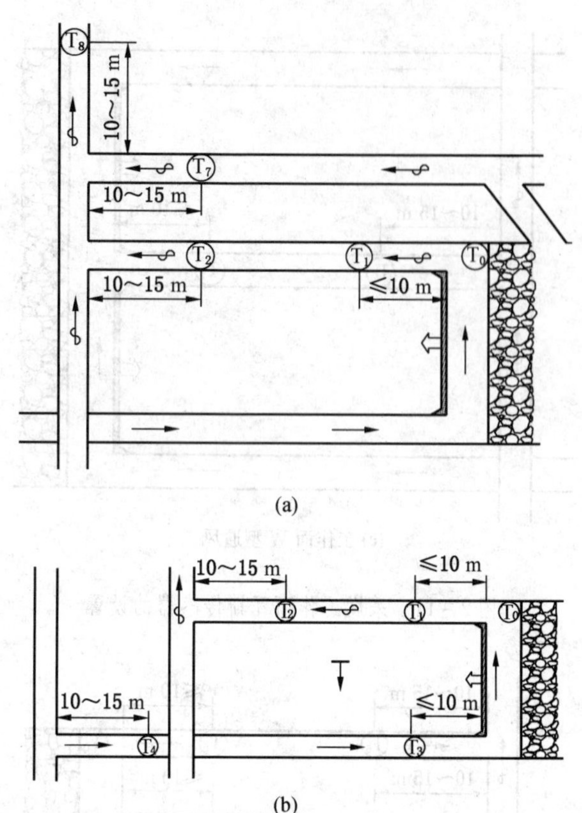

图 2－13　有专用排瓦斯巷的采煤工作面瓦斯传感器的设置

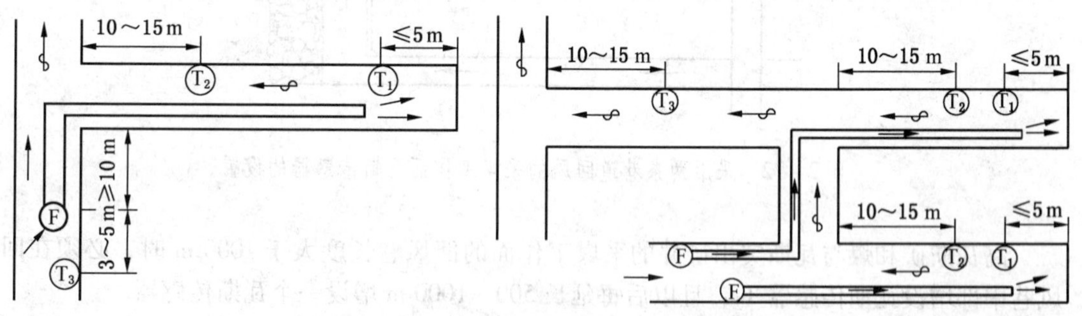

图 2－14　掘进工作面瓦斯传感器的设置

图 2－15　双巷掘进工作面瓦斯传感器的设置

高瓦斯和煤与瓦斯突出矿井的掘进工作面长度大于 1000 m 时，必须在掘进巷道中部增设瓦斯传感器 T_2，且以后每延长 500 ~ 1000 m 增设一个瓦斯传感器。

突出煤层掘进工作面、石门揭煤以及瓦斯绝对涌出量大于 3 m^3/min 的掘进工作面回风第一交汇点处应增设瓦斯传感器。

掘进机必须设置机载式瓦斯断电仪或便携式瓦斯检测报警仪。

4. 其他地点瓦斯传感器的设置

（1）煤（岩）与瓦斯突出煤层采掘工作面回风巷、采区回风巷及总回风巷必须安设高低浓度瓦斯传感器。矿井安全监控系统应具有及时判断突出煤层采掘工作面突出事故的发生及其可能波及范围的功能。

（2）采区回风巷、一翼回风巷、总回风巷测风站应设置瓦斯传感器。

（3）设在回风流中的机电设备硐室进风侧必须设置瓦斯传感器，如图2－16所示。

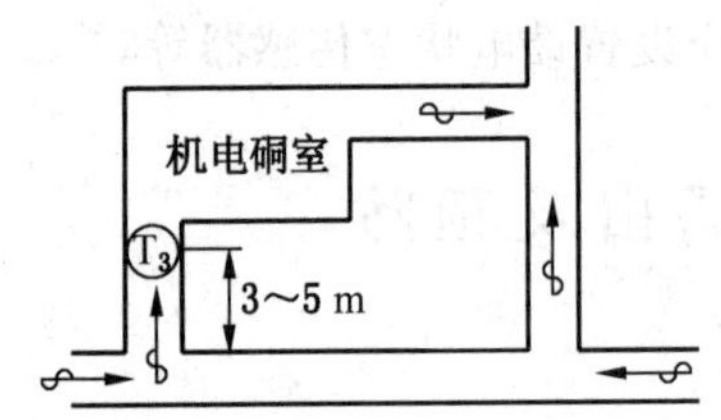

图2－16　回风流中机电硐室瓦斯传感器的设置

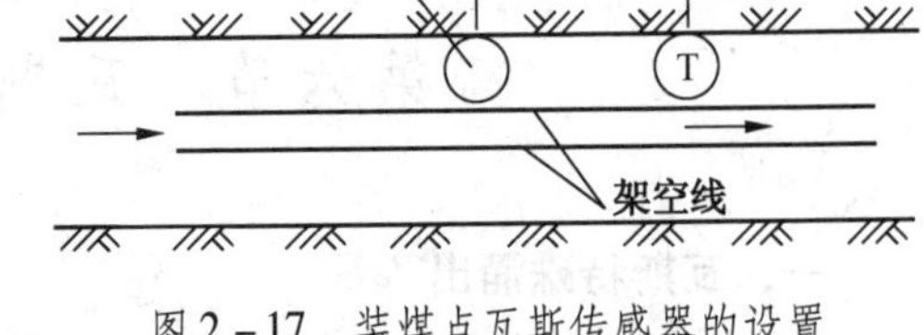

图2－17　装煤点瓦斯传感器的设置

（4）使用架线电机车的主要运输巷道内，装煤点处必须设置瓦斯传感器，如图2－17所示。

（5）高瓦斯矿井进风的主要运输巷道使用架线电机车时，在瓦斯涌出巷道下风流中必须设置瓦斯传感器，如图2－18所示。

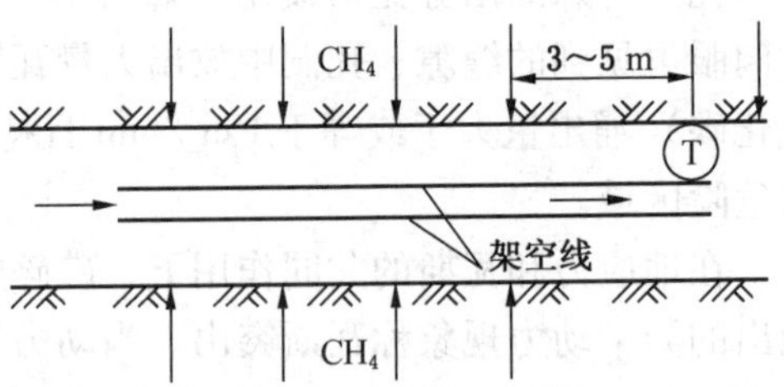

图2－18　瓦斯涌出巷道下风流中瓦斯传感器的设置

（6）矿用防爆特殊型蓄电池电机车必须设置车载式瓦斯断电仪或便携式瓦斯检测报警仪；矿用防爆型柴油机车必须设置便携式瓦斯检测报警仪。

（7）兼做回风井的装有带式输送机的井筒内必须设置瓦斯传感器。

（8）采区回风巷、一翼回风巷及总回风巷道内临时施工的电气设备上风侧10～15 m处应设置瓦斯传感器。

（9）井下煤仓、地面选煤厂煤仓上方应设置瓦斯传感器。

（10）封闭的地面选煤厂机房内上方应设置瓦斯传感器。

（11）封闭的带式输送机地面走廊上方宜设置瓦斯传感器。

（12）瓦斯抽采泵站瓦斯传感器的设置应满足下列要求：①地面瓦斯抽采泵站内必须在室内设置瓦斯传感器；②井下临时瓦斯抽采泵站下风侧栅栏外必须设置瓦斯传感器；③抽采泵输入管路中应设置瓦斯传感器。利用瓦斯时，应在输出管路中设置瓦斯传感器；不利用瓦斯、采用干式抽采瓦斯设备时，输出管路中也应设置瓦斯传感器。

（13）打钻地点必须安设瓦斯传感器，其位置安设在钻孔施工点回风侧5～10 m，其报警浓度不小于1.0%，断电浓度不小于1.5%，复电浓度小于1.0%，断电范围为打钻地点周围20 m范围及其回风系统内全部非本质安全型电气设备。

安全监控设备必须定期进行调试、校正，每月至少1次。瓦斯传感器、便携式瓦斯检测报警仪等采用载体催化元件的瓦斯检测设备，每7 d必须使用校准气样调校1次。每7天必须对瓦斯超限断电功能进行测试。

每天必须检查安全监控设备及电缆是否正常，使用便携式瓦斯检测报警仪或便携式光学瓦斯检测仪与传感器进行对照，并将记录和检查结果报检测值班员；当二者读数大于允许误差时，先以读数较大的为依据，采取安全措施并必须在8 h内对两种设备调校完备。

安全监控设备发生故障时必须及时处理，在故障期间必须有安全措施。

此外，装备安全监控系统的矿井，每一个采区、一翼回风巷及总回风巷的测风站应设置风速传感器；主要通风机的风硐应设置压力传感器；开采容易自燃、自燃煤层时应设置一氧化碳传感器和温度传感器；主要通风机、局部通风机应设置设备开停传感器；主要风门应设置风门开关传感器；被控设备开关的负荷侧应设置馈电状态传感器等。

第六节　瓦斯特殊涌出及预防

一、瓦斯特殊涌出

瓦斯特殊涌出分瓦斯喷出和煤（岩）与瓦斯（二氧化碳）突出。在较短时间内，通过肉眼可见到的缝隙、孔洞中放出大量瓦斯称瓦斯喷出。在 20 m 巷道范围内，瓦斯（二氧化碳）涌出量大于或等于 1 m^3/min 且持续 8h 以上时的区域，定为瓦斯（二氧化碳）喷出危险区域。

在地应力和瓦斯的共同作用下，破碎的煤、岩和瓦斯由煤体或岩体内突然向采掘空间抛出的异常动力现象称瓦斯突出。当动力现象不明显时，抛出的吨煤瓦斯涌出量大于或等于 30 m^3/t 或为本区域煤层瓦斯含量的 2 倍以上的瓦斯动力现象，应定为瓦斯突出。

当煤层的突出动力现象和基本特征不明显时，也可用煤的破坏类型（表 2－12）、瓦斯放散初速度（Δp）、煤的坚固性系数（f）和瓦斯的压力（p）来判断，单项指标的临界值见表 2－11。只有全部指标达到或超过临界值时，方可将发生动力现象的煤层定为突出煤层，矿井定为突出矿井。《防治煤与瓦斯突出规定》指出，煤矿井下出现瓦斯动力现象时，必须在 24 h 内报告当地煤炭主管部门和煤矿安全监察机构，并及时申请具有国家规定资质的鉴定机构进行鉴定。

表 2－11　判断煤层突出危险性单项指标的临界值

突出煤层危险性	煤的破坏类型	瓦斯放散初速度 Δp	煤的坚固性系数 f	煤层瓦斯的压力 p/MPa
突出危险	Ⅲ、Ⅳ、Ⅴ	≥10	≤0.5	≥0.74

表 2－12　煤的破坏类型分类

破坏类型	光泽	构造与构造特征	节理性质	节理面性质	断口性质	强　度
Ⅰ类（非破坏煤）	亮与半亮	层状构造，块状构造，条带清晰明显	一组或二三组节理，节理系统发达，有次序	有充填物，（方解石）次生面少，节理、劈理面平整	参差阶状，贝状，波浪状	坚硬，用手难以掰开
Ⅱ类（破坏煤）	亮与半亮	尚未失去层状，较有次序；条带明显，有时扭曲，有错动；不规则块状，多棱角；有挤压特征	次生节理面多，且不规则，与原生节理呈网状节理	节理面有擦纹滑平，节理平整，易掰开	参差多角	用手极易掰成小块，中等硬度

表2-12（续）

破坏类型	光泽	构造与构造特征	节理性质	节理面性质	断口性质	强　度
Ⅲ类（强烈破坏煤）	半亮与半暗	弯曲呈透镜体构造；小片状构造；细小碎块，层理无次序	节理不清，系统不发达，次生节理密度大	有大量擦痕	参差及粒状	用手捻之成粉末，硬度低
Ⅳ类（粉碎煤）	暗淡	粒状或小颗粒胶结而成，形似天然煤团	节理失去意义，呈黏块状		粒状	用手捻之成粉粒状末，偶尔较硬
Ⅴ类（全粉煤）	暗淡	土状构造，似土质煤；如断层泥状			土状	可捻成粉末，疏松

在采掘过程中发生过煤与瓦斯突出的煤层，称煤与瓦斯突出煤层。在采掘过程中发生过煤与瓦斯突出的矿井，称煤与瓦斯突出矿井。

瓦斯特殊涌出具有很大的危害性：使井巷或采场充满瓦斯，造成窒息和爆炸条件；破坏通风系统，造成风流紊乱甚至逆转；堵塞巷道，破坏支架、设备与设施，造成伤亡等。同时，为了防治煤与瓦斯突出，必须实施防突措施，增加了煤炭开采成本，有的高达100元/t以上。而巷道掘进平均30 m/月左右，一个采煤工作面要准备2年以上，造成严重采掘比例失调，严重制约煤矿经济的发展。

二、瓦斯喷出及预防

在含瓦斯的煤（岩）地质构造带内常有大量的裂隙和溶洞，其中常含有大量高压瓦斯，当采掘与其一旦沟通时，瓦斯就会急剧喷出。

（一）瓦斯喷出规律

（1）与地质构造有密切关系。如断层、褶曲、溶洞等构造带附近常常存在裂隙、空洞等。

（2）喷出前一般有预兆。采掘接近地质构造带时，常常出现岩石破碎、湿润、底鼓、煤质变软、压力增大及瓦斯涌出异常等预兆。

（3）一般具有明显的喷出口或裂缝。

（4）喷出量和喷出时间与瓦斯的范围和瓦斯来源有密切联系。瓦斯范围大，来源广，并有裂缝相沟通时，喷出量大，时间长。

（二）瓦斯喷出的预防与处理措施

（1）加强地质工作，探明地质构造和瓦斯情况。例如在掘进工作面前进方向和两侧打探孔，探明地质构造和瓦斯贮存情况，同时又起到探水的作用。

（2）排放瓦斯。根据已探明的瓦斯情况，可采取自然排放、插管法排放、巷道法抽采等措施进行排放。

（3）将瓦斯引至回风流。若瓦斯喷出裂隙不大、喷出量较小时，可用风筒或管道将瓦斯引至回风流或掘进工作面20 m以外，以确保掘进、爆破工作的安全。

（4）封堵裂隙。当裂隙小、喷出瓦斯量不大时，可用黄泥等材料封堵裂隙。

（5）合理供风。有瓦斯喷出的采掘工作面，要有独立的通风系统，并适当加大风量。

（6）合理的开采顺序和顶板控制方法。例如邻近层瓦斯喷出时，可先采涌出量小的煤层；回采初期及时放顶，减小集中压力等。

三、煤（岩）与瓦斯突出

（一）瓦斯突出机理

解释瓦斯突出的原因和突出过程的理论称突出机理。瓦斯突出机理很复杂，受多种因素影响，解释其机理的假说很多，主要有瓦斯假说、地应力假说和综合作用假说。国内外学者大多数倾向于综合作用假说。

综合作用假说认为，瓦斯突出是地应力、瓦斯和煤结构综合作用的结果。地应力包括岩石静压力、地质构造力、集中应力等。瓦斯包括瓦斯含量、瓦斯压力、瓦斯解吸速度等。煤结构包括煤的结构、煤强度、煤破坏类型等。有瓦斯突出危险性的煤层，在地质构造力或地层静压力和瓦斯压力综合作用下，处于弹性变形状态，积蓄了一定的弹性潜能。当采掘工作面煤体与瓦斯体系的平衡状态突然遭到破坏时，弹性能和瓦斯突然释放，煤体内裂隙迅速增加，吸附态的瓦斯瞬间大量解吸，煤体进一步破坏，瓦斯压力进一步上升。若瓦斯压力大于煤壁强度，高压瓦斯就会冲破煤（岩）壁，携带破碎了的煤（岩）喷向采掘空间。

在瓦斯突出中，地应力与瓦斯为突出动力，煤结构为突出阻力。若前者占主导地位，突出可能性大，否则相反。突出时，可能是某一种因素占主导地位。例如：钻孔突出多为瓦斯占主导地位；采煤工作面突出多为地压力占主导地位；石门揭煤、煤层平巷、上（下）山突出多为二者综合作用。

同时，地应力、瓦斯、煤结构是相互联系、相互影响的。例如：地应力、瓦斯随着开采深度的增加而增加，突出危险性增加；煤体排放瓦斯后，瓦斯压力下降，煤强度上升，地应力下降，突出危险性降低等。

（二）瓦斯突出分类

1. 按突出力学现象及特征分类

瓦斯突出可分为煤的突然倾出并涌出大量瓦斯，简称倾出；煤的突然压出并涌出大量瓦斯，简称压出；煤与瓦斯突出，简称突出。倾出以煤重力为主，瓦斯在一定程度上参与。压出以地应力和采动应力为主，瓦斯作用为辅，使采掘工作面煤体被抛出或位移，即压出的能量主要为煤层积蓄的弹性能。突出是在地应力和瓦斯压力共同作用下，采掘工作面煤体遭到破坏，并以极快的速度被抛出并伴随大量瓦斯涌出，一般以地应力为主，瓦斯压力为辅，实现突出的基本能量为煤层积蓄的弹性能和瓦斯压力。突出压出、倾出统称为突出，其基本特征如下：

1）突出的基本特征

（1）突出的煤向外抛出的距离较远，具有分选现象。

（2）抛出的煤堆积角小于自然安息角。

（3）抛出的煤破碎程度较高，含大量碎煤和一定数量手捻无粒感的煤粉。

（4）有明显的动力效应，如破坏支架，推倒矿车，损坏或移动安装在巷道中的设施等。

(5）有大量瓦斯涌出,瓦斯的涌出量远远超过突出煤的瓦斯含量,有时会使风流逆转。

(6）突出孔洞呈口小腔大的梨形、舌形、倒瓶形、分叉形以及其他形状。

2）压出的基本特征

(1）压出有两种形式，即煤的整体位移和煤的一定距离地抛出，但位移和抛出的距离都较小。

(2）压出后，在煤层与顶板之间的裂隙中常留有细煤粉，整体位移的煤体上有大量裂隙。

(3）压出的煤呈块状，无分选现象。

(4）巷道瓦斯涌出量增大。

(5）压出可能无孔洞或呈大小腔的楔形，半圆形孔洞。

3）倾出的基本特征

(1）倾出的煤就地按自然安息角堆积，无分选现象。

(2）倾出的孔洞多为口大腔小，孔洞轴线沿煤层倾斜或铅垂（厚煤层）方向发展。

(3）无明显动力效应。

(4）倾出常发生在煤质松软的急倾斜煤层中。

(5）巷道瓦斯涌出量明显增加。

2. 按突出强度分类

突出强度是指一次突出抛出的煤（岩）数量和涌出瓦斯量。由于瓦斯是流体，突出的数量较难准确计算，一般以突出煤量为依据，划分为小型突出（强度小于100 t/次)、中型突出（强度为100~500 t/次以下)、大型突出（强度等于500~1000 t/次以下)、特大型突出（强度等于或大于1000 t/次)。

3. 按突出的地点分类

突出矿井所有巷道都有发生突出的危险，但主要发生在平巷、上山和采煤工作面。其中以石门揭煤时突出强度最大，爆破落煤时最容易引起突出。

(1）石门揭煤突出。由于煤层较围岩透气性差，石门揭煤前，在煤层内瓦斯未排出时，保持着原始的高压状态；由于在煤岩交面应力不连续，爆破瞬间煤体应力突变，强度降低，若二向应力承受不住高压瓦斯的冲击，便发生突出。

(2）煤层平巷突出。煤层平巷突出次数最多，占总量的47.3%，最大强度为5000 t/次，平均强度为55.6 t/次。因为煤层平巷瓦斯压力和瓦斯梯度较石门小，工作面前方不具备应力突变条件，压出、倾出比重大，强度小，多为小型突出。

(3）上山掘进突出。上山掘进突出占总量的24.9%。由于突出的动力主要为煤的自重，倾出比重增加，尤其是急倾斜煤层。倾斜、急倾斜煤层上山突出强度一般较平巷小，最大强度为1267 t/次，平均强度为50.0 t/次。

(4）下山掘进突出。下山掘进突出占总量的3.8%，最大强度为369 t/次，平均强度为86.3 t/次。一般为突出和压出。由于煤的自重为突出的阻力，一般不见倾出。

(5）采煤工作面突出。采煤工作面突出占总量的15.8%，最大强度为900 t/次，平均强度为35.9 t/次。突出主要发生在倾斜和近水平煤层，且大多数为压出类型。

由于急倾斜煤层后退式回采易于瓦斯的排放，地应力相应降低，地压力也小，因此很少发生突出。后退式采煤工作面有利于瓦斯的排放，使突出危险性降低。但地压力活跃，如周期来压，控顶距过大，悬顶面积过大等，又可诱发突出等。

采煤工作面突出强度虽小，但由于人员集中，对安全的威胁大，一旦突出发生，往往造成重大伤亡事故。

（三）瓦斯突出的一般规律

瓦斯突出有一定规律性，即使突出严重的矿井，突出区域也不到10%。因此，掌握瓦斯突出的规律，不仅对安全生产意义重大，对提高矿井效率和经济效益也有十分重要的现实意义。瓦斯突出的一般规律如下：

（1）绝大多数突出发生在地质构造带内。地质构造带内附近煤岩破坏严重，强度低，抵御突出的阻力降低。同时，这些区域应力分布集中，煤岩有较大弹性，且瓦斯含量高，突出的能量大。例如，鹤壁矿区61次突出有53次发生在地质构造带附近。

（2）采掘应力集中带内易发生突出。应力集中区弹性能大，煤双向应力强度低。

（3）突出发生在一定深度，突出的强度和次数随开采深度增加而增加。开采深度越深，瓦斯含量越高，压力越大，地压力也越大，当然突出的强度和次数也越大。

（4）煤层越厚，强度越低，抵御突出的能力越低；煤层倾角大，受自重影响越大。因此，突出的次数和强度随煤层厚度，尤其是软分层厚度的增加而增加。且煤层的倾角越大，突出的危险性越大。

（5）突出煤层煤质松软、暗淡、干燥、透气性差，层理紊乱，受地质构造破坏严重，瓦斯放散速度高。

（6）煤（岩）层瓦斯含量与压力越大，突出危险性越大。大多数突出发生于瓦斯压力大于1 MPa、瓦斯含量大于10~15 m^3/t的煤层。

（7）突出危险性随厚、坚硬、致密的顶底板的存在而增加。在该条件下，煤层弹性应力和集中应力大，瓦斯不易放散，含量高，突出危险性大。

（8）绝大多数突击发生在落煤时，尤其是爆破。爆破时，工作面前方的应力集中区突然暴露于工作面，最容易引起突出。

（9）突出具有延期性。爆破落煤时，原应力场破坏，形成新的应力场，应力场调整过程决定了突出的延期时间，由几分钟到几小时，对人威胁很大。

（10）多数突出发生于高瓦斯矿井，突出的气体主要是瓦斯，个别为二氧化碳。

（11）突出前一般都有预兆，地压方面包括放煤炮、支架响声、煤岩开裂、底鼓、煤岩自行剥落、煤壁颤动、钻孔变形、垮孔顶钻、夹钻、钻机过负荷等。瓦斯方面包括瓦斯涌出异常、涌出忽大忽小、煤尘增大、气温和气味异常、打钻喷瓦斯、喷煤，出现哨声、风声、蜂鸣声等。煤层方面包括层理紊乱、强度降低或松软不均、暗淡等。

（12）由于地应力、瓦斯压力、煤的力学强度、煤的透气性等异常情况往往是呈带状分布的，因此突出危险区一般呈带状分布。

四、区域防突措施

区域防突措施是指在突出煤层进行采掘前，对突出煤层较大范围采取的防突措施。区域防突措施包括开采保护层和预抽煤层瓦斯两类，应在合理进行采掘部署的基础上实施。由于区域防突措施具有防突效果安全可靠且最经济等优势，因此在选择防突措施时，必须坚持“区域措施优先，局部措施补充”的原则。区域防突措施应当做到多措并举、可保必保、应抽尽抽、效果达标。区域综合防突措施包括区域突出危险性预测、区域防突措施、区域措施效果检验与验证。

突出煤层必须按国家防突规定的要求采取区域综合防突措施，严禁在区域防突措施未达到要求的区域进行采掘作业。突出矿井在编制年度、季度、月生产计划时，必须编制防治突出措施计划。

区域防突措施必须优先选用开采保护层措施。在无保护层开采条件时可选取预抽煤层瓦斯，未采取区域综合防突措施并达到要求指标的，严禁采掘活动。

开采突出煤层时，必须采取突出危险性预测、防治突出措施、防治突出措施的效果检验、安全防护措施等综合防治突出措施，突出矿井采掘工作必须做到“不掘突出头、不采突出面”。

（一）开采保护层

所谓开采保护层，就是为消除邻近煤层的突出危险而先开采的煤层或岩层，又称解放层；其中位于突出煤层上方的保护层称为上保护层，位于突出煤层下方的保护层称为下保护层。由于先采煤层的采动作用所产生的“卸压增透”效应，使相邻有突出危险的煤层由于受到采动影响，透气性增强，使瓦斯得到释放，煤层应力减小，同时对其卸压瓦斯进行强化抽采，从而减少或丧失其突出危险性。由于保护层采动作用，在其顶板和底板一定范围内的煤（岩）层内因卸压而使流动性增强的瓦斯称为卸压瓦斯。卸压瓦斯为瓦斯的抽采创造了有利条件。这个由于保护层开采的采动作用并同时抽采卸压瓦斯，使邻近的突出危险煤层的突出危险区域转变为无突出危险区域，该突出危险煤层称为被保护层（又称被解放层）。

《防治煤与瓦斯突出规定》要求，有突出危险的区域且具备开采保护层条件的，必须开采保护层。单一突出煤层开采时，可选择首先开采软岩作为保护层。不具备开采保护层条件的突出危险区域，必须在该区域外的巷道或地面向该区域煤层实施预抽煤层瓦斯的区域防突措施，并经检验有效后方可进行采掘作业。

1. 开采保护层的防突机理

保护层开采后，由于采空区岩层的冒落或移动，引起周围应力重新分布。在采空区上方形成自然冒落拱，形成O形卸压区。在卸压带内，地层应力降低，垂直煤层层面方向呈现膨胀变形，在煤层和岩层内，产生新裂缝，原有的裂缝也张开扩大，使得煤层透气性增高数十到数百倍。由于保护层与被保护层之间岩层卸压后发生垂直层面的膨胀变形，使得平行层面的部分岩层发生收缩变形，导致原岩层裂隙沟通，为解吸瓦斯向采空区流动提供了通道。同时，被保护层的卸压提高了瓦斯排放能力，瓦斯的不断涌出引起瓦斯含量和瓦斯压力的下降，煤的力学强度增高。

开采保护层防治煤与瓦斯突出作用原理如图2－19所示。

2. 保护范围的确定

保护范围是指保护层开采并同时抽采卸压瓦斯，在空间上使突出危险煤层的突出危险区域转变为无突出危险区域的有效范围，即突出危险区域转变为无突出危险区域沿煤层走向、倾向、垂直于煤层层面三个方向上的卸压范围。在保护范围内开采时，可按无突出危险煤层对待，甚至可不采取其他防治突出措施。在保护范围以外开采时，则必须采取防治突出措施。

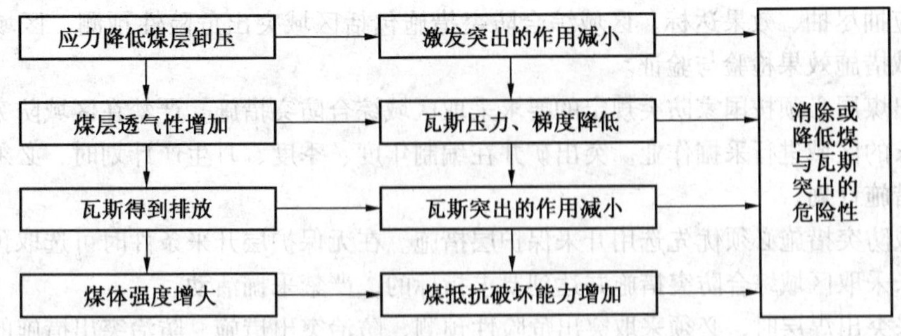

图 2-19　开采保护层防治煤与瓦斯突出作用原理

保护层开采后，在其采空区上方岩层冒落，最大冒落带高度一般为采高的 4 倍左右，岩石垮落不规则。由于岩层的冒落，在采空侧一定高度，产生大量变形裂隙，且在一定范围内裂隙互相沟通，形成瓦斯卸压通道。断裂带高度一般约为采高的 17.2 倍。在断裂带上部，岩层弯曲下沉，此带内的岩层移动基本上是成层的、整体性的移动。“三带”形成了一个 O 形裂隙圈，即保护的范围。显然，保护范围的大小，主要决定于保护层的位置、厚度、倾角、层间距、层间岩性等因素，各矿区应根据实地考察而定。

（1）沿煤层走向范围的确定。保护层沿煤层走向的保护范围，一般为顶板方向 60°斜线之内，底板方向 45°斜线之内是安全的，如图 2-20 所示。

对终采的保护层工作面，终采时间超过 3 个月，且卸压比较充分时，该工作面的始采线、终采线及所留煤柱对被保护层沿走向的保护范围的卸压角可按 56°~60°划定。

值得注意的是，由于煤层的赋存和围岩的条件不同，保护范围应根据本地区实际情况考察确定。如淮南矿区老区开采上保护层走向卸压角为 73.0°~78.0°，新区为 80.8°~84.7°；开采下保护层时老区走向卸压角为 104.6°~109.1°，新区为 99.3°~100.1°。

（2）沿煤层倾向范围的确定。不同的矿区沿煤层倾向的保护范围差异很大，如淮南矿区老区开采上保护层倾向卸压角为 82.0°~75.0°，新区为 83.0°~85.0°；开采下保护层时，老区倾向卸压角为 110.2°~118.9°，新区为 102.0°~110.0°。因此，倾向方向卸压角的大小应根据矿井实测数据确定。无实测数据时，倾向的保护范围可按照图 2-21 和表 2-13 确定。

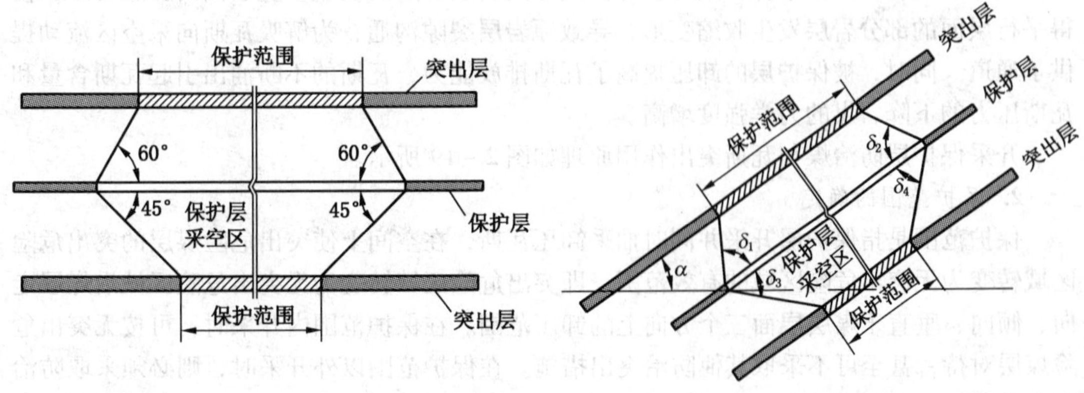

图 2-20　沿煤层走向保护范围的划定　　图 2-21　沿煤层倾向保护范围的划定

表 2-13　保护层开采后沿倾向的卸压角

煤层倾角 α/(°)	卸压角/(°)			
	δ_1	δ_2	δ_3	δ_4
0	80	80	75	75
10	77	83	75	75
20	73	87	75	75
30	69	90	77	70
40	65	90	80	70
50	70	90	80	70
60	72	90	80	70
70	72	90	80	72
80	73	90	78	75
90	75	80	75	80

（3）沿煤层垂直保护范围的确定。保护层与被保护层之间的有效垂直距离与煤层的倾角、保护层开采厚度以及围岩的性质有关，即便是同一个矿区差异也很大。如淮南矿区开采下保护层时新老矿区分别达到 130 m 和 150 m；开采上保护层新老矿区分别达到 100 m 和 80 m。因此，在取得实测数据之前，保护层与被保护层之间的垂直距离可按表 2-14 或式（2-12）、式（2-13）选取。

表 2-14　保护层与被保护层之间的有效垂直距离

名　称	上保护层/m	下保护层/m
急倾斜煤层	<60	<80
缓倾斜与倾斜煤层	<50	<100

保护层最大有效垂距：

$$S_{下} = S'_{下}\beta_1\beta_2 \tag{2-12}$$

$$S_{上} = S'_{上}\beta_1\beta_2 \tag{2-13}$$

式中　$S'_{下}$、$S'_{上}$——下保护层和上保护层的理论有效距离，m；与工作面长度 L 和开采深度 H 有关，可参照表 2-15 选取，当 $L \geqslant 0.3H$ 时，取 $L = 0.3H$，但 L 不得大于 250 m；

β_1——保护层开采的影响系数，当 $M \leqslant M_0$ 时，$\beta_1 = M/M_0$；当 $M > M_0$ 时，$\beta_1 = 1$；

M——保护层的开采厚度，m；

M_0——保护层的最小有效厚度，m；可参照图 2-22 选取；

β_2——层间硬岩（砂岩、石灰岩）含量系数，以 η 表示其在层间所占的百分比。当 $\eta \geqslant 50\%$ 时，$\beta_2 = 1 - 0.4/100$；当 $\eta < 50\%$ 时，$\beta_2 = 1$。

表 2-15　$S'_{下}$、$S'_{上}$与开采深度 H 和工作面长度 L 之间的关系

开采深度 H/m	$S'_{下}$/m 工作面长度 L/m								$S'_{上}$/m 工作面长度 L/m						
	50	75	100	125	150	175	200	250	50	75	100	125	150	200	250
300	70	100	125	148	172	190	205	220	56	67	76	83	87	90	92
400	58	85	112	134	155	170	182	194	40	50	58	66	71	74	76
500	50	75	100	120	142	154	164	174	29	39	49	56	62	66	68
600	45	67	90	109	126	138	146	155	24	34	43	50	55	59	61
800	33	54	73	90	103	117	127	135	21	29	36	41	45	49	50
1000	27	41	57	71	88	100	114	122	18	25	32	36	41	44	45
1200	24	37	50	63	80	92	104	113	16	23	30	32	37	40	41

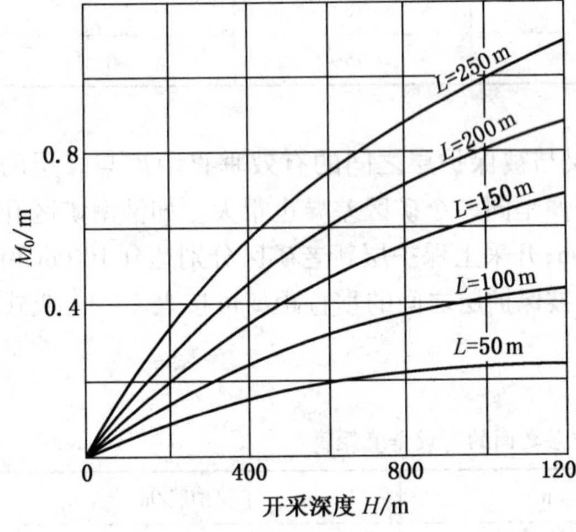

图 2-22　保护层的最小有效厚度

开采下保护层时，必须保证上部被保护层不被破坏，其最小层间距离的计算公式为

$$\alpha<60^\circ\text{时}\quad H=KM\cos\alpha \tag{2-14}$$

$$\alpha\geqslant60^\circ\text{时}\quad H=KM\sin\frac{\alpha}{2} \tag{2-15}$$

式中　H——允许采用的最小层间距，m；

M——保护层的开采厚度，m；

α——煤层倾角；

K——顶板控制系数。冒落法控制顶板时，取 $K=10$；充填法控制顶板时，取 $K=6$。

3. 保护范围及保护效果的考察

（1）走向和倾向保护范围考察。保护层走向和倾向保护范围考察方法因煤层赋存情况、保护层与被保护层相对位置关系和被保护层卸压瓦斯抽采方法等不同需采取针对性考察技术方案。如倾斜和缓倾斜煤层的被保护层保护范围考察方法如图 2-23 所示，通过底板瓦斯抽采巷和底板岩石下山布置二组考察

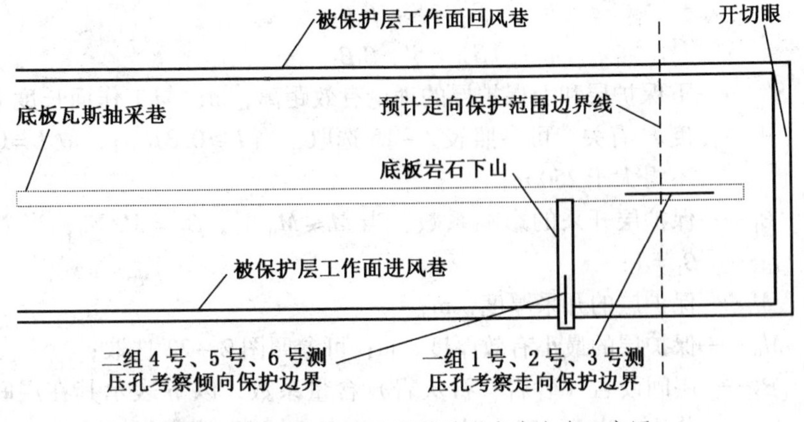

图 2-23　走向和倾向保护范围考察方案示意图

钻孔，通过测定被保护层原始瓦斯压力和残余瓦斯压力来确定走向和倾向保护边界。

走向保护范围考察方案如图 2－24 所示，将 3 个考察钻孔布置在开切眼或终采线附近的预计保护边界线两侧各 15 m，通过测定 3 个不同位置钻孔的原始瓦斯压力和残余瓦斯压力，判定被保护层的走向保护范围的边界线。

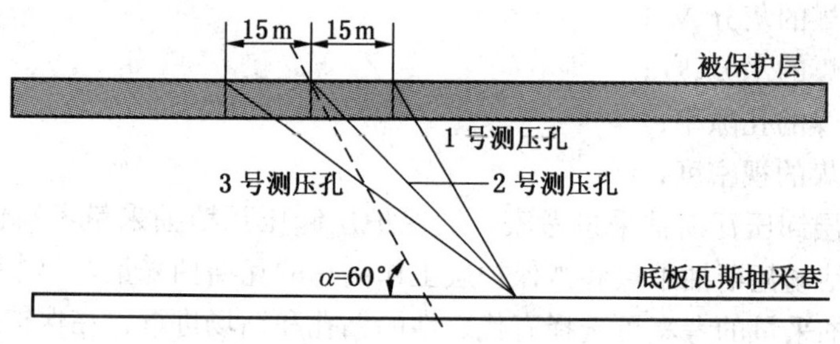

图 2－24　走向保护范围考察方案示意图

倾向保护范围考察方案如图 2－25 所示，在倾向保护范围内倾斜下方预计保护边界线及两侧布置 3 个考察钻孔，间距 15 m，通过 3 个不同位置保护层的原始瓦斯压力和残余瓦斯压力对比可以得出倾向保护范围的边界线。

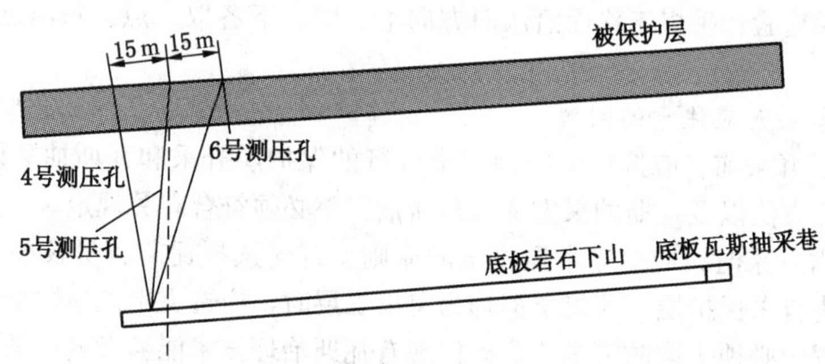

图 2－25　倾向保护范围考察方案示意图

（2）被保护层原始瓦斯压力和残存瓦斯压力考察。保护层工作面开采前，在预计保护范围内，从被保护层底板瓦斯抽采巷向被保护层工作面施工穿层钻孔，安装测压装置测定的瓦斯压力即为被保护层原始瓦斯压力。在保护层工作面开采和被保护层卸压瓦斯抽采之后，测压装置最终显示的瓦斯压力即为残余瓦斯压力。根据被保护层原始瓦斯压力和残余瓦斯压力分析判断防突措施的效果以及突出的危险性。

（3）被保护层原始瓦斯压力和残存瓦斯含量考察。根据上述测定的被保护层原始瓦斯压力和残存瓦斯压力，可根据式（2－16）计算保护层的原始瓦斯含量和残余瓦斯含量。根据被保护层原始瓦斯含量和残余瓦斯含量分析判断防突措施的效果以及突出的危险性。

$$W = \frac{abp}{1+bp} \cdot \frac{100 - A_d - M_{ad}}{100} \cdot \frac{1}{1+0.31M_{ad}} + \frac{10Cp}{\gamma} \tag{2-16}$$

式中　W——保护层原始瓦斯含量或残余瓦斯含量，m^3/t；

a、b——煤层吸附常数；

p——保护层原始瓦斯压力或残余瓦斯压力，MPa；

A_d——煤的灰分,%；

M_{ad}——煤的水分,%；

C——煤的孔隙率；

γ——煤的视密度，t/m^3。

（4）被保护层卸压瓦斯抽采量考察。被保护层卸压瓦斯抽采量考察包括单个钻孔瓦斯抽采量、单个钻场瓦斯抽采量和被保护层工作面总的瓦斯抽采量。单个钻孔瓦斯抽采量和单个钻场瓦斯抽采量的考察可选择有代表性的钻孔和钻场进行，在保护层工作面瓦斯抽采系统的总干管上安设瓦斯监测装置，考察总的瓦斯抽采量变化。瓦斯抽采量考察可采用孔板流量计或瓦斯抽采监测装置，主要测定参数为抽采管路混合流量、瓦斯浓度和抽采负压，每日至少记录一次测定参数，用于评估被保护层卸压瓦斯的抽采效果和进行被保护层区域性消除突出危险性评定。

（5）被保护层工作面采掘作业中消除突出危险性的效果检验考察。在被保护层保护范围内进行掘进和采煤作业时，对被保护层区域性消除突出危险性的效果检验可采用最大钻屑量 S_{max}、钻屑解吸指标 K_1、Δh_2 和钻孔瓦斯涌出初速度 q_m 等指标。掘进巷道每前进10 m应进行一次效果检验；采煤工作面沿倾斜方向上、中、下各取一点，每前进 10 m 进行一次效果检验。

4. 开采保护层时应注意的问题

（1）保护层开采前，应按规定编制安全可行的保护层开采和瓦斯抽采设计。保护层开采和考察验证方法以及瓦斯抽采方法和瓦斯抽采率必须符合有关规定。

（2）煤层群开采时，应遵守本质安全的原则。首先选择瓦斯含量较小、突出危险性较低的煤层作为首采保护层。若煤层群均为突出煤层时，应选突出危险性小的煤层为保护层，但采掘过程中必须采取防突措施。确保现有瓦斯治理技术能够满足首采卸压保护层的瓦斯治理需求，实现首采卸压保护层的本质安全开采。

（3）煤层群中有几个保护层时应优先开采上保护层，且坚持循环卸压的原则。上保护层下向卸压的影响范围较小，尤其是当层间距较大时，需要多重开采上部煤层循环卸压才能使被卸压的煤层得到充分卸压。若不得不开采下保护层时，要防止采动影响而破坏未采煤层的结构。

（4）在保护层开采中，应不留保护煤（岩）柱，以免形成集中应力。特殊情况下需要留设煤（岩）柱时，必须按规定程序报批，并将煤（岩）柱准确地标注在采掘工程平面图上，以备在开采被保护层时采取局部防突措施。沿空留巷或小煤柱护巷时，小煤柱的宽度不应大于 4 m。

（5）在有抽采瓦斯系统的矿井开采保护层时，在开采保护层的同时，可抽采被保护层的瓦斯。

（6）开采近距离保护层时，必须采取措施严防被保护层初期卸压的瓦斯突然涌入保护层采掘工作面或误穿突出煤层。

(7) 应坚持资源回收最大化，优先选择薄煤层作为首采卸压保护层，以提高煤炭资源的回收率。但开采厚度等于或小于 0.5 m 的保护层时，必须检验保护层的实际保护效果。如果保护层的实际保护效果不好，在开采被保护层时，还必须采取防治突出的补充措施。

(8) 充填法开采厚煤层时应先采第一分层为保护层，然后再由底层向上开采；采用水平分层时，可利用开采上分层来保护下分层。

(9) 开采保护层时，被保护层卸压后大量瓦斯沿断裂带涌向采空区，易造成工作面上隅角、回风流瓦斯超限，必须采取综合防治措施。

(10) 保护层与被保护层同时开采时，被保护层采掘工作面尽量布置在保护范围内，降低其突出危险性。且保护层采煤工作面，必须超前被保护层掘进工作面。超前距离一般不得小于两个煤层间距的 2 倍，并不小于 30 m。当开采深度较深或煤层间距较大时，由于岩层移动性和透气性减小，且瓦斯含量和地压力增大，应适当加大超前距离，以延长瓦斯排放的时间。

(11) 对不同矿井、不同保护层和被保护层，保护层的保护参数及保护效果应进行实地考察。根据考察结果判断防突的措施效果和指导下一步采掘和防突设计。

(12) 被保护层工作面采掘作业前必须将保护范围内煤层的瓦斯含量或瓦斯压力降到煤层始突深度以下。若没能考察出煤层始突深度的瓦斯含量或压力，则必须将煤层瓦斯含量降到 8 m^3/t 以下，或将煤层瓦斯压力降到 0.74 MPa（表压）以下。

(13) 开采保护层并同时抽采被保护层卸压瓦斯后，必须编制被保护层工作面区域性消除突出危险性评定报告。评定报告中应包括以下内容：①保护层及被保护层工作面地质与煤层赋存等情况；②保护层与被保护层开采方法、工艺、巷道布置、工作面参数、通风系统及风量等；③被保护层工作面的卸压瓦斯抽采工程及相关参数说明；④被保护层工作面的原始瓦斯压力及瓦斯含量；⑤被保护层工作面的瓦斯储量与卸压瓦斯抽采量；⑥被保护层工作面的残余瓦斯压力及瓦斯含量；⑦煤（岩）柱在被保护工作面中的影响范围；⑧开采保护层在被保护层工作面中形成的保护范围；⑨被保护层工作面达到安全开采条件的评定等。

(二) 预抽瓦斯

瓦斯的煤层透气性较好或采取煤层增透措施能使煤层透气性适合的矿井，可采取预抽瓦斯的防突措施。预抽瓦斯指在煤层未受采动以前所进行的瓦斯抽采。即利用布置在煤（岩）中层的巷道、钻孔和抽采设备，经一定时间预抽煤（岩）层中的瓦斯，以降低瓦斯含量和瓦斯压力，使煤层应力下降，透气性和强度增加，从而使煤（岩）层丧失或减弱突出的危险性。

预抽煤层瓦斯可用于区域防突措施，也可用于局部防突措施，是目前广泛采用的一种防突方法。用于区域防突措施的预抽煤层瓦斯可采用的方式包括：地面井预抽煤层瓦斯、井下预抽区段煤层瓦斯、穿层钻孔预抽煤巷条带煤层瓦斯、预抽回采区域煤层瓦斯、穿层钻孔预抽石门（含立、斜井等）揭煤区域煤层瓦斯。

预抽煤层瓦斯区域防突措施应当按上述所列方法顺序结合实际条件优选选取，或一并采用多种方式的预抽煤层瓦斯措施。预抽煤层瓦斯的方法简便易行，只要通过抽采将瓦斯压力或含量降到突出临界值以下，就能达到防突的效果。其缺点是透气性差的煤（岩）层抽采时间长，效果差。

五、局部防突措施

局部防突措施是指突出煤层在实施较大范围的区域性防突措施且达到规定指标后，在工作面采掘过程中，针对工作面较小范围内经预测尚未消除突出危险的局部煤层实施的防突措施。其有效作用范围一般仅限于当前工作面周围较小的局部区域。局部防突措施的实质，就是通过措施的实施，降低突出的动力，增大抵制突出的阻力。局部防突措施主要包括石门揭煤防突措施和采掘工作面防突措施，一般分为四大类，即超前排放瓦斯、松动爆破、水力化措施和加强支护措施。

（一）石门和其他岩石井巷揭煤工作面的防突措施

根据《防治煤与瓦斯突出规定》，石门揭煤工作面的防突措施可采用抽采瓦斯、排放钻孔、水力冲孔、金属骨架、煤体固化或其他经试验证明有效的措施，立井揭煤工作面则可以选用除水力冲孔外的各项措施。

1. 排放钻孔防突措施

对于煤层透气性好，有足够排放时间的矿井，可选用排放钻孔防突措施。即通过钻机向煤层内施工大量钻孔，使孔壁变形、坍塌，钻孔四周煤（岩）体松动、变形，使工作面前方煤体的应力降低，且向深部转移；同时煤层透气性增加，瓦斯排放速度加快；瓦斯排放后使煤体内瓦斯压力降低，瓦斯含量减少，工作面前方煤体中的瓦斯压力梯度减小；同时，瓦斯排放后，煤的强度增加，从而消除突出危险性。

石门揭煤工作面排放钻孔孔径一般为 75 ~ 120 mm，钻孔控制范围：石门的两侧和上部轮廓线外至少 5 m，下部至少 3 m。立井揭煤工作面钻孔控制范围：近水平、缓倾斜、倾斜煤层为井筒四周轮廓线外至少 5 m；急倾斜煤层沿走向两侧及沿倾斜上部轮廓线外至少 5 m，下部轮廓线外至少 3 m。当钻孔不能一次穿透煤层全厚时，可分段施工，但第一次施工的钻孔穿煤长度不得小于 15 m，进入煤层掘进时必须留有 5 m 的超前距离。钻孔的孔底间距应根据煤层的透气性实际考察情况确定，一般不大于 2 m。排放钻孔布置如图 2 - 26 所示。

2. 预抽瓦斯防突措施

对于煤层透气性较好，有足够预抽时间的矿井，可选择预抽瓦斯防突措施。即在石门和其他岩石井巷工作面施工预抽瓦斯钻孔或对排放钻孔密封抽采瓦斯，以加速瓦斯排放速度，缩短排放时间，减少钻孔工作量。

石门揭煤工作面预抽瓦斯的钻孔布置、孔径和控制范围与排放钻孔相同。

3. 水力冲孔防突措施

水力冲孔又叫钻冲法，即以石门岩柱为安全屏障，向突出煤层打钻，送入一定压力的水。通过钻头的切割和水射流的冲刷，冲出煤炭，在煤体中形成较大的孔洞。孔洞周围煤体在应力作用下向孔内发生位移，裂隙增多，周围煤体透气性增大，瓦斯涌出量增加，同时应力集中带前移，从而在孔道周围一定范围内，煤体失去了突出的能力。

水力冲孔适用于打钻时具有自喷（喷煤、喷瓦斯）现象的煤层，以及煤层较软或有软分层、煤层坚固性系数 f 值一般小于 0.5 的煤层和有特大型煤与瓦斯突出危险的倾斜煤

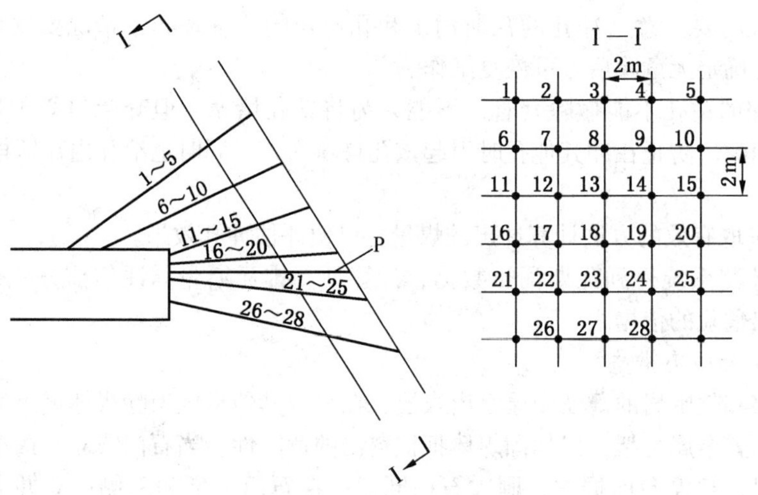

P—测压钻孔；1~28—排放钻孔

图2-26 石门排放钻孔布置图

层。但大倾角、急倾斜强突出煤层，立井揭煤工作面不宜采用水力冲孔防突措施。

石门揭煤工作面采用水力冲孔防突措施时，钻孔应至少控制揭煤巷道轮廓线外3~5 m，在控制范围内布置成上、中、下3排，每排呈左、中、右共9个孔，如图2-27所示。冲孔顺序为先冲对角孔后冲边上孔，最后冲中间孔。水压视煤层的软硬程度而定，一般应大于3 MPa，冲水量为30~35 m^3/h。若有钻孔冲出的煤量较少时，应在该孔周围补孔。

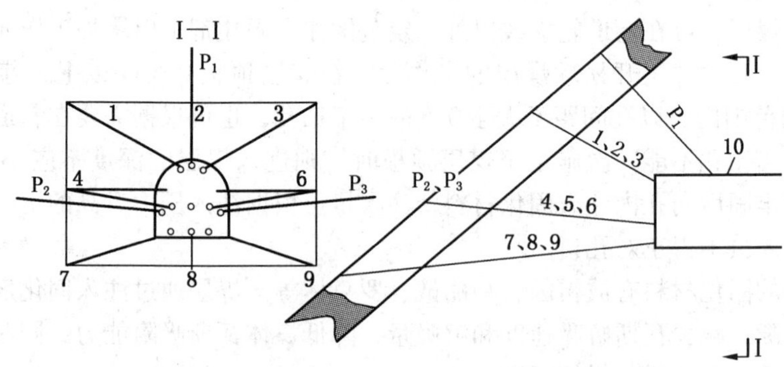

1~9—水冲孔；P_1~P_3—瓦斯压力测量孔

图2-27 石门揭煤水力冲孔钻孔布置图

选用水力冲孔防突措施时，应注意下列事项：

(1) 要按规定的工艺流程冲孔。开始冲孔时，距煤层要有一定的距离，钻杆推进速度不宜快，且采用反复抽动前进冲孔。冲孔发生卡钻时，要立即停止向孔内供高压水，该孔停止冲孔，等其他孔冲完后，再采取措施进行有效处理。

(2) 防止钻杆冲出伤人，冲孔、撤接钻杆时严禁人员正对钻杆。

（3）冲孔时要注意已冲孔的瓦斯涌出和孔内声响，发现异常情况要立即停止工作、撤出人员，等确定无危险后方可恢复工作。

（4）冲完的钻孔不能撤除套管，不能人为将钻孔堵塞，但套管口必须用堵板挡好，并留有一定间隙。防止在冲其他孔时引起该孔自喷伤人，同时也给孔内瓦斯排放留有足够的通道。

（5）要采取有效的方法计算冲出的煤量，以便评估冲孔效果。

（6）从监测系统得到瓦斯涌出数据，计算冲、排瓦斯量，评估前方残余瓦斯含量，作为消除突出危险的依据之一。

4. 金属骨架防突措施

对于软煤和软围岩的薄及中厚突出煤层，在采取其他措施消除煤体突出危险后，可在其轮廓周边布置金属骨架，以加固煤体抵抗突出的危险性。当石门或立井揭煤工作面距煤层一定距离时，暂停向前掘进，刷大石门断面；在石门上部和两侧或立井周边外0.5～1.0 m范围内布置钻孔，钻孔穿透煤层全厚进入顶（底）板岩层至少0.5 m，当钻孔不能一次施工至煤层顶板时，则进入煤层的深度不应小于15 m。钻孔间距一般不大于0.3 m，对于松软煤层要架两排金属骨架，钻孔间距应小于0.2 m。然后在钻孔内穿入直径不小于50 mm的钢管或不小于8 kg/m的钢轨，其前端伸入煤层的顶（底）板岩石，后端支撑在工作面中的支架上。插入骨架材料后，应向孔内灌注水泥砂浆等不燃性固化材料。在石门内形成一个金属支撑框架，增加了前方煤体的稳定性，在揭煤过程中它能抵抗上方煤体重量，阻止煤体位移，防止因为冒落诱发煤与瓦斯突出。

金属骨架是一种辅助防突技术，应在消除煤体突出危险后应用。揭煤后，严禁拆除金属骨架。

5. 煤体固化

对于松软煤层，可在巷道轮廓线以外一定范围注入固化剂，以增加工作面周围煤体的强度。即在石门和立井揭开松软煤层的工作面，在煤层顶板0.5 m以上、巷道轮廓线外0.5～2.0 m的范围内，以孔间距不大于0.5 m施工钻孔，也可根据需要在巷道轮廓线外多排环状布置。当钻孔不能一次施工至煤层顶板时，则进入煤层的深度不应小于10 m。然后将孔口封堵牢固后向孔内注入固化材料，注入量可根据注入压力升高的情况而定。固化操作时，所有人员不得正对孔口。

目前使用的固化材料有波雷因、马丽散、罗克休等。煤层通过注入固化剂，可充填封闭其裂隙和孔隙，减少瓦斯解吸速度和解吸量，降低煤体瓦斯吸附能力，同时改善煤岩体的物理力学性质，有效增加煤体强度。

在巷道四周环状固化钻孔外侧的煤体中，预抽或排放瓦斯钻孔自固化作业到完成揭煤前应保持抽采或自然排放状态。否则，应打一定数量的排放瓦斯钻孔。从固化完成到揭煤结束的时间超过5 d时，必须重新进行工作面突出危险性预测或措施效果检验。

6. 石门揭煤的有关规定

（1）石门和立井、斜井揭穿突出煤层时必须编制专项防突设计，专项防突设计至少应当包括石门和立井、斜井揭煤区域煤层、瓦斯、地质构造及巷道布置的基本情况；建立安全可靠的独立通风系统及加强控制风流设施的措施；控制突出煤层层位、准确确定安全岩柱厚度的措施，测定煤层瓦斯压力的钻孔等工程布置、实施方案；揭煤工作面突出危险性预测及防突措施效果检验的方法、指标，预测及检验钻孔布置等；工作面防突措施；安全防护措施及组织管理措施；加强过煤层段巷道的支护及其他措施等。

（2）石门和立井、斜井揭穿突出煤层前，必须准确控制煤层层位，掌握煤层的赋存位置、形态。在揭煤工作面距煤层最小法向距离10 m之前，应当至少打两个穿透煤层全厚且进入顶（底）板不小于0.5 m的前探取芯钻孔，探测煤层的层位、赋存形态和底（顶）板岩性以及测定瓦斯压力等。若二者不能共用时，则测定钻孔应布置在该区域各钻孔见煤点间距最大的位置。

在地质构造复杂、岩石破碎的区域，揭煤工作面距煤层最小法向距离20 m之前必须布置一定数量的前探钻孔，以保证能确切掌握煤层厚度、倾角变化、地质构造和瓦斯情况。

（3）石门和立井、斜井工作面距突出煤层底（顶）板的最小法向距离5 m到穿过煤层进入顶（底）板最小法向距离2 m的过程均属于揭煤作业。

揭煤作业应当具有相应技术能力的专业队伍施工，并按照下列作业程序进行：探明揭煤工作面和煤层的相对位置；在与煤层保持适当距离的位置进行工作面预测（或区域验证）；工作面预测（或区域验证）有突出危险时，采取工作面防突措施；实施工作面措施效果检验；掘进至远距离爆破揭穿煤层前的工作面位置，采用工作面预测或措施效果检验的方法进行最后验证；采取安全防护措施并用远距离爆破揭开或穿过煤层；在岩石巷道与煤层连接处加强支护。

（4）石门和立井、斜井揭煤工作面的突出危险性预测必须在距突出煤层最小法向距离5 m前进行。地质构造复杂、岩石破碎的区域，应适当加大法向距离。在经工作面预测或措施效果检验为无突出危险工作面时，可掘进至远距离爆破揭穿煤层前的工作面位置，再采用工作面预测的方法进行最后验证。若经验证仍为无突出危险工作面时，则在采取安全防护措施的条件下采用远距离爆破揭穿煤层。

当工作面预测或措施效果检验为突出危险工作面时，必须采取或补充工作面防突措施，直到经措施效果检验为无突出危险工作面。

对所实施的防突措施都必须进行实际考察，得出符合本矿井实际条件的有关参数。

（5）实施工作面防突措施时要求揭煤工作面与突出煤层间的最小法向距离：预抽瓦斯、排放钻孔及水力冲孔均为5 m，金属骨架、煤体固化措施为2 m。当井巷断面较大、岩石破碎程度较高时，还应适当加大距离。防突措施要达到的效果：在排放钻孔控制范围内煤层残余瓦斯压力小于0.74 MPa，或残余瓦斯含量小于8 m^3/t。

（6）石门和立井、斜井工作面从掘进至距突出煤层的最小法向距离5 m开始，必须采用物探或钻探手段边探边掘，保证工作面到煤层的最小法向距离不小于远距离爆破揭开突出煤层前要求的最小距离。采用远距离爆破揭开突出煤层时，要求石门、斜井揭煤工作面与煤层间的最小法向距离：急倾斜煤层2 m，其他煤层1.5 m。要求立井揭煤工作面与煤层间的最小法向距离：急倾斜煤层1.5 m，其他煤层2 m。如果岩石松软、破碎，还应适当增加法向距离。

（7）在揭煤工作面用远距离爆破揭开突出煤层后，若未能一次揭穿至煤层顶（底）板，则仍应当按照远距离爆破的要求执行，直至完成揭煤作业全过程。

（8）当石门或立井、斜井揭穿厚度小于0.3 m的突出煤层时，可直接用远距离爆破方式揭穿煤层。

（二）煤巷掘进工作面防突措施

《防治煤与瓦斯突出规定》规定，有突出危险的煤巷掘进工作面应当优先选用超前钻孔（包括超前预抽瓦斯钻孔、超前排放钻孔）防突措施。采用松动爆破、水力冲孔、水力疏松或其他防突措施时，必须经过试验考察确认防突效果有效后方可推广使用。前探支架措施应配合其他措施一起使用。下山掘进时不得选用水力冲孔、水力疏松措施。倾角8°以上的上山掘进工作面不得选用松动爆破、水力冲孔、水力疏松措施。

1. 超前钻孔防突措施

由于采掘活动，在掘进工作面前方由近及远分布着三个应力带：卸压带、集中应力带和原始应力带。卸压带靠近工作面，宽度一般 3 ~ 5 m，地应力和瓦斯压力大大降低，是阻止突出的防护带；集中应力带的地应力比原始应力值高，煤层透气性降低，瓦斯不易抽（排）放，所以保持着较高的瓦斯压力梯度与瓦斯压力，突出危险性增加。超前钻孔的作用就是使工作面前方煤体卸压、瓦斯得到抽（排）放，达到消除和降低突出危险的目的。

煤巷掘进工作面采用超前钻孔防突措施时，应当符合下列要求：

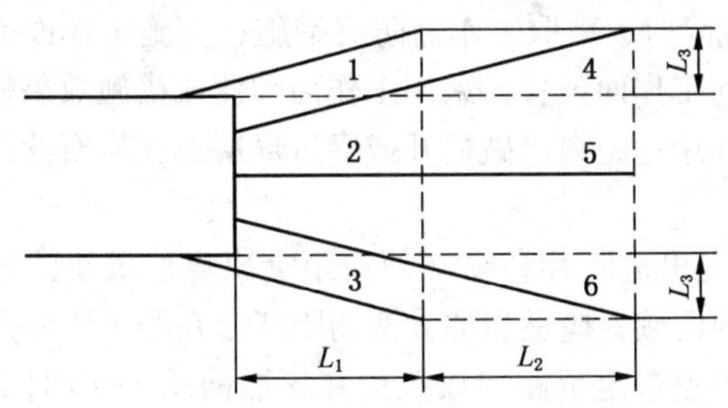

1 ~ 3—上次措施残留孔；4 ~ 6—本次措施孔；L_1—超前距；L_2—本次循环前方控制的范围；L_3—巷道两帮应控制的范围

图 2 - 28　掘进工作面超前钻孔的防突原理示意图

（1）超前钻孔孔径应当根据煤层赋存条件、地质构造和瓦斯情况确定，一般为 75 ~ 120 mm，地质条件变化剧烈地带也可采用直径 42 ~ 75 mm 的钻孔。若钻孔直径超过 120 mm 时，必须采用专门的钻进设备和制定专门的施工安全措施。

（2）超前钻孔的布置方式如图 2 - 28 所示，钻孔控制的范围：近水平、缓倾斜煤层巷道两侧轮廓线外 5 m，倾斜、急倾斜煤层上帮 7 m、下帮 3 m。当煤层厚度大于巷道高度时，在垂直煤层方向上的巷道上部煤层控制范围不小于 7 m，巷道下部煤层控制范围不小于 3 m。

（3）钻孔在控制范围内应当均匀布置，在煤层的软分层中可适当增加钻孔数。预抽钻孔或超前排放钻孔的孔数、孔底间距等应当根据钻孔的有效抽采或排放半径确定。各个钻孔的有效影响范围应当重叠。

（4）实施超前钻孔时，如果煤层明显分出硬软分层时，应在软分层中布置钻孔。煤层赋存状态发生变化时，及时探明情况，再重新确定超前钻孔的参数。

（5）钻孔施工前，加强工作面支护，打好迎面支架，背好工作面煤壁。

（6）超前钻孔适用于透气性较好煤层。超前钻孔实施后应进行防突效果的检验。

超前预抽瓦斯钻孔与超前排放钻孔相比，不同的是超前预抽瓦斯钻孔通过瓦斯抽采设备加快了煤层瓦斯排放速度和排放量，缩短了排放时间。同时，由于瓦斯沿管道排出，解决了风流中瓦斯超限问题。

2. 松动爆破防突措施

松动爆破是在掘进工作面向煤体中深部打钻孔并装药起爆的防突措施。通过炸药的爆破威力，在炮眼周围形成 0.1 ~ 0.4 m 的破碎圈和 1.6 m 左右的松动圈。在松动圈内煤体呈半破碎状，使周围瓦斯得到释放。同时，由于裂隙增加，人为改变煤层的力学性能，煤体承载能力降低，使应力集中带前移、卸压带扩大，以达防突的目的。松动爆破可使4～6 m的应力集中带前移到12～14 m处，将卸压带宽度大大增加。

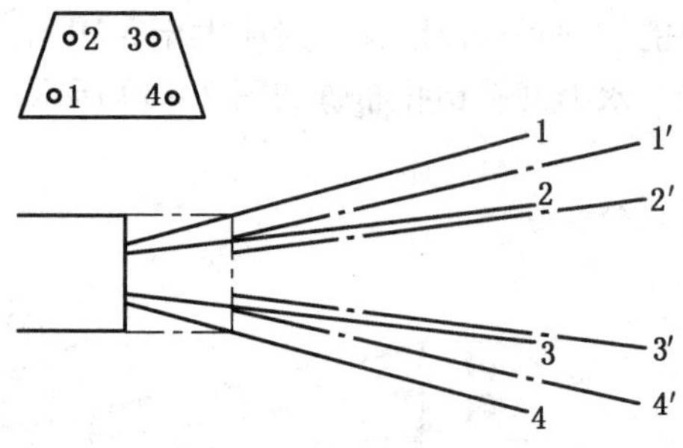

1、2、3、4—本次循环爆破孔；
1′、2′、3′、4′—下次循环爆破孔
图2－29　深孔松动爆破钻孔布置

深孔松动爆破常用的钻孔孔径为42 mm，孔深不得小于8 m，至少控制巷道轮廓线外3 m，如图2－29所示。采用三级煤矿许用乳化炸药，毫秒电雷管起爆。钻孔内采用正向装药结构，装药长度为孔长减去5.5～6 m。

采用松动爆破应注意下列事项：

（1）适用于煤质坚硬、围岩稳定、不易塌孔、突出强度不大的煤层。掘进工作面采用深孔松动爆破措施时，其钻孔布置方式、孔数应根据工作面煤层赋存条件、断面大小和实测的松动爆破的有效影响半径确定，孔深不得小于8 m，至少控制巷道轮廓线外3 m。

（2）松动爆破的钻孔数应根据松动爆破的有效影响半径确定。松动爆破的有效影响半径应通过实测确定。

（3）钻孔施工时，要注意钻进速度和加强排粉。必要时也可以压风清除钻孔内的煤粉，以保证装药的顺利。为保证顺利装药，常用竹片等将多个短药卷捆扎成一个长条药筒，以便将炸药送到孔底。

（4）炮眼应装入长度不小于0.4 m的水炮泥，水炮泥外应充填长度不小于2 m的炮泥。在装药和充填炮泥时，应防止折断电雷管的脚线。

（5）由于在实施深孔松动爆破时，因工艺失误有可能诱导突出，因此，必须采取撤人、停电、设警戒、反向风门、远距离爆破等安全措施，并至少在爆破30 min后方能进入工作面。

（6）为了提高松动爆破的效果，掘进工作面首次采用深孔松动爆破时，在执行措施前，必须对工作面前方5 m内的煤体采取防突措施，以免留下未被松动的地带。

（7）掘进和实施深孔松动爆破时，必须保持不小于5 m的超前距。

（8）由于上山掘进工作面在爆破时更容易造成煤体垮塌，因此通常较少采用深孔松动爆破的防突措施。

3. 水力冲孔防突措施

对于打钻时具有自喷（喷煤、喷瓦斯）现象的煤层，或较软煤层（软分层），可采用水力冲孔防突措施。水力冲孔措施是指向突出煤层打钻的同时，送入一定压力的水，通过钻头的切割和水射流的作用，在煤体中形成较大孔洞的措施。

水力冲孔孔深通常为20～25 m，冲孔钻孔超前掘进工作面的距离不得小于5 m。冲孔数量应根据突出危险性及巷道断面确定，钻孔应至少控制巷道轮廓线外3～5 m的煤层。在厚度不超过4 m的煤层，一般按扇形至少布置5个孔，冲孔孔道应沿软分层前进。煤层厚度3 m及以下时，一般布置3个冲孔。孔底间距控制在3 m左右，水力冲孔的水压视煤层的软硬程度而定，一般应大于3 MPa。

水力冲孔钻孔布置如图2－30所示。

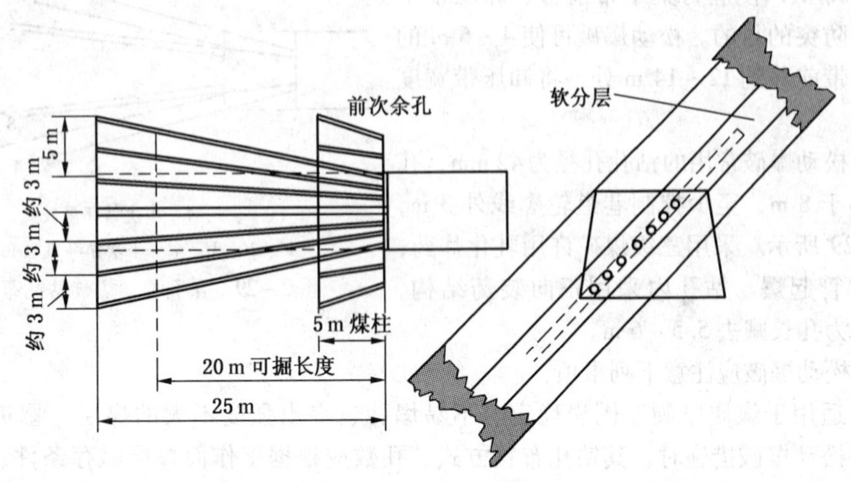

图2－30 煤巷掘进工作面水力冲孔钻孔布置示意图

煤巷掘进工作面采用水力冲孔防突措施时，除满足石门揭煤冲孔的要求外，还必须对掘进工作面架设迎面支架，并用木板和立柱背紧背牢，对冲孔地点的巷道支架必须检查和加固。冲孔后或暂停冲孔时退出钻杆，并将导管内的煤冲洗出来，以防止煤、水、瓦斯突然喷出伤人。

4. 水力疏松防突措施

水力疏松措施是向煤体施工若干个注水孔，钻孔与工作面推进方向一致，利用封孔器封孔后向煤体内注入高压水。煤层注水后，一方面改变了煤层的力学性质，使煤层的弹性变形转化为塑性变形，变形量增加，应力集中区移向采掘工作面深部，卸压区增大。同时，将水注入煤岩裂隙后，其“驱赶作用”有利于瓦斯的涌出，从而达到消除突出危险的目的，同时又起到防尘的作用。

水力疏松适用于煤层赋存稳定，无地质构造变化，且煤质较软，顶板较好，有突出危险性的地区。注水参数应根据煤层性质合理选择。若没有实测参数，可按钻孔间距4.0 m、孔径42～50 mm、孔长6.0～10 m、封孔2～4 m、注水压力13～15 MPa选择。单孔注水时间不低于9 min。注水时以煤壁出水或注水压力下降30%方可停止注水。若提前漏水，则在邻近钻孔2.0 m左右处补打注水钻孔。

采用水力疏松防突措施时，应注意以下事项：

(1) 注水前，反向风门要处于关闭状态，掘进工作面及其回风流所经过的巷道内的电气设备必须逐级停电闭锁（除局部通风机外），所有作业人员必须全部撤至反向风门以外。并安排专人岗哨和回信人员，注水期间严禁人员进入警戒范围。

(2) 注水开始时，由该掘进头的瓦斯检查员通知监控室密切关注该掘进工作面及回风流的瓦斯变化情况。当瓦斯浓度超过1.5%时，监控室必须及时电话通知瓦斯检查员，由瓦斯检查员通知注水泵司机停止注水作业。

（3）向煤层注水时，在前 3 ~5 min 内必须缓慢增高水的压力直至最大值。

（4）停泵时，注水泵司机应缓慢卸压，以防突然卸压造成封孔器喷出。

（5）注水结束后 30 min，由瓦斯检查员、安全检查员和当班班组长共同进入掘进工作面检查巷道瓦斯、支护和注水情况；确认瓦斯不超限、支护完好、注水现场无异常时，才能恢复供电，其他人员方可进入掘进工作面；进入巷道离掘进工作面 15 m 范围内，严禁正对注水器行走。

（6）加强掘进工作面隅角的支护。

5. 前探支架防突措施

前探支架防突措施是指在松软煤层平巷掘进或底分层掘进工作面前方巷道顶部事先打上一排超前支架，用以支撑顶部悬露的煤体，增加煤体的稳定性，防止因顶煤冒落诱导突出措施。前探支架本身不能消除突出的危险，仅是一种辅助措施，尤其是过突出孔洞时效果十分明显。如松藻打通一矿，矿井瓦斯涌出量达 240 m^3/min，是我国著名的高突矿井。采取瓦斯抽采等综合防突措施，在地质条件复杂地区采用超前支护和金属骨架，在严重突出区域取得了单巷掘进月进尺 120 m 的好成绩，掘进 12 km 未发生瓦斯突出事故，取得了明显的综合效益。

前探支架一般是向工作面前斜上方打钻孔，孔间距为 0.2 ~0.3 m，孔内插入钢管或钢轨，其长度可按两次掘进长度再加 0.5 m 确定，每掘进一次，打一排钻孔，形成两排钻孔交替前进，如图 2 -31 所示。

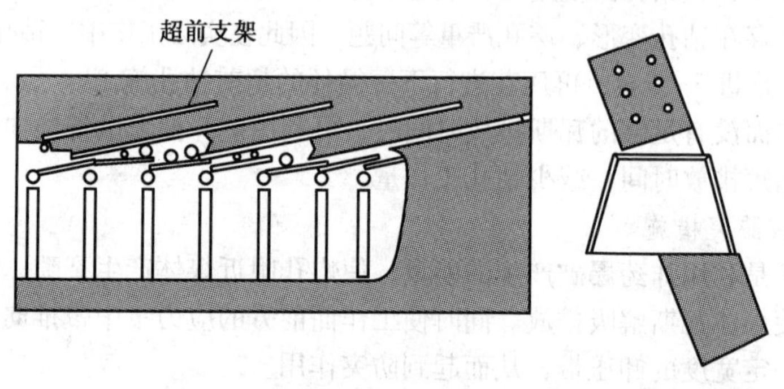

图 2 -31　前探支架

6. 煤巷掘进局部防突措施注意事项

（1）煤巷掘进必须编制专项防突设计，专项防突设计应当至少包括煤层、瓦斯、地质构造及邻近区域巷道布置的基本情况；建立安全可靠的独立通风系统及加强控制通风风流设施的措施；工作面突出危险性预测和防突措施效果检验的方法、指标以及预测、效果检验钻孔布置等，防突措施的效果和参数等都要经实际考察确定；防突措施的选取及施工设计；安全防护措施；组织管理措施等。

（2）矿井各煤层采用的煤巷掘进工作面各种局部防突措施的效果和参数等都要经实际考察确定。

（3）煤巷掘进工作面在地质构造破坏带或煤层赋存条件急剧变化处不能按原措施设计要求实施时，必须打钻孔查明煤层赋存条件，然后采用直径 42 ~75 mm 的钻孔排放瓦斯。

若突出煤层煤巷掘进工作面前方遇到落差超过煤层厚度的断层，应按石门揭煤的措施执行。

(4) 在煤巷掘进工作面第一次执行超前钻孔、松动爆破、前探支架、水力疏松等措施或无措施超前距时，应采用直径 60 mm 以下的超前排放钻孔或其他更安全的工作面防突措施，在工作面前方形成所需的安全屏障后，方可进行工作面防突措施的施工，确保执行措施的安全。

(三) 采煤工作面防突措施

1. 超前排放钻孔和预抽瓦斯防突措施

《防治煤与瓦斯突出规定》规定，突出危险的采煤工作面采用的局部防突措施有超前排放钻孔、预抽瓦斯、松动爆破、注水湿润煤体或其他经试验证实有效的防突措施。

对于采煤工作面煤体 20 m 范围内，布置超前钻孔排放卸压瓦斯为最佳。由于工作面的卸压作用，煤层透气性增加，有利于工作面煤体中的瓦斯排放。通过超前钻孔排放，减少工作面落煤时的瓦斯大量涌出，避免落煤时短时间内的瓦斯超限，提高了工作面的安全可靠性。

采用超前排放钻孔和预抽瓦斯作为工作面防突措施时，钻孔直径一般为 75 ~ 120 mm。超前钻孔的间距应根据煤层透气性、煤层硬度和钻孔影响半径确定。

超前排放钻孔必须打在原始应力煤体中，使煤体中游离瓦斯连续释放、吸附态瓦斯随压力降低解吸释放，且钻孔深度越大释放范围越大，释放的时间越长，释放效果越好。但对于松软煤层，存在钻孔变形、垮孔严重等问题。因此在实际工作中，钻孔深度一般为 6 ~ 10 m。工作面每推进 3 ~ 5 m，再压茬进行下一循环的超前钻孔施工。

当采煤工作面没有足够的瓦斯排放时间时，可利用矿井抽采设备预抽瓦斯，以加速瓦斯排放速度，缩短排放时间，减少钻孔工作量。

2. 松动爆破防突措施

松动爆破就是利用炸药爆破产生的能量，使炮孔附近煤体产生裂隙，松动卸压，煤层透气性增强，使煤体瓦斯解吸排放。同时使工作面前方的应力集中带推向煤体深处，在工作面前方形成一定宽度的卸压带，从而起到防突作用。

松动爆破防突措施适用于煤质较硬、围岩稳定性较好的煤层。松动爆破孔间距根据实际情况确定，一般为 2 ~ 3 m，孔深不小于 5 m，炮泥封孔长度不得小于 1 m。应适当控制装药量，以免孔口煤壁垮塌。

当工作面顶板裂缝、压力增大，应及时停止松动爆破，优先选择预抽的防突措施。松动爆破不宜在突出严重的采煤工作面直接使用。松动爆破后，工作面瓦斯会集中涌出，回风流瓦斯很容易超限，所以爆破时应当按远距离爆破的要求执行。为防止瓦斯延期突出，松动爆破 30 ~ 60 min 后，人员方可进入工作面。

当采煤工作面条件许可时，也可采用长钻孔控制卸压爆破的防突措施。在距工作面 10 ~ 15 m 处布置措施孔，孔深一般为 40 ~ 50 m，孔间距为 18 ~ 25 m。在措施孔一侧布置一个控制孔，并保证每个爆破孔两侧各有一个控制孔，孔深一般为 50 ~ 60 m，孔间距为 18 ~ 25 m。通过长钻孔爆破，使工作面附近煤体产生裂隙，松动卸压。

3. 浅孔注水湿润煤体防突措施

注水湿润煤体防突措施适用于煤质较硬的突出煤层。防突机理如前水力化措施所述，措施大致相同，只是注水压力不同。如阳泉三矿煤层注水后，煤层水分含量上升51.75%，瓦斯涌出量下降28.18%，煤尘含量下降80%，瓦斯超限影响生产下降75%，突出次数下降92.3%，防突效果和综合效益十分明显。

煤层注水孔间距应根据湿润煤体半径经实际考察确定，在未取得实际考察资料前，一般可沿工作面每隔2~3 m布置一个孔，孔径为42 mm，孔深根据放顶步距确定，但不得小于4 m。封孔深度不小于1.5 m，孔口应安设压力表、水表等观测仪器，随时观测注水情况。注水压力不得低于8 MPa。当发现水由煤壁或相邻注水钻孔中流出时，即可停止注水。

注水措施超前距离不得小于3 m，注水后经措施效果检验有效后，方可进行采煤，效果检验超前距不得小于2 m。

4. 采煤工作面局部防突措施注意事项

（1）采煤工作面必须编制专项防突设计，专项防突设计应当至少包括煤层、瓦斯、地质构造及邻近区域巷道布置的基本情况；建立安全可靠的独立通风系统及加强控制通风风流设施的措施；工作面突出危险性预测及防突措施效果检验的方法、指标以及预测、效果检验钻孔布置等；防突措施的选取及施工设计；安全防护措施；组织管理措施。

（2）矿井各煤层采用的煤巷掘进工作面和采煤工作面各种局部防突措施的效果和参数等都要经实际考察确定。

六、个体防护措施

1. 远距离爆破

远距离爆破是指突出煤层采掘作业爆破时，作业人员和爆破员必须撤至距离爆破工作面较远的地点进行。撤离的距离应根据矿井可能发生的最大突出强度而定，一旦发生突出，不会威胁到人员安全。一般撤离到躲避硐室、反向风门以外进风侧压风自救附近。

根据规定，井巷揭穿突出煤层和突出煤层的炮掘、炮采工作面必须采取远距离爆破安全防护措施。采用远距离爆破作业应符合下列要求：

（1）石门揭煤采用远距离爆破时，必须制定包括爆破地点、避灾路线及停电、撤人和警戒范围等的专项措施。

（2）在矿井尚未构成全风压通风的建井初期，在石门揭穿有突出危险煤层的全部作业过程中，与此石门有关的其他工作面必须停止工作。在实施揭穿突出煤层的远距离爆破时，井下全部人员必须撤至地面，井下必须全部断电，立井井口附近地面20 m范围内或斜井口前方50 m、两侧20 m范围内严禁有任何火源。

（3）煤巷掘进工作面采用远距离爆破时，爆破地点必须设在进风侧反向风门之外的全风压通风的新鲜风流中或避难所内，爆破地点距工作面的距离由企业技术负责人根据曾经发生的最大突出强度等具体情况确定，但不得小于300 m；采煤工作面爆破地点到工作面的距离由企业技术负责人根据具体情况确定，但不得小于100 m。

（4）远距离爆破时，回风系统必须停电、撤人。爆破后进入工作面检查的时间由企业技术负责人根据情况确定，但不得少于30 min。

(5) 在易进入采掘工作面回风系统的巷道口设置岗哨，岗哨位置必须在现场有明显标记，站岗人员必须携带隔离式自救器，站岗人员站岗情况必须经设岗人员确认，撤岗时必须做到谁设岗谁通知，其他任何人不能撤岗。

(6) 起爆点人数尽量减少，其他与爆破作业无关人员必须撤离到作业规程或安全技术措施所指定地点。

(7) 爆破前，必须由班长、瓦斯检查员向爆破总指挥汇报防突措施、通风、瓦斯、爆破参数、布岗、停电、撤人等情况，经爆破总指挥同意后方准爆破。

(8) 在揭煤工作面用远距离爆破揭开突出煤层后，仍应按照远距离爆破的要求穿过煤层并进入顶（底）板 5 m 以上，并且始终保持工作面四周有足够的区域防突措施控制范围和前方的超前距。

(9) 揭煤巷道全部或部分在煤层中掘进期间，还应按照煤巷掘进工作面的要求连续进行区域验证，并且分别在位于巷道轮廓线上方和下方的煤层中至少增加一个区域验证钻孔。当验证有危险时应按照煤巷掘进工作面的要求实施局部综合防突措施。

2. 躲避硐室

躲避硐室是突出矿井爆破作业时，或矿井发生某些灾害时，人员进行躲避或避灾待援的自救设施。躲避硐室具有与灾区完全隔离，保证人员呼吸、安全的功能。《防治煤与瓦斯突出规定》规定，有突出煤层的采区必须设置采区避难所。突出煤层的采掘工作面应设置工作面避难所或压风自救系统，掘进距离超过 500 m 的巷道内必须设置工作面避难所。采区避难所和工作面避难所设置要求如下：

(1) 避难硐室设在采掘工作面附近和爆破员操纵爆破的地点，避难所的数量及其距采掘工作面的距离，应根据具体条件确定。

(2) 避难硐室必须设置向外开启的隔离门，室内净高不得低于 2 m，长度和宽度应根据同时避难的最多人数确定，但每人使用面积不得少于 0.5 m^2。避难所内支护必须保持良好，并设有直通调度室的电话。

(3) 避难硐室内必须设有供给空气的设施，每人供风量不得少于 0.3 m^3/min。如果用压缩空气供风时，应有减压装置和带有阀门控制的呼吸嘴。

(4) 避难硐室内应根据避难最多人数，配备足够数量的自救器。

3. 反向风门

反向风门是为防止突出时瓦斯逆流进入进风系统而设的风门。突出危险区作业时尤其是爆破时必须关闭，以防瓦斯突出形成逆流使灾害扩大。如某矿 2005 年 8 月 23 日发生了突出煤岩 2397 t，瓦斯 23.25×10^4 m^3 的特大型突出，之所以没有造成人员伤亡，就是由于 3 道坚固可靠的防逆风反向风门和事故时采取的其他得当的应急措施的结果。设置反向风门时必须符合下列要求：

(1) 在突出煤层的石门揭煤和煤巷掘进工作面进风侧，必须设置至少 2 道牢固可靠的反向风门。以控制突出时的瓦斯逆流进入进风侧，使其能沿回风道流入回风系统。风门之间的距离不得小于 4 m。

(2) 反向风门距工作面的距离和反向风门的组数，应根据掘进工作面的通风系统和预计的突出强度确定，但反向风门距工作面回风巷不得小于 10 m，与工作面的最近距离一般不得小于 70 m，若小于 70 m 时应设置至少 3 道反向风门。

(3) 反向风门应设置在附近 10 m 内支护完好、围岩坚固、无积水的巷道内。

(4) 反向风门墙垛可用砖、料石或混凝土砌筑，嵌入巷道周边岩石的深度可根据岩石的性质确定，但不得小于 0.2 m，墙垛厚度不得小于 0.8 m。在煤巷构筑反向风门时，风门墙体四周必须掏槽，掏槽深度见硬帮硬底后再进入实体煤不小于 0.5 m。砌碹巷道必须破碹接实帮实顶。

(5) 门垛采用钢筋混凝土构筑时，在风门设置地点清除巷道周边浮石，然后打深度不小于 0.5 m、孔径为 42 mm 的钻孔，埋设直径为 25 mm 的钢筋，门框浇筑在门垛中。

(6) 门框和门可采用坚实的木质结构，门框厚度不小于 0.1 m，门框要包边沿口，有衬垫，四周与门扇接触严密；风门包制铁皮，保证门扇平整不漏风，背面可使用角铁、槽钢或规格为 120 mm × 100 mm 的横梁加固，风门厚度不得小于 50 mm，风门能自动关闭。用其他材质时，其强度不能小于上述规定。门框和门板一般不采用铁制的，如采用铁制的必须采取防止门、框相撞发生火花的措施。

(7) 通车风门必须设置底坎，门扇底端距离轨道面高度不得大于 20 mm，门扇下部设挡风帘，墙体的所有管孔必须用水泥砂浆封堵严实。

(8) 通过反向风门墙垛的风筒、水沟、刮板输送机道等，必须设有逆止阀等防止逆流隔断装置，铁风筒铁板厚度 3 ~ 5 mm，逆止阀铁板厚度不小于 5 mm。

(9) 风门墙体的排水沟采用低于巷道底板的反水沟，深度根据风压大小来构筑，保证不漏风。

(10) 人员进入工作面时必须把反向风门打开、顶牢；工作面爆破和无人时反向风门必须关闭。

4. 压风自救

煤与瓦斯突出造成伤亡的重要原因之一就是大量瓦斯涌出后，造成人员缺氧窒息。压风自救装置是安设在有瓦斯突出危险作业地点附近压缩空气管路上的自救设施，当发生瓦斯突出、火灾等事故时，遇险人员可打开阀门，在此避灾。压风自救装置设置简单，施工与使用方便，而且效果好。

压风自救系统的设置应满足下列要求：

(1) 压风自救系统由压风机、压风管路、过滤器、压风自救装置（包括阀门、减压装置、呼吸袋或呼吸嘴）等部分组成。使用时，经过压风自救装置减压、节流、过滤油气等杂质，达到供人呼吸的条件。

(2) 压风自救装置安装在掘进工作面巷道和采煤工作面巷道内的压缩空气管道上。距采掘工作面 25 ~ 40 m 的巷道内，爆破地点、撤离人员与警戒人员所在的位置以及回风道有人作业处等应至少设置一组压风自救装置。在长距离的掘进巷道中，应根据实际情况增加设置。

(3) 每组压风自救系统应可供 5 ~ 8 个人用，平均每人的压缩空气供给量不得少于 $0.1\ m^3/min$。

(4) 压风自救系统所在的压风管路必须保持连续供风，当压风自救系统无风时，应停止突出区的相关工作并撤出人员。

5. 隔离式自救器

自救器是一种体积小，携带轻便，作用时间较短的供井下人员使用的保护仪器。主要用途是当井下发生瓦斯突出、火灾、爆炸等事故时，人员佩戴自救器可通过充满有害气体的巷道，迅速撤离灾区。

自救器分为过滤式和隔离式两类，隔离式自救器分为化学氧和压缩氧两种。由于过滤式自救器只能适用于氧浓度不低于 18% 的环境，因此有突出危险的矿井必须选用隔离式自救器。

6. 挡栏

挡栏是在发生突出时，为防止破坏或降低破坏程度而设置的，因此在石门揭煤工作面和煤巷掘进工作面可设置挡栏作为一种保护措施。常用的有金属挡栏、矸石堆和木垛等。对挡栏的设置要求如下：

(1) 可用金属、矸石或木垛等构成，如图 2-32 所示。

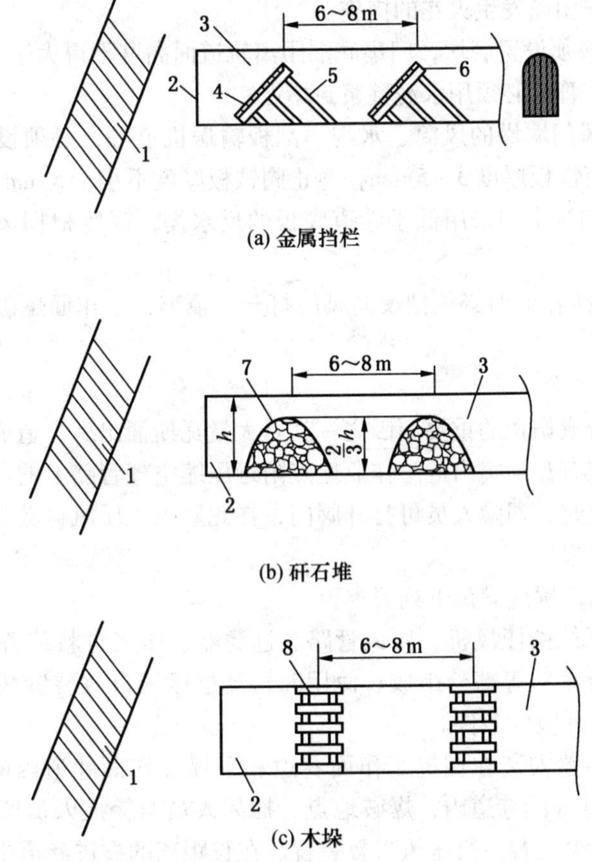

1—突出煤层；2—掘进工作面；3—巷道；4—金属网；5—斜撑支柱；6—框架；7—矸石堆；8—木垛

图 2-32　挡栏防突示意图

(2) 金属挡栏一般是由槽钢排列成方格框架，框架间隔不大于 0.4 m，槽钢彼此用卡环固定，迎面框架铺上网眼为 20 mm × 20 mm 的金属网，然后用木支柱将框架撑成 45°的斜面。矸石堆用大块矸石堆积而成，高度大于 2/3 巷高。木垛用木料搭建，要坚固、敦实。

（3）挡栏两架为一组，架间距离为 6～8 m，距工作面的距离在设计中规定。

第七节　瓦斯突出预测预报与效果检验

所谓突出预测，就是根据突出一般规律，煤层地质条件，开采技术条件和本地区瓦斯情况，如原地应力场、采动应力场、地质构造、瓦斯含量和瓦斯压力、煤层结构与软分层的厚度、围岩情况等，对煤层各区域突出的可能性和危险程度作出判断。

一、瓦斯突出危险性预测预报

（一）区域突出危险性预测

突出矿井应当对突出煤层进行区域突出危险性预测。经区域预测后，突出煤层可划分为突出危险区和无突出危险区。未进行区域预测的区域视为突出危险区。

区域预测分为新水平、新采区开拓前的区域预测和新采区开拓完成后的区域预测。

1. 预测的主要内容

（1）原地应力场，如始突深度、突出次数和强度与采深的关系等。

（2）采动应力场。采动应力一般为原岩应力的 2～3 倍，若应力叠加则更大。

（3）地质构造。地质构造是地质构造力的痕迹，地质构造区应力集中，煤岩破坏严重，瓦斯含量高。

（4）瓦斯含量和瓦斯压力。瓦斯含量越高（尤其是游离瓦斯），其弹性能越大，突出危险性也越大。

（5）煤层结构与软分层的厚度。煤层破坏越严重，软分层的厚度越大，突出危险性也越大。

（6）围岩情况。厚而坚硬的顶底板的存在易发生瓦斯突出。

将以上资料填于采掘工程平面图，即为瓦斯突出预测图，按瓦斯突出危险程度划分为无突出危险区、可能突出危险区、一般突出危险区和严重突出危险区，以便根据突出危险程度进行分区管理。

2. 区域突出危险性预测方法

（1）区域预测一般根据煤层瓦斯参数结合瓦斯地质分析的方法进行，也可以采用其他经试验证实有效的方法。根据煤层瓦斯压力或者瓦斯含量进行区域预测的临界值应当由具有突出危险性鉴定资质的单位进行试验考察。区域预测新方法的研究试验应当由具有突出危险性鉴定资质的单位进行，并在试验前由煤矿企业技术负责人批准。

（2）根据煤层瓦斯参数结合瓦斯地质分析的区域预测方法应当按照下列要求进行：①煤层瓦斯风化带为无突出危险区域；②根据已开采区域确切掌握的煤层赋存特征、地质构造条件、突出分布的规律和对预测区域煤层地质构造的探测、预测结果，采用瓦斯地质分析的方法划分出突出危险区域；当突出点及具有明显突出预兆的位置分布与构造带有直接关系时，则根据上部区域突出点及具有明显突出预兆的位置分布与地质构造的关系确定构造线两侧突出危险区边缘到构造线的最远距离，并结合下部区域的地质构造分布划分出下部区域构造线两侧的突出危险区；否则，在同一地质单元内，突出点及具有明显突出预兆的位置以上 20 m（埋深）及以下的范围为突出危险区；③在上述①、②项划分出的无突出危险区和突出危险区以外的区域，应当根据煤层瓦斯压力 p 进行预测；如果没有或者缺少煤层瓦斯压力资料，也可根据煤层瓦斯含量 W 进行预测；预测所依据的临界值应根据试验考察确定，在确定前可按表 2－16 预测。

表 2－16　根据煤层瓦斯压力或瓦斯含量进行区域预测的临界值

瓦斯压力 p/MPa	瓦斯含量 $W/(m^3 \cdot t^{-1})$	区 域 类 别
$p<0.74$	$W<8$	无突出危险区
除上述情况以外的其他情况		突出危险区

（3）根据煤层瓦斯参数结合地质分析的区域预测方法进行开拓后区域预测时，还应当符合下列要求：①预测主要依据应为井下实测的煤层瓦斯压力、瓦斯含量等参数；②测定煤层瓦斯压力、瓦斯含量等参数的测试点在不同地质单元内根据其范围、地质复杂程度等实际情况和条件分别布置；同一地质单元内沿煤层走向布置测试点不少于 2 个，沿倾向不少于 3 个，并有测试点位于埋深最大的开拓工程部位。

（二）石门揭煤工作面突出危险性预测

石门揭煤工作面以及立井、斜井揭煤工作面的突出危险性预测应当选用综合指标法、钻屑瓦斯解吸指标法或其他经试验证实有效的方法进行。

1. 综合指标法

综合指标 D、K 是煤科院抚顺分院经多年的研究和验证提出的预测方法。指标 D 考虑了开采深度、煤层软分层硬度和瓦斯压力这 3 个与突出关系密切的参数；指标 K 则考虑了煤层软分层硬度和瓦斯放散初速度这两个与突出关系密切的参数。

采用综合指标法预测石门揭煤工作面突出危险性时，在距突出煤层最小法线 5 m（地质构造带、岩石破碎区域应适当加大法线距离）外，由工作面向煤层的适当位置至少打 3 个钻孔测定煤层瓦斯压力 p。测压钻孔在每米煤孔采一个煤样测定煤的坚固性系数 f，把每个钻孔中坚固性系数最小的煤样混合后测定煤的瓦斯放散初速度 Δp，则此值及所有钻孔中测定的最小坚固性系数 f 值作为软分层煤的瓦斯放散初速度和坚固性系数参数值。

近距离煤层群的层间距小于 5 m 或层间岩石破碎时，应当测定各煤层的综合瓦斯压力。综合指标 D、K 的计算公式为

$$D=\left(\frac{0.0075H}{f}-3\right)\times(p-0.74) \qquad (2-17)$$

$$K=\frac{\Delta p}{f} \qquad (2-18)$$

式中　D——工作面突出危险性综合指标，临界值见表 2－17；

K——工作面突出危险性综合指标，临界值见表 2－17；

H——煤层埋藏深度，m；

p——煤层瓦斯压力，取各个测压钻孔实测瓦斯压力的最大值，MPa；

Δp——软分层煤的瓦斯放散初速度；

f——软分层煤的坚固性系数。

显然，只有 $\left(0.0075\frac{H}{f}-3\right)>0$，或 $(p-0.74)>0$，即 $H>400f$，或 $p>0.74$ MPa 时，

才能发生突出，且开采深度越深，煤层越软，瓦斯压力越大，瓦斯放散初速度越大，越容易发生突出。

当测定的综合指标 D、K 都小于临界值，或者指标 K 小于临界值且式（2－17）中两括号内的计算值都为负值时，且未发现其他异常情况时，该工作面即判定为无突出危险工作面；否则，判定为突出危险工作面。

表 2－17　石门揭煤工作面突出危险性预测综合指标 D、K 参考临界值

综合指标 D	综合指标 K	
	无烟煤	其他煤种
0.25	20	15

2. 钻屑瓦斯解吸指标法

钻屑瓦斯解吸指标是反映瓦斯压力、瓦斯含量和煤层特征的重要指标。当煤层瓦斯压力大、瓦斯含量高、煤层吸附瓦斯能力强时，易发生瓦斯突出。

采用钻屑瓦斯解吸指标法预测石门揭煤工作面突出危险性时，由工作面向煤层的适当位置至少打 3 个直径 50～75 mm 的钻孔，在钻孔钻进到煤层时每钻进 1 m 采集一次孔口排出的粒径 1～3 mm 的煤钻屑，测定其瓦斯解吸指标 K_1 或 Δh_2 值。测定时，应考虑不同钻进工艺条件下的排渣速度。

各煤层石门揭煤工作面钻屑瓦斯解吸指标的临界值应根据试验考察确定，在确定前可暂按表 2－18 中所列的指标临界值预测突出危险性。

表 2－18　钻屑瓦斯解吸指标法预测石门揭煤工作面突出危险性的参考临界值

煤　样	Δh_2 指标临界值/Pa	K_1 指标临界值/($mL \cdot g^{-1} \cdot min^{-\frac{1}{2}}$)
干煤样	200	0.5
湿煤样	160	0.4

如果所有实测的指标值均小于临界值，并且未发现其他异常情况，则该工作面为无突出危险工作面；否则，为突出危险工作面。

3. 注意事项

采用综合指标法对煤层进行区域预测时应符合下列要求：

（1）在岩石工作面向突出煤层至少打 3 个测压钻孔，测定煤层瓦斯压力。

（2）在打测压孔的过程中，每米煤孔采集一个煤样，测定煤的坚固性系数。

（3）以两个测压孔坚固性系数最小值的平均值作为煤层软分层的平均坚固性系数。

（4）将坚固性系数最小的两个煤样混合后，测定煤的瓦斯放散初速度指标。

（5）不同的矿区煤层赋存条件不同，各矿区应根据实际测定参数对 D、K 值修正，提出符合本矿区的指标。

（三）煤巷掘进工作面突出危险性预测

煤巷掘进工作面的突出危险性预测方法可采用钻屑指标法、复合指标法、R 值指标法

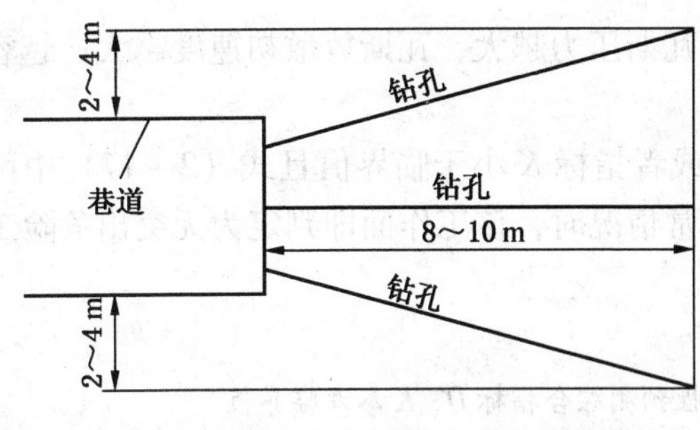

图 2-33　钻屑指标法钻孔布置示意图

或其他经试验证实有效的方法。

1. 钻屑指标法

钻孔的钻屑量是反应地应力大小、煤的结构特征的重要指标，地应力大、煤质松软钻孔的钻屑量就大。该方法是依据钻孔最大钻屑量 S_{max}、钻屑瓦斯解吸指标（Δh_2 或 K_1）是否超标来判断煤巷掘进工作面的突出危险性。当每米钻屑量大于或等于 3 倍的正常钻屑量时，认为有突出危险。

采用钻屑指标法预测煤巷掘进工作面突出危险性时的钻孔布置如图 2-33 所示。在近水平、缓倾斜煤层工作面应向前方煤体至少施工 3 个、在倾斜或急倾斜煤层至少施工 2 个直径 42 mm、孔深 8~10 m 的钻孔，测定钻屑瓦斯解吸指标和钻屑量。钻孔每钻进 1 m 测定该 1 m 段的全部钻屑量 S，每钻进 2 m 至少测定一次钻屑瓦斯解吸指标 K_1 或 Δh_2 值。

钻孔应尽可能布置在软分层中，一个钻孔位于掘进巷道断面中部，并平行于掘进方向，其他钻孔的终孔点应位于巷道断面两侧轮廓线外 2~4 m 处。

各煤层采用钻屑指标法预测煤巷掘进工作面突出危险性的指标临界值应根据试验考察确定，在确定前可按表 2-19 的临界值确定工作面的突出危险性。若实测 S、K_1 或 Δh_2 的所有测定值均小于临界值，并且未发现其他异常情况，则该工作面预测为无突出危险工作面；否则，为突出危险工作面。

表 2-19　钻屑指标法预测煤巷掘进工作面突出危险性的参考临界值

钻屑瓦斯解吸指标 Δh_2/Pa	钻屑瓦斯解吸指标 K_1/($mL \cdot g^{-1} \cdot min^{-\frac{1}{2}}$)	钻屑量 S	
		kg/m	L/m
200	0.5	6	5.4

2. 复合指标法

钻孔瓦斯涌出初速度是测定钻孔自然涌出瓦斯多少的一个指标，它间接反映煤层瓦斯含量、瓦斯压力及瓦斯解吸速度等，当瓦斯涌出初速度大于 5 L/min 时，具有突出危险性。

采用复合指标法预测煤巷掘进工作面突出危险性时的钻孔布置方式与钻屑指标法相同。钻孔应当尽量布置在软分层中，一个钻孔位于掘进巷道断面中部，并平行于掘进方向，其他钻孔开孔口靠近巷道两帮 0.5 m 处，终孔点应位于巷道断面两侧轮廓线外 2~4 m 处。

钻孔每钻进 1 m 测定该 1 m 段的全部钻屑量 S，并在暂停钻进后 2 min 内测定钻孔瓦斯涌出初速度 q。测定钻孔瓦斯涌出初速度时，测量室的长度为 1.0 m。工作面突出危险性的指标临界值应根据试验考察确定，在确定前可按表 2-20 的临界值进行预测。当实测的 q、S 值均小于临界值，并且未发现其他异常情况时，则该工作面预测为无突出危险工作面；否则，为突出危险工作面。

表2-20　复合指标法预测煤巷掘进工作面突出危险性的参考临界值

钻孔瓦斯涌出初速度 q/($L\cdot min^{-1}$)	钻屑量 S	
	kg/m	L/m
5	6	5.4

3. R 值指标法

R 值法间接反映了地应力、煤体特征及瓦斯的赋存状况。采用 R 值指标法预测煤巷掘进工作面突出危险性时的钻孔布置方法和注意事项与复合指标法相同。通过测定瓦斯涌出初速度和钻屑量确定瓦斯突出的危险性。

采用 R 值指标法预测煤巷掘进工作面突出危险性时，在近水平、缓倾斜煤层工作面应向前方煤体至少施工 3 个、在倾斜或急倾斜煤层至少施工 2 个直径 42 mm、孔深 8～10 m 的钻孔，测定钻孔瓦斯涌出初速度和钻屑量指标。计算式如下：

$$R=(S_{max}-1.8)(q_{max}-4) \tag{2-19}$$

式中　S_{max}——每个钻孔沿孔长的最大钻屑量，L/m；

q_{max}——每个钻孔的最大瓦斯涌出初速度，L/min。

判定各煤层煤巷掘进工作面突出危险性的临界值应根据试验考察确定，在确定前可以 6 为临界值。即当所有钻孔的 R 值都小于 6 且未发现其他异常情况时，该工作面可预测为无突出危险工作面；否则，判定为突出危险工作面。

值得注意的是，各个矿区和矿井自然条件的差别很大，防突措施参数应根据实际测定或参照有关资料确定，如焦作九里山矿突出危险预报临界值为 $R>3$。

（四）采煤工作面突出危险性预测

采煤工作面的突出危险性预测，可参照煤巷掘进突出危险性预测的钻屑指标法、复合指标法、R 值指标法及其他经试验证实有效的方法进行。但应沿采煤工作面每隔 10～15 m 布置 1 个预测钻孔，深度 5～10 m，除此之外的各项操作与预报临界值等均与煤巷掘进工作面突出危险性预测相同。当预测为无突出危险时即可生产，但每预测循环应留有 2 m 的预测超前距，进行下一预测循环。

（五）突出危险性预测注意事项

（1）煤与瓦斯突出主要是由地应力、瓦斯和煤层物理性质综合作用的结果。因此在选取预测指标上要考虑各方面的因素，一般要选取 2 个以上起不同作用的预测指标。

（2）在进行规定方法预测的同时，应积极进行辅助指标法预测，以实现工作面突出危险性的多元信息综合预测和判断。辅助指标法如测定瓦斯含量、工作面瓦斯涌出动态变化、声发射、电磁辐射、钻屑温度、煤体温度等，以及采用物探、钻探等手段探测前方地质构造，观察工作面揭露的地质构造、采掘作业及钻孔等发生的各种现象等。

（3）对于各类工作面采用规定以外的其他新方法预测研究试验应当由具有突出危险性鉴定资质的单位进行，试验前并履行审批手续。

（4）各矿井应根据本矿井实际经试验考察和实测确定突出危险性敏感指标和临界值，并作为判定工作面突出危险性的主要依据。否则，应以规定值为预报临界值。

二、防突措施的效果检验与验证

（一）区域防突措施的效果检验

1. 开采保护层的效果检验

开采保护层的保护效果检验主要采用残余瓦斯压力、残余瓦斯含量、顶底板位移量及其他经试验证实有效的指标和方法，也可结合煤层的透气性系数变化率等辅助指标。

当采用残余瓦斯压力、残余瓦斯含量检验时，应根据实测的最大残余瓦斯压力或最大残余瓦斯含量按照对预计被保护区域的保护效果进行判断。只有瓦斯含量 $W<8\ m^3/t$，瓦斯压力 $p<0.74$ MPa 可确定为无突出危险区。若检验结果仍为突出危险区，则保护效果为无效。

2. 预抽煤层瓦斯防突措施的效果检验

采用预抽煤层瓦斯区域防突措施时，应以预抽区域的煤层残余瓦斯压力或残余瓦斯含量为主要指标或其他经试验证实有效的指标和方法进行措施效果检验。穿层钻孔预抽石门（含立、斜井等）揭煤区域煤层瓦斯区域防突措施也可以采用钻屑瓦斯解吸指标法进行措施效果检验。对预抽煤层瓦斯区域防突措施进行检验时，应首先分析、检查预抽区域内钻孔的分布等是否符合设计要求，不符合设计要求的，不予检验。

穿层钻孔、顺层钻孔预抽煤巷条带煤层瓦斯和穿层钻孔预抽石门（含立、斜井等）揭煤区域煤层瓦斯区域防突措施采用残余瓦斯压力或残余瓦斯含量指标进行检验时，必须依实测值为判定依据。采用其他方式的预抽煤层瓦斯区域防突措施的可采用直接测定值或根据预抽前的瓦斯含量及抽、排瓦斯量等参数间接计算残余瓦斯含量值。

防突措施的效果确定应符合下列要求：

（1）采用钻屑瓦斯解吸指标法对穿层钻孔预抽石门（含立、斜井等）揭煤区域煤层瓦斯区域防突措施进行检验，如果所有实测的指标值均小于临界值则为无突出危险区，否则，即为突出危险区，预抽防突效果无效。

（2）检验期间在煤层中进行钻孔等作业时发现了喷孔、顶钻及其他明显突出预兆时，发生明显突出预兆的位置周围半径 100 m 内的预抽区域判定为措施无效，所在区域煤层仍属突出危险区。

（3）当采用煤层残余瓦斯压力或残余瓦斯含量的直接测定值进行检验时，若任何一个检验测试点的指标测定值达到或超过了有突出危险的临界值而判定为预抽防突效果无效时，则此检验测试点周围半径 100 m 内的预抽区域均判定为预抽防突效果无效，即为突出危险区。

采用直接测定煤层残余瓦斯压力或残余瓦斯含量进行效果检验时应满足下列要求：

（1）对穿层钻孔或顺层钻孔预抽区段煤层瓦斯区域防突措施进行检验时，若区段宽度（两侧回采巷道间距加回采巷道外侧控制范围）未超过 120 m，以及对预抽回采区域煤层瓦斯区域防突措施进行检验时若采煤工作面长度未超过 120 m，则应沿采煤工作面推进方向每间隔 30 ~ 50 m 至少布置 1 个检验测试点；若预抽区段煤层瓦斯区域防突措施的区段宽度或预抽回采区域煤层瓦斯区域防突措施的采煤工作面长度大于 120 m 时，则应在采煤工作面推进方向每间隔 30 ~ 50 m，至少沿工作面方向布置 2 个检验测试点。

当预抽区段煤层瓦斯的钻孔在回采区域和煤巷条带的布置方式或参数不同时，应按照预抽回采区域煤层瓦斯区域防突措施和穿层钻孔预抽煤巷条带煤层瓦斯区域防突措施的检验要求分别进行检验。

(2) 对穿层钻孔预抽煤巷条带煤层瓦斯区域防突措施进行检验时，应在煤巷条带每间隔 30 ~ 50 m 至少布置 1 个检验测试点。

(3) 对穿层钻孔预抽石门（含立、斜井等）揭煤区域煤层瓦斯区域防突措施进行检验时，应至少布置 4 个检验测试点，分别位于要求预抽区域内的上部、中部和两侧，并且至少有 1 个检验测试点位于要求预抽区域内距边缘不大于 2 m 的范围。

(4) 对顺层钻孔预抽煤巷条带煤层瓦斯区域防突措施进行检验时，应在煤巷条带每间隔 20 ~ 30 m 至少布置 1 个检验测试点，且每个检验区域不得少于 3 个检验测试点。

(5) 各检验测试点应布置于所在部位钻孔密度较小、孔间距较大、预抽时间较短的位置，并尽可能远离测试点周围的各预抽钻孔或尽可能与周围预抽钻孔保持等距离，且应避开采掘巷道的排放范围和工作面的预抽超前距。在地质构造复杂区域应适当增加检验测试点。

采用间接计算残余瓦斯含量进行效果检验时，当预抽区域内钻孔的间距和预抽时间差别较大时，应根据孔间距和预抽时间划分评价单元分别计算检验指标；当预抽钻孔控制边缘外侧为未采动煤体时，在计算检验指标时根据不同煤层的透气性及钻孔在不同预抽时间的影响范围等情况，在钻孔控制范围边缘外适当扩大评价计算区域的煤层范围，但检验结果仅适用于预抽钻孔控制范围。

(二) 区域防突措施效果验证

区域防突措施效果验证是指在采掘过程中，用工作面的预测方法对防突效果的进一步检验，是在对防突措施效果检验区域的基础上，进一步在小范围内进行验证。

在石门和立井、斜井揭煤工作面对无突出危险区进行区域验证时，应当采用综合指标法、钻屑瓦斯解吸指标法或其他经试验证实有效的方法，并在工作面距煤层最小法向距离 5 m（地质构造复杂、岩石破碎的区域，应适当加大法向距离）前进行。

在煤巷掘进工作面和采煤工作面对无突出危险区进行区域验证时，分别采用采掘工作面预测方法，并要求在工作面进入该区域时，立即连续进行至少 2 次区域验证；工作面每推进 10 ~ 50 m 至少进行 2 次区域验证；在构造破坏带连续进行区域验证；在煤巷掘进工作面还应当至少打 1 个超前距不小于 10 m 的超前钻孔或者采取超前物探措施，探测地质构造和观察突出预兆。

当区域验证为无突出危险时，应当采取安全防护措施后进行采掘作业。只要有一次区域验证为有突出危险或超前钻孔等发现了突出预兆，则该区域以后的采掘作业均应当执行局部综合防突措施。

(三) 工作面防突措施的效果检验

在实施钻孔法防突措施效果检验时，分布在工作面各部位的检验钻孔应布置于所在部位防突措施钻孔密度相对较小、孔间距相对较大、防突措施影响相对薄弱的位置，并远离周围的各防突措施钻孔或尽可能与周围各防突措施钻孔保持等距离。在地质构造复杂地带应根据情况适当增加检验钻孔。深度应小于或等于防突措施钻孔。

效果检验时，要检查所实施的工作面防突措施是否达到了设计要求和满足有关的规定、标准等，并了解、收集工作面及实施措施的相关情况、突出预兆等（包括喷孔、卡钻等），作为措施效果检验报告的内容之一，用于综合分析、判断；同时要查实各检验指标的测定情况及主要数据。

若检验结果的各项指标都在该煤层突出危险临界值以下且无其他异常情况，则认为措施有效；反之，认为措施无效，则必须采取补充措施或延长抽采时间，直至检验有效。

当检验孔的深度小于防突措施钻孔，且检验结果措施有效时，则应在留足所需的防突措施超前距和检验孔超前距的条件下，采取安全防护措施后实施作业。工作面应保留的最小防突措施超前距：煤巷掘进工作面不小于5 m，采煤工作面不小于3 m；在地质构造破坏严重地带应适当增加超前距，但煤巷掘进工作面不小于7 m，采煤工作面不小于5 m。煤巷掘进和采煤工作面的最小预测超前距不小于2 m。

1. 石门防突措施效果检验

对穿层钻孔预抽石门（含立、斜井等）揭煤区域煤层瓦斯区域防突措施进行检验时，至少布置4个检验测试点，分别位于要求预抽区域内的上部、中部和两侧。当分阶段实施区域防突措施时，揭煤工作面与煤层最小法向距离小于7 m后的各阶段都必须进行区域措施效果检验，且每阶段布置的检验测试点不得少于3个。自煤层顶板揭煤时或分阶段对实施的防突措施进行检验时，应至少增加一个位于巷道轮廓线下方的检验测试点。

石门和其他岩石井巷揭煤工作面的防突措施进行效果检验时，应选择钻屑瓦斯解吸指标法或其他经试验证实有效的方法，但所有用钻孔方式检验的方法中检验孔数均不得少于5个，分别位于石门的上部、中部、下部和两侧。

2. 掘进巷道防突措施效果检验

对穿层钻孔预抽煤巷条带煤层瓦斯区域防突措施进行检验时，在煤巷条带每间隔30～50 m至少布置1个检验测试点；应监测、分析煤巷掘进工作面瓦斯涌出量的动态变化，在瓦斯涌出异常的区域应连续进行区域验证。

煤巷掘进工作面的防突措施效果检验，应选择钻屑指标法、复合指标法、*R*值指标法及其他经证实有效的方法，检验孔应不少于3个，深度应当小于或等于防突措施钻孔。同时，在煤巷掘进工作面还应采用物探技术超前探测前方地质构造，或者至少施工1个超前距不小于15 m的钻孔探测前方地质构造、观察突出预兆。

3. 采煤工作面防突措施效果检验

对预抽区段煤层瓦斯区域防突措施及预抽回采区域煤层瓦斯区域防突措施进行检验时，若区段宽度（两侧回采巷道间距加回采巷道外侧控制范围）或回采区域宽度未超过100 m，则沿采煤工作面推进方向每间隔30～50 m至少布置2个检验测试点；否则，应沿采煤工作面推进方向每间隔30～50 m至少布置3个检验测试点。

对采煤工作面采取防突措施后回采时的效果检验，应沿采煤工作面每隔10～15 m布置一个检验钻孔，检验方法参照采煤工作面突出危险性预测的方法和指标实施。

第八节　瓦　斯　抽　采

煤层瓦斯是影响煤矿开采和安全的第一大杀手。煤矿开采时的瓦斯抽采又对大气构成污染，我国煤矿每年排入大气的瓦斯达6×10^{9} m^{3}以上。同时，瓦斯又是一种洁净、方便、廉价的能源和高热值的优质化工原料。250 m^{3} 瓦斯即可替代1 t标准煤，但产生的二氧化碳仅为燃煤的1/2，而且无碴、无尘、不产生二氧化硫，对环境的影响也小。截至2008年，我国探明2000 m以浅煤层气储量36.8×10^{12} m^3，居世界第三，开发利用前景十分广阔。根据国家十二五规划，我国2015年瓦斯抽采产能将达3×10^{10} m^3，相当于1.2×10^8 t标准煤。

一、瓦斯抽采条件

一个矿井是否抽采瓦斯，主要取决于矿井瓦斯涌出量和矿井通风能力。当瓦斯涌出量大，用通风的方法解决瓦斯问题不合理时应抽采；瓦斯喷出矿井，当瓦斯来源广、喷出量大、持续时间长时应抽采；瓦斯突出矿井应抽采；矿井局部区域瓦斯涌出量大时应抽采。

（一）抽采条件及参考指标

凡是符合下列情况之一的矿井，必须建立地面永久瓦斯抽采系统或井下移动泵站瓦斯抽采系统。

（1）一个采煤工作面的瓦斯涌出量大于5 m^3/min或一个掘进工作面的瓦斯涌出量大于3 m^3/min，用通风的方法解决瓦斯问题不合理的。

（2）矿井绝对瓦斯涌出量达到以下条件的：矿井绝对瓦斯涌出量大于或等于40 m^3/min；年产量1.0~1.5 Mt的矿井，矿井绝对瓦斯涌出量大于30 m^3/min；年产量0.6~1.0 Mt的矿井，矿井绝对瓦斯涌出量大于25 m^3/min；年产量0.4~0.6 Mt的矿井，矿井绝对瓦斯涌出量大于20 m^3/min；年产量小于或等于0.4 Mt的矿井，矿井绝对瓦斯涌出量大于15 m^3/min。

（3）开采具有煤与瓦斯突出危险煤层。

凡是符合上述条件，并同时具备下列两个条件的矿井，应建立地面永久瓦斯抽采系统。

（1）瓦斯抽采系统的抽采量可稳定在2 m^3/min以上。

（2）瓦斯资源可靠，储量丰富，预计瓦斯抽采服务年限5年以上。

（二）瓦斯抽采难易程度指标

瓦斯抽采难易程度决定于煤层的透气性，衡量指标有煤层透气性系数和钻孔瓦斯流量衰减系数。

1. 煤层透气性系数（λ）

煤是一种多孔物质，在一定压力下瓦斯可以在煤体中流动。煤层的透气性越大，瓦斯在煤体中流动越容易，抽采越容易。煤层的透气性系数就是表征煤层对瓦斯流动的阻力，反映瓦斯沿煤层流动难易程度的系数，用λ表示。

2. 钻孔瓦斯流量衰减系数（a）

钻孔瓦斯流量衰减系数a，是表示钻孔瓦斯流量随着时间的延长呈衰减变化的系数。即在有代表性的煤层区段打钻孔，完钻后测其瓦斯流量q_1，经时间t后再测瓦斯流量q_2，并代入下式计算：

$$a=\frac{\ln q_1-\ln q_2}{t} \tag{2-20}$$

式中　t——时间，d。

此外，瓦斯抽采难易程度的衡量指标还有百米钻孔瓦斯极限抽采量等。根据煤层的透气性系数和钻孔瓦斯流量衰减系数以及我国实际抽采效果，将煤层瓦斯抽采难易程度分为三级，见表2－21。

表2-21 瓦斯抽采难易程度分类

煤层瓦斯抽采难易程度指标	煤层透气性系数 λ/($m^2 \cdot MPa^{-2} \cdot d^{-1}$)	钻孔瓦斯流量衰减系数 a	百米钻孔瓦斯极限抽采量/m^3
容易抽采	>10	<0.003	>14400
可以抽采	10~0.1	0.003~0.05	14400~2880
较难抽采	<0.1	>0.05	<2880

(三) 抽采钻孔工程量指标

煤层的透气性不同，不仅瓦斯抽采的难易程度不同，而且抽采的方法与工艺也不同。为了提高抽采效果，国家标准对透气性不同煤层的钻孔密度和工程量作了如下规定：

(1) 容易抽采煤层钻孔见煤点间距15~20 m，可以抽采煤层为10~15 m，难抽采煤层8~10 m。

(2) 抽采钻孔工程量应符合表2-22的要求。

表2-22 吨煤钻孔量 m/t

煤层类别	薄煤层	中厚煤层	厚煤层
容易抽采	0.05	0.03	0.01
可以抽采	0.05~0.1	0.03~0.05	0.01~0.03
较难抽采	>0.1	>0.05	>0.03

(四) 抽采效果指标

为了消除瓦斯突出事故的发生，通过瓦斯抽采，在一定范围必须将瓦斯突出的指标降到突出临界值以下。因此，国家标准对抽采控制的范围和指标作了规定。

1. 抽采控制范围与指标

突出煤层工作面采掘作业前，必须将控制范围内煤层的瓦斯含量或瓦斯压力降到煤层始突深度以下。若没有考察出煤层始突深度的瓦斯含量和瓦斯压力时，则必须将煤层瓦斯含量降到8 m^3/t以下，或将煤层瓦斯压力降到0.74 MPa（表压力）以下。控制的范围：

(1) 石门（井筒）揭煤工作面控制范围应根据煤层的实际突出危险程度确定，但必须控制到巷道轮廓线外8 m以上（煤层倾角大于8°时，底部或下帮5 m）。钻孔必须穿透煤层的顶底板0.5 m以上。若不能穿透煤层全厚，必须控制到工作面前方15 m以上。

(2) 煤层掘进工作面必须控制到巷道轮廓线外8 m以上（煤层倾角大于8°时，底部或下帮5 m）及工作面前方10 m以上。

(3) 采煤工作面必须控制到工作面前方20 m以上。

值得注意的是，由于瓦斯分布的不均匀性和地质构造的复杂性，不同矿区差别很大，各矿井必须经过实测总结出符合本矿的指标，如郑煤大平矿无突出危险区临界值为$W<5$ m^3/t，$W \geq 8$ m^3/t为突出危险区。

2. 瓦斯抽采指标

（1）瓦斯涌出量主要来自于邻近层或围岩的采煤工作面瓦斯抽采率必须满足表 2－23 的要求。

表 2－23　采煤工作面瓦斯抽采率应达到的指标

工作面绝对瓦斯涌出量 $Q/(m^3 \cdot min^{-1})$	工作面抽采率/%	备　注
$5 \leqslant Q < 10$	≥20	
$10 \leqslant Q < 20$	≥30	
$20 \leqslant Q < 40$	≥40	
$40 \leqslant Q < 70$	≥50	
$70 \leqslant Q < 100$	≥60	
$100 \leqslant Q$	≥70	

（2）瓦斯涌出量主要来自于开采层的采煤工作面前方 20 m 以上范围内煤的可解吸瓦斯量必须满足表 2－24 的规定。

表 2－24　采煤工作面回采前煤的可解吸瓦斯量应达到的指标

工作面日产量/t	可解吸瓦斯量/$(m^3 \cdot t^{-1})$	备　注
≤1000	≤8	
1001～2500	≤7	
2501～4000	≤6	
4001～6000	≤5.5	
6001～8000	≤5	
8001～10000	≤4.5	
＞10000	≤4	

（3）矿井瓦斯抽采率必须满足表 2－25 的规定。

表 2－25　矿井瓦斯抽采率应达到的指标

矿井绝对瓦斯涌出量 $Q/(m^3 \cdot min^{-1})$	矿井抽采率/%	备　注
$Q < 20$	≥25	
$20 \leqslant Q < 40$	≥35	
$40 \leqslant Q < 80$	≥40	
$80 \leqslant Q < 160$	≥45	
$160 \leqslant Q < 300$	≥50	
$300 \leqslant Q < 500$	≥55	
$500 \leqslant Q$	≥60	

3. 瓦斯抽采浓度指标

《煤矿安全规程》规定，利用瓦斯时，抽采瓦斯浓度不得低于 30%，且在利用瓦斯的系统中必须装设有防回火、防回气和防爆炸作用的安全装置。不利用瓦斯、采用干式抽采瓦斯设备时，抽采瓦斯浓度不得低于25%。

4. 抽出率指标

预抽煤层瓦斯抽采矿井，矿井抽采率应不小于20%，采煤工作面抽采率应不小于25%；邻近层卸压瓦斯抽采矿井，矿井抽采率应不小于35%，采煤工作面抽采率应不小于45%；采用综合法瓦斯抽采矿井，矿井抽采率应不小于30%。

二、瓦斯抽采方法

（一）瓦斯抽采方法的选择

矿井瓦斯抽采方法，按瓦斯来源可分为开采煤层瓦斯抽采、邻近层瓦斯抽采、采空区瓦斯抽采和围岩瓦斯抽采四类；按抽采的机理可分为未卸压抽采和卸压抽采两类；按抽采在时间上与采掘的关系可分为预先抽采、边掘（采）边抽和采空区抽采；按瓦斯抽采工艺手段可分为钻孔法抽采、巷道法抽采、钻孔与巷道法抽采、采空区密闭抽采和地面钻孔抽采。

各种抽采方法和适用条件及抽采率规定见表2－26。

表2－26 瓦斯抽采方法分类表

<table>
<tr><th colspan="2">分类</th><th colspan="2">方法简述</th><th>适用条件</th><th>工作面抽采率/%</th></tr>
<tr><td rowspan="13">开采层瓦斯抽放</td><td rowspan="6">未卸压抽采</td><td rowspan="2">岩巷揭煤与煤巷掘进抽采</td><td>由岩巷向煤层打穿层钻孔抽采</td><td rowspan="2">高瓦斯煤层或有突出危险煤层</td><td>10～20</td></tr>
<tr><td>由巷道工作面打超前钻孔抽采</td><td>10～30</td></tr>
<tr><td rowspan="4">采区（工作面）大面积抽采</td><td>由开采层工作面运输巷、回风巷、煤门打上下向顺层钻孔抽采或打交叉钻孔抽采</td><td rowspan="4">有预抽时间的高瓦斯矿井</td><td>10～30</td></tr>
<tr><td>由岩巷、石门、邻近层打穿层钻孔抽采，突出煤层瓦斯预抽可采用网络布孔</td><td>10～20</td></tr>
<tr><td>地面钻孔抽采</td><td>10</td></tr>
<tr><td>密闭开采层巷道抽采</td><td>10</td></tr>
<tr><td rowspan="3">采动卸压抽采</td><td>边掘边抽</td><td>由巷道两侧或沿巷道向掘进巷道周围打钻孔抽采</td><td>瓦斯涌出量大的掘进巷道</td><td>20～30</td></tr>
<tr><td rowspan="2">边采边抽</td><td>由运输巷、回风巷向工作面前方卸压区打钻孔抽采</td><td rowspan="2">煤层透气性较小，预抽时间不充分的煤层</td><td>10～20</td></tr>
<tr><td>由岩巷、煤门向开采层上部或下部未采的分层打穿层孔或顺层孔抽采</td><td>10～20</td></tr>
<tr><td rowspan="4">人为卸压抽采</td><td>水力割裂</td><td>由工作面运输巷打顺层钻孔用水力割煤</td><td rowspan="4">多用于低透气性煤层预抽</td><td>20～30</td></tr>
<tr><td>松动爆破</td><td>由工作面运输巷或回风巷打顺层钻孔进行松动爆破</td><td>20～30</td></tr>
<tr><td>水力压裂</td><td>由岩巷或地面打钻孔进行水力压裂</td><td>＞30</td></tr>
<tr><td>控制爆破</td><td>由工作面运输巷或回风巷打顺层钻孔，控制孔不装药，爆破孔装药进行爆破</td><td>＞30</td></tr>
</table>

表2-26（续）

分类	方法简述		适用条件	工作面抽采率/%
邻近煤层瓦斯抽采	上、下邻近层抽采	由工作面运输巷、回风巷或岩巷向邻近层打钻孔抽采	瓦斯来源于邻近层的工作面	30～60
		由工作面运输巷、回风巷打斜交迎面钻孔抽采		30～60
		由煤门打顺层钻孔抽采		30～60
		在邻近层掘进专用瓦斯巷道抽采		30～60
		地面钻孔抽采		30～45
采空区瓦斯抽采	全封闭式抽采	封闭采空区插管抽采	瓦斯涌出量大的老采空区	15
	半封闭式抽采	由现采空区后方设密闭墙插管抽采	采空区瓦斯涌出量大的采煤工作面	30
		由采空区附近巷道向采空区上方打钻孔抽采		30
围岩瓦斯抽采	围岩裂隙与溶洞	由巷道向断裂带或溶洞打钻孔抽采	有围岩瓦斯涌出或瓦斯喷出危险地区	
		密闭巷道抽采		

开采单一的突出危险煤层和无保护层可采的突出煤层群，尤其是瓦斯的煤层透气性较好或采取煤层增透措施能使煤层透气性适合抽采的矿井，可采取预抽煤层瓦斯的办法防治煤与瓦斯突出。

预抽瓦斯目前尚无统一分类方法，根据钻孔（抽采井）施工地点与煤层相对关系，可分为地面井抽采、穿层孔抽采（包括邻近层抽采、岩石巷穿层抽采）、本煤层抽采等。为达到区域防突措施目的，根据防突区域划分，预抽煤层瓦斯方式：地面井预抽煤层瓦斯以及井下穿层钻孔或顺层钻孔预抽区段煤层瓦斯、穿层钻孔预抽煤巷条带煤层瓦斯、顺层钻孔或穿层钻孔预抽回采区域煤层瓦斯、穿层钻孔预抽石门（含立、斜井等）揭煤区域煤层瓦斯、顺层钻孔预抽煤巷条带煤层瓦斯等。

虽然我国煤层气地面垂直井钻井技术比较成熟，已在许多不同地质构造盆地内取得成功，但地面钻孔抽采瓦斯对于煤层深、黄土覆盖层厚的矿井钻孔工程量大，同时受地质条件、储层条件、资源和开发规模条件、经济地理和市场条件等多种因素制约，目前除在晋城矿区和鄂尔多斯成功应用外，其他矿区应用还不普遍，应用较为广泛的为井下抽采措施。

（二）本煤层抽采瓦斯

本煤层抽采瓦斯即抽采开采层的瓦斯，又称开采层瓦斯抽采。即在煤层开采之前或采掘的同时，用巷道或打钻孔的方式对开采煤层内瓦斯进行抽采的一种形式。通过抽采开采煤层的瓦斯，以减少煤层瓦斯含量和瓦斯压力，达到防突的目的。特点是煤层没有卸压，抽采效果决定于煤层的透气性。为了提高煤层抽采效果，往往在抽采的同时，采取煤层注水、水力压裂等其他综合防突措施。

1. 抽采方法的选择

对于煤层透气性好，容易抽采的煤层，宜采用本煤层预抽方法，可采用顺层或穿层布孔方式；煤层透气性较差、采用分层开采的厚煤层，可利用先采分层的卸压作用抽采未采分层的瓦斯；单一低透气性高瓦斯煤层，可选用加密钻孔、交叉钻孔、水力割缝、水力压裂、松动爆破、深孔控制预裂爆破等方法强化抽采。煤与瓦斯突出危险严重的煤层，应选择穿层网格布孔方式。煤巷掘进瓦斯涌出量较大的煤层，可采用边掘边抽或先抽后掘的抽采方法。

2. 不同抽采方法应控制的范围

采取预抽煤层瓦斯的区域防突措施时，不同的抽采方式应符合下列要求：

（1）穿层钻孔或顺层钻孔预抽区段煤层的瓦斯时，钻孔应当控制整个回采区段内的整个开采块段和两侧回采巷道及其外侧一定范围内的煤层。钻孔控制回采巷道外侧的范围应满足：倾斜、急倾斜煤层巷道上帮轮廓线外至少 20 m，下帮至少 10 m；其他为巷道两侧轮廓线外至少各 15 m。

（2）穿层钻孔预抽煤巷条带煤层瓦斯区域防突措施的钻孔应当控制整条煤层巷道及其两侧一定范围内的煤层。巷道两侧的控制范围：倾斜、急倾斜煤层巷道上帮轮廓线外至少 20 m，下帮至少 10 m；其他为巷道两侧轮廓线外至少各 15 m。

（3）顺层钻孔或穿层钻孔预抽回采区域煤层瓦斯区域防突措施的钻孔应当控制整个开采块段的煤层。

（4）穿层钻孔预抽石门（含立井、斜井等）揭煤区域煤层瓦斯区域防突措施应当在揭煤工作面距煤层的最小法向距离 7 m 以前实施。在构造破坏带应适当加大距离。钻孔的最小控制范围是：石门和立井、斜井揭煤处巷道轮廓线外 12 m、急倾斜煤层底部或下帮 6 m。同时还应当保证控制范围的外边缘到巷道轮廓线（包括预计前方揭煤段巷道的轮廓线）的最小距离不小于 5 m。当钻孔不能一次穿透煤层全厚时，应当保持煤孔最小超前距 15 m 范围的煤层内区域防突措施符合控制范围的要求。

（5）顺层或穿层钻孔预抽煤巷条带煤层瓦斯的钻孔应当控制整条煤层巷道及其两侧一定范围内的煤层，顺层钻孔预抽煤巷条带煤层瓦斯钻孔应控制的条带长度不小于 60 m。巷道两侧的控制范围：倾斜、急倾斜煤层巷道上帮轮廓线外至少 20 m，下帮至少 10 m；其他为巷道两侧轮廓线外至少各 15 m。

（6）当煤巷掘进和采煤工作面在预抽防突效果有效的区域内作业时，工作面距未预抽或者预抽防突效果无效范围的前方边界不得小于 20 m。

（7）厚煤层分层开采时，预抽钻孔应控制开采的分层及其上部法向距离至少 20 m、下部至少 10 m。

（8）应采取技术和管理措施确保预抽瓦斯钻孔能够按设计参数控制整个预抽区域，有条件的矿井应采用钻孔深度和轨迹测定技术。

3. 未卸压抽采瓦斯

未卸压抽采瓦斯即抽采未受采动影响和未经人为松动卸压煤（岩）层的瓦斯，亦称预抽。本方法适用于透气性较好的煤层，且煤层透气性越好，瓦斯压力越大，抽采效果越好。按钻孔与煤层的关系，布置方式分穿层孔和顺层孔两种；按钻孔角度分为上向孔、下向孔和水平孔。我国多采用底板巷穿层上向钻孔抽采。

穿层钻孔是在开采煤层底板或顶板岩层中，掘一条与煤层走向平行的巷道，在此巷道中每隔 20 ~ 30 m 掘进一个深约 10 m 的钻场，在每个钻场内向煤层打 3 ~ 5 个呈放射状的钻孔，穿透煤层进入顶（底）板，然后插管封孔进行抽采。图 2－34 所示为抚顺龙凤矿抽采钻孔布置示意图。

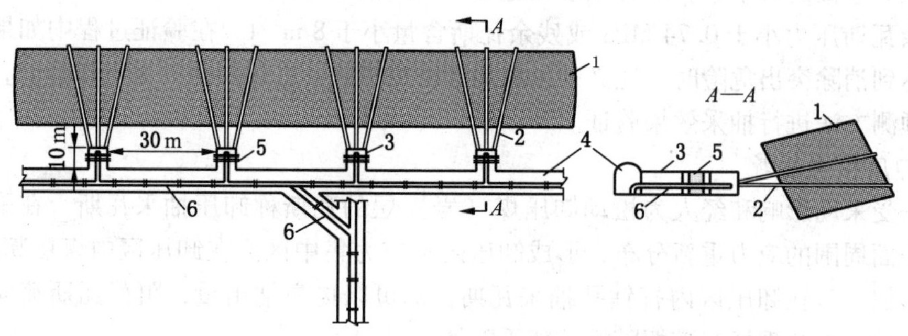

1—煤层；2—钻孔；3—钻场；4—运输巷；5—密闭墙；6—抽瓦斯管道

图 2－34　钻孔法预抽本煤层瓦斯布置示意图

这种方法钻孔贯穿煤层，瓦斯很容易沿层理面流入钻孔，有利于提高抽采效果；同时，抽采工作是在掘进和采煤之前进行，能大大减少生产过程中的瓦斯涌出量。这种方法的缺点是被抽采煤层没有受采动影响，煤层没有卸压，尤其是透气性差的煤层预抽效果不好。

沿层钻孔是由运输平巷沿煤层倾斜打钻，或由上、下山沿煤层走向打水平钻孔（或上向一定角度，以利排出积水），钻孔全长都在煤层中，施工速度快，抽采暴露面积大，一般适用于赋存稳定的中厚或厚煤层。这类抽采方法由于常常受采掘接替的限制，抽采时间不长，影响了抽采效果。为了提高抽采效果，可采取增大钻孔直径，提高抽采负压，通过煤层注水、水力压裂、水力割裂等提高煤层透气性等措施。

未卸压抽采钻孔的布置方式和参数因矿井的抽采条件和目的不同而异。

（1）钻孔的方向。由于上向孔有利于排出钻孔的积水，我国多采用上向孔。在含水较大的煤层内打下向孔时，必须及时排出孔内积水，若孔内积水静压力大于煤层的瓦斯压力时，就难以抽出瓦斯。

（2）孔间距。孔间距是决定抽采效果的重要参数，取决于钻孔抽采极限半径。抽采瓦斯开始后，钻孔周围的瓦斯含量和瓦斯压力逐渐降低，其最大影响范围的半径就是极限抽采半径。极限抽采半径取决于煤体的透气性、抽采时间和抽采负压的大小，应通过实测确定。布置钻孔时，孔间距要小于极限抽采半径。所有预抽钻孔必须在整个预抽区域内均匀布孔。

（3）钻孔的直径。钻孔的直径通常采用 70～100 mm，它对瓦斯抽出量的影响随煤层不同而异。如阳泉将钻孔直径由 73 mm 提高到 300 mm，抽出量增加 3 倍。

（4）封孔长度。预抽钻孔封堵必须严密，穿层钻孔的封孔深度不得小于 5 m，顺层钻孔的封孔深度不得小于 8 m。当预抽瓦斯浓度低于 30% 时，应采取改进封孔的措施，以提高封孔的质量。

（5）抽采负压。抽采负压对瓦斯的抽出量有一定影响，如鹤壁将抽采负压由 3.3 kPa 提高到 10.6 kPa，抽出量增加 25%。但有时提高抽采负压影响不大，反而增加了孔口和管道系统的漏气，管内放水也更加困难。一般情况下，钻孔口抽采负压不宜超过 14 kPa。

在未受保护煤层中施工钻孔，采用预抽煤层瓦斯区域防突措施时，必须采取防治瓦斯突出措施。应做好每个钻孔的各项参数施工记录及抽采参数的观测记录。抽采的效果必须满足残余瓦斯压力小于 0.74 MPa 或残余瓦斯含量小于 8 m^3/t。在验证过程中如果抽采效果没有达到消除突出危险时，还必须采取局部防突措施。在煤层进行采掘作业时，仍要用工作面预测方法进行抽采效果验证。

4. 卸压抽采瓦斯

抽采受采动影响和经人为松动卸压煤（岩）层的瓦斯称卸压抽采瓦斯。在采动影响下，工作面周围的应力重新分布，形成卸压区和应力集中区。在卸压区内煤层膨胀变形，透气性增加。若在卸压区内打钻孔抽采瓦斯，则可以提高抽出量，阻截瓦斯流向工作空间。这类抽采方法现场叫随掘随抽或随采随抽。

(1) 随掘随抽。随掘随抽就是在巷道掘进的同时，抽采巷道周围卸压煤体内的瓦斯。为了在掘进的同时抽采瓦斯，在掘进巷道两帮每隔一定距离掘一钻场，在钻场向工作面推进方向两侧打 1 ~ 2 个超前钻孔，然后插管、封孔进行抽采，如图 2 - 35 所示。随掘随抽能抽出巷道周围煤体的瓦斯，并可截取煤体深部涌出的瓦斯，减少涌向巷道的瓦斯量，抽采效果较好。

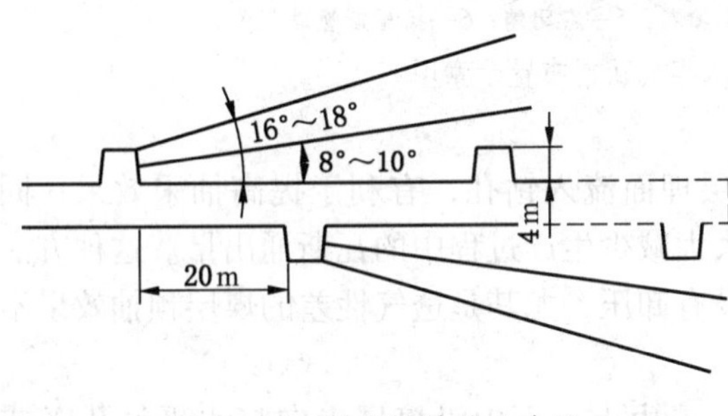

图 2 - 35　随掘随抽钻孔布置

这种方法适用于巷道瓦斯涌出量大于 3 m^3/min，煤层透气性差，预抽效果不好，通风的方法不易解决的煤层掘进。但这种方法钻孔易漏气，往往不易保证规定的抽采浓度。该方法只能降低掘进工作面的瓦斯涌出量，不能降低回采时的瓦斯涌出量，还必须对采煤工作面采取瓦斯抽采措施。

某些矿在实际应用中，为了解决钻孔漏气问题，控制钻孔深度不超过同侧下一个钻场。为了解决钻场施工中的防突问题，在掘进工作面正前方打一定数量的瓦斯排放钻孔。如焦作九里山矿，每个钻场中的帮孔不少于 6 个，掘进工作面正前方排放钻孔不少于 30 个，深度 15 m，并在 5 m 超前距保护下施工下一个循环的钻孔，如图 2 - 36 所示。

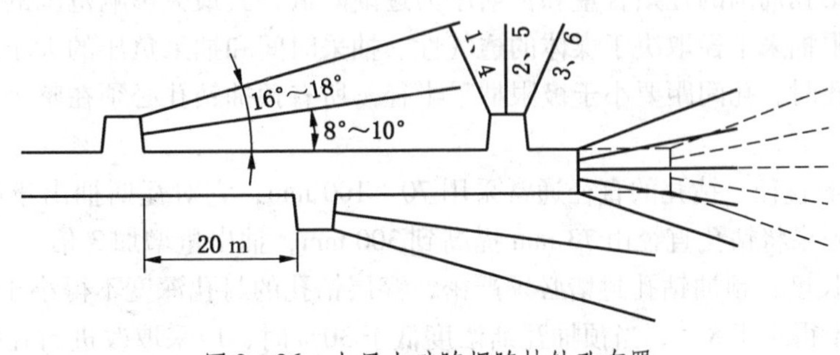

图 2 - 36　九里山矿随掘随抽钻孔布置

在实际工作中，为了加快采煤工作面瓦斯抽采速度，往往在掘进工作面后方两帮施工采煤工作面抽采钻孔，封口后抽采瓦斯，以降低巷道瓦斯涌出量。如开滦、焦作多采用这种方式，效果良好。

（2）随采随抽。随采随抽就是抽采采煤工作面前方卸压煤体内的瓦斯或厚煤层开采时抽采未采分层卸压煤体内的瓦斯，即在工作面回采的同时，在工作面进风巷或回风巷中每隔一定距离布置一钻场，抽采工作面前方和两侧卸压带的瓦斯，如图 2－37 所示。

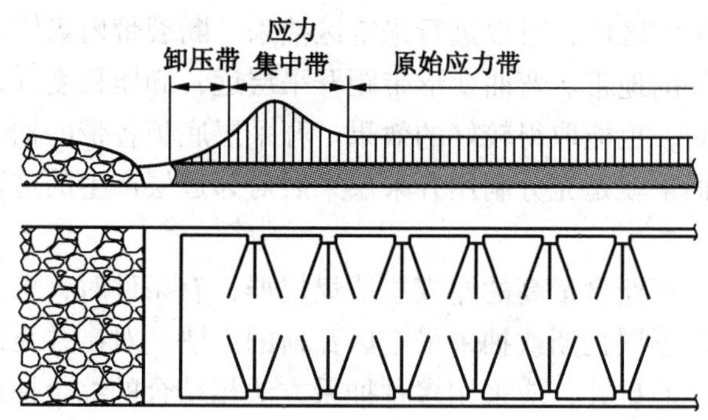

图 2－37　采煤工作面随采随抽钻孔布置示意图

当工作面推进到钻孔附近，最大集中应力超过钻孔时，钻孔附近煤体就开始膨胀变形，瓦斯的抽出量也因此增加。当工作面推进到距钻孔 1～3 m 时，大量空气开始进入钻孔，瓦斯浓度降低到 30% 以下时，此时应停止抽采。

这类抽采方法只适用于煤层赋存稳定，有效抽采时间不长，每孔抽出量不大的采煤工作面。

当采煤工作面有足够的排放时间或由于地质构造在两巷布置抽采钻孔受到限制时，可在工作面布置排放钻孔，如图 2－38 所示。钻孔直径一般为 75～120 mm，深度 6～10 m，工作面每推进 3～5 m，再压茬施工下一循环的超前钻孔。可利用矿井抽采设备预抽瓦斯，以加速瓦斯排放速度，缩短排放时间，减少钻孔工作量。

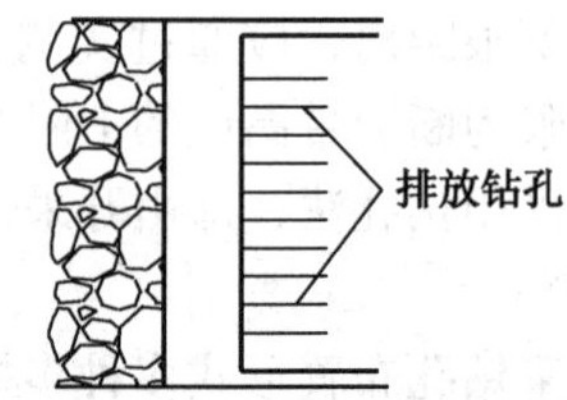

图 2－38　采煤工作面超前排放钻孔布置示意图

为提高抽采瓦斯的效果，我国煤矿采取了许多人为卸压和增加煤层透气性的措施，如煤层注水、深孔爆破、交叉钻孔等。同时，增大钻孔直径、适宜的抽采负压也是提高抽采效果的有效途径。

（三）邻近层抽采瓦斯

开采煤层群时，回采煤层的顶、底板围岩将发生冒落、移动、龟裂和卸压，透气性增加。回采煤层附近煤层或夹层中的瓦斯就能向回采层的采空区运移。这类向开采层采空区涌出瓦斯的煤层或夹层，叫邻近层。位于开采层顶板内的邻近层，叫上邻近层，底板内的叫下邻近层。

从开采层或围岩大巷向邻近层打钻，抽采受开采层采动影响的上、下邻近煤层（可采煤层、不可采煤层、煤线、岩层）的瓦斯，叫邻近层抽采瓦斯。邻近层抽采瓦斯通常采用从开采层回风巷（或回风副巷）向邻近层打垂直或斜交穿层钻孔抽采瓦斯的方法。

当邻近层瓦斯涌出量大时，可采用顶（底）板瓦斯巷道（高抽巷）抽采。当邻近层或围岩瓦斯涌出量较大时，可在工作面回风侧沿开采层顶板布置迎面水平长钻孔（高位钻孔）抽采上邻近层瓦斯。

煤层开采后，在其顶板形成三个受采动影响的地带（冒落带、断裂带和弯曲变形带），在其底板则形成断裂带和变形带。冒落带距开采煤层很近，将随顶板的冒落而冒落，瓦斯完全释放到采空区内，可以进行采空区抽采。断裂带内煤体卸压充分，瓦斯大量解吸，是抽采瓦斯最好的地带。弯曲变形带距开采层远，卸压程度低，抽采效果仅次于断裂带。若增加抽采时间，也能取得较好的效果。开采层底板各带的抽采效果大致与顶板各相应带相似。邻近层抽采就是充分利用开采层采后对邻近层产生的这种卸压作用，来提高抽采效果。

对于煤层埋藏浅、瓦斯含量高的厚煤层或煤层群，有条件时，可采用地面钻孔预抽开采层瓦斯、抽采卸压邻近层瓦斯或抽采采空区瓦斯的方法。对矿井瓦斯来源多、分布范围广、煤层赋存条件复杂的矿井，应采用多种抽采方法相结合的综合抽采方法。煤与瓦斯突出矿井开采保护层时，必须同时抽采被保护煤层的瓦斯。

1. 钻孔布置

开采煤层采动后，上下层的卸压范围用卸压角和卸压高度确定。瓦斯抽采钻孔应布置在卸压范围之内，一般地，卸压角沿煤层走向上邻近层60°~80°，下邻近层80°~90°；沿煤层倾斜和仰斜方向的卸压角，除开采因素外，与煤层倾角和层间岩性有关，缓倾斜煤层上邻近层50°~80°，下邻近层75°~80°；急倾斜煤层上邻近层59°~69°，下邻近层73°~77°。

大量统计显示，邻近层处于30~50 m层间距范围时抽采率最高。邻近层抽采瓦斯的上限和下限距离，应通过实测，按上述三带的高度来确定。上邻近层的下限为冒落带高度，上限为断裂带高度的上限边界。下邻近层的下部边界一般不超过60~80 m。国内外都广泛采用钻孔法，即由开采煤层进、回风巷道或围岩大巷内，向邻近层打穿层钻孔抽采瓦斯。

抽采钻孔布置形式多种多样，它受层间距、煤层倾角、巷道布置以及施工方法等因素影响，总的要求用最短的钻孔，抽出最多的瓦斯。抽采钻孔布置原则如下：

（1）尽可能利用已有的回采巷道和准备巷道打钻孔。

（2）把钻孔打在采煤工作面所能形成的高断裂带内。穿层钻孔应穿透各个抽采煤层，并进入抽采层顶（底）板岩石0.5 m以上。

（3）布置钻孔时应考虑满足钻孔的合理服务时间。

（4）便于提高抽采钻孔的封孔质量。钻孔开口端应布置在未受采动影响的完整煤（岩）体内，并且钻孔不能穿过冒落带，否则应在钻孔开口端加套管，以防止抽出大量空气。

（5）抽采效果好，经济上合理。

图2-39所示为上邻近层抽采瓦斯钻孔布置方式示意图。上邻近层抽采钻场一般设在工作面回风巷内，由钻场向上邻近层打钻孔抽采。钻场位于回风巷的优点是钻孔长度比较短，工作面上半段的围岩移动比下半段好，瓦斯抽采效果好等。

下邻近层瓦斯抽采钻场设在工作面进风巷内，如图2-40所示。这种布置方式具有钻场易于维护，打钻施工方便，施工与维护等都在新风中安全性好等优点。但与设在回风巷中相比，抽采效果差些。

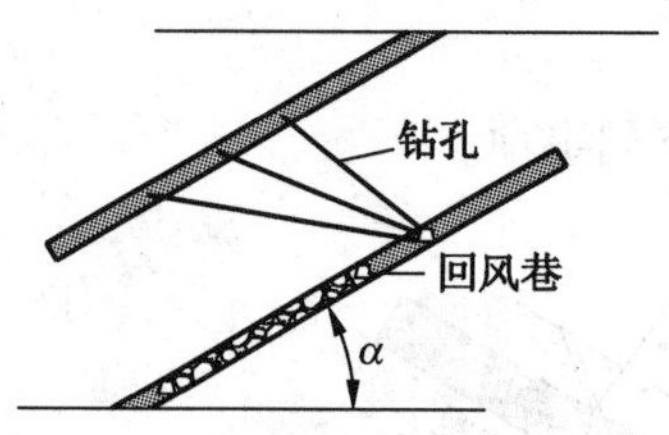

图2-39 抽采上邻近层瓦斯回风巷钻孔布置

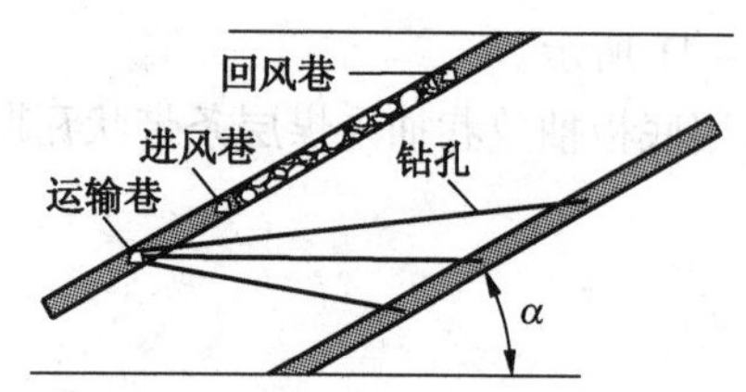

图2-40 抽采下邻近层瓦斯进风巷钻孔布置

2. 钻孔的间距

钻孔间距一般为1~2倍层间距。根据国内外抽采情况，钻场间距多为30~60 m。由于煤层的条件不同，钻孔的间距也不同，有的30~40 m，有的可达100 m以上。一个钻场可布置一个或多个钻孔。不同的矿井应在试抽的基础上，确定合理的间距。总的原则是工程量少、抽出瓦斯多，且不干扰生产。一般来说，上邻近层抽采钻孔间距可大些，下邻近层抽采则应适当减小；远距离邻近层抽采钻孔间距应大些，近距离邻近层抽采应小些。

此外，如果一排钻孔不能达到抽采要求，应在运输水平和回风水平同时打钻抽采，在较长的工作面内，还可由中间平巷打钻等。

3. 钻孔角度

上邻近层抽采时，钻孔角度对抽采效果影响很大。钻孔角度与煤层倾角和卸压区范围有关，应使钻孔通过顶板岩石的断裂带进入邻近层充分卸压区，同时又要注意钻孔进入冒落带抽进大量空气，降低抽采效果。因此，不同的矿井应根据具体情况确定。

4. 钻孔进入的层位

对于单一的邻近层，钻孔穿透该邻近层即可。对于多邻近层，如果符合下列条件时，也可以只用一个钻孔穿透所有邻近层：

（1）30倍采高以内的邻近层，且各邻近层的间距小于10 m。

（2）30倍采高以外的邻近层，且互相间的距离小于15~20 m。否则应向瓦斯涌出量大的各层分别打钻。

对于距离很近的上邻近层，一般应单独打钻，因为这类邻近层抽采要求孔距小，抽采时间也短，而且容易与采空区相通。对于下邻近层，应该尽可能用一孔穿过多层。

5. 孔径和抽采负压

由于钻孔布置在卸压区内，孔径对瓦斯抽出量影响不大，多数矿井采用57~75 mm孔径。同样抽采负压增加到一定数值后，对瓦斯抽出量的影响也不大。一般钻孔孔口负压应保持在6.7~13.3 kPa以上，国外多为13.3~26.6 kPa。

（四）底板抽采巷抽采瓦斯

对于不具备开采保护层和地面钻孔抽采瓦斯的突出严重的单一煤层，为消除煤层巷道掘进的突出危险，并加快掘进速度，可布置底板或顶板抽放巷抽采煤层瓦斯。由于底板抽放巷抽放钻孔向上，煤粉和积水容易排出，对于透气性差的煤层，可以通过抽放钻孔进行水力冲孔、水力扩张、水力割缝或松动爆破增加煤层透气性，提高抽放效果，目前大多煤矿都布置底板抽放巷抽采煤层瓦斯。

底板抽放巷抽采瓦斯，具有在巷道示揭煤前抽采瓦斯，施工条件好，成孔率高，钻孔服务时间长，防突效果好等特点。一般用于抽采煤层巷道或采煤工作面条带状煤层瓦斯，如图 2-41 所示。

采用底板抽放巷抽采煤层条带状瓦斯时，应注意下列事项。

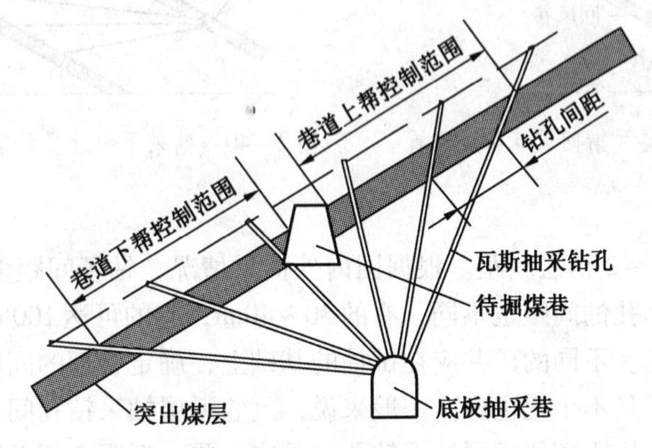

(a) 预抽煤巷条带状煤层瓦斯

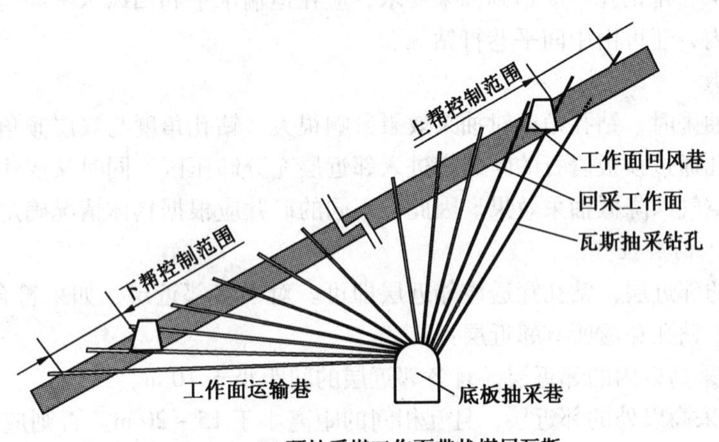

(b) 预抽采煤工作面带状煤层瓦斯

图 2-41　底板抽放巷抽采煤层条带状瓦斯示意图

（1）底板抽放巷距煤层的距离应根据岩石的性质、钻孔的布置等因素综合考虑，总的要求是工程量小、便于施工，但不得小于 5 m。在抽放巷施工中，每隔一段距离要向巷道前进方向和煤层打探孔，以准确掌握煤层的位置，以防误揭煤层。

（2）抽放巷每掘进一定距离布置 1 个钻场。钻孔呈扇形布置，穿透煤层的距离不小于 0.5 m。钻孔控制范围为：倾斜、急倾斜煤巷（或采煤工作面回风巷）距上帮轮廓不小于 20 m，下帮（或采煤工作面运输巷）不小于 10 m；其他巷道（或采煤工作面两巷）两侧不小于 15 m；采煤工作面为整个块段。

（3）钻孔直径一般为 70～100 mm，钻孔密度根据钻孔直径、煤层透气性和所采取的增透措施与效果综合确定，钻孔间距必须小于 2 倍的钻孔影响半径。打钻时喷瓦斯、垮孔时，应立即停钻处理。

（4）为减少漏气，一般采用合成树脂或膨胀水泥封孔，封孔长度不得小于 5 m。当钻孔长度小于 15 m 时，岩孔段应全部封闭；当钻孔长度大于 15 m 时，封孔长度一般不小于 15 m。

（5）加强抽采管理，坚持“多打孔、严封闭、长抽放、严管理”，确保足够的抽采时间和抽采效果，把煤层瓦斯含量或压力降到矿井始突深度以下，或降到瓦斯含量不大于 8 m^3/t，瓦斯压力不大于 0.74 MPa。

（五）采空区抽采瓦斯

采煤工作面的采空区或老空区积存大量瓦斯时，涌出或被漏风带入生产巷道或工作面，往往造成瓦斯超限而影响生产。当采空区瓦斯问题严重时，应对采空区的瓦斯进行抽采。这种抽采工作面采空区和老采空区内瓦斯的方法，叫采空区抽采瓦斯。其中抽采现采工作面采空区的瓦斯采用半封闭式抽采；抽采老采空区内瓦斯采用全封闭式抽采。

1. 全封闭式采空区瓦斯抽采

所谓全封闭式采空区瓦斯抽采，是指煤层或采区全部开采结束，为减少采空区瓦斯涌向采掘空间或涌向矿井而影响生产，或为了有效地利用瓦斯资源提高瓦斯抽采率，将采空区或旧巷予以封闭而进行的瓦斯抽采。瓦斯抽出率主要取决于邻近煤层与围岩瓦斯以及采空区残存煤量的瓦斯。由于密闭的采空区空间有限，其间残存的瓦斯也有限，一般来说抽采的时间和抽出的瓦斯量也有限，规定抽出率不应低于 15%。但若采空区有地质构造等特殊情况时，则能抽出大量瓦斯。

全封闭式采空区瓦斯抽采的方法可分为密闭式抽采、钻孔式抽采和钻孔与密闭结合抽采，应根据矿井具体情况而定。对采煤工作面采空区的瓦斯，一般多采用将采空区全部密闭，在回风巷的密闭处插管进行抽采。

2. 半封闭式采空区瓦斯抽采

由于开采深度的不断加深，高瓦斯矿井不断增多，矿井防治瓦斯的工程量不断加大，造成“掘、抽、采”比例严重失调，大部分采区或工作面没有进行预抽瓦斯或预抽率没有达到预期指标。尤其是综采放顶煤开采工艺，瓦斯主要来源于采空区，使生产过程中瓦斯涌出量进一步增大，工作面单位面积瓦斯绝对涌出量增加 10 倍以上，瓦斯超限积聚现象进一步加剧。

所谓半封闭式瓦斯抽采，是指工作面回采尚未结束和封闭时，对采空区瓦斯所进行的抽采。抽采的方法有引巷密闭插管抽采、钻孔抽采、埋管抽采、顶煤巷抽采等，规定抽出率不小于 30%。如抚顺老虎台矿，把 54001 – Ⅰ综采工作面采空区尾巷（或专门开设引巷）密闭，对采空区瓦斯进行抽采，抽出率达 93.69%，基本消除了瓦斯超限或积聚的现象。

当采煤工作面有上阶段巷时（或布置专门绕巷），可每隔 30 ~ 50 m 作钻场向采空区冒落带上方打钻抽采瓦斯，且随着工作面的推进，不断掘出新的钻场。

埋管法抽采为辅助抽采瓦斯措施，应用最多的是上隅角埋管法，即每隔 30 m 左右在回风巷抽采管上留一个三通接口，当采煤工作面推进到三通放顶前，用胶管连接抽瓦斯埋管，埋管直径为 100 mm，前端割有 20 mm × 30 mm 的小缝隙筛管。埋管尽量插入采空区，而且筛管应抬高距底板有一定高度，以防止积水，煤泥堵塞筛管裂缝。

顶煤巷抽采即在厚煤层工作面上部，沿工作面走向布置抽采巷道（近似于放顶煤专用排瓦斯巷），对采空区瓦斯进行抽采。

值得注意的是，无论采用哪一种抽采方法，都存在采空区漏风和自然发火问题，尤其是高瓦斯煤层开放式采空区实施高强度抽采瓦斯时。因此，必须加强采空区的防火管理，有效控制自然发火已成为采空区开放式抽采瓦斯成功与否的关键。对有自然发火危险的煤层，必须经常检测抽采管路中一氧化碳浓度和气体温度等有关参数的变化。发现有自然发火征兆时，必须采取防止煤自燃的措施。

（六）地面钻孔抽采简介

煤层气的开采我国目前主要有垂直井（包括丛式井，即地面钻孔）和多分支水平井。在目前的煤层气开发方式中，由于垂直井技术成熟，费用较低，操作简单，是我国目前广泛采用的方式。多分支水平井近似于树叶的脉，由主脉向四周呈分散状，目前我国处于起步阶段，使用的较少。

地面钻孔瓦斯抽采是由石油和天然气开采演化而来。对于含气层厚的煤层群，可采用垂直井布置；对于含气层薄的单一煤层，为了减少钻孔工程量，可采用井眼向特定方向偏斜的定向钻井布置或多分支井布置，如图 2-42 所示。

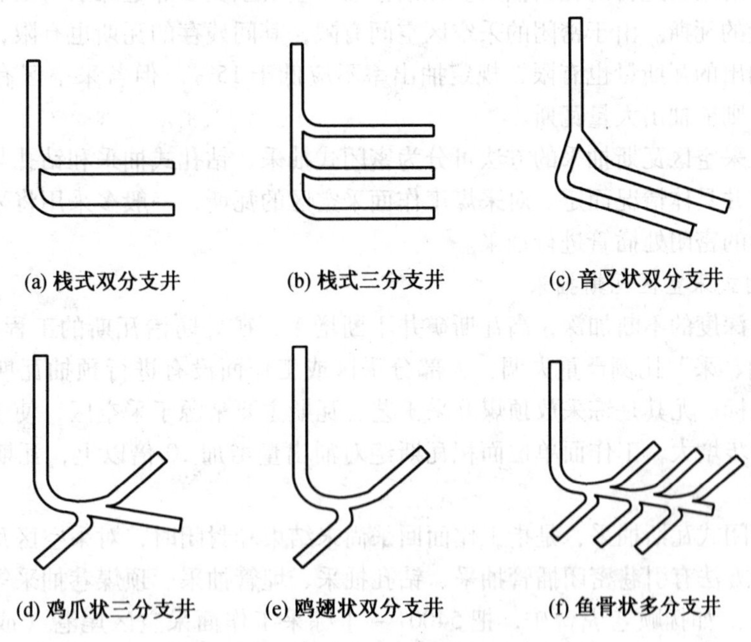

图 2-42　多分支抽采井布置形式示意图

煤层的原始渗透性一般较差，必须经过煤层透气性改造才能形成一定生产能力，而压裂是目前行之有效的增产措施之一。目前的主要压裂方式有水力压裂和高能气体压裂等。水力压裂液一般有凝胶、活性水或清水、泡沫等。高能气体压裂就是利用特制的压裂弹的爆炸产生的高压气体进行压裂。

到 2010 年，我国已施工煤层气抽采井 5400 余眼，形成产能 $3.1\times10^9\ m^3$，2010 年抽采煤层气 $1.5\times10^9\ m^3$。根据国家“十二五”规划，国家强力推进“先抽后采、抽采达标”，将煤层气抽采利用作为防治煤矿瓦斯事故的治本之策，2015 年煤层气产量要达到 3×10^{10} m^3（其中地面 1.6×10^{10} m^3）。煤层气产业具有良好的前景。

三、瓦斯抽采设备

（一）地面永久抽采泵站

矿井瓦斯抽采设备的能力，应满足矿井瓦斯抽采期间或瓦斯抽采设备服务年限内所达到的开采范围的最大抽采量和最大抽采阻力的要求，且应有不小于 15% 的富余能力。瓦斯抽采设备主要有瓦斯抽采泵、抽采管道，以及各种附属装置和安全装置等。

1. 瓦斯抽采泵

瓦斯抽采泵有水环式真空泵、离心式鼓风机和回转式鼓风机三类。

水环式真空泵结构简单，运转可靠，负压高，工作轮内充满水可起到防爆阻焰作用，安全性能好，但流量一般较鼓风机小。适合于抽出流量小、管路长、煤层透气性差，需要高负压抽采的矿井，是目前广泛使用的抽采泵。

离心式鼓风机的流量大，运转可靠，不易出故障，但效率低。适用于瓦斯量大，抽采负压要求不高的抽采矿井。

回转式鼓风机的流量几乎不受管道阻力变化的影响，运转稳定，便于维护保养，成本低。但运转时噪声大，检修工艺复杂。适用于瓦斯量大，负压要求不高的抽采瓦斯矿井。

2. 抽采管路

瓦斯抽采管路由主管、分管、支管和附属装置组成，管路的选择直接影响抽采的效果和经济效益。管路中经济合理的流速为 5 ~ 15 m/s，并参照抽采设备的能力和实践经验综合确定。

我国抽采管径的一般选择：井筒中或地面的主管为 250 ~ 400 mm，大巷内的分管为 150 ~ 250 mm，采区内的支管为 100 ~ 150 mm。

井下抽采管道的敷设应满足以下要求：

（1）主管、分管、支管及其与钻场连接处应装设瓦斯计量装置。

（2）抽采钻场、管路拐弯、低洼、温度突变处及沿管路适当距离（间距一般为 200 ~ 300 m，最大不超过 500 m）应设置放水器，如图 2 - 43 所示。含水量大的煤层瓦斯抽采管路应设气水分离器。

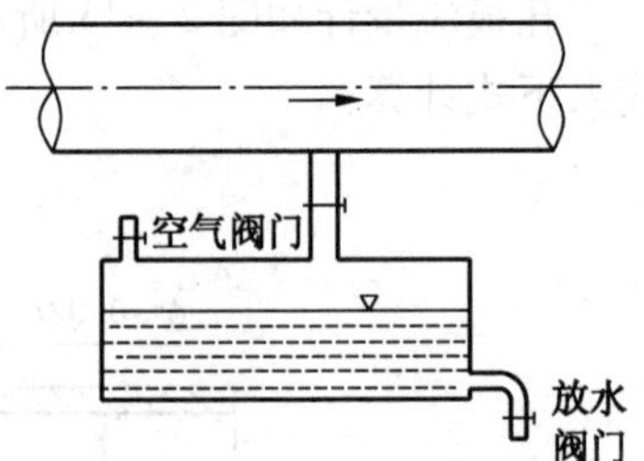

图 2 - 43　瓦斯抽采管放水器

（3）管路敷设要平直，避免急弯。在管路的适当部位应设置除渣装置和测压装置。

（4）管路底部要用木垫垫高，高度不低于 30 cm，以防底鼓损坏管路。主要运输巷中的抽采管路架设高度不得低于 1.8 m。

（5）倾斜巷道中的管路应用卡子固定在巷道支护上，以免下滑。在倾角大于 28°的巷道中，一般每隔 15 ~ 20 m 应设一个固定点。

（6）当条件适当时，可选用新材料的瓦斯抽采管，但井下抽采管路禁止采用玻璃钢管。

（7）抽采管路应有良好的气密性及采取防腐、防破坏、防带电及防冻等措施。

（8）抽采管道分叉处应设置控制阀门，阀门规格应与安装地点的管径相匹配。

（9）地面主管上的阀门应设置在地表下用不燃性材料砌成的不透水观察井内，其间距为500～1000 m。

（10）通往井下的抽采管路应采取防雷措施。

地面敷设的管路除满足井下管路敷设的要求外，还必须满足防冻、与建筑物间保持安全距离等要求。

3. 抽采泵站的附属装置

地面瓦斯抽采泵站的附属装置与安全设施主要包括流量计、水封防爆箱、防回火网、放空管、避雷器等。图2－44所示为某矿地面瓦斯抽采泵站布置示意图。

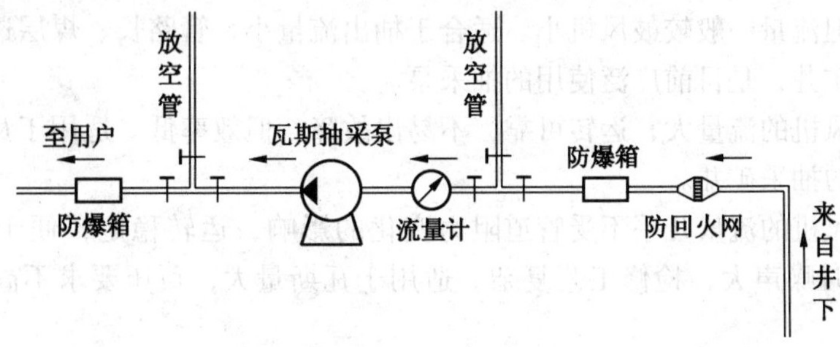

图2－44　地面瓦斯抽采泵站布置示意图

（1）为全面掌握与管理井下瓦斯抽采情况，需要在总管、支管以及各个钻场内安装流量计。常用流量计有孔板流量计、文德利流量计、浮子流量计、煤气表等。孔板流量计简单、方便，是目前广泛采用的一种。

孔板流量计如图2－45所示，用压差计测出两端静压差和流过孔板气体的瓦斯浓度，代入下式计算：

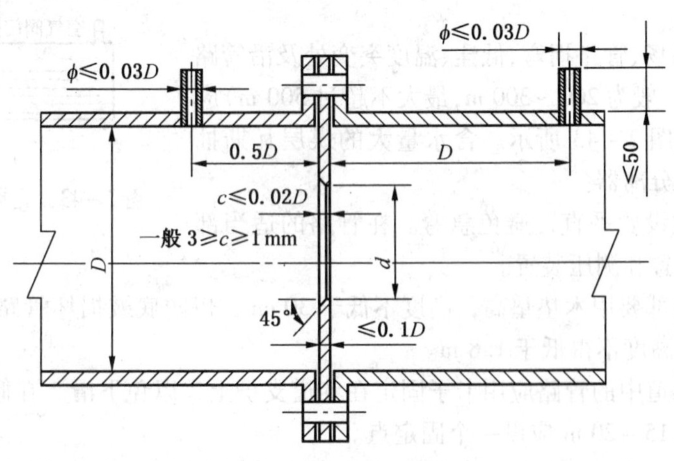

图2－45　孔板流量计

$$Q=9.7\times10^{-4}K\sqrt{\frac{\Delta hp}{0.716C+1.293(1-C)}} \tag{2-21}$$

$$K=K_{t}C_{1}S_{k}\sqrt{2g}\times60 \tag{2-22}$$

式中　Q——温度为 20 ℃，压力为 101.325 kPa 时混合气体的流量，m^3/min；

Δh——孔板两侧静压差，Pa；

p——孔板出口端绝对静压，Pa；

C——瓦斯浓度,%；

K——孔板流量系数；

K_t——孔板系数，加工精度高时取 1；

C_1——流速收缩系数，$C_1=0.65$；

S_k——孔板孔口面积，m^2；

g——重力加速度，$g=9.81\ m/s^2$。

孔板要设在管道的直线段，前后 5 m 不能有转弯等局部阻力；孔板圆孔与管道要同心，端面与管道要垂直。

（2）水封防爆箱又叫水封阻焰器，它是抽采瓦斯管路中，用以隔爆的一种水箱式安全装置，如图 2－46 所示。其原理是在正常抽采时，瓦斯通过水封后被抽出，一旦发生爆炸或燃烧，水隔断火焰，爆炸波由强度很低的防爆盖冲出，使抽采系统得到保护。

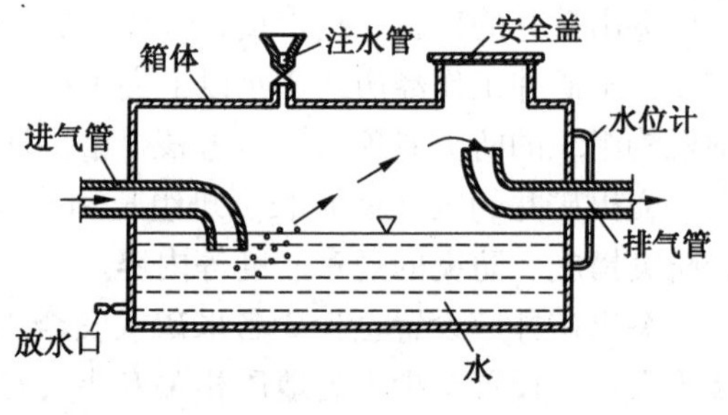

图 2－46　水封防爆箱

（3）防回火网是安装在抽采管路中阻止火焰蔓延的安全装置，由 4～6 层导热性能好而不易生锈的铜丝网编而成，网孔约 0.5 mm，安装在地面泵站附近，管道内一旦发生燃烧，防回火网利用铜网的散热作用和网孔对链式反应的破坏作用，阻止火焰的传播。

（4）放空管设在抽采泵的进气端和排气端。当抽采泵发生故障时，打开进气端的放空管，可继续排放井下涌入管道的瓦斯；当抽出的瓦斯不需要或浓度达不到规定浓度时，打开排气端的放空管，将抽采的瓦斯排放到空气中。

放空管的管径应大于或等于泵的进、出口直径，管口应高出泵房房顶 3 m 以上，并远离其他建筑。

（5）在放空管上方和抽采泵站建筑物附近，应设避雷器，以防抽采设施雷击引起火灾或爆炸。

（二）井下移动泵站瓦斯抽采系统

不具备建立地面永久瓦斯抽采系统条件的矿井，对高瓦斯区应建立井下移动泵站瓦斯抽采系统。

井下移动瓦斯抽采泵站应安装在瓦斯抽采地点附近的新鲜风流中。抽出的瓦斯必须引排到地面、总回风道或分区回风道；已建立永久抽采系统的矿井，移动泵站抽出的瓦斯可直接送至矿井抽采系统的管道内，但必须使矿井抽采系统的瓦斯浓度符合《煤矿安全规程》规定。

移动泵站抽出的瓦斯排至回风道时，在管道出口处必须采取安全措施，包括设置栅栏、悬挂警戒牌。栅栏设置的位置，上风侧为管路出口外推 5 m，上下风侧栅栏间距不小于 35 m。两栅栏间禁止人员通行和任何作业。移动泵站排放到巷道内的瓦斯，其浓度必须在 30 m 以内被混合到《煤矿安全规程》允许的限度以内。栅栏处必须设置警戒牌和瓦斯监测装置，巷道内瓦斯浓度超限报警时，应断电、停止瓦斯抽采、进行处理。监测传感器的位置设在栅栏外 1 m 以内。

井下移动瓦斯抽采泵站必须实行“三专”供电。井下移动泵站瓦斯抽采工程设计可按地面永久瓦斯抽采工程设计的相关内容进行。

第九节　瓦斯突出矿井管理

1. 建立健全防突专门机构

有煤与瓦斯突出危险的矿井，应建立健全专门的防突机构，配备足够的相应人员，掌握突出动态和规律，总结经验和教训，根据矿井防突工作的长远规划和年度计划，制订矿井防突措施，专门从事防突工程施工、瓦斯抽采、突出危险性预测预报、防突工作日常管理等防突工作。

突出矿井的矿长、技术负责人应具有大专及以上学历或工程师及以上职称，并具有 5 年以上本矿井工作经历或 3 年以上突出矿井工作经历，并应当接受煤矿二级及以上安全培训机构组织的防突专项培训，考核合格持证上岗。并每两年复训一次。

突出矿井的区（队）长、班组长和有关职能部门的工作人员全面掌握区域和局部综合防突措施、防突的规章制度等内容。

突出矿井应设置至少 2 名采矿或安全工程（煤矿）专业大专及以上学历的专职防突技术人员，设置至少 1 名地质相关专业大专及以上学历负责矿井地质工作的技术人员。煤矿负责防突的职能部门、防突作业区（队）的管理人员中至少有 5 名具有采矿或安全工程（煤矿）专业大专及以上学历。

2. 加强领导，明确责任

有突出危险的矿井，矿长对防治突出管理工作负全面责任；矿总工程师对防治突出工作负技术责任，负责组织编制、审批、实施、检查防治突出工作规划、计划和措施；副矿长（或副总工程师）负责落实所分管的防突具体工作；各职能部门对本职范围内的防突工作负责；区、队、班组长对管辖内的防突工作负直接责任；防突人员对所在岗位的防突工作负责；安全监察部门对防突工作的落实负责监督检查。

3. 加强防突施工队伍及施工设备建设

突出矿井的管理人员和井下工作人员必须接受防突知识的培训，熟知防突基本知识和本岗位相关防突的规章制度，经考试合格后方准上岗作业。突出危险性预测预报人员属于特种作业人员。专职防突技术人员和突出预测预报人员每年必须接受一次煤矿三级及以上安全培训机构组织的防突知识、操作技能的专项培训，考核合格持证上岗。

突出矿井必须配备相应的防突施工机械和仪器设备。

4. 防突措施计划

突出矿井必须抽采瓦斯。且矿井防突措施工程量大，需要时间长。为了保证抽采瓦斯工作面的正常衔接，做到“抽、掘、采”平衡，应提前3~5年制定抽采瓦斯规划，每年年底前编制下年度的抽采瓦斯计划。在编制年度、季度、月度生产建设计划时，必须同时编制年度、季度、月度防突措施计划。防突措施计划的内容包括开采保护层计划、抽采煤层瓦斯计划、石门揭穿突出煤层计划、采掘工作面局部防治突出措施计划等。

5. 防突设计

突出矿井必须研究确定合理的采掘部署，使煤层的开采顺序、巷道布置、采煤方法、采掘接替等更有利于区域防突措施的实施。

有突出危险的新建矿井及突出矿井的新水平、新采区，必须编制防突专项设计。设计应当包括开拓方式、煤层开采顺序、采区巷道布置、采煤方法、通风系统、防突设施（设备）、区域综合防突措施和局部综合防突措施等内容，并履行审批手续。

（1）煤与瓦斯突出矿井的巷道布置应满足下列要求：①运输和轨道大巷、主要风巷、采区上山和下山（盘区大巷）等主要巷道必须布置在岩层或非突出煤层中；②应减少井巷揭穿突出煤层的次数；③井巷揭穿突出煤层的地点应当合理避开地质构造破坏带；④突出煤层的巷道应优先布置在被保护区域或其他卸压区域，如采用沿空留巷或沿空送巷；开采保护层的矿井，应充分利用保护层的保护范围。

（2）煤与瓦斯突出矿井的采掘工作面作业最小安全距离应满足下列规定：①同一突出煤层正在采掘的工作面应力集中范围内，不得安排其他工作面回采或者掘进，具体范围由煤矿企业技术负责人确定，但不得小于30 m；②突出煤层的掘进工作面应当避开邻近煤层采煤工作面的应力集中范围；③在掘进工作面与被贯通巷道距离小于60 m的区域作业期间，被贯通巷道内不得安排作业，并保持正常通风，且在爆破时不得有人。

（3）突出煤层的采掘作业方法应满足：①严禁采用水力采煤法、倒台阶采煤法及其他非正规采煤法；②急倾斜煤层适合采用伪倾斜正台阶、掩护支架采煤法；③急倾斜煤层掘进上山时，应采用双上山或伪倾斜上山等掘进方式，并应加强支护；④掘进工作面与煤层巷道交叉贯通前，被贯通的煤层巷道必须超过贯通位置，其超前距不得小于5 m，并且贯通点周围10 m内的巷道应加强支护；在掘进工作面与被贯通巷道距离小于60 m的区域作业期间，被贯通巷道内不得安排作业，并保持正常通风，且在爆破时不得有人；⑤采煤工作面应尽可能采用刨煤机或浅截深采煤机采煤；⑥煤、半煤岩炮掘和炮采工作面，必须使用安全等级不低于三级的煤矿许用含水炸药（二氧化碳突出煤层除外）。

（4）突出矿井应当建立可靠的通风系统，并满足下列要求：①突出矿井应采用对角式通风或分区式通风；②突出矿井、有突出煤层的采区、突出煤层工作面都必须有独立的回风系统，采区必须布置专用回风巷；③井巷揭穿突出煤层前，必须具有独立的、可靠的通风系统；④在突出煤层中，严禁任何两个采掘工作面之间串联通风；⑤突出煤层采掘工作面回风侧严禁设置调节风量的设施；⑥突出矿井严禁在井下安设辅助通风机；⑦突出煤层掘进工作面不应锐角通风，局部通风机必须设置双风机、双电源、自动倒台装置，“三专供电”，压入式工作；⑧突出煤层掘进工作面的进风侧必须至少设置2道坚固可靠的反向风门。

（5）突出矿井选择防突措施时，必须坚持“区域措施优先，局部措施补充”的原则。措施的内容包括区域突出危险性预测、区域防突措施、区域措施效果检验与验证。

区域防突措施应当优先开采保护层，不具备开采保护层条件的，必须采用预抽煤层瓦斯的区域防突措施，做到多措并举、可保必保、应抽尽抽、效果达标；采掘工作做到不掘突出头、不采突出面。

（6）采掘工作面局部综合防突技术措施的内容应包括：在突出煤层中的采掘工作面开工前，都必须编制该工作面施工过程中的专项防突技术措施，做到一工程一措施。采掘工作面专项防突措施应包括工作面概况和瓦斯地质、工作面突出危险性预测、工作面防突技术措施、防突措施的效果检验、安全防护措施、确定防突措施各级人员的岗位责任制等内容。

6. 编制瓦斯突出事故应急预案

根据矿井瓦斯情况，编制防治煤与瓦斯突出事故应急预案，并每年至少演练一次。瓦斯突出事故应急预案应包括下列内容：建立煤与瓦斯突出应急救援预案组织机构并明确其职责；建立煤与瓦斯突出应急救援技术资料档案；突出地点、强度的预估；突出后的停电与撤人措施；突出时的应急救援响应机制；应急指挥部的组成与工作；应急救援演练等。

7. 瓦斯地质图的编制

突出矿井必须编制矿井瓦斯地质图，内容应包括：煤层赋存条件、地质构造、采掘进度、被保护范围、突出点的位置、突出强度、煤层瓦斯压力、煤层透气系数、瓦斯含量等基本参数以及绝对瓦斯涌出量和相对瓦斯涌出量等，并根据实际揭露资料每月修改、填绘。

8. 瓦斯抽采管理要求

（1）矿井瓦斯抽采工作由企业技术负责人负全面技术责任，企业行政正、副职负责落实和检查所分管范围内的有关瓦斯抽采工作；企业各职能部门负责人对本职范围内的瓦斯抽采工作负责。企业必须配备专业技术人员，负责瓦斯抽采日常管理等。

（2）瓦斯抽采矿井必须建立专门的瓦斯抽采队伍，负责打钻、管路安装回收等工程的施工和瓦斯抽采参数测定等工作。

（3）瓦斯抽采矿井必须建立健全岗位责任制、钻孔钻场检查管理制度、抽采工程质量验收制度。

（4）瓦斯抽采矿井必须具有瓦斯抽采系统图、泵站平面与管网（包括阀门、安全装置、检测仪表、防水器等）布置图、泵站钻场及钻孔布置图、泵站供电系统图及其他图纸。

（5）加强瓦斯抽采参数（抽采量、瓦斯浓度、负压、正压、大气压、温度等）的监测，发现问题时及时处理。抽采量的计算用大气压 101.325 kPa，温度为 20 ℃时的标准状态下的数值。

（6）抽采瓦斯管理必须满足以下要求：①“多打孔、严封闭、综合抽”是加强瓦斯抽采工作的方向。瓦斯抽采矿井应增加瓦斯抽采钻孔量，提高瓦斯管路敷设质量、严密封孔及对多瓦斯源矿井（工作面）采用综合抽采方法，以提高抽采效果；②永久抽采系统的年瓦斯抽采量应不小于 $1\times10^6\ m^3$，移动泵站不小于 $1\times10^6\ m^3$；③矿井瓦斯抽出率和预抽煤层瓦斯的钻孔量符合有关规定。

（7）严格瓦斯抽采工程施工质量，所有瓦斯抽采工程都必须按质量标准进行验收，不符合质量标准的应重新施工直至合格为止。

（8）瓦斯抽采管路必须进行防腐处理，外部涂红色以示区别。

（9）瓦斯抽采量的计量器具必须采用符合国家标准的计量器具。

9. 局部综合防突措施现场管理

实行局部防突措施施工现场管理牌板制度，主要内容包括：日期及班次、工作面名称、预测（效果检验）指标实测最大值、预测（效果检验）位置点、措施施工时间、措施布置参数、措施允许进尺、当班进尺、累计进尺和剩余允许进尺、填写人姓名等。

实行预测（效果检验）报告单和参数台账制度。工作面进行预测（效果检验）后，据实认真填写预测（效果检验）报告单，经当班安检员、预测（效果检验）人员、区（队）班组长、机电工、瓦斯检查员现场签字，报矿防突专门机构和矿技术负责人审批执行后存档备查，并每月整理记入台账。

实行防突措施报告单和防突措施执行台账管理制度。工作面执行防突措施后，由现场瓦斯检查员、安检员、施工区（队）当班负责人和验收负责人共同验收，并签字后报矿防突专门机构和矿技术负责人审批执行后，防突专门机构存档备查，并每月整理记入台账。

10. 煤与瓦斯突出后资料整理

煤与瓦斯突出后要及时对相关资料整理，以便分析事故原因，总结经验教训，制定防范措施，主要内容包括：

（1）工作面概况。包括工作面名称、设计长度、工作面长度、已掘长度、煤层厚度、煤层倾角、巷道坡度、设计断面、支护方式、作业方式、标高、垂深、地质构造、突出危险等级。

（2）突出前参数测定情况及突出经过，包括突出前瓦斯涌出情况，突出前区域及局部综合防突措施以及预测和效果检验情况，突出经过情况描述等。

（3）突出的特性描述及定性，包括突出煤堆积情况、抛出距离、堆积坡度、分选性、突出煤（岩）量；突出孔洞形状、轴线与水平线之间的夹角；突出后瓦斯涌出情况；支架破坏及冲击波痕迹等动力效应情况；突出地点附近围岩及煤层破坏情况等。

（4）突出事故原因分析。从地质构造、矿压、应力、瓦斯、作业方式等方面分析导致突出发生的原因。

（5）总结经验教训。

11. 突出矿井瓦斯基础参数收集

突出矿井瓦斯基础参数是进行区域预测和选择防突措施的依据。瓦斯基础参数内容包括：煤层原始瓦斯压力、瓦斯含量、煤层透气性系数、瓦斯放散初速度和煤层坚固性系数，钻孔有效抽采半径、钻孔瓦斯流量衰减系数等。

瓦斯压力（含量），每一地质构造单元内，倾向标高变化 50 m 内不少于 1 组测定值，沿走向应不少于 3 个测定值。每一地质构造单元内，煤层透气系数、瓦斯放散初速度和煤层坚固性系数应不少于 3 个测定值。每一地质构造单元内，钻孔抽采半径、排放半径、钻孔瓦斯流量衰减系数应不少于 2 个测定值。

12. 地质测量预报工作

突出煤层顶、底板岩巷掘进时，地质测量部门必须提前进行地质预测，掌握施工动态和围岩变化情况，及时验证提供的地质资料，并定期通报防突机构和采掘区（队）。在采掘工作面距离未保护区边缘 50 m 前编制临近未保护区通知单，报批后交有关采掘区（队）。

13. 突出矿井掘进探测规定

所有突出煤层外的巷道（包括钻场等）距突出煤层的最小法向距离小于 10 m 时（在地质构造破坏带为小于 20 m 时），必须边探边掘，确保最小法向距离不小于 5 m。

区域效果检验为无突出危险区，在煤巷掘进工作面还应当至少打 1 个超前距不小于 10 m 的超前钻孔或者采取超前物探措施，探测地质构造和观察突出预兆。

14. 突出矿井按规定进行防突知识培训

突出矿井的所有工作人员，必须接受防突知识的培训，熟悉突出的预兆和防突的基本知识，经考试合格后，方准上岗。特种作业人员，必须经三级以上培训机构培训，考试合格持证上岗。

15. 建立防突管理资料档案

通过全面详细的基础数据分析方能制定综合防突措施，因此，资料保存是防突管理的重要工作。资料档案主要包括：瓦斯基础参数测试记录、台账；软煤层煤厚观测记录、台账；预测（效果检验）参数台账；煤与瓦斯突出卡片及对应的突出文字报告；防突调度日志、日报、月报、措施执行情况月汇总表等。

16. 过突出孔洞管理

巷道过突出孔洞是一项较为复杂的工作，尤其是过突出强度较大的孔洞，将更加困难。

在一般情况下，孔洞周围仍存在较高的应力状态，煤壁里面的瓦斯释放不充分，在采动和清理孔洞周围的煤体时，由于孔洞壁冒落，容易引起二次突出。在有自然发火倾向的煤层，孔洞应严格密闭、杜绝漏风，以防孔洞中碎煤自燃。

清理突出的煤炭时，应当制定防煤尘、防片帮、防冒顶、防瓦斯超限、防火源的安全技术措施。突出孔洞应当及时充填、封闭严实或者进行支护；当恢复采掘作业时，应当在其附近 30 m 范围内加强支护。

17. 煤（岩）与瓦斯突出矿井严格火源管理

煤（岩）与瓦斯突出矿井必须严禁各种非生产性火源进入井下，必须严格限制各种生产火源。井下严禁使用架线式电机车。井下进行电焊、气焊和喷灯焊接时，必须停止突出煤层的掘进、回采、钻孔、支护以及其他所有扰动突出煤层的作业。

18. 加强监测监控

煤（岩）与瓦斯突出煤层采区回风巷及总回风巷必须安设高低浓度瓦斯传感器，以便发生瓦斯突出动力现象时，计算瓦斯涌出量。瓦斯突出时的涌出量可根据工作面、采区、矿井一翼或总回风流中的瓦斯浓度和风量计算，并应尽量选用靠近突出工作面测点的资料。当发生瓦斯逆流或局部通风系统遭到破坏时，应选用采区、矿井一翼或总回风流中的测点资料计算。对长时间不能恢复到瓦斯动力现象发生前的瓦斯涌出量，计算截止时间为瓦斯涌出量降到 1.0 m^3/min 时或降到瓦斯涌出量稳定状态时。

突出矿井应当编制突出事故应急预案。突出煤层每个采掘工作面开始作业后 10d 内应进行一次突出事故逃生、救援演习，以后每 3 个月应进行一次逃生演习。

复习思考题

1. 什么是矿井瓦斯？瓦斯有哪些基本性质？

2. 影响煤层瓦斯含量的因素有哪些？

3. 表示瓦斯涌出量大小的方法有几种？它们之间的关系如何？

4. 影响瓦斯涌出量的因素有哪些？

5. 已知某矿日产量3000 t，总回风巷风量为7000 m^3/min，总回风巷风流中瓦斯浓度为0.7%，试计算该矿井的绝对瓦斯涌出量和相对瓦斯涌出量。

6. 某矿新设计水平的深度为400 m，该井田范围内瓦斯风化带深度为100 m。垂深200 m处相对瓦斯涌出量为10 m^3/t，试预测新设计水平的相对瓦斯涌出量。

7. 矿井瓦斯等级如何划分？划分的依据是什么？

8. 矿井瓦斯等级划分有何意义？

9. 如何进行矿井瓦斯等级鉴定？

10. 某矿月产煤28000 t，月工作31 d，测得的风量和瓦斯浓度见表2-27，确定该矿井的瓦斯等级。

表2-27　风量和瓦斯浓度测定值

生产班次	7月5日		7月15日		7月25日	
	风量/($m^3 \cdot min^{-1}$)	瓦斯/%	风量/($m^3 \cdot min^{-1}$)	瓦斯/%	风量/($m^3 \cdot min^{-1}$)	瓦斯/%
第一班	3000	0.52	3100	0.54	3000	0.56
第二班	3200	0.5	3100	0.55	3000	0.52
第三班	3000	0.58	3200	0.58	3100	0.50

11. 瓦斯爆炸的条件是什么？瓦斯爆炸的界限是多少？

12. 影响瓦斯爆炸界限的因素有哪些？

13. 何谓瓦斯的引燃延迟性和感应期？在煤矿安全生产中有何意义？

14. 煤矿本质安全型和防爆型电气设备的原理是什么？

15. 独头巷道掘进（尤其是高瓦斯煤层）发生火灾时，为什么一般不应停风？

16. 试述瓦斯积聚爆炸与瓦斯突出爆炸事故应急处理措施的区别。

17. 采煤工作面上隅角为什么容易发生瓦斯事故？如何预防？

18. 工作面采煤机附近为什么容易发生瓦斯事故？如何预防？

19. 煤层掘进巷道为什么容易发生瓦斯事故？

20. 如何防治采煤工作面上隅角处的瓦斯积聚？

21. 如何防治采煤机附近的瓦斯积聚？

22. 什么叫瓦斯积聚？瓦斯积聚排放必须坚持哪些原则？必须落实哪些责任？

23. 瓦斯积聚排放的方法有哪些？

24. 光学瓦斯检测仪使用前应做好哪些准备工作？

25. 风流中的瓦斯检测应注意哪些事项？

26. 局部地点的瓦斯检测应注意哪些事项？

27. 煤与瓦斯突出的一般规律有哪些？

28. 选择防突措施时必须遵守哪些原则？

29. 什么叫“四位一体”的综合防突措施？

30. 石门揭煤突出危险性预测预报和防突措施以及效果检验有哪些方法？

31. 煤巷掘进危险性预测预报和防突措施以及效果检验有哪些方法？

32. 采煤工作面危险性预测预报和防突措施以及效果检验有哪些方法？

33. 不同透气性煤层的瓦斯抽采钻孔密度和工程量有哪些规定？

34. 采掘作业的防突措施应控制的范围和瓦斯指标有哪些规定？

35. 瓦斯突出的个体防护措施有哪些？

36. 瓦斯抽采的条件有哪些？

第三章　矿　　尘

第一节　概　　述

一、矿尘的基本性质

1. 矿尘的概念

在煤炭建设和生产过程中，伴随煤与岩石的破碎而产生的煤、岩及其他物质的微粒统称为煤矿粉尘，简称矿尘。

根据矿尘的存在状态，将飞扬在矿井空气中的矿尘称为浮尘；而把沉降在井巷两帮、底板和支架等处的矿尘称为落尘。浮尘在空气中飞扬的时间受矿尘粒度、形状、重量以及空气温度、湿度、风速的影响。浮尘与落尘在一定条件下可相互转化，当降低巷道内的湿度或加大巷道内风速时，一部分落尘可以转化为浮尘；当增加巷道内的湿度或减小巷道内风速时，浮尘也可以转化为落尘。

2. 矿尘的粒度

矿尘颗粒的大小叫矿尘的粒度，用微米（μm）表示。

煤岩破碎成微细颗粒后，其表面积增大，化学活性、溶解性和吸附能力明显增强，并且更容易悬浮在空气中。因此，矿尘颗粒的大小决定了其可见性和运动规律。

粒度大于10 μm的矿尘，在明亮环境里肉眼可见，称可见矿尘，在静止空气中可加速下降，如常见的灰尘等。

粒度为0.25~10 μm的矿尘，用普通显微镜可观察到，称显微矿尘，在静止空气中等速下降。由此引起的空气污染我们称之为尘雾。

粒度小于0.25 μm的矿尘，在高倍数显微镜下才能观察到，称超显微矿尘，它在静止空气中不沉降，如气体分子热运动一样运动，我们称之为尘烟。

3. 矿尘分散度

各种粒度的矿尘占矿尘总量的百分比称为矿尘的分散度。微细颗粒多，占比例大时称高分散度；反之，就称低分散度。它的表示方法有质量法和数量法两种。我国矿尘分散度计量范围分为四级，分别为小于2 μm、2~5 μm、5~10 μm、大于10 μm。

由于小于5 μm的矿尘能随呼吸气流进入人体肺部，因此称为呼吸性矿尘。据调查，此类矿尘占80%以上，其飞扬时间长，捕获难度大，进入人体肺部能导致尘肺病的发生，危害程度大，是防尘工作的重点。

环境保护中我们常说的PM2.5，就是指大气中粒度大于2.5 μm的粉尘浓度。其中：0~50 $\mu g/m^3$ 为Ⅰ级（优）；51~100 $\mu g/m^3$ 为Ⅱ级（良）；101~200 $\mu g/m^3$ 为Ⅲ级（轻度污染），长期在该环境下易感人群症状有轻度加剧，健康人群出现刺激症状；201~300 $\mu g/m^3$ 为Ⅳ级（中度污染），一定时间接触，心脏病和肺病患者症状显著加剧，健康人群中普遍出现症状；超过 300 mg/m^3 为Ⅴ级（重度污染），健康人运动耐受力降低，有明显强烈症状，提前出现某些疾病。

经实测，多人闭门抽烟时，PM 值可达 800 以上；口中吐出的烟雾，PM 值可达 1200 以上。

4. 矿尘浓度

单位体积矿井空气中所含浮尘的量称为矿尘浓度，其表示方法有质量法和计数法两种。每立方米空气中所含矿尘的毫克数称质量法，单位为 mg/m^3；每立方厘米空气中所含矿尘的粒数称计数法，单位为粒/cm^3。

我国规定的矿尘浓度标准为质量法，计数法用于计算矿尘分散度和科研等。

矿尘浓度的大小直接影响矿尘危害的严重程度，是衡量作业环境劳动卫生状况好坏和评价防尘效果的重要指标。《煤矿安全规程》规定，作业场所的粉尘浓度，井下每个月测定二次，地面及露天矿每个月测定一次。工班个体呼吸性粉尘浓度，采掘工作面每 3 个月测定一次，其他工作面或作业场所每 6 个月测定一次。定点呼吸性粉尘浓度每月测定一次。

作业场所空气中矿尘（矿尘总量、呼吸性矿尘）浓度应符合表 3－1 的规定。

表 3－1　作业场所空气中矿尘浓度标准

矿尘中游离二氧化硅含量/%	最高允许浓度/(mg · m^{-3})	
	矿尘总量	呼吸性矿尘
<10	10	3.5
10～50	2	1
50～80	2	0.5
≥80	2	0.3

5. 矿尘沉积量和煤尘堆积

矿尘沉积量是指单位时间内在巷道表面单位面积上所沉积的矿尘量，单位为 g/(m^2 · d)。这一指标用来表示巷道中沉积矿尘的强度，是确定防尘措施和撒布岩粉周期的重要依据。

煤尘堆积是指井下巷道有厚度超过 2 mm，连续长度超过 5 m 的现象。当巷道有大量煤尘堆积，若遇冲击就会扬起，瞬间达到爆炸浓度。

6. 矿尘的湿润性

矿尘的湿润性是指矿尘微粒与水分子的亲和能力，也称吸湿性。根据湿润性可将矿尘分为容易湿润的矿尘（亲水性矿尘）和不容易湿润的矿尘（疏水性矿尘）。由于物质“相近相亲，相远相疏”，即极性分子亲极性液体而疏非极性液体，非极性分子亲非极性液体而疏极性液体，由于水是极性的，一般情况下，极性的岩尘属于亲水性矿尘，而非极性的煤尘属于疏水性矿尘。亲水性矿尘易被湿润，湿润后增加了尘粒的直径和重力使其沉降速度加快，将其从气流中分离出来，达到除尘目的。对于疏水性矿尘，为提高湿润效果，在煤层注水和喷雾降尘时，可采用在水中添加湿润剂，降低其表面张力，或增大水滴的动能等方法来加强水与矿尘的结合能力提高除尘效果。

二、矿尘来源及影响因素

1. 煤层赋存条件

煤层赋存条件对矿尘的产生有明显的影响，一般来说，煤层的倾角越大、厚度越厚，开采时越易破碎，产尘量越大。同时，在地质构造附近，煤层遭到不同程度的破坏，且破坏越严重，开采时产尘量越大。

2. 机械化程度与作业方式

采、掘工作面产生矿尘量最多，机械化程度和作业方式对产尘量的影响十分显著。机械化程度越高，产生的粉尘量越大。如干式凿岩时，空气中含尘量可达 800 ~ 1400 mg/m^3；炮采工作面干式爆破时，粉尘量可达 300 ~ 500 mg/m^3；综合机械化采煤工作面干式割煤时，粉尘浓度可高达 4000 ~ 8000 mg/m^3。

3. 采煤方法

不同的采煤方法产尘量差异很大。如工作面水力采煤产尘量明显小于旱采；急倾斜煤层倒台阶采煤法比水平分层的采煤法产尘量要大；全部垮落法管理顶板要比充填法管理顶板产尘量要大。

同时采掘机械截齿的形状及截齿距、切割速度与截深、牵引速度等，不仅直接影响粉尘产生的多少，而且影响粉尘的分散度。

4. 环境气候条件

环境气候条件指作业场所的温度、湿度和风速的综合作用。作业场所的温度越高，湿度越低，风速越大，则粉尘的飞扬性越强，浮尘的浓度越大；否则相反。从防尘角度说，作业地点要有足够的风量以稀释粉尘，同时又要避免风速过高使落尘二次飞扬。

同时，通风方式对粉尘浓度有一定的影响。作业地点分区通风，且风量足够、风速适宜，粉尘浓度就低；串联通风，且风量不足和风速过低时，粉尘浓度就高。

三、矿尘危害

（1）煤尘爆炸。具有爆炸危险的煤尘达到一定浓度时，在引爆热源的作用下，可以发生猛烈爆炸，造成井下人员伤亡，摧毁工作面及生产设备。

（2）粉尘的职业危害。在煤矿井下粉尘污染的作业场所长期工作，吸入大量的粉尘后可患尘肺病。尘肺病是矿山的一种既普遍又严重的职业危害，一旦患病很难治愈，我国煤炭工业的粉尘职业危害居各大行业之首。据统计，目前我国煤矿尘肺病患者逾 60 万人，且以每年 4000 ~ 5000 人的速度递增，且发病率呈上升趋势，每年因尘肺病死亡的人数为煤矿工伤死亡人数的 5 倍以上，且发病和死亡趋于年轻化。煤矿尘肺病每年造成的直接经济损失达数十亿元，已经成为严重的社会问题。

（3）加速机械磨损减少其使用寿命。随着矿山机械化、电气化、自动化程度的不断提高，矿尘对设备性能及其使用寿命的影响将会越来越突出，应引起高度重视。

（4）污染作业环境，降低工作场所能见度，使工伤事故增加。在某些综合机械化采煤工作面作业过程中，在没有有效防尘措施时，工作面煤尘浓度高达 4000 mg/m^3 以上。这种情况下，工作面能见度极低，往往会产生误操作，造成人员的意外伤亡。

第二节　煤矿尘肺病

一、煤矿尘肺病

长期从事井下作业，矿尘随呼吸进入肺部，肺部积存一定量矿尘后，引起肺部组织的纤维性病变，使呼吸系统受到损害的疾病称为尘肺病。

1. 尘肺病分类

按吸入肺部粉尘的种类，尘肺病可分为硅肺病、煤肺病和煤硅肺病三类。

（1）硅肺病是由于吸入大量的含游离二氧化硅的岩尘引起，多数发病为岩巷掘进工人。硅肺病发病快，发病率高，发病工龄短，病变速度进展快，是煤矿尘肺病中最严重的一类。硅肺病占尘肺病的20%～30%，发病工龄一般在10年以上。

（2）煤肺病是由于吸入大量煤尘引起，患者主要是采煤工、煤巷掘进工、煤仓装卸工以及选煤厂工人等。煤肺病发病较慢，发病率低，发病工龄较长，一般为20～30年。煤肺病患者较少，占尘肺病的5%～10%。

（3）煤硅肺病是由于吸入大量的煤尘和岩尘引起，发病多为采、掘交替作业者，是尘肺病中常见的一类。煤硅肺病发病率高，发病工龄介于硅肺病和煤肺病之间，煤硅肺病患者占尘肺病的60%～75%。

2. 尘肺病的分期

确定尘肺病的主要依据为职业史和X光片，根据病情严重程度划分为三期。明显表现主要如下：

（1）一期尘肺病。重体力劳动时气喘，略有胸闷和干咳症状，部分患者肺通气功能有轻度障碍。

（2）二期尘肺病。在中等体力劳动时呼吸困难，且有咳嗽和胸闷等症状，多数患者肺通气功能有中度障碍。

（3）三期尘肺病。有轻重不同的症状，重者全身衰弱，有显著的心肺功能障碍，甚至在静止时也感到呼吸困难，有胸痛以及咳嗽等症状，行动困难。

长期从事煤矿工作，当身体有上述明显不适时，应到医院或职业病防治单位检查。

二、影响尘肺病的发病因素

（1）矿尘中游离的二氧化硅含量。矿尘中游离的二氧化硅含量越多，发病工龄越短，发病越严重。游离二氧化硅进入肺部后，与水结合为硅酸，毒化肺组织使其纤维化，是导致硅肺病的主要原因之一。矿尘中二氧化硅含量达80%～90%时，若矿尘浓度高，1～2年内可患尘肺病。

井下经常接触的矿尘中二氧化硅含量如下：砂岩为33%～76%；砂质页岩为47%～53%；泥质页岩为2.6%～26%；石灰岩小于10%；煤小于5%。

（2）矿尘分散度。吸入的矿尘分散度越高，越易患尘肺病。矿尘粒度过大时，可被呼吸系统阻留排出，过小可随呼吸气流排出。沉积于肺部的矿尘主要是1～2 μm的矿尘。

（3）矿尘浓度。矿尘浓度越高，吸入肺部的越多，越易患尘肺病。在含尘量1000

mg/m^3 的环境中工作 1 ~ 3 年可致病。

（4）接触矿尘时间。从事井下作业时间越长，接触粉尘时间越长，吸入粉尘量越多，越易患尘肺病。据统计，十年以上工龄比十年以下工龄同工种发病率高出两倍。

（5）个体条件及防护。一般地，身体素质好、年轻，抵抗能力强，尘肺发病少，否则相反。同工种同作业地点的人员，注意个体防护者患病机会相对减少。

三、矿物混合物的危害度

为了表示矿物或几种矿物的混合物的危害程度，提出了粉尘特征数的概念，即利用钻粉中小于42 μm 的部分来计算粉尘特征数。将全部钻屑中各种矿物所占百分率乘以其危险性系数，其总和表示构成细钻粉的矿物混合物的危害性。用此值乘以钻屑中小于42 μm 的粉尘所占百分比，就得到了粉尘的特征数。粉尘特征数以200 为分界值，粉尘特征数越大危害性越大。不同矿物的危险系数见表 3 – 2。

表 3 – 2　不同矿物的危险系数

矿　物		系　数	矿　物	系　数
石英		1.0	黏土	0.2
长石		0.7	金属矿石、煤	0.2
绢云母	二氧化硅>25%	0.7	碳酸盐类（$CaCO_3$ 除外）	0.1
	二氧化硅<25%	0.5	碳酸钙（$CaCO_3$）	0.0
	不含二氧化硅	0.5		

除上述方法外，还可用作业点粉尘浓度中各种矿物所占比例表示其特征数等。

第三节　矿　尘　测　定

矿尘测定是以科学的方法对生产环境空气中粉尘的含量及其物理化学性能进行测定、分析和检查的工作。《煤矿安全规程》规定，煤矿企业必须按照国家规定对生产性粉尘进行监测。测定的内容包括粉尘浓度、粉尘分散度、游离的二氧化硅含量、粉尘沉积速度等。

一、矿山粉尘浓度测定

国家标准规定，井下每个测尘点的矿尘浓度每月测定两次。采掘工作面每个月应进行一次全工作班连续粉尘测定。采掘工作面回风流应安设粉尘浓度传感器进行防尘浓度的连续监测。使用的粉尘测定仪器仪表必须有计量检验合格证。我国煤矿的粉尘浓度测定采用质量浓度，常规的矿尘浓度测量方法有滤膜采样测尘法和快速直读测尘仪法两种。

1. 滤膜采样测尘

滤膜测尘原理是用粉尘采样器（或呼吸性粉尘采样器）抽取采集一定体积的含尘空

气，含尘空气通过滤膜时，粉尘被捕集在滤膜上，根据滤膜的增重计算粉尘浓度。粉尘采样器采尘原理如图 3-1 所示。

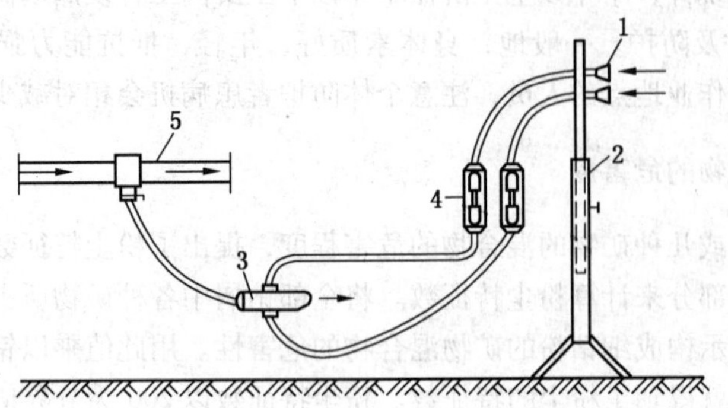

1—采样头；2—采样头固定架；3—引射器；4—流量计；5—压气管

图 3-1　压气采样示意图

滤膜测尘法一般使用 AFQ-20A 型粉尘采样仪或 ACGT-1 型、ACGT-2 型等粉尘采样仪采样，仪器主要由滤膜、滤膜采样头、抽气装置、流量计等组成。AFQ-20A 型粉尘采样仪外形如图 3-2 所示。

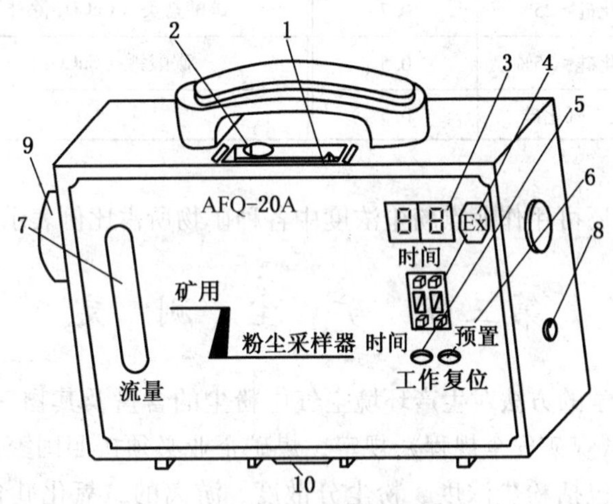

1—电源开关；2—流量调节电位器；3—时间显示；4—时间预置；5—工作按钮；6—复位按钮；7—流量计；8—充电插座；9—捕集器连接器；10—三脚架固定螺母

图 3-2　AFQ-20A 型粉尘采样仪

采样时间视抽气量和矿尘浓度而定，要使滤膜矿尘不少于 1 mg，也不大于 20 mg，一般一个样品采集 15 min，且采集两次。取两个合格样品计算结果的平均值为测定结果。

采样后取出滤膜夹，使受尘面向上，置于样品盒中，并记录。记录内容包括：采样日期、地点、样品编号、流量、时间、作业性质、尘源特点、防尘措施等。

煤矿井下不同作业地点粉尘测点布置见表 3-3。

表3-3 煤矿井上下作业场所测尘地点的选择和布置要求

类别	生产工艺	测尘点布置
采煤工作面	采煤机割煤	采煤机回风侧10~15 m、司机工作地点
	移架	司机工作地点
	放顶煤	司机工作地点
	风镐落煤、手工落煤及人工攉煤	一人作业，在其回风侧3 m处；多人作业，在最后一人回风侧3 m处
	工作面巷道钻机钻孔	打钻地点回风侧3~5 m处
	电煤钻打眼	操作人员回风侧3~5 m处
	回柱放顶移刮板输送机	作业人员工作范围
	薄煤层工作面风镐和手工落煤	作业人员回风侧3~5 m处
	薄煤层刨煤机落煤	工作面作业人员回风侧3~5 m处
	刨煤机司机操作刨煤机	司机工作地点
	倒台阶工作面风镐落煤	作业人员回风侧3~5 m处
	掩护支架工作面风镐落煤	作业人员回风侧3~5 m处
	工作面多工序同时作业	回风巷内距工作面端头10~15 m处
	采煤工作面爆破作业	爆破后工人进入工作面开始作业前在工人作业地点
	带式输送机作业	转载点回风侧5~10 m
	工作面回风巷	距工作面端头15~20 m
掘进工作面	掘进机作业	机组后4~5 m处的回风侧、司机工作地点
	机械装岩	在未安设风筒的巷道一侧，距装岩机4~5 m处的回风流中
	人工装岩	在未安设风筒的巷道一侧，距矿车4~5 m处的回风流中
	风钻钻眼、电煤钻钻眼	距作业地点4~5 m处巷道中部
	钻眼与装岩机同时作业	装岩机回风侧3~5 m处巷道中部
	砌碹	在作业人员活动范围内
	抽出式通风	在工作面产尘点与除尘器捕罩之间，粉尘扩散得较均匀地区的呼吸带范围
	切割联络眼	在作业人员活动范围内
	刷帮、挑顶、拉底	距作业地点回风侧4~5 m处
	工作面爆破作业	爆破后工人进入工作面开始作业前的地点
锚喷	钻眼作业	工人操作地点回风侧5~10 m处
	打锚杆作业	工人操作地点回风侧5~10 m处
	喷浆	工人操作地点回风侧5~10 m处
	搅拌上料	工人操作地点回风侧5~10 m处
	装卸料	工人操作点回风侧5~10 m处
	带式输送机作业	转载点回风侧5~10 m处

表3-3（续）

类别	生产工艺	测尘点布置
转载点	刮板输送机	距两台输送机转载点回风侧5~10 m处
	带式输送机作业	距两台输送机转载点回风侧5~10 m处
	装煤（岩）点及翻罐笼	尘源回风侧5~10 m处
	翻罐笼及溜煤口司机进行翻罐笼和放煤作业	司机工作地点
	人工装卸材料	作业人员工作地点
井下其他场所	地质刻槽	作业人员回风侧3~5 m处
	巷道内维修作业	作业人员回风侧3~5 m处
	材料库、配电室、水泵房、机修硐室等处工人作业	作业人员活动范围内

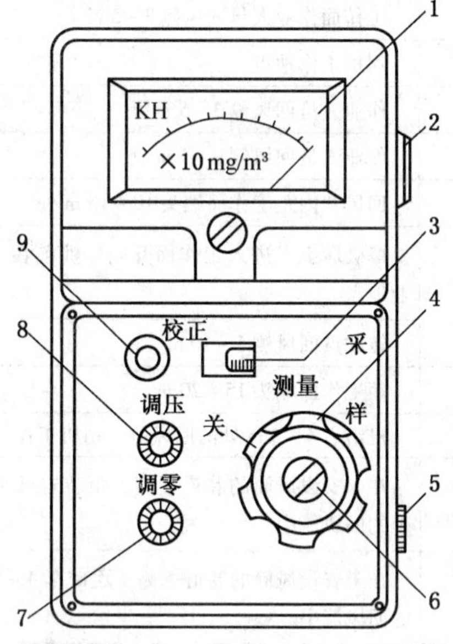

1—指示电表；2—采样口；3—量程开关；4—测量旋钮；5—充电口；6—卷纸旋钮；7—零件旋钮；8—调压旋钮；9—校正开关

图3-3　ACG-1型光电煤尘测定仪面板外形

2. 快速直读测尘仪

为了满足实际工作的需要，各国研制开发了可以立即获得粉尘浓度的快速测定仪。下面就我国煤矿目前使用较广泛的快速直读测尘仪介绍如下。

ACG-1型光电煤尘测定仪，是一种便携式快速煤尘测定仪，如图3-3所示。仪器主要包括测量、采样、电路三部分，由微电机、薄膜泵、稳流室、硅光电池和时控电路等构成，仪器采用本质安全型电路，同时具有快速直读、操作简便、质量轻、携带方便等优点。适用于采煤工作面、回风巷道等处测定浮游煤尘的浓度。

GH100型快速直读测尘仪内部装有一个低能量的β射线源，利用β射线穿过含尘过滤膜被吸收，使其能量和数量发生衰减的原理进行测尘。

GH100型直读式矿尘测定仪外形如图3-4所示，由探测系统、电源系统、单片机系统、采样头和流量控制系统组成。

ACH-1呼吸性粉尘测定仪是以β射线吸收法为原理设计的粉尘浓度测量仪器，该仪器具有粒度分级装置，可直接测定呼吸性粉尘的浓度，能准确、及时地反映接触粉尘人员吸入的呼吸性粉尘质量和不同粉尘作业场所中粉尘的污染状况。该系列目前有ACH-1型和ACH-2型两种。前者用于测定井下的石灰岩、砂岩、页岩及煤四大类呼吸性粉尘浓度；后者专门用于测定井下或地面的呼吸性水泥粉尘浓度（原名锚喷水泥粉尘测定仪）。

ALJH-1型呼吸性粉尘连续检测仪是将现代光散射技术应用于快速测尘，并与经典的滤膜质量法有机结合，能够长时间连续检测、存储、回放处理平均粉尘浓度及瞬时粉尘浓度的变化数据，可为分析作业场所产尘原因和综合治理粉尘提供可靠数据，对作业环境进行卫生学评价。该仪器能连续稳定地测量呼吸性粉尘浓度，同时将粉尘浓度变化信息存储

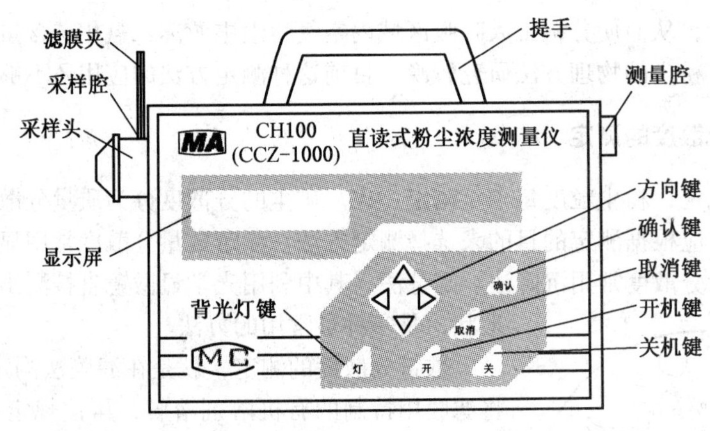

图 3－4　GH100 型直读式矿尘测定仪

起来。它是目前国内外公认的一种先进的测尘仪器。

3. 矿尘连续监测系统简介

随着计算机和网络信息传输技术的不断普及应用，煤矿矿尘测定由单机分散测尘走向集中监测和连续化系统监测，并将其纳入到全矿井安全集中监测系统的一个重要组成部分。

矿尘连续监测系统由井下监测固定机、携带机和井下数据存储器、收发送装置、地面控制中心等组成。在井下有人工作区设置固定监测单机，测定的数值能自动储存并能通过光纤维（或电缆）将信号传输给井下数据储存器，并由储存器传输给地面微机控制中心进行数据处理。计算机将处理后的数据直接显示、记录，并绘制成曲线或打印输出。井下的携带机测定矿尘数值也可通过井下流动监测仪数据发送设备传送到地面控制中心。同时，控制中心可根据情况，发布指令操纵井下或地面有关设备的运行，从而达到遥测遥控的目的。由于采用光纤维传送，因而既防爆，又可防止因井下潮湿或有害气体腐蚀等影响而造成的数据丢失及错误传送，保证了测定数据的准确可靠。目前矿尘连续监测系统正处在从研制到应用的发展时期。

二、粉尘中游离二氧化硅的测定

《煤矿安全规程》规定，粉尘中游离二氧化硅的含量，每 6 个月测定一次。在变更工作面时也必须同时测定 1 次。矿尘中游离二氧化硅含量的测定方法有化学法（如焦磷酸质量法、碱熔钼蓝比色法等）和物理法（如 X 射线衍射法、红外分光光度法等）两大类。目前，粉尘中游离二氧化硅含量的分析，已从传统的化学方法向物理方法转变。

目前，我国对二氧化硅含量的分析有些地方仍采用传统的焦磷酸法。该方法是根据焦磷酸在 245～250 ℃的温度下，能溶解硅酸盐及金属氧化物，对于游离二氧化硅几乎不溶解这一原理测定的。用焦磷酸处理粉尘试样后，所得残渣的质量经干燥等处理后，即为游离二氧化硅的量，以百分比表示。为了求得更精确的结果，可将残渣再用氢氟酸处理，经过这一过程所减轻的质量则为游离二氧化硅的含量。

红外分光光度法和 X 射线衍射法不仅使分析精度、准确度大大提高，而且使样品的需要量大为减少，从而使分析工人呼吸区域内空气粉尘中游离二氧化硅含量成为可能。但是，由于我国对粉尘的物理方法研究较晚，目前这种测定方法的应用还不够普及。

三、矿尘分散度的测定

国家标准规定，粉尘粒度每半年测定一次。矿尘的分散度分为质量分散度和数量分散度两类，测定时应根据测定的目的来选择测定方法。测定数量分散度常用显微镜法、光散射法；测定质量分散度常用沉降法、筛分法。其中利用光学显微镜直接测出矿尘的尺寸和形状，是一种最常用的方法。

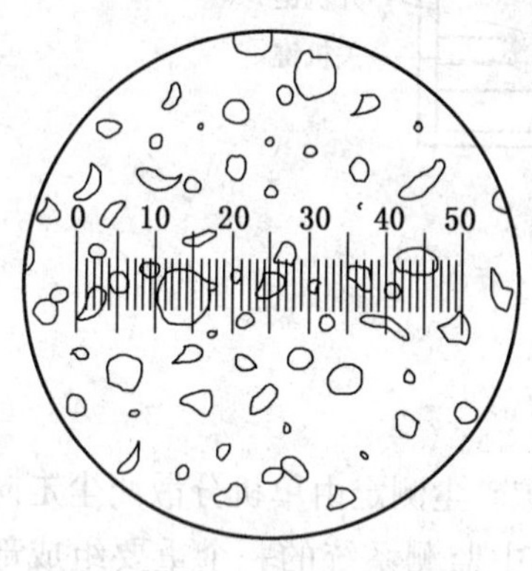

图3－5　分散度测定示意图

数量分散度的测定，就是在滤膜法测定矿尘浓度后，将滤膜用特制的有机溶剂溶解，再按规定的方法制成载物玻璃片样品，放于400～600倍显微镜的载物台上，用目镜测微尺测量尘粒的定向粒径即可，如图3－5所示。

对于尘粒数量少的试样，每一粒都应该量到。尘粒数量多时，需测200粒以上。测量的结果按分散度的分级计算方法，计算出其百分比。

值得注意的是，以上的测定方法只能在实验室完成，即在作业场所采集尘样后，在实验室使用专门的仪器分析定量。这些方法尘样处理时间比较长，不能立即得到结果。光散射粒子计数器的出现，使作业场所粉尘分散度直读成为了现实。

空气中的微粒在光的照射下会发生散射，这种现象叫光散射。光散射和微粒大小、光波波长、微粒折射率及微粒对光的吸收特性等因素有关。但是就散射光强度和微粒大小而言，有一个基本规律，就是微粒散射光的强度随微粒的表面积增加而增大。这样只要测定散射光的强度就可推知微粒的大小，这就是光散射式粒子计数器的基本原理。目前，光散射式粒子计数器可测量的尘粒粒径为0.1～10 μm，凝聚核式的尘埃粒子计数器可测量粒径更小的尘埃粒子。

第四节　煤　尘　爆　炸

一、煤尘爆炸的原因及过程

（一）煤尘爆炸的原因

自然界有很多固体物质在常态下很难燃烧和爆炸，但碎成粉末后就成了易燃易爆物品，如煤、铝、硫等。这是由于：①煤炭破碎成尘粒时表面积增加，与氧气接触机会增大，其氧化速度加快；②煤尘受热后可产生大量的可燃气体，这些可燃气体遇高温易燃易爆；如1 kg挥发分在20%～26%的焦煤受热后可产生290～350 dm^3的可燃气体，这些可燃气体和空气混合后促使强烈氧化燃烧，当生成热量速度大于放热速度时，造成热量积聚，并发展成为爆炸。

（二）煤尘爆炸条件

（1）煤尘具有爆炸性。变质程度弱的煤爆炸性强，变质程度高的煤爆炸性弱，甚至没有爆炸性。

（2）煤尘悬浮在空气中且达到一定浓度。由实验知，即使爆炸性很强的煤尘堆积时一般也不爆炸，只有扬起且达到一定浓度才爆炸。我国煤尘爆炸下限浓度为45 g/m^3，上限浓度为1500～2000 g/m^3，爆炸威力最强的浓度为300～400 g/m^3。

（3）充足的氧气。煤尘爆炸是氧化反应，氧气浓度降低，爆炸性减弱，低于17%时失去爆炸性。

（4）具有引燃热源。经实验，煤尘的点燃温度一般为610～1050 ℃。因此，违章爆破火焰、电气火花、摩擦与撞击火花、矿井内外因火灾、瓦斯燃烧或爆炸等热源都可引起煤尘爆炸。

（三）煤尘爆炸特征

煤尘爆炸具有显著的特征，如“黏焦”、传导型爆炸和高浓度的有害气体等。这些特征对于我们找到爆源，分析事故发生的原因，采取有针对性的防范措施具有一定的意义。

1. 煤尘爆炸标志性产物——“黏焦”

煤尘中具有不燃物，煤尘参与爆炸后挥发分减少，煤尘被焦化成特有产物——“黏焦”，黏附于支架、巷壁、煤壁上，如图3－6所示。这是煤尘爆炸区别于瓦斯爆炸的重要标志。我们可以根据“黏焦”的分布，找到爆源的位置，查出事故发生的原因，分析爆炸的强弱。一般规律：当爆炸强度弱，爆炸冲击波传播速度慢时，“黏焦”在支柱两侧，但迎风侧较密；当爆炸强度中等，爆炸冲击波传播速度较快时，“黏焦”在支柱迎风侧；当爆炸强度很大，爆炸波传播速度极快时，“黏焦”在支柱背风侧，迎风侧有火烧痕迹。当矿井发生瓦斯爆炸时，往往有煤尘的参与，只是参与的程度不同而已，分析事故时应综合考虑。同时，只有气煤、肥煤、焦煤等黏结性煤尘爆炸，才会产生“黏焦”。

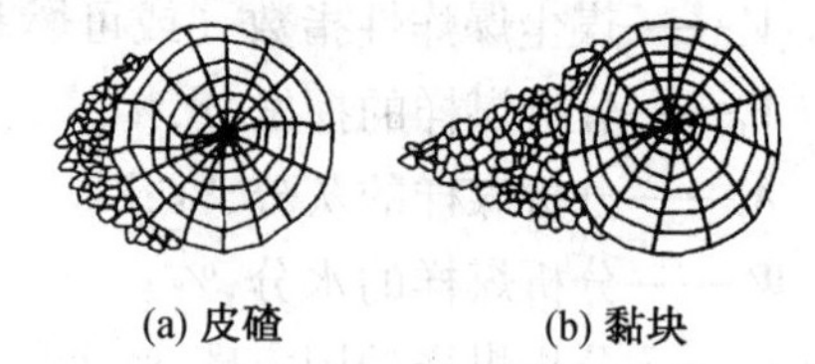

图3－6 煤尘爆炸的标志——“黏焦”示意图

2. 产生大量一氧化碳

煤尘爆炸时能产生大量一氧化碳，灾区空气中一般为2%～3%，有时甚至高达10%以上，呼吸一口就可死亡。如对煤尘爆炸气体组分实测，一氧化碳浓度为8.15%，二氧化碳浓度为11.25%，氧气浓度仅为1.15%，这是造成大量人员中毒伤亡的重要原因。统计资料表明，在发生煤尘爆炸时，80%以上的死者是一氧化碳中毒所致。

3. 发生连续爆炸

煤尘爆炸冲击波最高可达2340 m/s。当井下有大量煤尘沉积时，冲击波将巷道中沉积的煤尘扬起参与爆炸，成为新的爆源，形成多处炸点，且威力越来越大，破坏也越来越严重，甚至摧毁整个矿井。

此外，煤尘爆炸时，煤尘的成分、空气中的碳氢比等与瓦斯爆炸也不同。但这些不同只有用专门的仪器测定分析。

二、煤尘爆炸的影响因素

1. 煤的成分

这是指煤的固有物理化学性质，如煤的挥发分、煤的固定碳、煤的水分、煤的灰分等，以煤的挥发分影响最为显著。

（1）挥发分。将煤隔绝空气，在一定高温下加热一定时间，由煤中分解出的气体、液体产物，减去其中所含水分的量，即为挥发分。挥发分与煤的变质程度有关，变质程度越高，挥发分越小。变质程度越低，挥发分越高。如低变质程度的长焰煤、气煤挥发分高；而高变质的无烟煤、贫煤挥发分低。我国煤种的挥发分：无烟煤小于10%；贫煤为10% ~15%；焦煤、肥煤为15% ~28%；气煤、长焰煤、褐煤大于28%。

煤的挥发分越高，其爆炸性越强，否则相反。因此，常用煤的挥发分指数作为爆炸性指数，即

$$V_r = \frac{V_f}{100 - A_f - W_f} \times 100\%$$

或

$$V_r = \frac{V_f}{V_f + C_f} \times 100\%$$

式中 V_r——煤尘爆炸性指数（或可燃基挥发分指数），%；

V_f——分析煤样的挥发分，%；

A_f——分析煤样的灰分，%；

W_f——分析煤样的水分，%；

C_f——分析煤样的固定碳，%。

一般地，$V_r > 10\%$ 的煤尘，属于爆炸性的煤尘，且挥发分指数越高，爆炸强度越强烈，爆炸下限越低。$V_r < 10\%$ 的煤尘，属于无爆炸性的煤尘。煤尘爆炸性指数与爆炸强度间关系为见表3－4。

表3－4　煤尘爆炸性指数与爆炸强度间关系

煤尘爆炸指数 V_r	10%以下	10% ~15%	15% ~28%	28%以上
煤尘的爆炸性	一般不爆炸	爆炸性弱	爆炸性强	爆炸性强烈

但是，煤的成分十分复杂，影响因素很多。因此，V_r 可判断煤尘爆炸性强弱，但不是判断煤尘爆炸性的唯一依据。煤尘是否有爆炸性，要进行其爆炸性试验后才能确定。如四川松澡二井 $V_r = 15.92\%$，但实验煤尘无爆炸性；萍乡青山矿 $V_r = 9.05\%$，但实验煤尘有爆炸性。因此，《煤矿安全规程》规定，煤尘是否具有爆炸性，必须进行煤尘爆炸性鉴定。经煤尘爆炸性鉴定，我国80%的煤矿所开采的煤层具有煤层爆炸危险。

（2）煤中的灰分。煤中灰分是不燃物，能吸热降温阻燃，因此灰分的增加可减弱其爆炸性。实验证明：$A_f < 20\%$ 时，对煤尘爆炸性影响不大；$A_f > 40\%$ 时，煤尘爆炸性显著减弱；$A_f \geqslant 60\% \sim 70\%$ 时，煤尘失去爆炸性。因此，可用在巷道中架设岩粉棚、撒布岩粉的方法阻止煤尘参与爆炸，限制爆炸范围扩大。同时，煤尘中灰分增加，粉尘比重加大，在空气中沉降速度加快。

（3）煤尘中的水分。水分可吸热降温，同时水分蒸发成蒸汽时可降低空气中氧含量，还能使煤尘湿润凝结，降低飞扬性。因此，煤尘中水分增加可降低煤尘的爆炸性。但是，煤尘中水分较低时对抑制和减弱煤尘爆炸的作用是有限的，水分为25%的稠泥状煤尘仍

可参与爆炸，同时煤中原始水分一般都小于10%。

2. 煤尘浓度

煤尘只有达到一定浓度才能爆炸。经试验，煤尘爆炸下限浓度为45 g/m³。当作业环境中煤尘浓度达到2 g/m³时感到呛人；达到3～5 g/m³时感到呼吸困难；大于10 g/m³时伸手难辨五指。显然，矿井正常情况下，煤尘达到爆炸浓度是不常有的。但是，当巷道存在大量煤尘沉积时，若受到震动、冲击重新扬起时，就可达到爆炸下限。因此，沉积煤尘是煤尘爆炸的最大隐患。

3. 煤尘粒度

粒度小于1 mm的煤尘都可参与爆炸，但爆炸主体是75 μm以下的煤尘，特别是30～75 μm的煤尘爆炸性最强。当煤尘粒度小于10 μm时，煤尘在空气中很快会被氧化成灰尘成惰性物质，其爆炸性明显减弱。

4. 煤尘的分布

煤尘在巷道内的分布状态，对煤尘爆炸也有一定的影响。如沉积在棚顶的煤尘较沉积在底板的煤尘容易扬起，其危险性也大。

5. 矿井瓦斯

瓦斯具有爆炸性，瓦斯的存在可使煤尘爆炸界限扩大，且瓦斯浓度越高，爆炸下限越低。瓦斯与煤尘共同存在相互补充使爆炸下限下降的关系如图3－7所示。理论上讲，瓦斯浓度每升高1%，煤尘爆炸下限下降12 g/m³，其关系见表3－7。

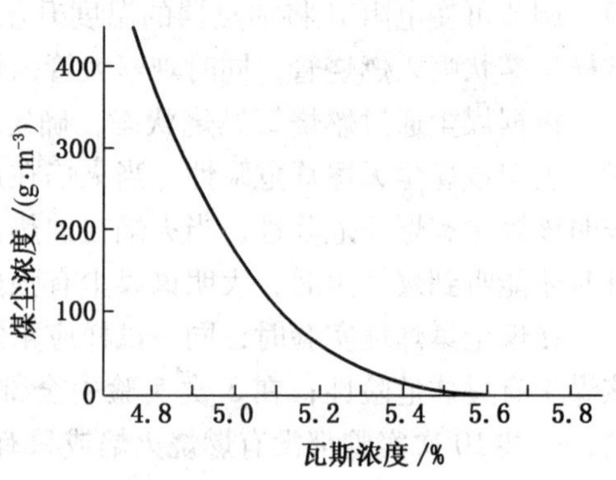

图3－7　瓦斯浓度与煤尘爆炸下限的关系

表3－5　瓦斯浓度对煤尘爆炸下限的影响

空气中的瓦斯浓度/%	0.5	1.4	2.5	3.5	4.5
煤尘爆炸下限/($g \cdot m^{-3}$)	34.5	26.5	15.5	6.4	6.1

挥发分高的煤尘，在没有瓦斯存在的条件下可单独爆炸；中等挥发分的煤尘，单独存在时不易爆炸，瓦斯爆炸时可引起这些煤尘爆炸。

6. 氧气浓度

氧气浓度低于17%时，煤尘失去爆炸性。但由于瓦斯爆炸的氧气下限浓度为12%，因此仍不能阻止爆炸的发生。《煤矿安全规程》规定，矿井空气中氧气浓度不得低于20%。因此，氧气浓度对煤尘爆炸的影响，正常情况下是无意义的。

7. 引火热源

一般认为煤尘的引火温度为700～800 ℃。引火温度越高，面积越大，其能量也越大，不仅易引燃煤尘，而且初始爆炸强度也越大。

煤层爆炸可释放大量热量，可使气体产物迅速加热到2300～2500 ℃，这是促使煤尘爆炸传播的一个主要原因。

8. 爆炸环境

爆炸空间的形状、面积、空间的变化、有无障碍、转弯等，对煤尘爆炸也有一定的影响。如有障碍时，爆炸冲击波受阻，爆炸压力增大。

三、煤尘爆炸性的鉴定

规程规定：新矿井的地质精查报告中，必须有所有煤层的煤尘爆炸性鉴定资料。生产矿井每延深一个新水平，应进行1次煤尘爆炸性试验工作。煤尘的爆炸性由国家授权单位进行鉴定，鉴定结果必须报煤矿安全监察机构备案。煤矿企业应根据鉴定结果采取相应的安全措施。

大管状煤尘爆炸性鉴定仪如图3－8所示，主要部件有燃烧管、加热器、试料管、打气装置、除尘系统等。试验时，将处理后的煤样称重1 g放在试料管中，接通加热器电源，调节可变电阻R将加热器的温度升至（1100±5）℃时，打开打气筒的开关，将煤尘试样呈雾状喷入燃烧管，同时观察大管内煤尘燃烧状态，最后开动风机排除烟雾。

根据煤尘通过燃烧管燃烧状态，确定其爆炸性：当只出现稀少火星或根本没有火星时，表明该煤尘无爆炸危险性；当火焰在加热器两端以连续或不连续的形式缓慢蔓延时，表明该煤尘有爆炸危险性；当火焰在加热器两端以极快的速度蔓延，甚至冲出燃烧管外，有时还能听到爆炸声时，表明该煤尘有强烈的爆炸危险性。

在煤尘爆炸性实验时，同一试样应重复实验5次，其中有一次出现燃烧火焰，就认定该煤尘有爆炸危险性；在5次实验中全部都没有出现火焰或只有稀少火星，必须重做5次，一共10次实验都没有燃烧火焰或只有稀少火星时，才能认定该煤尘为无爆炸危险的煤尘。

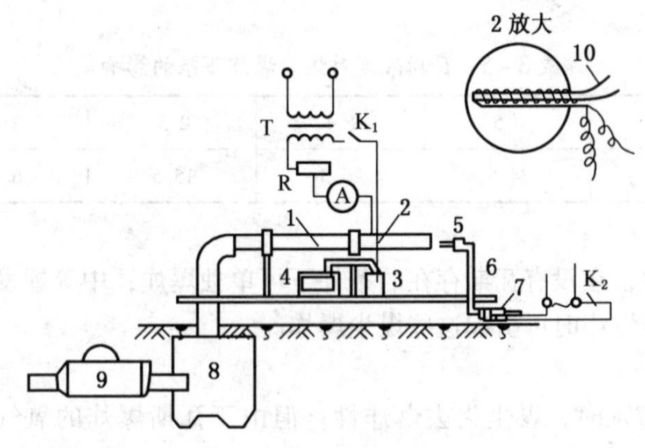

1—燃烧管；2—铂丝加热器；3—冷瓶；4—高温计；5—试料管；6—导管；7—电磁气筒；8—排尘箱；9—小风机；10—铂铑热电偶

图3－8 煤尘爆炸性鉴定示意图

煤尘爆炸的鉴定方法在国家标准《煤尘爆炸性鉴定规范》中作了具体的规定。矿井中只要有一个煤层的煤尘有爆炸危险，该矿井就应定为有煤尘爆炸危险的矿井，并严格按照有煤尘爆炸危险矿井的管理要求进行管理。我国具有煤尘爆炸危险的矿井普遍存在，国有重点煤矿中具有煤尘爆炸危险性的煤矿占87.4%，具有强烈爆炸危险的占60%以上，煤尘爆炸指数在45%以上的占16.3%。

第五节 矿井综合防尘措施

为了减少尘毒的危害，防止爆炸事故的发生，保证矿井安全生产，必须采取综合防尘措施。综合防尘措施主要包括减少煤尘生成量的措施、降尘除尘措施、煤尘爆炸的隔爆措施、个体防护措施、消除火源措施、防尘组织管理措施等。

在选择防尘措施时，必须最大限度地阻止粉尘的产生，尽量减少浮游粉尘的飞扬；将粉尘消灭在尘源地点，防止其飞扬进入风流中；使已经浮游的粉尘沉降下来，捕集起来；用足够的风量将粉尘稀释到《煤矿安全规程》规定浓度以下，并带出地面。同时又要防止风速过大使已沉积下来的粉尘再次飞扬。

一、减少煤尘生成量措施

（一）煤层注水

煤样测试原有水分 $W \leqslant 4\%$、孔隙率 $K \geqslant 4\%$、吸水性 $\delta \geqslant 1\%$ 和坚固性系数 $f \geqslant 0.4$ 时，该煤层为可注水煤层。煤层注水可注性应由国家认定的机构提供可注性报告。可注水煤层在煤层采掘之前，利用钻孔向煤层注入压力水，使其沿着煤层的层理、节理、裂隙向四周扩散，渗入煤体孔隙中，增加煤体水分，减少煤层开采时的粉尘生成量。

煤层注水可分为短孔注水、长孔注水、深孔注水和巷道钻孔注水。巷道钻孔注水用于邻近层注水，我国多采用短孔注水和长孔注水，尤其是以短孔注水多见。

1. 短钻孔注水

在采煤工作面采煤之前，垂直或斜交工作面打注水钻孔，如图3-9所示。钻孔孔径一般44~55 mm，深度一般为2~3.5 m，稍长于循环进度0.3 m，孔间距一般为1.5~2 m，封孔深度应保证注水过程中煤壁及钻孔不渗水、漏水或跑水。当采高小于1.8 m时，可打单排眼，注水孔布置在工作面的中部偏上的位置；当采高大于1.8 m时可布置三花眼。注水压力根据煤层硬度而定，以不泄水为原则，单孔注水总量使湿润煤体水分不小于1.5%，一般以煤壁“出汗”为标志。

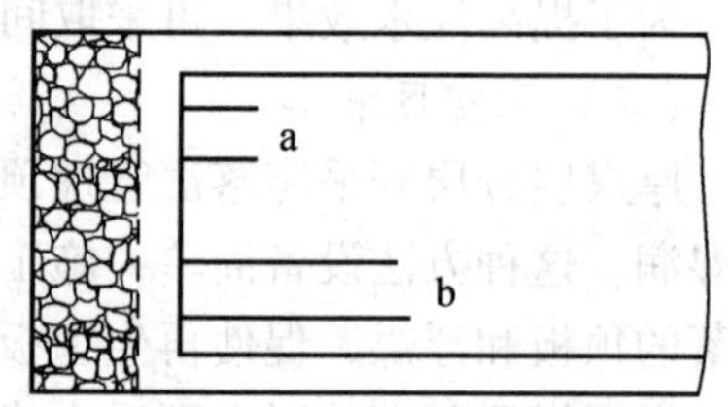

a—短孔注水；b—深孔注水

图3-9 短孔、深孔注水示意图

短钻孔注水是目前使用较为广泛的一种注水方式。短钻孔注水的特点：注水煤体处于卸压带，透水性强，不需要太高的注水压力，对地质条件适应性强。但注水与回采交叉，相互有干扰。

2. 深钻孔注水

深钻孔注水就是在工作面垂直煤壁打钻孔，孔深为采煤工作面的数个循环的进度，一般5~25 m。这种注水方式由于注水时间较长，湿润效果较好。但由于我国煤矿采煤工作面多采用正规循环作业方式，这种注水方式使用较少。

3. 长钻孔注水

长钻孔注水就是在采煤工作面进、回风巷内，超前工作面布置钻孔向煤体注水。钻孔孔径一般 44 ~ 60 mm，间距一般 10 ~ 25 m，孔深一般 30 ~ 100 m，可分为上向孔、下向孔和双向孔，当工作面长度大于 120 m，或煤层倾角变化较大时，可采用双向孔联合注水，双向孔底间距 1 ~ 3 m。钻孔布置方式、钻孔深度、钻孔间距根据煤层透水性、工作面长度、注水时间和压力、钻机性能以及煤层构造、倾角、厚度等综合考虑。

长钻孔注水具有注水时间长，湿润效果好，注水与回采相互干扰小等特点，但对煤层埋藏稳定性和钻机性能要求高，厚煤层综采放顶煤工作面多采用这种注水方式。

4. 煤层注水综合效果

煤层注水可分为动压注水和静压注水。动压注水就是利用水泵提供的压力向煤层注水，静压注水则是利用地面或上水平静水压力和井下管网向煤层注水。根据注水压力，可分为低压注水（注水压力小于 2.45 MPa）、中压注水（注水压力 2.45 ~ 7.84 MPa）和高压注水（注水压力大于 7.84 MPa），我国实际使用是注水压力一般不超过 14.7 MPa，其中大多数为中低压注水。

煤层注水量是影响煤体润湿程度和防尘效果的主要因素。一般地，中厚煤层注水量为 0.015 ~ 0.03 m^3/t，厚煤层为 0.025 ~ 0.04 m^3/t。动压注水速度一般为 0.002 ~ 0.24 $m^3/(h \cdot m)$，静压注水为 0.001 ~ 0.027 $m^3/(h \cdot m)$。注水时间以煤壁“出汗”为准。

煤层注水除具有良好的防尘效果外，还有有利于排放煤层瓦斯、预防冲击地压和有利于落煤等综合效果。因此，当煤层厚度大于 1.3 m，煤层顶板、倾角稳定，没有或有较小的走向断层，顶板吸水后不会影响生产，煤的孔隙率大于 4% 时，应优先采用长钻孔注水。对于缓倾斜煤层，厚度小于 1.3 m 或围岩有严重吸水膨胀性，或地质情况复杂，煤层倾角变化大，煤的孔隙率大于 4%，透水性极弱时，应采用短钻孔注水。

为了提高注水效果，可采取间歇注水、孔内震动爆破、水中加入润湿剂等措施。

（二）采空区灌水

厚煤层分层开采垮落法管理顶板时，可采用在上一分层采空区内灌水，对下一分层进行湿润。这种方法设备简单，施工方便，投资少，收效大。不但除尘效果好，同时可润湿冒落的顶板和浮煤，促使再生顶板的形成，改善作业环境，降低材料消耗。

根据煤层赋存情况和开采方式，采空区灌水的主要方法有在回风巷中铺设水管向采空区灌水、缓倾斜厚煤层在回风巷中布置超前钻孔灌水、急倾斜厚煤层水平分层采空区灌水、倾斜分层在回风巷中布置水窝灌水、水平厚煤层超前钻孔灌水等。

采空区灌水适用于煤层透水性好，有较长超前润湿期，厚煤层分层开采或近距离煤层分层开采等。如汾西水峪矿采煤工作面灌水后，日产量提高 56.8%，采出率提高 50%，坑木消耗下降 34.6%，冒顶次数下降 42.6%。

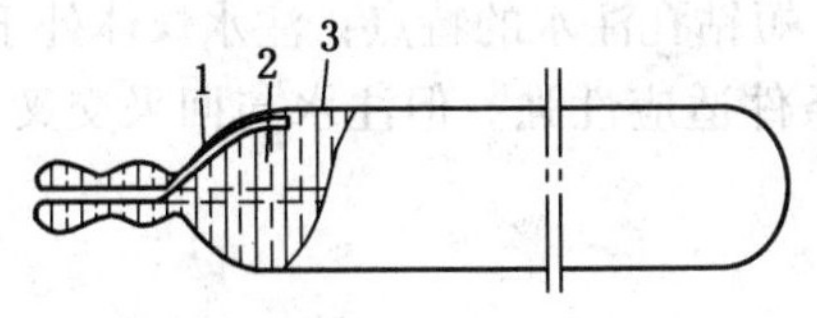

1—逆止阀注水后位置；2—逆止阀注水前位置；3—水

图 3-10　自动封口水炮泥

（三）水封爆破、水炮泥

水封爆破是借助炸药爆炸所产生的压力将水压入煤层使之湿润的一种降尘方法。水炮泥为自动封口塑料袋，容量为 200 ~ 250 mL，具有携带与使用方便等优点，目前在矿山中得到了广泛的应用，如图 3-10、图 3-11 所示。

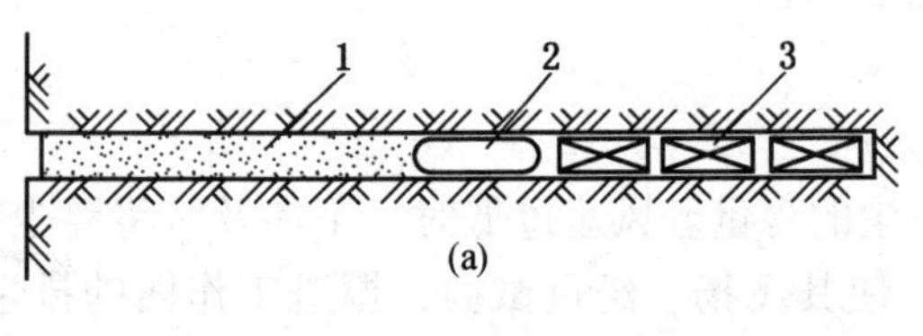

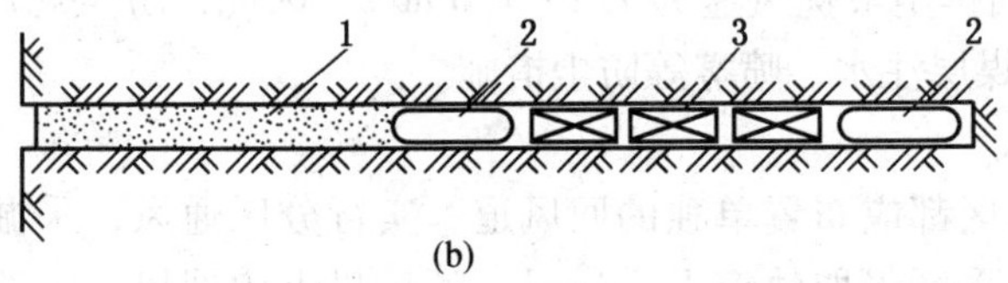

1—炮泥；2—水炮泥；3—炸药

图3-11　水炮泥布置示意图

爆破时，将一个或几个水泡泥装满水塞入炮眼，炸药爆炸时，高温高压气体一方面将水压入煤层使之湿润降尘，另一方面使其成为雾状，起到降尘、降温、净化空气的作用。据试验，用一个水炮泥降尘率可达41%～62%，用两个水炮泥降尘可达63%～74%；减少炮烟量可达70%左右；减少有害气体量可达37%～46%；同时具有降低爆温、消除炸药火焰、防止引燃瓦斯煤尘的作用。因此，《煤矿安全规程》规定，工作面回采、巷道开拓与掘进都必须采用水炮泥。

（四）选用适当的采煤方法和工艺

在选择采煤方法与工艺时，应选择产生矿尘量小的采煤方法和工艺，如：①有条件的矿井采用水采水掘；②尽量避免采用掘进率高的采煤方法，如短壁式、巷柱式；③减少炮眼数量；④减少爆破次数和炸药消耗量等。

（五）选用合理的采煤机

采煤机不合理的牵引速度和截割速度，不合理的截齿形状和切割方法，都有会使矿尘生成量增加。选择采掘机械时应注意以下问题：

（1）选用镐形截齿，加大刀头前倾角。

（2）加大截齿距，减少齿数。

（3）适当的截深。

（4）牵引速度和截割速度的最佳配合等。

（六）湿式打眼

该方法的实质是在凿岩和打钻过程中，将压力水通过凿岩机、钻杆送入并充满孔底，以湿润、冲洗和排出产生的矿尘。

湿式打眼除尘率可达90%左右，并能提高凿岩速度15%～25%。而且又可以预防由于钻杆过热引燃瓦斯等综合作用。因此，《煤矿安全规程》规定，在煤岩层中掘进与炮采，都必须湿式打眼。

二、降尘、除尘措施

即使十分完善的防尘措施，也不可避免的有粉尘产生飞扬。为了降低其危害，必须采取一定的措施把它沉降下来清除出去。

（一）通风除尘

1. 适宜的风速

风速直接影响空气中粉尘的含量。风速过低时，不能及时将浮尘带出排出作业场所；风速过高时，又可扬起落尘使其飞扬。经过试验，掘进工作面的排尘最优风速为 0.4 ~ 0.7 m/s，采煤工作面排尘最优风速为 1.2 ~ 1.6 m/s。因此，防尘规范要求：当风速大于 2.5 m/s 时，应加强煤层注水、喷雾等防尘措施。

2. 改变通风方式

每一个水平、采区都应布置单独的回风道，实行分区通风，采掘工作面都应独立通风。当条件允许时，采区采取轨道上山进风、运输机上山回风，工作面采用下行通风方式，使煤炭运输方向与风流方向一致，不仅可降低空气中的粉尘浓度，而且有利于降低温度和风流中瓦斯含量。

掘进工作面在条件许可时，采用抽出式通风、混合式通风或除尘风机等，可大大降低工作面的粉尘浓度。

3. 使用除尘风机

除尘装置分干式和湿式两大类，煤矿一般多用湿式除尘装置，且主要应用于掘进工作面除尘。目前煤矿常用的除尘器主要有 SCF 系列除尘风机、KGC 系列掘进机除尘器、TC 系列掘进机除尘器、MAD 系列风流净化器以及奥地利 AM－50 型和德国 SRM－330 型掘进除尘设备等。

近年来，我国成功研制出了湿式振弦栅除尘器和机载液动风机旋流除尘器等，已在试验中取得了良好的效果。

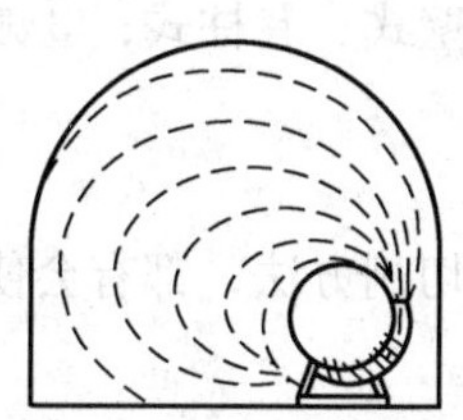

图 3－12　附壁风筒螺旋状出风状态示意图

4. 抑制粉尘扩散

综掘工作面采用长压短抽式通风时，压入的新风往往扬起掘进割煤时产生的粉尘，不利于收集除尘。为解决这一问题，附壁风筒应运而生，其中横向用于断面大于 12 m^2 的巷道掘进，纵向用于断面小于 12 m^2 的巷道。即通过安装在风筒末端的附壁风筒，将风筒射出的轴向风流改变为沿巷道壁旋转的前进风流，如图 3－12 所示。这种风流能在掘进机前方形成阻挡工作面浮尘向外扩散的气流屏障，在距掘进工作面 5 ~ 7 m 实测粉尘浓度平均 294.5 mg/m^3，附壁风筒后方平均粉尘浓度仅为 11.6 mg/m^3，抑尘效率达 96.1%。

（二）喷雾、洒水除尘

以水抑尘是目前广泛采用的一种除尘效果好，除尘率高，而且简便易行的防尘措施。破落的煤岩由于洒水抑制了粉尘的飞扬。雾状的水可以捕捉浮尘，使其湿润，减少飞扬性而沉积下来。主要措施包括：

（1）爆破喷雾。爆破时矿尘生成量大，矿尘浓度高。爆破后立即喷雾，不仅可以防尘，而且可以降低爆破时产生的炮烟和有害气体。《煤矿安全规程》规定，采掘工作面应爆破喷雾，水雾应覆盖巷道全断面。

（2）采煤机、掘进机喷雾洒水。采煤机、掘进机设置有内、外喷雾洒水系统，不仅可有效防尘，而且可预防截齿摩擦火花引燃瓦斯和煤尘。采掘机较好的内、外喷雾系统降尘效果可达 85% ~95% 。

(3) 工作面移架时喷雾洒水。尤其是放顶煤开采的放煤口，必须安装喷雾装置，降柱、移架、放煤时，必须同步喷雾。

(4) 工作面运输巷转载点必须安装喷雾装置或除尘器，作业时喷雾降尘或用除尘器除尘。

(5) 煤层钻孔喷雾降尘。对于不能湿式作业的软煤层等钻孔施工，可采取钻孔时喷雾或其他降尘措施。如淮南在煤层钻孔深度不超过 20 m 时，采用风水联动的排渣工艺，不仅降低了施工中的产尘量，避免了粉尘飞扬，并可防止钻孔火灾事故的发生。在钻孔深度超过 20 m 时，采用孔口泡沫捕尘工艺，大幅度减少了产尘量。

(6) 装岩（煤）洒水。为防止装岩（煤）时粉尘飞扬，装岩（煤）之前，必须对爆破下来的煤岩洒水浇湿后再装运。

(三) 风流净化

风流净化就是使井巷中含尘的空气通过一定的设施或设备，将矿尘捕获起来，主要措施包括：避免进风污染，如：进风井口必须布置在不受粉尘、灰尘、有害和高温气体侵入的地方；使用除尘器除尘；设置风流净化水幕等。

图 3－13 所示为风流净化水幕，它由靠近巷道帮、顶的水管和喷雾器组成。净化水幕应尽可能靠近尘源地点的支护完好、壁面平整、无断裂破碎的巷道内，喷雾能覆盖巷道全断面，且雾化效果好，耗水量小，降尘效率高。国内多采用光控式风流净化水幕，它一般由光控传感器、控制箱、电磁阀、喷雾架等组成。近年来，随着粉尘浓度传感器的出现，粉尘浓度超限风流净化水幕应运而生。

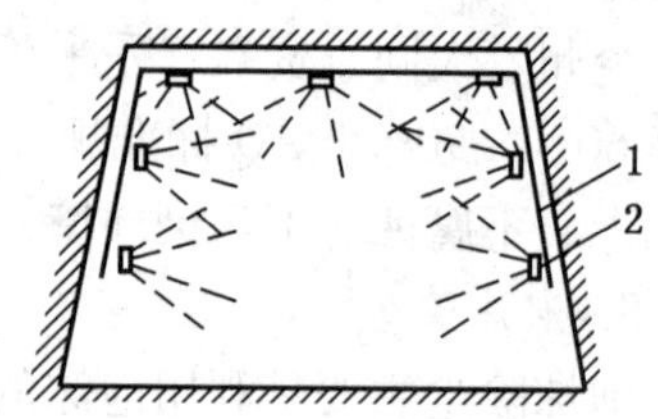

1—水管；2—喷雾器

图 3－13　风流净化水幕示意图

《煤矿安全规程》规定，距工作面 50 m 内至少设置一道自动控制风流净化水幕。采煤工作面回风巷至少应安设 2 道净化风流水幕；装煤点下风侧 20 m 以内必须设置 1 道净化风流水幕；运输巷内应设置自动控制净化风流水幕。

(四) 防止落尘二次飞扬

落尘一旦受到冲击，震动就会再次飞扬，为煤尘爆炸创造条件，主要采取的防治措施包括：清扫并运出沉积煤尘；定期冲洗煤壁和巷帮；巷壁刷浆；巷壁喷洒黏结液等。

矿井必须及时清扫、冲洗清除巷道中沉积的浮尘，周期应试粉尘沉积情况确定。但对于煤尘沉积强度大的巷道，在距尘源 30 m 范围内每班或每天应冲洗一次。距工作面 20 m 以内的巷道，每班至少冲洗 1 次。20 m 以外的巷道每旬至少冲洗 1 次，并清除堆积的浮煤。

进风大巷每年至少应进行一次刷浆。运输机巷道、转载点附近、翻罐笼附近和装车站附近等地点的沉积煤尘应定期进行清扫。

由于矿井粉尘大多具有较强的疏水性、水的表面张力又很小，加之水分容易蒸发，洒水冲洗后，粉尘会很快风干，重新具备飞扬的能力，造成很大的安全隐患。为此，世界各国使用黏尘剂防尘，如我国研发出 NCZ－1 型黏尘阻燃剂、丙烯酸酯型黏尘剂、己丙酰胺型黏尘剂及 CM 保湿型黏尘剂等，都取得了良好的试验效果。

（五）其他防尘措施

1. 隔尘风帘防尘

由于机械化产能的不断增加，机械化采煤工作面粉尘浓度越来越大，采用传统工艺已很难达到国家安全卫生标准。近年来各煤矿开始重视采用隔尘风帘的方法，隔绝与封闭采煤工作面的尘源，有效阻止矿尘与作业人员相接触。

这种方法是根据气幕洁净棚隔尘原理，在采煤工作面产尘源与作业人员之间安设空气幕，阻止呼吸性粉尘向采煤机司机等作业人员所在位置扩散的防尘方法。从邢台葛泉等矿使用情况看，可以有效防止呼吸性粉尘向工作面其他区域扩散，对呼吸性粉尘的平均隔尘效率可达到80%左右，效果显著。同时，隔尘风帘结构设计简单，易于制作，具有较好的推广应用前景。

值得注意的是，隔尘风帘只能起到隔尘作用，而不能除尘。因此，必须与喷雾洒水等其他传统防尘方法结合使用。

2. 化学降尘剂降尘

水中添加降尘剂是在水力降尘的基础上发展起来的一种降尘技术。我国目前矿用降尘剂已达20余种，多为高分子化合物，如JFC渗透剂、HY除尘剂、SR-1湿润剂等，从淮南、兖州、大同、资兴、乐平等矿区使用的情况看，使用降尘剂的降尘效率较清水一般可提高60%~90%。AQ标准规定，为提高防尘效果，可在水中添加降尘剂。降尘剂必须保证无毒、不腐蚀、不污染环境，并且不影响煤质。

3. 泡沫除尘

泡沫除尘主要是利用泡沫的高度湿润性和隔绝性能进行除尘，即用无空隙的泡沫体覆盖尘源，使刚产生的粉尘得以湿润、沉积，从而使矿尘失去飞扬能力的除尘方法。

泡沫倍数可分为低倍数（5~50倍）、中倍数（50~100倍）及高倍数（大于100倍）。泡沫的强度是指泡沫体的稳定程度，是以泡沫从产生的瞬间起到破裂或者半数泡沫破裂的时间来表示的，或以液面形成的单个泡沫的持续时间来确定。能够产生泡沫的液体称作发泡剂。纯净的液体是不能形成泡沫的，只有溶液内含有粗粒分散胶体、胶质体系或者细粒胶体等可溶性物质时才能形成泡沫。

4. 磁化水降尘

目前，国内外对水系磁化技术的研究与应用日趋广泛，磁化水降尘已在我国部分矿井推广应用。经试验研究表明，磁化水与常规水相比，平均降尘率可提高8.15%~21.08%。此外，在磁化水中添加湿润剂还可在此基础上提高降尘率38%左右。

三、煤矿井下不同的产生粉尘地点应满足的防尘要求

（1）掘进井巷和硐室时，必须采取湿式钻眼、冲洗井壁巷帮、水炮泥、爆破喷雾、装岩（煤）洒水和净化风流等综合防尘措施。

掘进机作业时，应使用内、外喷雾装置和除尘器构成综合防尘系统。内喷雾装置的使用水压不得小于3 MPa，外喷雾装置的使用水压不得小于1.5 MPa。

掘进工作面炮掘时，钻眼应采取湿式作业，供水压力以0.3 MPa左右为宜，但应低于风压0.1~0.2 MPa，耗水量以2~3 L/min为宜，以钻孔流出的污水呈乳状岩浆为准。爆破时炮眼必须填塞自封式水炮泥，爆破前应对工作面30 m范围内的巷道周边进行冲洗。

爆破时必须在距工作面 10 ~ 15 m 地点安装压气喷雾器或高压喷雾降尘系统实行爆破喷雾。雾幕应覆盖全断面并在爆破后连续喷雾 5 min 以上。当采用高压喷雾降尘时，喷雾压力不得小于 8 MPa。爆破后，装煤（矸）前必须对距离工作面 30 m 范围内的巷道周边和装煤（矸）堆洒水。在装煤（矸）过程中，边装边洒水，采用铲斗装煤（矸）机时，装岩机应安装自动或人工控制水阀的喷雾系统，实行装煤（矸）喷雾。

掘进工作面采取综合防尘措施后，除尘率必须满足下列要求，否则应采用除尘器抽尘净化等高效防尘措施。采用除尘器抽尘净化空气时，应对含尘空气进行有效控制，以阻止截割粉尘向外扩散。①高瓦斯、突出矿井的掘进机司机工作地点和机组后回风侧总粉尘降尘率不应小于 85%，呼吸性粉尘降尘率不应小于 70%；②其他矿井的掘进机司机工作地点和机组后回风侧总粉尘降尘率不应小于 90%，呼吸性粉尘降尘率不应小于 75%；③钻眼工作地点总粉尘降尘率不应小于 85%，呼吸性粉尘降尘率不应小于 80%；④爆破 15 min后工作地点总粉尘降尘率不应小于 95%，呼吸性粉尘降尘率不应小于 85%。

（2）采煤工作面应有由国家认定的机构提供的煤层可注性鉴定报告，并应对可注水煤层采取注水防尘措施。采煤机必须安装内、外喷雾装置，无水或喷雾装置损坏时必须停机。内喷雾压力不得小于 2 MPa，外喷雾压力不得小于 4 MPa。液压支架和放顶煤采煤工作面的放煤口，必须安装喷雾装置，降柱、移架或放煤时同步喷雾，喷雾压力不得小于 1.5 MPa。破碎机必须安装防尘罩和喷雾装置或除尘器。

炮采工作面应采取湿式钻眼法，使用水炮泥；爆破前后应冲洗煤壁，爆破时应喷雾降尘，出煤时洒水。湿式打眼时供水压力 0.2 ~ 1 MPa，耗水量 5 ~ 6 L/min，使排出的煤粉呈糊状；爆破时炮眼必须填塞自封式水炮泥，采用高压喷雾降尘措施，且喷雾压力不得小于 8 MPa。爆破前对煤壁、顶板应冲洗，并浇湿底板。出煤时应边出煤边洒水。

采煤工作面回风巷应安设至少两道风流净化水幕，并宜采用自动控制风流净化水幕。

采煤工作面采取综合防尘措施后，除尘率必须满足下列要求：落煤时产尘点下风侧 10 ~ 15 m 处总粉尘量降尘效率不应小于 85%；支护时产尘点下风侧 10 ~ 15 m 处总粉尘量降尘效率不应小于 75%；放顶煤时产尘点下风侧 10 ~ 15 m 处总粉尘量降尘效率不应小于 75%；回风巷距工作面 10 ~ 15 m 处总粉尘量降尘效率不应小于 75%。

（3）矿井运输系统各转载点的落差不宜大于 0.5 m，否则必须安设溜槽或导向板；各装煤点下风侧 20 m 内必须设置一道风流净化水幕；运输巷道内应设置自动控制风流净化水幕；井下煤仓放煤口、溜煤眼放煤口、输送机转载点和卸载点以及破碎机处，都必须安设喷雾装置或除尘器，作业时进行喷雾降尘或用除尘器除尘。采取防尘措施后的总粉尘量降尘效率不应小于 85%。

（4）锚喷作业必须采取防尘措施。整修巷道和打锚杆眼必须湿式作业；砂石混合料粒度不得超过 15 mm，且应在下井前洒水预湿；应采取近距离的喷射工艺，且输料管长度不大于 50 m、工作风压 0.12 ~ 0.15 MPa、喷射距离 0.4 ~ 0.8 m；喷射作业地点下风侧 100 m 内设两道以上风流净化水幕，且喷射混凝土时采用除尘器抽尘净化。

锚喷混凝土作业采取防尘措施后，总粉尘量降尘效率应满足不应小于 85% 的要求。

（5）在煤、岩层中钻孔，应采取湿式钻孔。煤（岩）与瓦斯突出煤层或软煤层中瓦斯抽采钻孔难以采取湿式钻孔时，可采取干式钻孔，但必须采取捕尘、降尘措施，必要时必须采用除尘器除尘。

（6）作业人员必须佩戴个体防尘用具。

四、防止煤尘引燃的措施

防止煤尘引燃的措施与防止瓦斯引燃的措施大致相同，已在第二章中介绍，这里不再赘述。

五、煤尘爆炸的隔爆措施

隔爆措施就是一旦发生煤尘爆炸，采取一定的措施把其限制在一定范围，防止爆炸向外传播使事故扩大。隔爆措施不仅适用于煤尘爆炸的控制，也适用于瓦斯爆炸的控制。因此，《煤矿安全规程》规定，开采有煤尘爆炸危险煤层的矿井，必须有预防和隔绝煤尘爆炸的措施。高瓦斯矿井煤巷掘进工作面应安设隔（抑）爆设施。

隔爆设施可分为岩粉棚、水棚、自动防爆棚、撒布岩粉等，其中目前使用较广泛的是隔爆棚。《煤矿安全规程》规定，开采具有煤尘爆炸危险的矿井，矿井的两翼、相邻的采区、相邻的煤层、相邻的采煤工作面间、煤层掘进巷道同与其连通的巷道间、煤仓同与其连通的巷道间、采用独立通风有煤尘爆炸危险的其他地点同与其连通的巷道间，都必须用水棚或岩粉棚隔开。隔爆设施的安装地点、数量、水量或岩粉量及安装质量，矿井每周至少应检查一次是否符合要求。

隔爆棚有被动式和自动式，目前采用最多的是被动式隔爆棚。按设置地点可分为主要隔爆棚和辅助隔爆棚，矿井两翼与井筒相连通的主要运输大巷、回风大巷之间，相邻采区间的集中运输巷道和回风巷道之间，相邻煤层间的运输石门和回风石门之间等地点，应设置主要隔爆棚。采煤工作面进回风巷、采区内掘进的煤和半煤岩巷、采用独立通风并有煤尘爆炸危险的其他巷道应设置辅助隔爆棚。

1. 岩粉棚

岩粉棚由架设于巷道顶部的岩粉板组成，其上堆放一定数量的岩粉。如图 3－14、图 3－15 所示。当瓦斯（煤尘）爆炸的冲击波传来时，岩粉棚被掀翻，岩粉弥漫于巷道中，形成浓厚的不燃岩粉雾带，岩粉吸热降温，使爆炸火焰冷却熄灭，阻止其传播。

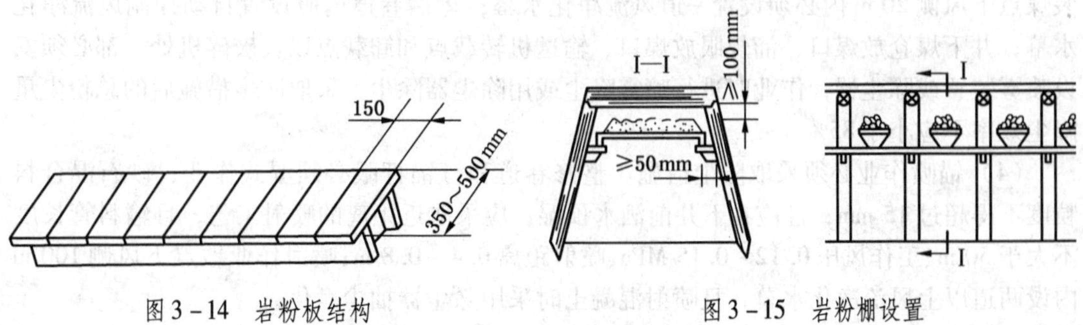

图 3－14　岩粉板结构　　　图 3－15　岩粉棚设置

（1）岩粉棚分重型岩粉棚和轻型岩粉棚。重型岩粉棚作为主要岩粉棚，轻型岩粉棚作为辅助岩粉棚。

（2）岩粉用量按巷道断面积计算。主要岩粉棚岩粉用量不小于 400 kg/m^2；其他巷道的辅助岩粉棚不小于 200 kg/m^2。

（3）岩粉棚结构与参数。为利于岩粉受冲击扬起，岩粉板由数块小岩粉板拼接而成，宽度为 100～150 mm。重型棚长度为 350～500 mm，轻型棚长度不大于 350 mm。岩粉板与两侧支柱（两帮）的间隙不小于 50 mm。岩粉板与顶梁间距不小于 250～300 mm。堆积粉后岩粉与顶梁的间隙不小于 100 mm。

（4）岩粉棚应有一定高度，岩粉板至轨面高度不小于 1.8 m，以不影响通风、运输行人等功能。

（5）岩粉棚应成列布置，且布置在巷道的直线段。其总长度不小于 20 m，排间距：重型棚 1.2～3 m，轻型棚 1～2 m。

（6）岩粉棚与工作面的间距必须保持在 60～300 m。

（7）岩粉棚不得用铁钉铁丝固定。

（8）岩粉质量应满足如下要求：岩粉中可燃物质含量不得超过 5%；岩粉中游离二氧化硅含量不得超过 10%；岩粉中绝对不含任何有毒有害物质；具有一定的抗湿性；岩粉的粒度必须全部通过 50 目筛（小于 0.3 mm），其中 70% 以上通过 200 目筛（小于 0.075 mm），岩粉一般采用石灰石制成。

（9）岩粉棚每月至少应检查一次，若岩粉受潮变硬，应立即更换；若岩粉量减少应及时补充；岩粉表面沉积煤尘时应及时清除。

2. 水棚

由于岩粉棚上的岩粉易潮和散失，管理比较困难，将热容量大于岩粉 5 倍的水替代岩粉就形成了水棚。水棚由水槽组成，其隔爆原理近似于岩粉棚，爆炸冲击波掀翻水槽形成水雾带，水雾吸收爆炸火焰热量，润湿煤尘减弱飞扬性，水蒸气又可降低空气中氧气浓度，阻止爆炸波传播。且水棚可长期使用，更换方便。但水散失落地后，对第二次爆炸不起作用。

水棚的水槽是用具有一定强度，硬质易碎的聚氯乙烯或聚氨酯塑料制成，形状为倒梯形，容积为 40L、70L、80L 三种，主要用于隔爆棚。近年来，人们使用一种特制的水袋替代水槽，使安装、维修进一步方便。水棚的设置如图 3－16、图 3－17 所示。

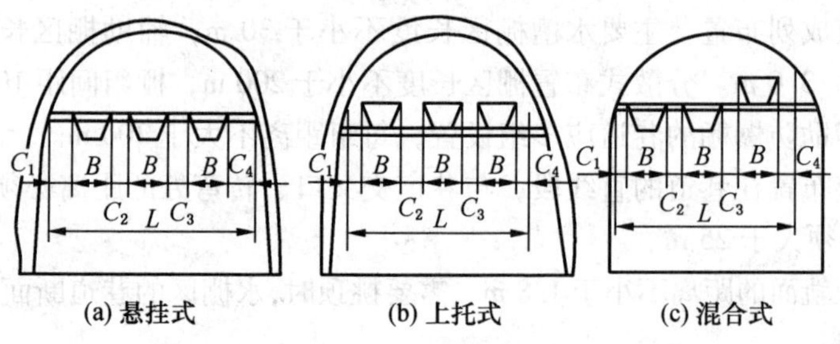

图 3－16　水槽棚设置

（1）水槽棚可用于主要隔爆棚，水袋棚只能用于辅助隔爆棚，水槽棚的布置形式如图 3－16 所示。水袋棚只能采用吊挂的方法。在巷道中的布置方式有集中式和分散式，其

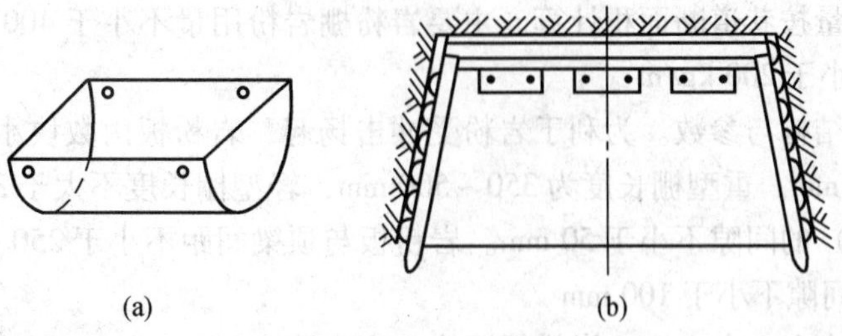

图 3-17　水袋棚设置

中分散式只能用于辅助隔爆棚。

（2）水槽布置应满足下列要求：

当 $S<10\ m^2$ 时　　$\frac{nB}{L}\geqslant 35\%$

当 $S<12\ m^2$ 时　　$\frac{nB}{L}\geqslant 60\%$

当 $S>12\ m^2$ 时　　$\frac{nB}{L}\geqslant 65\%$

且　　$\sum C_i \leqslant 1.5\ m$

式中　S——巷道断面积，m^2；

B——单个水槽迎风断面宽度，m；

n——水槽个数；

L——设置水棚巷道宽度，m；

C_i——水槽间隙，m。

（3）水槽之间的间隙不大于 1.2 m；水槽之间、水槽与巷壁之间的间隙之和不大于 1.5 m；水槽与巷壁、支架、顶板、构筑物之间的距离不小于0.1 m，水槽底部至顶梁，顶板的距离不大于 1.6 m，大于 1.6 m 时应在上方增设水槽。

（4）当水袋采用易脱钩的布置方式时，挂钩位置要正对，每对挂钩的方向要相向布置（钩尖相对），挂钩采用直径 4 ~ 8 mm 的圆钢，挂钩角度 60° ±5°，弯钩程度 25 mm。

（5）水棚应成列布置，主要水槽棚区长度不小于 30 m，辅助棚区长度不小于 20 m；排间距离为 1.2 ~ 3.0 m。分散式布置棚区长度不小于 200 m，棚组间距 10 ~ 30 m。

（6）设置辅助防爆棚的巷道应多组设置，每组距离不大于 200 m。

（7）水棚应布置在巷道的直线段，与巷道交叉口、转弯处的距离必须保持 50 ~ 75 m，与风门的距离必须大于 25 m。

（8）水棚距轨面的距离不小于 1.8 m。需要挑顶时，水棚区的巷道断面与其前后各 20 m 范围以内应一致。

（9）水棚距工作面的距离应保持在 60 ~ 200 m；分散式布置时 30 ~ 60 m。

（10）集中式布置水棚用水量按巷道断面计算：主要水棚不小于 400 L/m²，辅助水棚不小于 200 L/m²。分散式布置水棚的水量按棚区所占巷道的空间体积计算，不少于 1.2 L/m³。

（11）水棚每半个月检查1次，必须经常保持水槽或水袋的完好和规定的水量。水中混入煤尘达5%时应换水；缺水时应及时补充；有其他问题时应及时处理等。

3. 自动防爆棚

在煤及半煤岩掘进巷道中，可采用自动隔爆设施。自动防爆棚就是利用各种传感器，测定瓦斯煤尘爆炸时产生的声、光、烟、冲击波等参数，经指令机构准确算出火焰传播的速度，在最恰当的时间发出动作信号，使隔爆装置及时将岩粉、水、灭火剂撒布于巷道空间，可靠地扑灭爆炸火焰，阻止爆炸波的传播。

目前，自动防爆棚仍处在研制、试验阶段，使用还不普及，但标志了煤矿隔爆措施的发展方向。

4. 撒布岩粉

撒布岩粉就是在容易沉积煤尘的巷道抛洒岩粉，以增加煤尘中的灰分，抑制煤尘的飞扬性和爆炸性，同时又可起到隔爆的作用，是传统的隔爆方法，至今在防尘技术中仍有十分重要的位置。规定：巷道内设置了隔爆棚后也应撒布岩粉。

撒布岩粉应满足下列要求：

（1）开采煤尘爆炸危险矿井的两翼、相邻的采区、相邻煤层、相邻工作面、所有运输巷和回风巷都应撒布岩粉。

（2）巷道所有表面，包括顶、帮、底，以及背板后暴露处，都应用岩粉覆盖。

（3）岩粉撒布周期应根据煤尘爆炸和煤尘沉积强度确定。巷道中煤尘与岩粉混合后的粉尘中不燃物不得低于60%，巷道空气中瓦斯含量在0.5%以上时，不燃物不得低于90%。

（4）撒布岩粉巷道长度不得小于300 m，当巷道长度小于300 m时应全部撒布。

（5）岩粉的质量应符合要求。

（6）撒布岩粉巷道应定期检查、化验分析，距采掘工作面300 m以内的巷道每个月取样一次，300 m以外的巷道每两个月取样一次。每300 m为一个采样段，每段设5个采样带，间隔50 m。采样带宽0.2 m，巷道两帮顶底板及周边的全部粉尘都必须收集。当不燃物含量低于规定值时，该段巷道应重新撒布尘粉。

六、个体防护措施

防尘的技术、管理措施是首位的。虽然井下各生产环节采取了一系列防尘措施，但仍会有少量微细矿尘悬浮于空气中，甚至个别地点超过国家卫生标准，构成对人体的伤害。因此，采取一定的个体防护措施很有必要。个体防护是指通过佩戴各种防护面具以减少吸入人体内矿尘的最后一道措施，是综合防尘措施的一个方面。个体防护的用具主要有防尘口罩、防尘安全帽、防尘呼吸器等。

1. 防尘口罩

矿井要求所有接触矿尘作业人员必须佩戴防尘口罩，对防尘口罩的基本要求：阻尘率高，呼吸阻力和有害空间小，佩戴舒适，不妨碍视野。我国煤矿常用的防尘口罩有普通纱布口罩、过滤式防尘口罩、过滤送风式口罩三类。常见的防尘口罩见表3－6。由于普通纱布口罩阻尘率只有10%～20%，且呼吸阻力大，潮湿后有不舒适的感觉，因此很少采用。

表3-6 煤矿常见防尘口罩技术特征

型　号	滤　料	阻尘率/%	呼气阻力/Pa	吸气阻力/Pa	质量/g	有害空间/cm^3
武安-1型	超细纤维桑皮棉纸	99	25.5	22.5~29.4	142	108
武安-2型	超细纤维	99	29.4	15.7~22.5	126	131
武安-3型	聚氯乙烯布	96~98	11.8	11.8	34	195
上劳-3型	羊毛毡	95.2	27.4	25.9	128	157

2. 防尘安全帽

近年来，煤炭科学研究总院重庆研究院研制出了AFM-1型防尘安全帽，又称送风头盔，如图3-18所示，与LKS-7.5型两用矿灯匹配。送风头盔进入工作状态时，环境含尘空气被轴流式风机吸入，通过预过滤器和主过滤器除尘率可达99%以上。经过滤除尘后的清洁空气，一部分供呼吸，剩余气流带走使用者头部散发的部分热量，由出口排出。

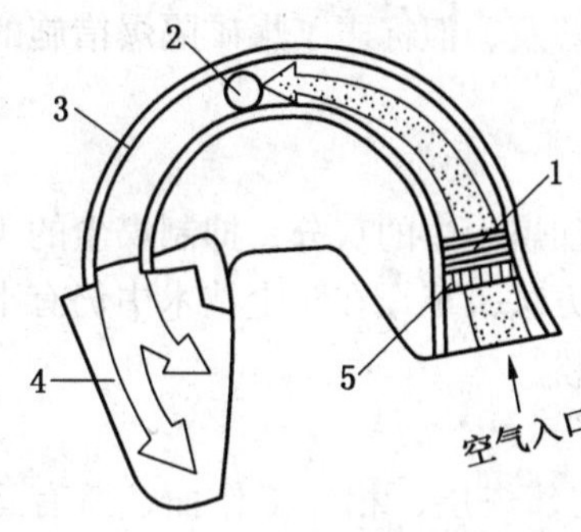

1—轴流式风机；2—主过滤器；
3—头盔；4—面罩；5—预过滤器

图3-18 AFM-1型防尘安全帽

3. 防尘呼吸器

AYH系列压风呼吸器是一种隔绝式的新型个人和集体呼吸防尘装置。它利用矿井压缩空气在经离心脱去油雾、活性炭吸附等净化过程后，经减压阀同时向多人均衡配气供呼吸。目前生产的有AYH-1型、AYH-2型和AYH-3型三种型号。

七、煤矿防尘管理

1. 健全防尘职能机构

根据国家法令和《煤矿安全规程》规定，各煤矿企业都应设立防尘管理机构，负责防尘监督检查和技术指导工作。煤矿的上一级机构要在通风部门内设防尘机构，统管各矿防尘技术工作；矿、井设防尘工区和防尘段队，从事井下防尘专业工作。

2. 建立防尘专业队伍

防尘专业队伍是落实防尘规划，从事防尘基础工作、突击防尘紧急任务和推广防尘新技术的主力和骨干。矿井防尘专业人员应配备防尘区长、段长，防尘工程师或技术员，以及注水钻工、防尘管钳工、防尘保安工、防尘电工和测尘员。

3. 健全防尘管理制度

各级领导和各有关部门，必须高度重视防尘工作，每年应制定综合防尘措施、预防和隔绝煤尘爆炸措施及管理制度，并组织实施。加强防尘工作的制度建设，在全面推行综合防尘技术措施时，做到“七纳入”“五同时”。防尘工作要纳入各级领导议事日程，要纳入企业各项计划，要纳入干部考核内容，要纳入评比条件，要纳入奖惩条件，要纳入经济承包合同，要纳入职工代表大会议程。做到：研究生产的同时研究防尘工作，制订生产计划的同时制定防尘措施，布置生产任务的同时提出防尘要求，检查生产的同时要检查防尘情况，总结生产情况的同时要总结防尘工作。

要建立健全防尘的日常管理制度，如领导分管责任制、专业人员岗位责任制、粉尘监测评定制、工人健康普查制、设备仪器保管维修制、防尘工程质量检查验收制度及防尘质量优劣奖惩制等。

4. 严格防尘监察

为了保证防尘法规措施全面贯彻落实，强化监督检查，将防尘工作纳入安全监察员责任制。煤矿粉尘管理应像矿井瓦斯管理那样，健全防尘法规，严格防尘监察，做到有章可循，违章必究。

5. 开展防尘技术培训和宣传教育工作

要加强宣传教育，使从业人员充分认识粉尘的危害性和防尘措施的基本要求，增强防尘意识，调动职工治理尘害的潜在积极性。同时，对防尘队伍应加强防尘技术理论学习，强化防尘设施建设和管理的标准化，坚持综合防尘措施。

6. 防尘日常管理

加强防尘的日常管理工作，防尘设施挂板管理，责任到人；进一步完善防尘供水管路，保证水源可靠，水质、水压达标；加强防尘设施的质量管理，各施工环节坚持签字验收制度；定期检查防尘设施完好和使用情况，作为工作考评和奖惩的重要条件等。

7. 开展防尘标准化矿井活动

防尘设施的建设、管理、使用，粉尘浓度的测定及作业场所粉尘浓度，必须严格遵守国家有关规定。单位工程和单项工程施工，作业规程中必须提出明确的防尘方法和防尘要求，做到：采掘工作面生产无防尘措施不准开工，工作面无防尘设施不准生产，有设施管路无水不准作业，防尘措施不使用不准列为合格。

复习思考题

1. 什么叫矿尘？它的危害有哪些？
2. 什么是尘肺病？如何分类？
3. 尘肺病的发病病理是什么？
4. 试述 AFQ－20A 型矿用粉尘采样仪的构造以及使用方法。
5.《煤矿安全规程》对煤矿企业生产性粉尘的检测是如何规定的？
6. 煤尘爆炸的条件是什么？
7.“黏焦”有何特征？
8. 煤尘爆炸的影响因素有哪些？
9. 煤层注水的实质是什么？
10. 常用的煤层注水方式有哪些？如何选择？
11. 机采、炮采工作面防尘有哪些要求？
12. 机掘、炮掘工作面防尘有哪些要求？
13. 撒布岩粉的作用是什么？有什么规定？
14. 隔爆棚的形式有几种？是如何起隔爆作用的？
15. 采空区灌水的主要方法有哪些？
16. 矿井防尘应遵守哪些原则？

第四章　矿　井　火　灾

第一节　概　　述

我国是火灾严重发生的国家之一，据不完全统计，仅 2011 年就发生各类火灾 12542 起，死亡 1106 人，直接经济损失 18.8 亿元。矿井火灾是指发生在矿山企业生产范围内，并造成人员伤亡、资源损失、环境破坏、设备或工程设施损坏以及严重威胁正常生产的非控制性燃烧。它是煤矿主要灾害之一，与煤尘、瓦斯爆炸的发生常常互为因果关系，相互扩大灾害范围与灾害程度，是酿成煤矿重大恶性事故的原因之一。

一、矿井火灾三要素

1. 可燃物

煤矿中的煤是大量而普遍存在的可燃物。另外，坑木、机电设备、油料、炸药等都具有可燃性。可燃物的存在是火灾发生的基础。

2. 热源

具有一定温度和足够能量的热源才能引起火灾。煤矿井下热源有煤炭自燃、瓦斯煤尘爆炸、爆破、机械摩擦、电流短路、烧焊、吸烟以及其他明火。

3. 氧气

燃烧是剧烈的氧化反应。据实验证明，在氧浓度为 3% 的空气中，燃烧不能维持。据此，从封闭火区内取气样化验氧含量，可作为判断火灾是否熄灭的一个指标。

以上三要素须同时具备才能发生火灾。矿井火灾的防治与扑灭就是消除这三个条件其中一个。

二、矿井火灾的分类及特征

为了便于分析矿井火灾发生的原因和规律，有针对性地制定防灭火措施，对矿井火灾进行分类是很有必要的。火灾一般按燃烧物和灭火难易程度分为 A、B、C、D、E 五类。A 类火灾为固体火灾，为常见火灾，比较容易灭火与控制；B 类火灾为液体或可熔固体火灾，火灾较难控制，不得用水灭火；C 类火灾为气体火灾，较难控制，应关闭闸门后灭火；D 类火灾为金属火灾，较难控制，对灭火介质要求高，不得用水等传统灭火方法灭火；E 类火灾为精密仪器火灾。矿井火灾的分类方法很多，概括起来主要有以下几种。

（一）按引火热源分类

1. 外因火灾

它是外部高温热源（如爆破、烧焊、电流短路、明火等）引起可燃物质燃烧造成的火灾。这种火灾多发生在井口房、井筒、井底车场、石门及机电硐室和有机电设备的巷道等地点。外因火灾具有火源明显、发生突然、来势凶猛等特点，若发现不及时，可能酿成恶性事故。由于外因火灾往往是由表及里进行的，若发现及时，还是容易扑灭的。

2. 内因火灾

内因火灾是煤炭或其他可燃物在一定的条件和环境下，本身发生物理化学变化，产生并聚集热量导致着火而形成的火灾，也称自然发火。内因火灾大多发生在采空区、遗留的煤柱、破裂的煤壁、煤巷的高冒处以及浮煤堆积的地点，它具有发生和发展缓慢、须经历一段时间、有预兆和火源比较隐蔽等特点。由于火源比较隐蔽，致使人们不能及时扑灭火灾，以致有的自然发火可以持续数日、数月、数年，甚至数十年不灭，燃烧的范围逐渐蔓延扩大，烧毁煤炭资源，冻结大量煤炭。

（二）按发火地点分类

矿井火灾按发火地点分为井上火灾和井下火灾。

井上火灾是指发生在矿井工业场地内的厂房、仓库、储煤场、矸石场、坑木厂等处的火灾。这类火灾具有征兆明显、易于发现、空气供应充分、燃烧完全、有毒气体产生量小、空间宽阔、烟雾易于扩散、灭火工作回旋余地大、易扑灭等特点。

井下火灾是指发生在煤矿井下或发生在地面但能波及井下的火灾。如皮带着火、煤炭自燃等。井下火灾一般是在空气极其有限的情况下发生的，特别是采空区火灾和煤柱内火灾更是如此。即使发生在风流畅通的地点，其空间和供氧条件也是有限的，因此井下火灾发生发展过程比较缓慢。另外，井下人员视野受到限制，且大多数火灾发生在隐蔽的地方，一般情况下不易被发现。火灾初期，其发火特征不明显，只能通过空气成分的微小变化，矿内空气温度、湿度的逐渐增加来判断，只有燃烧过程发展到明火阶段，产生大量热、烟和气味时，才易被人们觉察。火灾发展到此阶段，可能引起通风系统紊乱，瓦斯、煤尘爆炸等恶果，给灭火救灾工作带来预计不到的困难。

（三）其他分类

除了上述分类方法，还可按井下发火位置、燃烧物、发火性质、火源下风侧氧气浓度、发火地点及对矿井通风的影响等进行分类。例如，根据发火位置不同分为井筒火灾、巷道火灾和采煤工作面火灾等；根据发火性质不同分为原生火灾和次生火灾。

三、矿井火灾的危害

（1）烧毁设备和耗掉大量灭火材料造成巨大经济损失。如 1990 年 5 月 8 日，某矿违章在带式输送机进风斜井烧焊发生火灾，造成 90 人死亡，直接经济损失达 567 万元。

（2）为了灭火封闭采区，冻结大量开采煤量，使矿井产煤量大幅度下降。如 1960 年 8 月某矿一次自燃火灾，封闭矿井一翼，全矿停产 3 d，一翼停产一个月。

（3）引起瓦斯煤尘爆炸事故。如 1962 年某矿采空区发火，掘进工作面排出的瓦斯从密闭裂缝进入采空区，发生瓦斯连续爆炸 32 次。

（4）火灾产生大量有毒有害气体，尤其一氧化碳危害更大，造成人员伤亡。如 2007 年 9 月某矿电缆短路着火，造成 21 人死亡。

第二节　煤炭自燃

一、煤炭自燃的基本条件

矿井火灾中自燃火灾约占70%，尤其在一些自然发火严重的矿区，自燃火灾占据总火灾数量的80%～90%以上。

自燃火灾的形成必须具备以下3个基本条件：易于低温氧化的煤呈破碎状态堆积；存在适宜的通风供氧条件；存在蓄热的环境条件并持续一定时间。

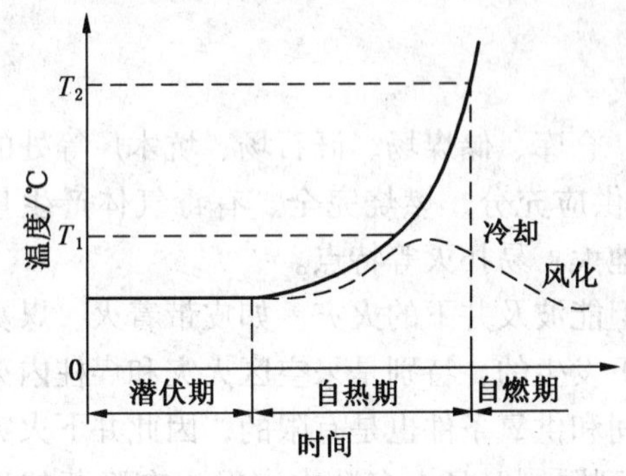

图4-1　烟煤的自燃过程

二、煤炭自燃的发展过程

关于煤炭自燃的机理有许多学说，目前，煤氧复合作用学说已被较多人接受，认为煤的自燃发展过程分为三个阶段，即潜伏阶段，自热阶段和自燃阶段，如图4-1所示。

1. 潜伏期

自煤层被开采、接触空气起至煤温开始升高为止的时间区间称为潜伏期，也叫潜伏阶段、低温氧化阶段、准备阶段。在潜伏期，煤与氧的作用是以物理吸附为主，放热很小，无宏观效应。潜伏期的长短取决于煤的分子结构、物理化学性质、煤的变质程度和外部条件。另外煤的破碎和堆积状态、散热和通风供氧条件等对潜伏期的长短也有一定影响。不同的煤层潜伏期不同，如褐煤几乎没有潜伏期，而烟煤则需要一个相当长的潜伏期。经过潜伏期后的煤燃点降低，表面颜色变暗。

2. 自热期

经过潜伏阶段后，煤的氧化速度增加，不稳定的氧化物先后分解成水、二氧化碳和一氧化碳。氧化产生的热量使温度上升。当温度达到临界温度（一般为60～70 ℃）以上时，氧化加剧，煤开始出现干馏，生成氢气、一氧化碳、二氧化碳以及烃类、芳香族等碳氢化合物。这一阶段为煤的自热阶段，又称自热期。此阶段使用常规的检测仪表能够检测出来，甚至于被人的感官所察觉。

3. 自燃期

自热阶段后期，煤呈炽热状态，煤体温度达到着火温度以上时便着火。若得到充分的供氧,则发生燃烧,出现明火,这时会生成大量高温烟雾,其中含有一氧化碳、二氧化碳以及碳氢类化合物;若煤温达到自燃点,但供氧不足,则只有烟雾而无明火,此称为干馏或阴燃。煤炭干馏或阴燃与明火燃烧稍有不同,一氧化碳多于二氧化碳,温度也较明火燃烧要低。

三、煤炭自燃的特征

（1）空气和煤岩温度显著升高，空气湿度增加。

（2）空气中氧浓度降低。

（3）出现特殊气味（煤裂解气体，如乙烯、乙炔等）和火灾气味。

（4）空气中一氧化碳、二氧化碳浓度增加。

这些特征对及时发现自然发火具有重要的实际意义。在发现煤炭自燃特征时，在达到着火温度临界值前，改变其环境条件（如减少供氧），则煤体升温过程可终止而冷却，并不断氧化至惰性风化状态，风化的煤就失去了自燃性。

四、煤的自燃倾向性影响因素及分类

（一）影响煤的自燃倾向性因素

1. 煤的变质程度

各种煤都有发生自燃的可能，但是在褐煤矿井，煤化程度低的一些煤层自然发火次数要多得多。烟煤矿井中开采煤化程度最低的长焰煤和气煤自燃的危险性较大，贫煤较小。在煤化程度高的无烟煤矿井自燃火灾较为少见。所以可以认为：煤化程度越高，煤的自燃倾向性越小。但是煤的煤化程度不是判定其自燃倾向性大小的唯一标志。

2. 煤岩成分

在组成煤炭的 4 种煤岩成分中，暗煤硬度最大，难以自燃。镜煤与亮煤脆性大、易破裂，而且在其次生的裂隙中常常充填有黄铁矿，开采中易破碎，氧化接触面积大，着火温度低，有较高的自燃性。丝煤结构松散，着火点温度低（仅为 190 ~ 270 ℃），吸氧性能特强，在常温条件下，丝煤是自热的中心，起着引火物的作用。

3. 煤的含硫量

硫在煤中有 3 种存在形式，即硫化铁、有机硫和硫酸盐。对煤的自燃起主导作用的是硫化铁，它的比热小，与煤吸附相同的氧量而温度的增值比煤大 3 倍，黄铁矿的氧化产物氧化铁（Fe_2O_3）比煤的吸氧性更强，能将吸附的氧转让给煤粒使之发生自燃，对煤的自燃过程起加速作用。

4. 煤的水分

煤的含水量是影响其氧化进程的重要因素，一定含量的水分有利于煤的自燃，而湿度过大，则会抑制煤的自燃。在煤的自热阶段，由于水分的生成与蒸发必然要消耗相当的热量，当煤体中外在水分没有全部蒸发之前温度很难上升到 100 ℃，因此水分含量大的煤炭难以自燃。但有学者认为：水分能够将充填于煤体微孔中的氮气与二氧化碳驱赶排出，当干燥以后对其吸附性能起活化作用，且水分的催化作用随着煤温的增高而增大。另外，对于含有黄铁矿的煤层，水分是促使黄铁矿分解不可缺少的条件。从这些方面看来，水分又有利于煤炭自热的发生。

5. 煤的粒度

完整的煤体一般不会发生自燃，一旦受压破裂，呈破碎状态存在，其自燃性能将显著提高。这是因为破碎的煤炭不仅与氧相接触的表面积增大，而且着火温度明显降低。试验证明，当烟煤粒度为 1.5 ~ 2 mm 时，其着火点温度大多在 330 ~ 360 ℃；粒度小于 1 mm 时，着火温度可降低到 190 ~ 220 ℃。因此，在矿井里最易发生自燃火源的地方都是碎煤与煤粉集中堆积的地点。

此外，煤的瓦斯含量，煤、油共生煤层的含油量，煤的孔隙率、导热性等，对自燃也有不同程度的影响。

（二）煤的自燃倾向性分类

掌握煤的自燃倾向性对于掌握其自燃的发生规律，有针对性地采取措施和保证矿井安全生产具有重要的意义。因此，《煤矿安全规程》要求所有煤层均应进行自燃倾向性鉴定。我国目前采用的煤炭自燃倾向性鉴定方法为色谱吸氧法，即使用 ZRJ－1 型煤自燃倾向性测定仪测定出常压下 30 ℃时煤的吸氧量，然后根据每克干煤的吸氧量大小，将煤的自燃程度划分为三级，见表 4－1 和表 4－2。

表 4－1　煤样干燥无灰基挥发分 V_{daf}＞18% 时的自燃倾向性分类

自燃倾向性等级	自燃倾向性	干煤的吸氧量/($cm^3 \cdot g^{-1}$)
Ⅰ类	容易自燃	＞0.70
Ⅱ类	自燃	0.41～0.70
Ⅲ类	不易自燃	V_d≤0.40

表 4－2　煤样干燥无灰基挥发分 V_{daf}≤18% 时的自燃倾向性分类

自燃倾向性等级	自燃倾向性	干煤的吸氧量/($cm^3 \cdot g^{-1}$)	全硫/%
Ⅰ类	容易自燃	≥1.00	≥2.00
Ⅱ类	自燃	＜1.00	
Ⅲ类	不易自燃		＜2.00

五、煤层自燃的外部条件及其自然发火期

（一）煤层自燃的外部条件

煤炭自燃倾向性是煤的一种自然属性，它取决于煤在常温下的氧化能力，是煤层发生自燃的基本条件。此外，煤层自燃还受到煤层的地质赋存条件，开拓、开采条件和通风条件等外部因素的影响。

1. 煤层地质赋存条件

煤层越厚，倾角越大，自燃危险性和严重性越大。这是由于厚煤层的煤炭采出率低，煤柱易遭到破坏，采空区不易封闭严密，漏风较大。煤层倾角越大，尤其是急倾斜煤层，顶板控制较困难，采空区也不易充实，漏风大，自燃危险性也大。

断层、褶曲、破碎带、岩浆入侵地区自然发火频繁，这是由于煤层受张拉、挤压导致，裂隙大量发育，破碎煤体吸氧条件好，氧化性能高所造成的。

煤层顶板越坚硬，应力越集中，煤柱越易被压碎裂。另外，坚硬顶板的采空区难以冒落充填密实，冒落后有时还会形成与相邻采区、甚至地面连通的裂隙，漏风无法杜绝。这就为自然发火提供了充分条件。

2. 开拓、开采条件

石门、岩巷开拓方式切割煤层少，留煤柱少，自然发火的危险性小。厚煤层开采岩巷进入采区，便于打钻注浆，有利于实现预防性灌浆和自然发火的控制。

采煤方法对自然发火的影响主要表现在煤炭采出率的高低和采出时间的长短。丢煤越

多的采煤方法越易引起自然发火。采区或采煤工作面采煤速度慢，时间长，大大超过了煤层自然发火期，很难控制自燃火灾的发生。

3. 通风条件

通风因素的影响主要表现在采空区、煤柱和煤壁裂隙漏风。漏风就是向这些地点供氧，促进煤的氧化自燃。漏风量过大时，散热快，自燃热量不易积聚，不易自燃；漏风量过小时，氧气不足，自燃生成的热量少，也不易自燃，甚至已自燃的煤也会因缺氧而窒息。有利于煤炭自燃的漏风强度为 $0.06 \sim 1.2\ m^3/(min \cdot m^2)$，最危险的漏风强度为 $0.4 \sim 0.8\ m^3/(min \cdot m^2)$。

井下容易发生自然发火的地点主要有采空区、在集中应力作用下破碎的煤柱、巷道高冒处、两巷（工作面进风巷和回风巷）两线（工作面开切眼和终采线）等地方。据徐州大黄山煤矿统计，在倾斜煤层地区，自然发火地点位于工作面采空区的占75%。

（二）自然发火期

煤层的自然发火期对矿井开拓、开采设计和制定防火措施具有十分重要的意义。

1. 自然发火判定

《矿井防灭火规范》规定，矿井某一区域出现如下现象之一时，即定为发生自然发火：

（1）由于自燃出现火炭、火焰、烟雾等现象。

（2）由于自燃出现空气、煤炭、围岩及其他介质温度升高，并超过70 ℃，其风流中出现一氧化碳，且有上升趋势。

矿井某一区域出现如下预兆之一时，即存在自然发火隐患：

（1）风流中出现一氧化碳，其发生量呈上升趋势。

（2）风流中出现二氧化碳，其发生量呈上升趋势。

（3）煤、岩、空气和水温升高，并超过正常温度。

（4）风流中氧含量降低，其消耗量呈上升趋势。

2. 煤层自然发火期

从发火地点（即火源处）的煤层被开采暴露于空气（或与空气接触）之日起至温度上升到自燃点或出现自燃现象为止，所经历的时间叫煤层的自然发火期，以月或天为单位。自然发火期是对有自燃倾向性的煤层自然发火危险性的时间度量，是评价煤层自然发火危险性的指标之一。自然发火期越短，则表明其自然发火危险性越大，否则相反。

煤层自然发火期受浮煤粒径分布、浮煤厚度、浮煤内漏风流中的氧浓度和漏风强度、煤层原始温度以及松散煤体内的起始温度等因素的影响，这些因素的不同组合会使自然发火期发生很大的变化。上述因素最佳组合地点的松散煤体从暴露于空气中到出现自然发火征兆所经历的时间为煤的最短自然发火期。目前我国常采用统计比较法和类比法来确定煤层的自然发火期。

六、煤炭自燃的早期识别及顶报

据统计，矿井易自然发火的区域具有明显的规律性。一是煤层巷道存在局部压力差且松散煤体达到一定厚度时，尤其是巷道的顶煤；二是采煤工作面后方的采空区进风段遗留厚度适中的松散煤体时。掌握这些规律，有利于煤炭自燃的早期发现，采取措施防止其继续发展，避免自燃火灾的发生。如根据义马煤业集团统计，正常推进的工作面采取一定的防火措施时采空区发火概率很小；采空区自燃多发生在下列 4 种情况下：①工作面推进速度缓慢或长时间停滞不前，且管理措施不当或防火措施保障性不高时；②上、下隅角巷顶高温点或火点遗入采空区后处理不及时时；③工作面安装期间开切眼巷道顶煤层自燃隐患处理不彻底、试采期间自燃外部征兆不明显，造成自然发火的危险性大；④工作面拆除期间或跨越顶分层终采线时。

对矿井易自然发火的区域，应采取各种手段重点监测监控，以保障煤矿安全生产。煤炭自燃的早期识别和预报方法很多，归纳起来可以分为人的直观感觉识别、矿内空气成分分析和检测煤温等方法。

（一）人的直观感觉识别

由于煤炭发生自然发火时往往会出现一些征兆，依靠人体生理感觉能够进行初步判断。

1. 视力感觉

观察井下空气湿度变化和煤体表面水分变化。煤在自燃氧化过程中生成和蒸发出一些水分，往往使附近巷道空气湿度增加。通常表现为煤壁“出汗”、支架上出现水珠等，这是因为遇温度较低的空气或介质重新凝结形成水珠或雾气。

2. 嗅觉感觉

根据煤焦油气味判断。煤在热解过程中释放出烃类化合物，巷道（或采煤工作面）中出现煤油、汽油、松节油或煤焦油气味，表明自燃已发展到自热阶段的后期。不久就可能出现烟雾和明火，出现火灾气味。当闻到这些气味时，要注意寻找气味的来向，分析判断自燃可能发生的地点。

3. 疲劳感觉

人的不舒适感。煤在自燃过程中释放出一氧化碳、二氧化碳等有害气体，火源附近空气中有害气体浓度增加，人接近这些地点时会产生闷热、头痛、头昏、精神疲乏、昏昏欲睡、四肢无力等不适或病理现象。遇到这些情况应及时汇报，查找原因，采取对策。

4. 温度感觉

通过人体对巷道风流温度、巷道四周和封闭处等温度以及采空区流出来的水温的感知，可判断自然发火情况。自燃过程中有热量放出，通常表现为煤壁温度升高、自燃区域的出水温度升高和回风流温度升高。

5. 出现烟雾或明火

自然发火到一定程度时，会出现烟雾或明火，此时处理措施一定要谨慎得当，以免引燃引爆瓦斯，造成严重的后果。

人体感觉误差比较大，受人的健康状况、器官感觉的灵敏程度和专业知识的影响，且只有自燃达一定程度才会有明显感觉。因此不能单纯地把人的直观感觉作为煤自燃早期识别的唯一依据，应使用仪器进行定量分析。

（二）矿内空气成分分析

矿内空气成分分析通过分析煤炭自热阶段释放出的气体成分来发现自燃火灾。煤在氧化过程中，能使附近地区的空气中氧浓度降低，二氧化碳含量增加，并先后出现一氧化碳和其他碳氢化合物，分析自燃地区的进、回风流中空气成分及其变化情况，可以判断该地区是否发生自燃现象。

目前，我国采用的指标气体主要有一氧化碳、乙烯、乙炔、乙烷、丙烷等，预报指标主要有一氧化碳和乙烯的含量和火灾系数。

1. 标志性气体法

实验发现，煤体温升达到 80～120 ℃后，会分解出乙烯、丙烯等烯烃类气体产物，而在正常的矿井大气中是不含乙烯的，但一氧化碳产生的温度范围却很大。因此，只要井下空气中检测出乙烯，则表明煤炭已发生自燃。同时根据乙烯和丙烯出现的时间还可推测出煤的自热温度。褐煤、长焰煤、肥煤自然发火的预报临界值一般为$(0.1 \sim 0.2) \times 10^{-6}$。

由于煤中热解的产物与煤的种类有密切的关系，因此选择指标气体时一定要在实验的基础上进行，采用多种指标气体配合预报更为合适，如有的矿井目前还采用烯烷比（乙烯/乙烷）和链烷比（乙烷/甲烷）来预测煤的自热与自燃。

2. 火灾系数法

以风流经火源后一氧化碳浓度增加量与氧浓度减少量之比，作为自然发火的早期预报指标，同时以空气中二氧化碳增加量和氧气的减少量为辅助指标，这种方法称为火灾系数法。按下式计算

$$R_1 = \frac{+\Delta CO_2}{-\Delta O_2} \times 100\%$$

$$R_2 = \frac{+\Delta CO}{-\Delta O_2} \times 100\%$$

$$R_3 = \frac{+\Delta CO}{+\Delta CO_2} \times 100\%$$

式中 R_1、R_2、R_3——防火系数；

$+\Delta CO$——一氧化碳增加量，测点一氧化碳浓度与进风流一氧化碳浓度差；

$+\Delta CO_2$——二氧化碳增加量，测点二氧化碳浓度与进风流二氧化碳浓度差；

$-\Delta O_2$——氧气减少量，进风流氧气浓度与测点氧气浓度差。

煤层中始终有二氧化碳涌出，此外，爆破、呼吸等也有二氧化碳生成，且在时间和空间上是不均衡的，以此为预报值误差较大。但一氧化碳是煤在自燃过程中才出现的，并随自燃程度的严重不断升高。应用时，一般以第二火灾系数 R_2 作为主要指标，以第一火灾系数 R_1 作辅助指标，第三指标系数 R_3 作为参考指标。一般来说，当煤炭进入自燃阶段，R_1 为 0.3～0.4，若连续增大就预示着自燃火灾已经发生；若 R_2 超过 0.005，则应警惕自然发火的发生，如果超过 0.01，说明火灾已经发生。当有新鲜风流掺入时，R_1、R_2 的可靠性降低，但 R_3 则不受影响。

3. 一氧化碳相对含量法

一氧化碳相对含量法的实质是防火系数 R_2 的又一种应用形式，其计算式为

$$K_1 = \frac{C_{CO}}{\Delta C_{O_2}} \times 100\% = \frac{C_{CO}}{0.265 C_{N_2} - C_{O_2}} \times 100\%$$

式中 C_{CO}、C_{N_2}、C_{O_2}——测点风流中一氧化碳、氮气、氧气的体积浓度。若进风侧风流中氧氮之比不是 0.265 的话，应测定其真实值取代 0.265。

根据一氧化碳相对含量指数预报矿井火灾时，不同的矿井有不同的临界指标，应通过长期观测，提出适用于本矿的预报临界值，如抚顺老虎台矿总结多年的经验，从 7 万多个

气样中筛选出431个有发火隐患的气样，得出煤在自燃的发生、发展过程中不同阶段临界值：预警值 $K_1=0\sim0.45$；临界值 $K_1=0.46\sim4$；报警值 $K_1=4.1\sim9$。

4. 一氧化碳绝对含量法

风流中二氧化碳、一氧化碳和氧气浓度是随风量变化而变化的，因此影响火灾系数法预报的准确程度。采用一氧化碳绝对含量作为预报的指标可以避免风量变化对预报的影响，一氧化碳绝对含量通常称作发火系数，用 H 表示：

$$H=Q\cdot C_{CO}$$

式中 H——一氧化碳绝对含量，m^3/min；

Q——观测点通过的风量，m^3/min；

C_{CO}——观测点风流中一氧化碳的浓度，%。

上式适用于入风侧气样中不含有一氧化碳的条件。否则，H 值应为入、排风侧气样中一氧化碳绝对含量之差。

根据井下各观测区域在自燃过程的不同时期测得 H 值，即可分析得出预报的临界值（或称标准值），并以此进行预报工作。由于 H 值受煤种、井下气体成分和浓度、着火范围大小等因素的影响，矿井应在实际中统计出适于本矿的临界值。

为了可靠地预报矿井自然发火，必须对用风地点进风风流和回风风流的空气成分进行长时间的定地点、定周期进行气样成分分析，当发现二氧化碳和一氧化碳呈增加趋势时，特别是一氧化碳增加趋势较快时便可进行预报。因此，气样采集是自然发火早期预报的重要工作。气样采集得越勤，越容易早发现自燃火灾。

正常情况下，每星期至少应取2次气样，当发现用风地点空气成分出现可疑变化时，要缩短采样周期，增加采样次数，每天采样1次或每班采样1次。用风地点采样应避开爆破时间，如果遇到爆破，应在爆破后通风30 min以后采样。

（三）检测煤温

煤体在发生自燃期间，不同阶段氧化放热的剧烈程度差别很大，加上煤的导热性较差，致使相同时间内自燃隐患点及其周围煤体的温度各不相同，测温法就是通过测量发热体及其周围的温度变化来反应煤的自然发火进程，从而作出预测预报。常用的有温度计法和热敏电阻法。

温度计直接测定煤温法测温孔的布置方式、参数可根据现场情况合理确定。测定周期一般为5 d，若煤温升高，测定周期可缩短为2～3 d。该方法简单易行，基本能够预测到煤层自燃的发展程度和位置，以便及早采取针对性防治措施，而且测温孔可兼作注水湿润降温防火孔。但该方法受测温孔布置深度和温度计传输距离的限制，主要用于测定巷道周边较浅范围内松动煤体的温度。

热敏电阻间接测定煤体温度就是在有可能发生自燃的巷道周边碎煤体或采空区易燃带中，预先埋设热敏电阻，经铜芯胶质线连接后引入巷道空间，定期利用专用的电阻仪进行测定煤体温度。常用的热敏电阻有二线制的铂热敏电阻和铜热敏电阻，一般选用二线制的铜热敏电阻。测温热敏电阻一般3～4 m^2 布置一个，3 d测定1次，并根据需要适当加密布置和缩短周期。

测温法是气体分析法的有效补充，也是煤自然发火监测的常用方法之一。同时对于研究采空区中煤温随时间的变化规律、预报煤炭自热程度均直接而有效。但由于受煤矿井下作业环境流动性、分散性和空间限制等因素的影响，温度监测所需监测点多，且工作量较大，管理困难。采用热电偶等温度传感器时，成本高，维护困难，控制的范围有限，因此至今未能得到广泛应用。

（四）远红外探测

远红外探测技术是研究和应用远红外辐射的一门新兴技术，在煤矿主要用于探测地质构造、煤体自燃等。红外探测仪可分为红外测温仪和红外成像仪，煤矿多用红外测温仪。

由于煤矿测温多在低温区，被测目标尺寸以超过视场的50%为宜。目前，煤矿井下常用的是集测温与显示于一体的便携式红外测温仪。但由于自燃多发生于人员无法到达的区域，该方法在煤矿的应用受到了一定的限制。

（五）连续监测系统

连续监测系统具有采样及时、连续监测、分析数据可靠等优点，现已成为自然发火早期预报的主要手段之一。连续监测系统目前主要有束管监测系统和安全监测系统两类。

1. 束管监测系统

束管监测系统是利用一组管缆将井下气样输送到地面，经气体选取器依次将不同测点的气样送往色谱仪进行分析，来预报井下火灾的监测系统。该系统采用计算机监控连续监测，具有测定气体组分多、数据储存量大、分析准确、连续性好、自动化程度高、外部干扰小等优点，且测定数据经分析处理后可储存、打印、远距离传输等，达预报临界值时并进行声光报警等。束管监测系统的缺点是管路长，维护工作量大。

束管监测系统如图4-2所示，主要由采样系统、气体采样控制装置、气体分析、计算机系统、输出设备等组成。系统工作时，采样抽气泵使管束形成负压，井下被测气体进入管束，并被送入色谱仪中进行分析，数据经计算机分析处理后形成图谱和分析结果。

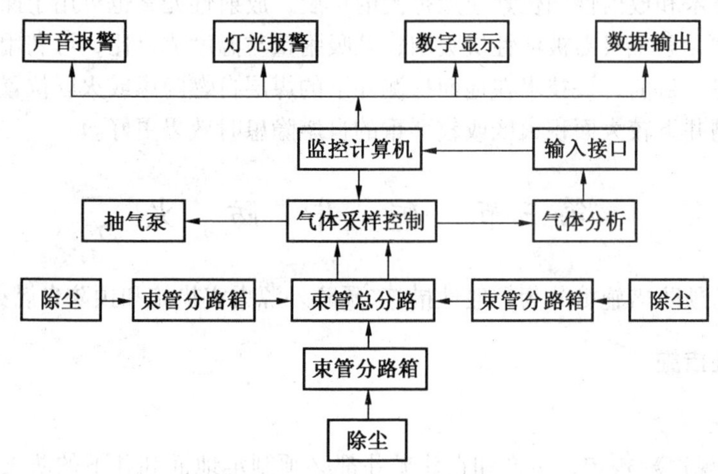

图4-2　束管监测系统示意图

（1）采样系统。采样系统主要由抽气泵、管路组成。管路一般采用聚乙烯塑料管，在采样管的入口装有干燥、除尘和水捕集器等净化和保护单元。在管路的适当位置装有贮放水器，以排除管中的冷凝水，整个管路要绝对严密，管路上装有真空计指示管路的工作状态。

(2) 气体采样控制装置。该装置由计算机系统程序控制实现井下多取样点巡回取样。

(3) 气样分析。气样分析一般使用气相色谱仪、红外气体分析仪等。

(4) 计算机系统。该系统控制井下取样、存储并进行数据处理、控制输出设备。

(5) 输出设备。输出设备显示或打印各种图表。

2. 安全监测系统

安全监测系统是通过烟雾、温度、一氧化碳等传感器来实现对火灾的监测。如在带式输送机巷、机电硐室等易发生外因火灾的巷道和地点安设烟雾传感器和温度传感器，在机电设备易发热部位安装温度传感器，通过监测烟雾、温度的变化来预报外因火灾。在采煤工作面回风巷、密闭墙外安装一氧化碳和温度传感器，通过监测一氧化碳浓度和温度的变化预报内因火灾等。国家标准规定：

(1) 开采容易自燃、自燃煤层的采煤工作面，必须在工作面上隅角（或工作面、或工作面回风巷）至少设置 1 个一氧化碳传感器，报警浓度为一氧化碳等于或大于 0.0024%。

(2) 带式输送机滚筒下风侧 10 ~ 15 m 处宜设置一氧化碳传感器，报警浓度为一氧化碳等于或大于 0.0024%。

(3) 自然发火观测点、封闭火区防火墙栅栏外宜设置一氧化碳传感器，报警浓度为一氧化碳等于或大于 0.0024%。

(4) 开采容易自燃、自燃煤层的矿井，采区回风巷、一翼回风巷、总回风巷应设置一氧化碳传感器，报警浓度为一氧化碳等于或大于 0.0024%。

由于传感器不能安装在密闭墙内，对密闭区的自然发火预报存在滞后的缺点。

(六) 同位素探测技术

随着电子技术和放射性同位素应用范围的扩展，放射性元素也可用于探测煤层自燃隐患。由于放射性元素氡极易被活性炭吸附，其吸附量与温度成反比，可利用其这一特性探测煤层自燃隐患。目前，该技术在地面探测井下的煤层自燃隐患或火区位置的效果比井下好，尤其是探测井下较大面积火区或较严重的自燃隐患时效果更好。

第三节 矿 井 防 火

矿井火灾的预防措施可分为一般性措施、预防外源火灾措施和预防自燃火灾措施三类。

一、一般性措施

1. 建立防火制度

《煤矿安全规程》规定，生产和在建矿井都必须制定地面和井下的防火措施。矿井的所有地面建筑物、煤堆、矸石山、木料场等处的防火措施和制度，必须遵守国家的防火规定，并符合当地消防部门的要求。

2. 防止火烟入井

为了防止因井口附近着火时烟流进入井下，木料场、矸石山、炉灰场距进风井的距离不得小于 80 m。木料场距矸石山的距离不得小于 50 m。矸石山和炉灰场不得设在进风井的主导风向的上风侧，不得设在表土层 10 m 以内有煤层的地面上，也不得设在采空区上方有漏风的塌陷范围内。井口房和通风机房附近 20 m 内，不得有烟火或用火炉取暖。

3. 设防火门

设防火门是隔断火灾烟流，防止火势蔓延，减少人员伤亡的有效措施之一。《煤矿安全规程》规定，进风井口应装设防火铁门。如果不设防火铁门，必须有防止烟火进入矿井的安全措施。

4. 设置消防材料库

为了储备足够的消防器材，供灭火时使用，《煤矿安全规程》规定，每一矿井必须在井上、下设置消防材料库，并符合下列要求：

（1）井上消防材料库应设在井口附近，并有轨道直达井口，但不得设在井口房内。

（2）井下消防材料库应设在每一个生产水平的井底车场或主要运输大巷中，并应装备消防列车。

（3）消防材料库贮存的材料、工具的品种和数量，由矿长确定，并备有明细卡片，指定专人定期检查和更换。这些材料、工具非因处理事故不得使用。因处理事故所消耗的材料，必须及时补齐。

5. 设消防列车

消防列车由井下常用的矿车组成，载有供井下应急用的消防器具。消防列车应包括不少于 2 节的容积大于 1 m^3 的水箱车厢；不少于 1 节的可载 6 人的载人车厢；工具车厢、灭火器车厢、风筒车厢、水泵车厢和备用车厢以及必要的灭火材料和灭火工具等。消防列车一般存放在消防材料库或专用硐室中。

6. 矿井消防用水

用水灭火是一种比较经济而有效的方法，矿井里水源往往充足，用水灭火也很方便。《煤矿安全规程》规定，每一矿井必须在地面设置消防水池和井下消防管路系统，井下消防管路系统应每隔 100 m（带式输送机的巷道中每隔 50 m）设置支管和阀门。地面消防水池必须经常保持不少于 200 m^3 的水量，且水中悬浮物不得超过 150 mg/L，粒径不大于 0. 3 mm，水的 pH 值应在 6. 0 ~ 9. 5。如果消防用水同生产和生活用水的水池合用，应有确保消防用水的措施。

矿井下部水平开采时，除地面消防水池外，可利用上部水平或生产水平的水仓作为消防水池。

二、预防外源火灾措施

外源火灾大多发生在风流畅通的地点，发生突然，火势发展迅速，如果不及时扑灭，往往会造成重大事故。值得注意的是，随着电气化和机械化程度的提高，外源火灾占火灾总数的比重有逐渐上升的趋势。

1. 防止使用明火和失控的高温热源

参见防止瓦斯引燃措施。

2. 采用不燃性材料支护

《煤矿安全规程》规定，井筒、平硐、各水平的井底连接处及井底车场，主要绞车道同主要运输巷道、回风巷道的连接处，井下机电硐室，主要巷道内带式输送机的机头前后两端各 20 m 范围内，都必须用不燃性材料支护。但由于棚子支护的背帮护顶仍多为可燃材料，因此仍然存在着火隐患。如2008年1月，某矿主斜井井筒距井口约192 m处护顶用的竹梢被引燃发生火灾事故，造成7人死亡，直接经济损失达268万元。

3. 使用不燃或难燃制品

虽然《煤矿安全规程》规定井下必须使用有煤矿安全标志的产品，但由于历史原因，非阻燃的油浸纸绝缘电缆、非阻燃输送带在煤矿井下仍然存在。

4. 防止可燃物的大量积存

《煤矿安全规程》规定，井下和硐室内不准存放汽油、煤油和变压器油。井下使用的润滑油、棉纱、布头和纸等必须存放在盖严的铁桶内。用过的棉纱、布头和纸也必须放入盖严的铁桶内，并由专人定期送至地面处理，不准乱放乱扔。严禁将剩油和废油洒在井巷和硐室内。井下清洗风动工具，必须在专用硐室内进行，并必须用不燃性和无毒性洗涤剂。

5. 加强火灾的监测监控

有效监测监控是早期发现火灾的重要手段，有助于在火灾发生的初期及早识别预警，把火灾消灭在萌芽状态，最大限度减少损失。若自动监测系统配合自动灭火系统效果更好。为了及时发现矿井火灾，规定在下列地点应设置传感器：

（1）带式输送机滚筒下风侧10～15 m处应设置烟雾传感器。

（2）开采容易自燃、自燃煤层以及地温高的矿井采煤工作面，应在工作面回风巷设置温度传感器，报警值为30 ℃。

（3）机电硐室内应设置温度传感器，报警值为34 ℃。

三、预防自燃火灾措施

（一）合理的开拓开采

煤炭只有处于破碎状态、通风供氧、易于蓄热的环境中才能产生自燃现象。因此，在巷道布置和采煤方法选择时，应充分考虑防火的要求。应遵循：开采自然发火严重的厚煤层或近距离煤层群时，可以将运输大巷、回风大巷、采区上下山、集中运输平巷和集中回风平巷等服务时间较长的巷道布置在煤层底板的岩石中；厚煤层分层开采的区段巷道应垂直布置，避免因上下分层巷道内错或外错布置时形成的阶梯煤柱内侧造成贮热氧化易燃隅角带，同时应大大减少甚至不留煤柱；上下区段巷道采用分掘的方法；尽量采用长壁式采煤方法，推行综合机械化采煤，采用全部陷落法管理顶板；推广无煤柱开采等。

（二）合理的通风系统

防火对通风的基本要求是风流稳定、漏风量少和采空区易于密闭隔绝。为满足防火要求，矿井以中央分列式或两翼对角式通风方式为好，通风压力不宜过大；矿井通风阻力应满足表4－3的要求；主要通风机与风网匹配；风网结构简单；通风设施布置合理，易于风量调节和漏风的控制；各水平、各采区应分区通风等。

表4－3　矿井通风阻力要求

矿井通风系统风量/($m^3 \cdot min^{-1}$)	系统的通风阻力/Pa	矿井通风系统风量/($m^3 \cdot min^{-1}$)	系统的通风阻力/Pa
＜3000	＜1500	10000～20000	＜2940
3000～5000	＜2000	＞20000	＜3920
5000～10000	＜2500		

（三）均压防灭火

均压防灭火不仅用于防止煤炭自然发火，也用于指导通风、灭火以及控制瓦斯涌出等方面。

1. 防灭火原理

煤炭之所以自燃，外部原因主要是有漏风。漏风的原因是存在漏风通道，且漏风通道两端存在压力差。

由 $\Delta h = R_{漏} Q_{漏}^{n}$ 知

$$Q_{漏} = \sqrt[n]{\frac{\Delta h}{R_{漏}}}$$

式中 $Q_{漏}$——漏风量，m^3/s；

Δh——漏风通道两端压力差，Pa；

$R_{漏}$——漏风通道风阻；

n——漏风流态指数。

由上式知，决定漏风的因素主要有两个方面：一是存在漏风通道；二是漏风风路两端存在压差。漏风通道的存在是不可避免的。在增大漏风通道风阻 $R_{漏}$ 的同时，减小漏风通道两端压力差 Δh 同样可以实现减少漏风的目的。均压防灭火的实质即通过设置调压装置或调整风流系统，尽可能减少或消除漏风通道两端的压差，达到减少或消除漏风，抑制煤炭自燃或控制瓦斯涌出的目的。防止密闭区自燃的均压措施称为均压防火，加速封闭区火灾熄灭的均压措施称为均压灭火。不论是防火还是灭火，其理论基础是一致的。

2. 漏风分析

漏风通道在采区内呈带状分布，煤在氧化过程中存在一个氧化放热和漏风散热的平衡问题。漏风风速低，氧化放热少，则不能自燃；漏风风速高，散热速度快，也不能自燃，一般认为自燃适宜的漏风风速为 0.02 ~ 0.05 m/s。

在采区内，漏风通道不是固定不变的，漏风带的分布与漏风风源、漏风汇合点的数目和位置有关。以单一煤层长壁工作面全部垮落采煤法采煤为例，采空区漏风可分为散热带、自燃带、窒息带，如图 4－3 所示。

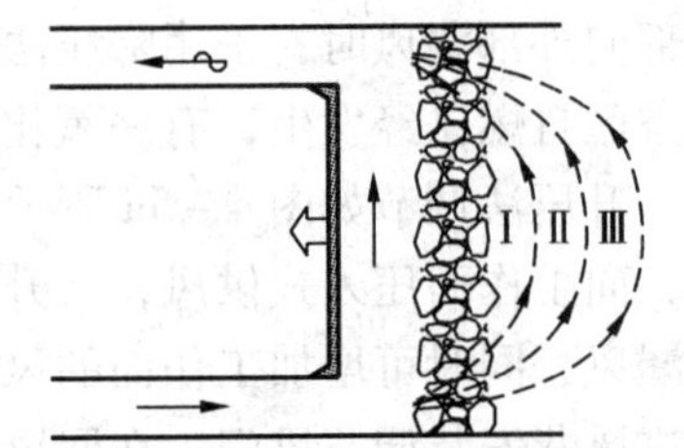

图 4－3 后退式采煤工作面 U 型通风采空区漏风示意图

Ⅰ——散热带，又叫冷却带、中性带、不燃带。在靠近采煤工作面的采空区内，顶板放顶时间不久，冒落岩石处于松散堆积、空隙大、漏风强度大、无聚热条件。况且采空区浮煤与空气接触时间短，无自燃条件。

散热带的宽度从工作面起到采空区内为 1 ~ 5 m，气体成分几乎与矿井空气相近似。

Ⅱ——自燃带，又叫氧化带。由散热带向采空区方向延伸，顶板冒落岩石逐渐压实，漏风强度减弱，浮煤氧化产生的热量易于积聚，浮煤与空气接触时间较长，煤有可能自燃。

氧化带内最明显的变化是一氧化碳浓度逐渐增长而氧浓度降低。自燃带的宽度取决于采煤工作面的风压和冒落岩石的压实程度。一般自散热带向采空区延伸 25 ~ 60 m。

Ⅲ——窒息带。由自燃带向采空区方向延伸的空间，顶板冒落岩石已经压实，漏风基本消失，氧浓度进一步降低，甚至达失燃临界值，浮煤氧化停止，即使在氧化带浮煤发生自燃，进入窒息带后也会由于缺氧而熄灭。

三带随着工作面的推进而前移，防火的主要地带就是自燃带。自燃带越宽，工作面推进速度越慢，越易自燃。大量的现场实践证明，自燃带宽度大小与顶板围岩性质、工作面长度、采高、冒落块度以及采场空间的通风、注氮和瓦斯抽采强度大小、抽采钻孔布置方式有关。一般情况下，散热带宽度为 3 ~ 10 m，自燃带宽度为 5 ~ 15 m，自燃带以内为窒息带。控制自燃的方法主要有预防性灌浆、注氮、加快采煤工作面推进速度、降低工作面两端风压差等。

3. 均压方法

根据使用原理和使用条件不同，均压防灭火技术大体可分为开区均压和闭区均压两大类，开区均压多用于采煤工作面，所以又叫采煤工作面均压，闭区均压又叫采空区均压。常用的均压方法如下：

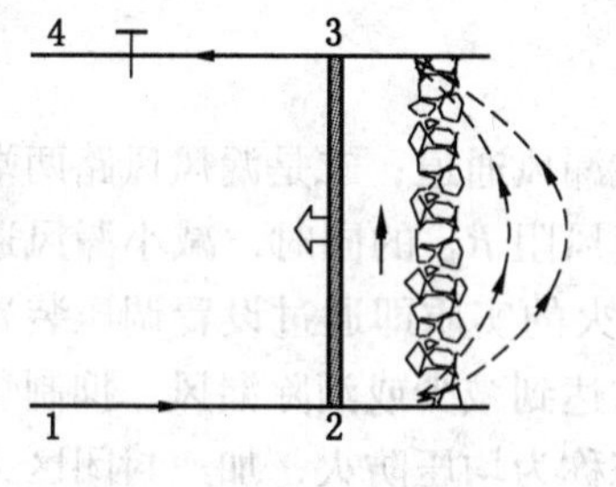

图 4 - 4　调节风门均压

（1）风门调压法。图 4 - 4 所示为后退式 U 型通风采煤工作面。在工作面回风巷 3 ~ 4 之间安设调节风门后，由于风阻的增加，减少了工作面的风量。在其他条件不变的情况下，根据通风阻力定律，工作面两端的压差降低，则采空区并联漏风的风量必然减少，自燃带宽度减小。

应该指出，风门调压法适用于支路风量有富余且允许减少的情况，而工作面的风量减少是有限的，它必须满足《煤矿安全规程》规定的最低风速，还应考虑工作面的防尘、防瓦斯、降温等要求。

（2）调节风门与局部风机联合均压法。当工作面采空区与相邻采区或相邻区段相沟通存在漏风时，易发生自然发火，此时可采取调节风门与局部风机联合均压的方法。均压方法有升压法和降压法，如图 4 - 5 所示。当由外部向内部漏风时，采用升压法调节；当内部向外部漏风时，采用降压法调节；当采空区自燃没有发生时，可采用降压法调节；当采空区自燃已经发生，有一氧化碳生成时可采用升压法调节。

升压法调节如图 4 - 5a 所示，在工作面进风巷安装局部通风机，在回风巷安装调节风门，向工作面压入式供风，可升高工作面压力，不仅可消除或减小来自工作面采空区后部的漏风，同时可增加工作面的风量。降压法调节如图 4 - 5b 所示，与升压法相反，在工作面进风巷安装调节风门，在回风巷安装局部通风机，局部通风机抽出式供风，降低工作面压力，消除或减小自工作面采空区向外部的漏风。

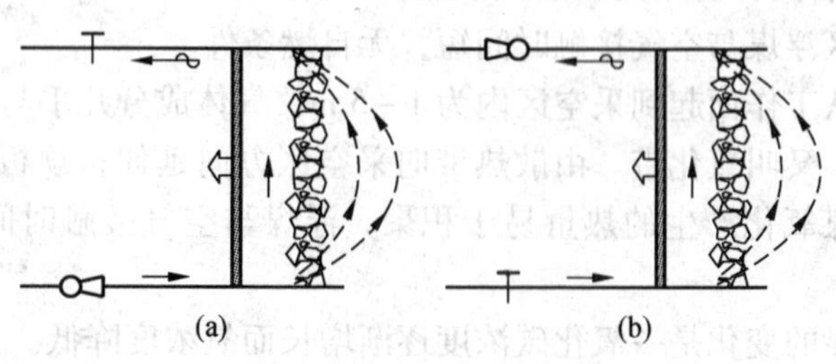

图 4 - 5　调节风门与局部风机联合均压法

使用这种调压方法，通过调整风机风量和调节风门的面积，可实现调节工作面有效风量和漏风量的目的。

（3）辅助通风机调压法。辅助通风机调压法原理如图 4－6 所示，是以辅助通风机为减阻设施的减阻调压法。在漏风入口和出口之间安设辅助通风机后，风机入风侧（漏风入口）压力降低，出风侧（漏风出口）压力升高，即使漏风通道进回风口 A、B 间的压力差减小，漏风量减小。

辅助通风机调压法技术性很强，辅助通风机要选择适当，风量、风压不能太大，否则漏风反向,风机吸循环风,且辅助通风机的安装使用必须符合《煤矿安全规程》有关规定。

（4）连通管与气室调压法。图 4－7 所示为连通管与气室调压法原理示意图，其实质是短路风筒与防火墙联合调压，气室起增阻作用，连通管可起传递压力和减阻作用，在其联合作用下，减小漏风通道两端的压力差，达到控制漏风的目的。

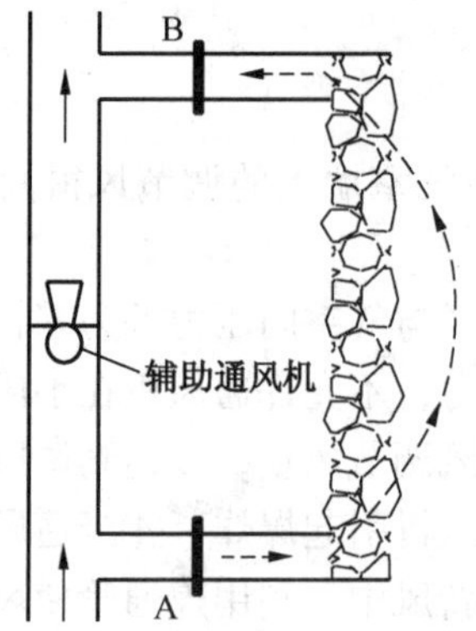

图 4－6　辅助通风机调压法

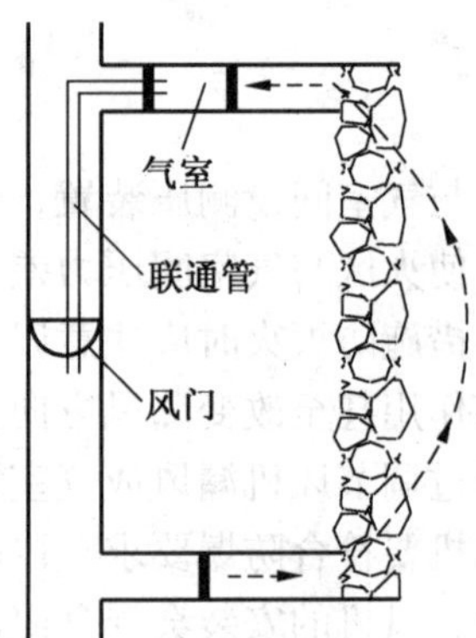

图 4－7　连通管与气室调压法原理

气室分单体气室和联合气室，可布置在进风侧，也可布置在回风侧，也可两侧都布置，如图 4－8 所示。连通管可使用直径为 300～500 mm 的铁管。

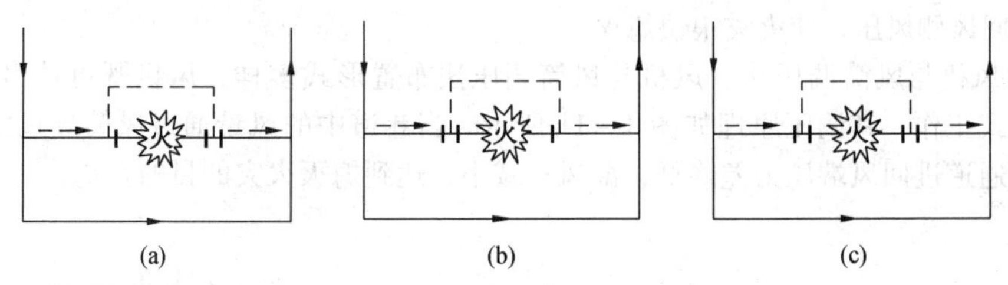

图 4－8　连通管与气室调压法

图 4－8a 所示为气室布置在回风侧，连通管压力高于气室压力，但不能使漏风通道压力差为零。图 4－8b 所示为气室布置在进风侧，连通管压力低于气室压力，也不能使漏风通道压力差为零。图 4－8c 所示为双侧布置气室，连通管为漏风通道的短路风路，对火区的漏风起分流作用，可使漏风通道角联化，有可能使漏风通道压力差为零。因此，双侧气室防火效果最好，且连通管越短越好。

连通管为漏风通道的并联风路，管径越大对火区的漏风的分流作用越好。因此，可适当加大连通管的管径，以提高调节的效果。也可测算出漏风通道的压力差和漏风量，据此计算出管道的风阻值，然后选取管径。

（5）风机与气室调压法。风机与气室调压法即在火区进风侧或回风侧构筑调压气室，在气室墙上直接或间接安装风机，利用风机升压（或降压）降低漏风通道压力差，达到控制漏风自燃的目的。其中气室设在漏风入口处时降压，设在漏风出口处时升压，如图4－9所示。

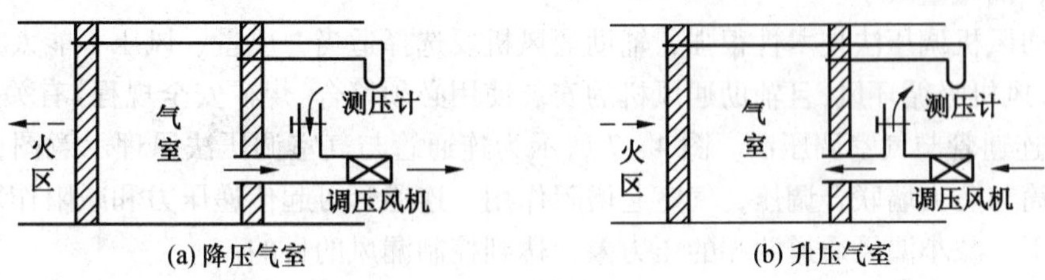

图4－9　风机与气室调压法

在火区与气室间设测压装置，通过风机漏风口（或设在气室墙上的调节风窗）调节气室压力，使火区与气室间压力差为零或接近零为好。

采用该措施防灭火时应注意以下事项：①要尽可能使火区与气室间压力差为零，否则起不到调节作用甚至改变漏风方向；②通风机要有足够的能力，不允许通风机在小风量下运转。常通过调节风机漏风或气室墙的调节风窗，利用循环风调节风量，以达到调压的目的；③通风机要符合防爆要求，以防止火区爆炸性气体通过风机引起爆炸；④当通风机在回风流中时，风机的安装会受到限制，此时可将风机安装在新风中，利用连通管使风机与气室联合调节。

图4－10所示为某高瓦斯矿采煤工作面示意图，因外因火灾引起工作面着火。为防止瓦斯爆炸，构筑了1号、2号、3号防火墙，经一定时间后火灾仍未熄灭。为缩封火区，决定建4号、5号防火墙，利用风机B由气室抽风，并利用风窗A调节风量，并建设风窗C以提高回风侧风压，使火灾很快熄灭。

（6）风机与风筒调压法。风机与风筒调压法布置形式多样，风机既可抽出式工作，又可压入式工作，其调压原理如图4－11所示。当巷道中的风量通过风筒导过漏风通道时，漏风通道进回风端压力差降低，漏风量减小，达到熄灭火灾的目的。

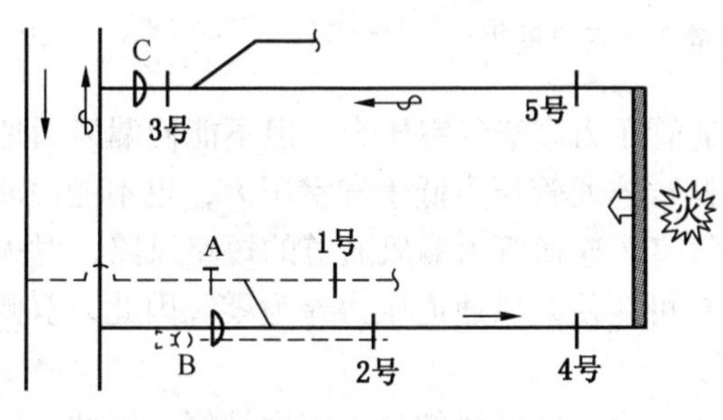

图4－10　风机与气室调压法实例

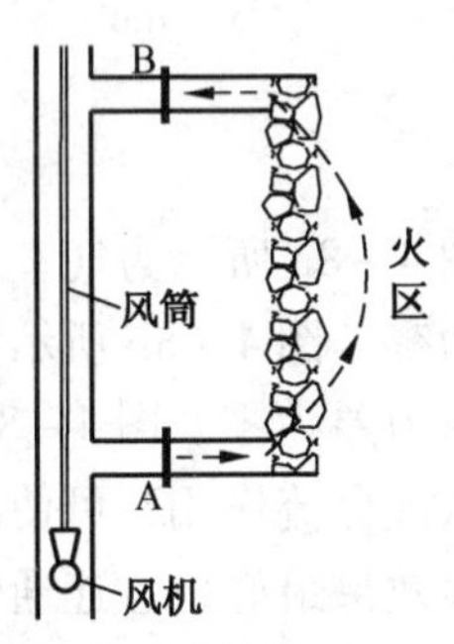

图4－11　风机与风筒调压法

图4－12所示为某矿的采煤工作面，在停产整顿期间，为防止工作面自然发火，在工作面进回风道间掘巷道AB以保持通风，在工作面进回风道构筑密闭CD。由于密闭漏风，引起工作面煤炭自燃，采用风机与风筒调压法后，火灾很快熄灭。

采用风机与风筒调压法时，风筒要越过漏风地段，通风机能力要足够，以达到平衡漏风风压的目的。但通风机能力又不能过大，必须保证巷道原风向，且风速不小于最小规定值。

（7）改变风路调压法。该方法的实质是通过改变风路或通风设施的位置来改变风路结构，降低漏风通道压力差，达到预防漏风的目的。改变风路可分为改变全矿井的风路和局部风路。改变全矿井的风路结合矿井通风系统改造进行，改变局部风路结合巷道布置和通风构筑物的位置进行。常用的措施有工作面分流调节法、开并联（短路）巷道调节法、漏风端点同侧化调压法和角联风路调节法等。

图4－13所示为工作面U型通风系统改为W型通风系统时，工作面分为两段。在工作面风量不变的情况下，上下段工作面风量为原来的1/2，其压力仅为原工作面的1/8，压力降低，漏风量也相应减少。同时，上下段工作面构成并联风路，工作面总风阻、总阻力降低，与其并联的漏风风路的漏风量也减少，自燃带宽度缩小，有利于抑制采空区浮煤的氧化自燃。

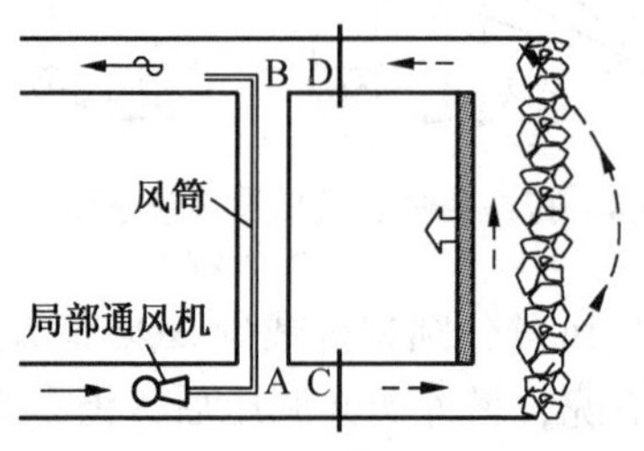

图4－12　风机与风筒调压法实例

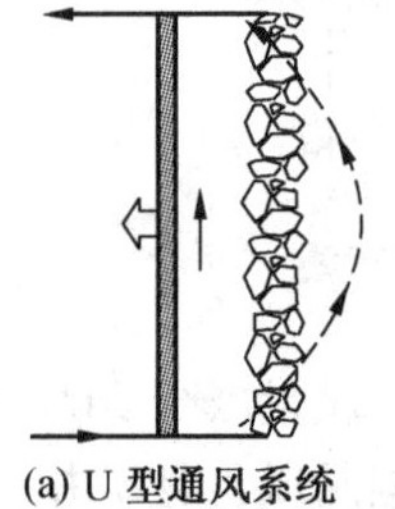

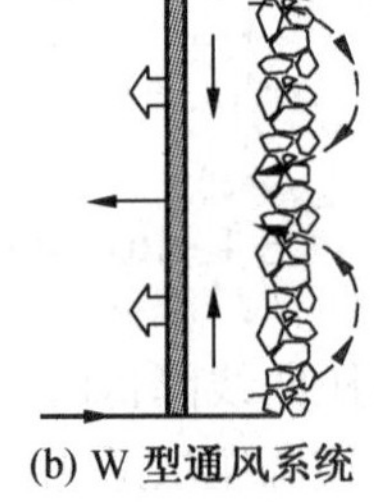

图4－13　工作面分流调节法

图4－14所示为开并联（短路）巷道调节法原理图，即开掘与火区并联或角联的巷道，使通过火区的风量分流，以降低火区漏风通道两端的压力差。在不减少供风的条件下，减少通过火区的漏风量。短路巷道越短，两端点压力差越小，效果越好。

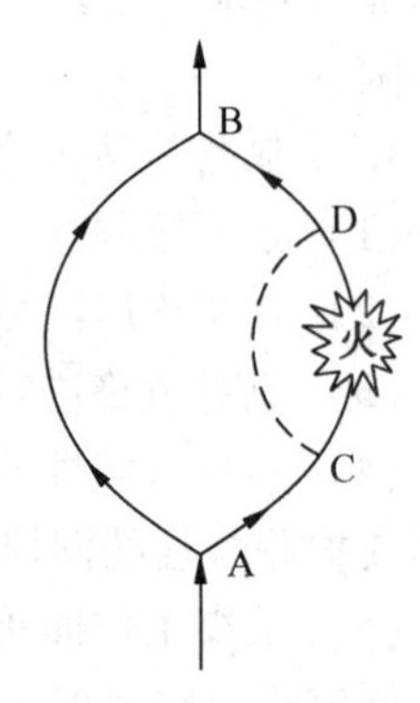

图4－14　开并联（短路）巷道调节法

当漏风通道始末端分别处于进回风巷时，两端点压力差较大，漏风也大。若通过调整通风构筑物的位置，使两端点同处于进风巷或回风巷，则压差很小，漏风也小。如图4－15所示，将风门（风窗）由A处移至B处，就实现了减少漏风的目的。

角联风路有不稳定性，具有实现均压的条件，通过调整其边缘巷道，可实现对角风路风量为零。方法是通过调整风路，使非角联风路的漏风通道成为角联风路，通过调节使角联风路的压力差为零，如图4－16所示。

（8）主要通风机调压法。在单回风矿井中，漏风量与风机风量调压前后符合比例定律。通过调节矿井主要通风机的总风量和总风压，从而可调节作用区的漏风量。如图4－17所示，设矿井通风风路风阻为R_2，漏风通道风阻为R_1，二者为并联风路，总风阻为R_{1+2}。

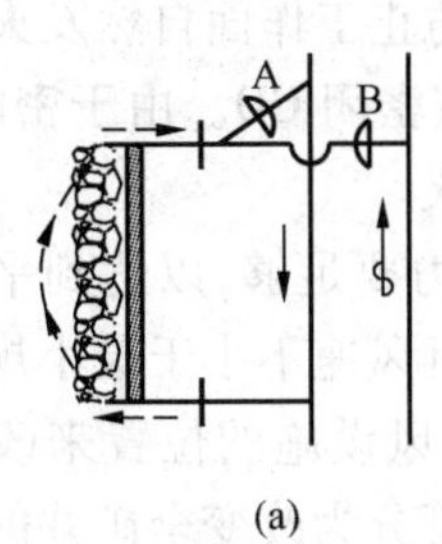

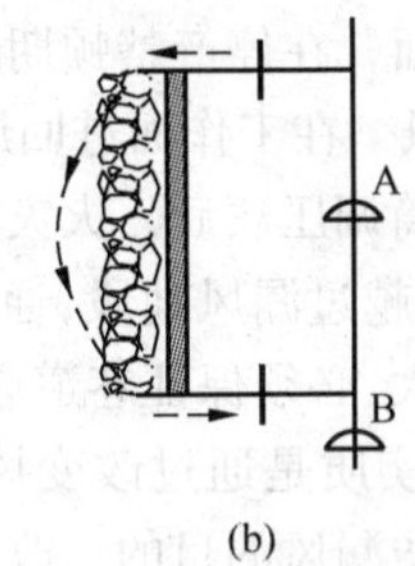

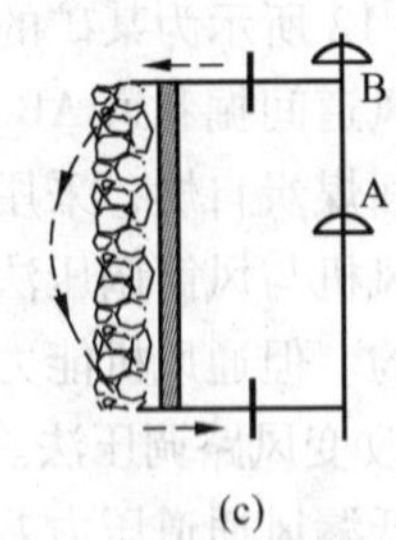

图 4－15　漏风端点同侧化调压法

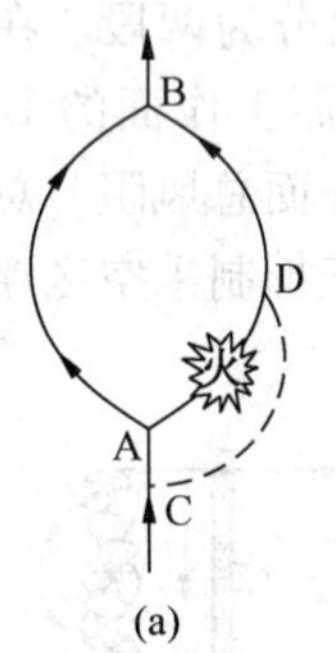

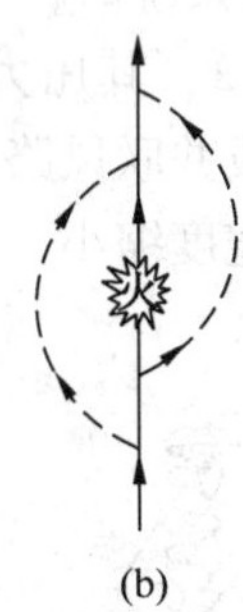

图 4－16　角联风路调节法

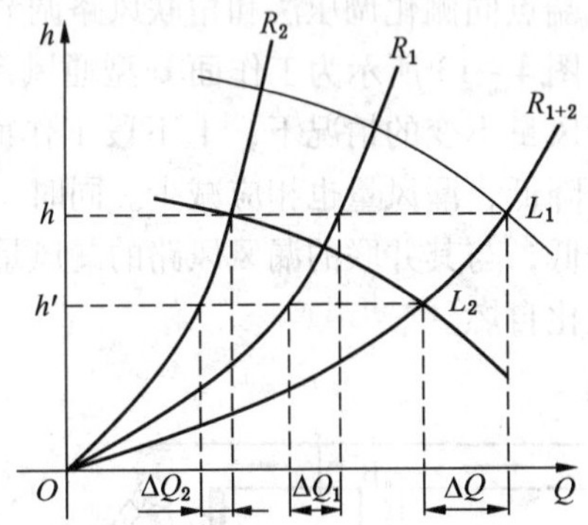

图 4－17　主要通风机调压法原理

当风压曲线降低时，矿井总风量减少 ΔQ，则风路 R_2、R_1 风量分别相应减少 ΔQ_2 和 ΔQ_1。

该调压法适用于大范围漏风，且矿井风量有富余的情况，另外矿井调压后，仍需要有富余的有效风量。值得注意的是，有相当一部分矿井的通风阻力超过 3000 Pa，不符合国家标准的要求，尤其是一些自然发火严重的矿井，有的达到 5000 Pa，给自然发火的预防带来困难。

4. 采取均压防灭火措施应注意的问题

（1）必须绘制通风系统图、通风立体图、通风网络图和通风压能图。

（2）查明均压区域、风流压能分布和漏风情况。

（3）应对风路进行通风阻力测定，利用六氟化硫气体示踪技术准确查明漏风状况。

（4）实行区域性均压时，应考虑邻区通风压能的变化，不得使邻区采空区、采煤工作面或护巷煤柱的漏风量增大，防止火灾气体涌入生产井巷和作业现场。

（5）采煤工作面采用均压防灭火技术时，必须保证均压风机稳定运转，并有均压风机突然停止运转时保证人员安全撤退的措施。

（6）利用均压技术灭火时，必须查明火源位置、瓦斯流向，并有防止瓦斯流向火源引起爆炸的措施。

（7）无论采用开区均压还是闭区均压，都必须保证通风系统的稳定性。

（四）预防性灌浆

预防性灌浆是将水、固体材料按适当的比例混合，制成一定浓度的浆液，借助输浆管路输送到可能发生自燃的地区。一方面，浆液中的固体物沉淀，充填于浮煤缝隙之间，包裹浮煤，隔绝氧气与煤体的接触，杜绝漏风，防止氧化；另一方面，浆液中的水分有助于增加煤的外在水分，抑制煤自热氧化的发展，同时有利于已自热煤体的散热降温。预防性灌浆是防止煤炭自然发火的一项传统措施，也是目前使用比较成功、稳定性好的措施。

1. 浆材选择和水土比的要求

泥浆中的固体材料应满足以下要求：加入少量水即可制成泥浆，渗入性强，易脱水；收缩量尽可能小；不含可燃物和催化剂；便于制备和运输等。

制作浆液时，水土比的确定与控制是相当重要的。水土比越小，灌浆效果越好，但运送困难，容易堵管；反之，则防火效果差且排水工作量大，易出现跑浆溃浆事故。通常，水土比应根据泥浆的输送距离、煤层倾角和季节气候等因素进行确定，一般土与水之比为1:2～1:5。

2. 灌浆方法

灌浆方法可分为采前预灌、随采随灌和采后灌浆。

（1）采前预灌。这是针对开采特厚煤层，老空区过多，煤层极易自燃而采取的措施。例如，窑街矿区从明朝开始历经数百年反复开采，小窑星罗棋布，老空区纵横重叠，由此造成的自燃火灾占发火次数的74.5%。

（2）随采随灌。随采随灌是指随着工作面的推进，向采空区内灌注泥浆。此法主要优点是灌浆及时，特别适用于长壁工作面自燃性较强的煤层。但管理不好时，易向工作面跑浆，使运输巷道积水，恶化工作环境，甚至影响生产。随采随灌可分为埋管灌浆法、插管灌浆法、钻孔灌浆法和洒浆法等。

埋管灌浆法就是当工作面推进时，在放顶前，沿回风巷在采空区预先铺好灌浆管路，灌浆管路埋入冒落区10～15 m，可采取临时木垛保护灌浆管路，灌浆完毕后用回柱绞车牵引灌浆管路前移。

插管灌浆法就是在放顶前，用木垛维护回风巷8～10 m，将灌浆管路插到上隅角采空区冒落体上方，灌浆管每隔一定距离移动一次，灌浆完毕后撤出灌浆管。

钻孔灌浆法就是利用开采煤层已有的巷道或专门开凿的底板灌浆道，每隔10～15 m向采空区打钻灌浆，钻孔直径一般为75 mm，打入采空区5～6 m进行灌浆。灌浆应滞后采煤工作面15～20 m，以防泥浆流入工作面。

洒浆法就是在工作面放顶时，沿工作面自下而上向采空区冒落岩块上洒浆。为安全和工作方便，洒浆一般落后于放顶15～20 m。洒浆通常作为灌浆的一种补充措施，使整个采空区特别是下半段采空区也能灌到足够的泥浆。

（3）采后灌浆。当煤层发火期较长时，为避免采、灌工作相互干扰，可在一个采区回采结束后，封闭终采线的上下出口，然后在上出口的密闭内插管并大量灌浆。据统计，自然发火大多发生在距终采线100 m范围内，灌浆的目的一是充填最易发生自燃火灾的终采线附近，二是封闭整个采空区。

3. 灌浆量的确定

所谓灌浆量是指灌浆所需土量和水量之和，它是根据灌浆区容积、采煤方法和地质情况等因素所决定的。采空区灌浆所需土量可用下式估算：

$$Q_{土} = KMLHC$$

式中　$Q_{土}$——灌浆所需土量，m^3；

K——灌浆系数，与岩石松散系数、泥浆收缩系数、跑浆系数有关，根据实际确定，一般取 0.03～0.2；

M——煤层开采厚度，m；

L——灌浆区走向长度，m；

H——灌浆区倾斜长度，m；

C——采出率,%。

灌浆用土量也可以根据采灌比计算，根据经验，每采出 1 t 煤的灌浆用土量按 0.16 m³ 计算。

灌浆用水量可用下式计算

$$Q_{水} = K_{水} Q_{土} \delta$$

式中 $Q_{水}$——灌浆所需水量，m³；

$Q_{土}$——灌浆所需土量，m³；

$K_{水}$——冲洗水管水量备用系数，一般取 1.1～1.25；

δ——水土比，根据实际情况选取，一般取 3～6。

4. 跑浆溃浆事故预防

为防止发生溃浆事故，灌浆必须采取以下安全措施：

（1）经常观测水情，详细记录灌入和排出水量，发现量差很大时，必须查明原因，采取相应措施。

（2）设置灌浆密闭，以隔开灌浆区和工作区。

（3）及时堵塞地表塌陷及钻孔，防止地表水流入成害。

（4）在灌浆区下部生产（回采）之前，必须检查灌浆区有无积水，以保证在无积水的灌浆区下进行回采工作。

5. 采取注浆措施防灭火时应注意的问题

（1）注浆材料的来源必须广泛，能够满足防灭火需要。

（2）采取注浆防灭火措施时，必须进行注浆设计并符合下列要求：巷道布置方式、注浆管路布置方式、防灭火注浆作业方式必须在作业规程中明确规定；隔离煤柱尺寸、注浆系统、疏水系统及采掘顺序符合技术要求；注浆地点、时间、进度、注浆量和注浆浓度必须满足防灭火需要。

（3）对于始采线、终采线、上下煤柱内的采空区必须加大注浆量。

（4）采用钻孔注浆时，要对防灭火钻孔进行设计，保证钻孔的精度。

（五）阻化剂防火

阻化剂又称阻氧剂，是一种或几种物质的溶液或乳浊液，可喷洒或罐注到采空区等易自燃的地点。阻化剂注入煤体后，附着在煤的表面上，吸收空气中的水分，在煤的表面形成含水的液膜，起到降低煤的氧化能力，阻止煤的氧化进程，达到预防自燃的目的。同时，水分蒸发时可吸热降温，防止煤体温度升高氧化速度加快，抑制煤的自热自燃。煤中加入阻化剂后生成不易氧化的较稳定物质，也抑制和延缓了煤的自燃。这种技术对缺土、缺水矿区的防火具有重要的现实意义。

煤矿中常用的阻化剂常利用吸水性强的无机盐类（如氯化钙、氯化镁、食盐等）、石灰水（氢氧化钙）、水玻璃（硅酸钠）、亚磷酸脂等，以及某些有机工业的废液，如纸浆废液，石油副产品的碱乳浊液等。

采用阻化剂防灭火时，应注意以下问题：

（1）在使用阻化剂进行防灭火前，应分析阻化剂对金属的腐蚀性，对人体呼吸系统、视觉系统及皮肤的刺激性，确定合适的阻化剂种类。

（2）确定合理的喷洒工艺、浓度和数量。

（3）编制阻化剂防灭火专门设计。

（六）氮气和二氧化碳防灭火

1. 氮气防灭火

氮气灭火的实质是利用氮气的惰性，将其注入采空区或破碎煤体中，减少破碎煤体周围氧气的含量，阻止或延长煤体的氧化性。同时，注入低温氮气时，可起到吸热降温的作用。此外，注氮可冲淡并降低注入区瓦斯、氧气的含量，减小爆炸的可能性。

注氮量是注氮的主要参数，直接决定防灭火的效果。注氮量一般按待注地点空间体积、采煤工作面产量、吨煤注氮量、瓦斯和氧含量计算取最大值，然后再结合具体情况考虑1.2~1.5的备用系数，确定最大注氮量。

注氮防灭火必须做到：氮气浓度不得低于97%；采空区上、下隅角必须及时封堵；采空区注入氮气后，采空区窒息带的氧气浓度不高于7%。

2. 二氧化碳防灭火

二氧化碳防灭火效果好，一是由于二氧化碳是一种窒息性气体，注入火区后降低氧气含量，使火区缺氧窒息；二是二氧化碳的密度大，注入火区后可迅速沉到底部挤出氧气形成保护层，使煤体与氧气隔离；三是煤在低温下对二氧化碳具有吸附特性，吸附于煤体的二氧化碳具有阻化的作用。

目前，常用的二氧化碳灭火设备为EDM1000二氧化碳惰性防灭火装置，该装置安全可靠性高，二氧化碳纯度高，灭火效果好。它将液态的二氧化碳转化成5~10 ℃的气态二氧化碳，通过注浆管路注入采空区，以达到防灭火或降低爆炸危险性的目的。

（七）凝胶防灭火

凝胶防灭火是20世纪90年代以来在我国煤矿广泛应用的新型防灭火技术，由于其工艺简单，操作方便，防灭火效果好，在全国开采有自燃危险煤层中的矿区得到了广泛的应用。凝胶是胶冻状态的硅酸溶液，由俗称水玻璃的硅酸钠和酸性促凝剂按一定比例混合配成水溶液后，在一定时间内发生化学反应形成。

凝胶成胶前是液体，具有流动性，充填速度快，可以充填空洞，堵漏风效果明显；且包裹松散煤体，隔绝空气，预防煤炭自燃。同时，凝胶成胶后水分含量高达90%，吸热降温效果好，且遇高温不分解，无毒。

压注凝胶的操作方法是用活塞泵将混合液压入自热区。一般情况下压注凝胶技术与喷浆相结合，以喷浆层作为依托体和防漏胶层，根据冒落空间的大小，来确定压注凝胶的体积。用于快速防灭火时，如封闭堵漏和扑灭高温火源时，成胶时间应尽量短，一般控制在30 s以内。而用于浮煤阻化时，成胶时间可延长些，一般以5~10 min为宜。此外，胶体应有一定强度，胶体强度与基料浓度有关，基料浓度越大，强度越大。

目前煤矿使用的EMA系列新型凝胶材料，具有高水、速凝、阻化、降温、无毒、无味、无腐蚀性、附壁性能好、综合成本低、环保等特点，克服了传统材料易产生大量氨气、有腐蚀性、对工人健康不利的缺点。

（八）高分子泡沫防灭火

高分子泡沫防灭火就是将不同的高分子材料在压风或压惰性气体动力的作用下，经专门的输送泵和输送管道喷射于破碎煤体表面或压注于破碎煤体内，发生化学反应膨胀后的泡沫胶结封堵或充填胶结破碎煤体，从而达到防灭火的目的。目前常用的高分子泡沫材料有聚氨酯泡沫和聚合胶体泡沫等，其中聚氨酯泡沫主要用于破碎煤体表面喷涂封堵胶结，聚合胶体泡沫主要用于破碎煤体压注充填胶结。

聚氨酯泡沫材料由一氟二氯乙烷（俗称“白料”）、多亚甲基多苯基异氰酸酯（俗称“黑料”）和催化剂二月桂酸二丁基锡组成。该材料具有黏附力强、隔漏性好等特点，但作业地点和下风侧风流中悬浮大量白色微细颗粒，对人体有害，作业时应加强个体防护。

聚合胶体泡沫常用的有艾格劳尼泡沫和洛克休泡沫，均属中空树脂泡沫。该材料具有发泡速度快、膨胀率高、黏结力强等特点，可通过钻孔压注到破碎煤体中。

（九）高分子胶体防灭火

胶体指分散质粒子直径在$(1\sim100)\times10^{-9}$ m的均匀分散系。不完全溶于水的固体颗粒均匀分散在水中，则为胶体。水溶胶在一定条件下可以凝固失去流动性，称为凝胶或凝胶体。MEA系列煤矿防灭火剂属于新型防灭火高分子胶体材料，与水结合后形成可始终保持的胶体，能很好地渗透到煤体缝隙中黏附包裹破碎煤体，同时捕获煤炭燃烧自由基，使其降低活化能，失去活化性，从而达到长期防火的目的。该材料具有副作用小、成本低廉、防灭火功效高且不污染环境等优点。

（十）三相泡沫防灭火

三相泡沫是由气（氮气）、固（粉煤灰或黄泥等）、液态的水和适量的发泡剂、稳定剂组成的具有一定分散体系和黏度的混合体，充分利用固体物的覆盖性、气体的窒息性和水的吸热降温性进行灭火。同时，发泡后形成三相泡沫，体积大幅增大，在采空区中可向高处堆积，对浮煤均能有效覆盖，大大提高了灭火效率。

三相泡沫灭火与其他灭火材料相比，具有注浆防灭火、注惰性气体防灭火和泡沫防灭火的优点。灭火材料经发泡形成三相泡沫后，体积大幅度增加，在采空区呈三维态向周围运移堆积，对采空区破碎的煤体均能有效包裹、覆盖，避免了防治“死角”。氮气被包裹在泡沫中，随泡沫一起充填于采空区缝隙，能长时间滞留在采空区。即便泡沫破灭氮气释放后，仍能起到惰化、抑爆的作用。固体物是三相泡沫的重要组成部分，可较长时间保持泡沫的稳定性，即便泡沫破灭后，同样能起到包裹、覆盖破碎煤体的作用。

第四节　矿井灭火技术

一、发生火灾时的行动原则

井下火灾能否及时扑灭，在很大程度上取决于灭火速度。任何人发现井下火灾时，应视火灾的性质、灾区通风和瓦斯情况，立即采取一切可能的方法直接灭火，控制火势，并迅速报告矿调度室。矿调度室在接到井下火灾报告后，应立即按照矿井灾害预防和处理计划的规定，将所有可能受到火灾威胁地区中的人员撤离，并组织人员灭火。电气设备着火时，应首先切断电源。在切断电源前，只准使用不导电的灭火器材进行灭火。

抢救人员和灭火过程中，必须指定专人检查瓦斯、一氧化碳及其他有害气体和风向、风量的变化，还必须采取防止瓦斯煤尘爆炸和人员中毒的安全措施。

灾区人员要沿着最近的路线，有秩序地尽快撤离危险区，同时注意风流方向的变化。如遇到烟气可能中毒时，应立即戴上自救器，尽快通过附近的风门进入新鲜风流中。当确实无法撤离危险区时，应进入避难所或构筑临时避难硐室避灾，等待救援。

二、控制风流

火灾时无论采用哪种控制风流的方法，都必须保证灾区和受威胁区人员的安全撤退；防止火灾扩大，创造接近火源直接灭火的条件；避免火灾气体达到爆炸浓度，避免瓦斯通过火区，防止瓦斯、煤尘爆炸；防止出现再生火源和火烟逆转；防止产生火风压造成风流逆转。常用控制风流的方法和适用条件如下：

1. 保持正常通风，稳定风流

在下列情况下应保持正常通风：

（1）当矿井火灾的具体位置、范围、火势、受威胁地区等在没有完全了解清楚时，应保持正常通风。

（2）当火源的下风侧有遇险人员尚未撤出或不能确认遇险人员是否已牺牲，且矿井又不具备反风和改变烟流流向的条件时，应保持正常通风。

（3）当火灾发生在矿井总回风巷或者发生在比较复杂的通风网络中，改变通风方法可能会造成风流紊乱，增加人员撤退的困难，出现瓦斯积聚时，应采取正常通风。

（4）当采煤、掘进工作面发生火灾，并且实施直接灭火时，要采取正常通风。

（5）当减少火区供风量有可能造成火灾从富氧燃烧向富燃料燃烧转化时，应保持正常通风。

2. 维持原风向，适当减少供风量

当采用正常通风方法会使火势扩大，而隔断风流又会使火区瓦斯浓度上升时，应减少风量。这样既有利于控制火势，又不使瓦斯浓度很快达到爆炸界限。

在救灾时减少供风量时，灾区范围内要停产撤人。在灾区内人员尚未撤出时，或瓦斯上升到爆炸界限，不利于人员撤退时，不能减少灾区风量。严密监视瓦斯情况，若发现瓦斯浓度上升，特别是上升到达2%左右时，应恢复正常通风，甚至增加灾区风量，以冲淡和排出瓦斯。

3. 停止主要通风机工作

停止主要通风机运转的适用条件如下：

（1）火灾发生在回风井筒及其车场时，停止主要通风机运转的同时打开井口防爆盖。

（2）火源发生在进风井口、进风井筒或进风井底时，由于条件限制不能反风，又不能让火灾气体短路进入回风时，应在尽快停止主要通风机运转的同时打开井口防爆盖。

停止主要通风机运转的方法不能轻易采用，否则会扩大事故。即使在上述情况下，仍然有造成人员伤亡或将瓦斯带入火源的可能。

4. 矿井反风

当火灾发生在矿井的总进风区段时，如矿井进风井口、井筒、井底车场及其附近的硐

室、中央石门，为避免高温火烟进入人员集中的采区，可采取全矿性反风措施。

《煤矿安全规程》规定，矿井反风时必须在 10 min 内改变风流方向，反风量不得小于正常风量的40%。

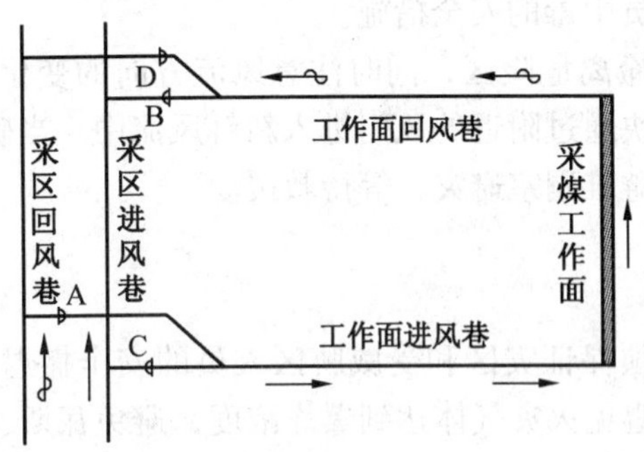

图 4－18　工作面局部反风示意图

5. 区域性反风

当火灾发生在采区内时，若采用局部反风有利于人员自灾区撤出和救灾，又具备局部反风条件时，可通过风门的启闭实现局部反风。图 4－18 所示为常见的采煤工作面通风系统，A、B 为常闭风门，若在工作面进、回风巷分别设置常开风门 C、D，当工作面进风巷发生火灾时，打开常闭风门 A、B，同时关闭常开风门 C、D，就实现了工作面的区域反风。

6. 局部风流短路

火烟短路是救灾过程中常用的应急措施。它是利用现有的通风设施进行风量调节，把有毒有害气体和烟雾引入回风，以减少人员伤亡。

三、火灾时风流紊乱及防治

（一）火风压的产生及其对矿内风流的影响

火灾刚发生时，井下风流及火烟都是沿着发火前的原方向流动的。火势逐渐发展，由于经过火源的空气温度急剧升高，空气体积膨胀，密度减少，于是产生了与自然风压相似的风压。这个火灾时自然风压的增量叫火风压。

火风压可改变风网中的风量，引起风流的紊乱，不但增加灭火困难，而且能造成井下人员的伤亡。火风压可用下式计算：

$$h_{火} = 11.77Z\frac{\Delta t}{T}$$

式中　Δt——火灾时空气温度的平均增量，℃；

Z——火烟流经井巷始末两端的标高差，m；

T——火灾时空气平均绝对温度，$T = 273 + t_0 + \Delta t$。

由上式知：火风压的大小取决于火灾巷道始末端标高差，即高差越大，火风压也越大。因此，倾斜巷道火灾时火风压明显，水平巷道则很小。火势越大，温度越高，火风压也越大，对矿井危害越大。

当火灾发生在上行风流时，由于火风压与矿井主要通风机风压一致，风机房水柱计下降；当火灾发生在下行风流时，由于火风压与矿井主要通风机风压相反，风机房水柱计上升。因此，可根据水柱计的变化和火灾发生区域，判断火灾发生的地点。

（二）火灾时风流紊乱及防治

矿井火灾时风流紊乱的形式主要有旁侧风路风流逆转、主干风路风流逆退和火烟滚退。

1. 上行风流火灾旁侧风路风流逆转及防治

（1）风量变化分析。如图 4－19 所示，Ⅰ、Ⅱ两工作面分区上行通风，Ⅱ工作面发生了火灾。当火势较小，火风压不大时，Ⅰ、Ⅱ工作面均维持原风流方向，但 $Q_{Ⅰ}$ 减小，$Q_{Ⅱ}$ 增加。随着火势的增大，$Q_{Ⅱ}$ 不断增加。当火风压达到一定值（主要通风机作用在并联风路 AB 间的风压值，称临界值）时 $Q_{Ⅱ}=Q$，Ⅰ工作面停风。当火势继续增大，即火风压大于临界值时，Ⅰ工作面风流逆转，形成循环风，灾害范围扩大。

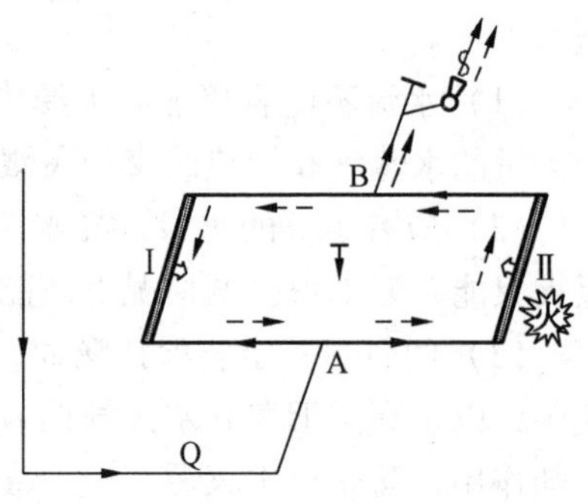

图 4－19　上行风流火灾示意图

显然，上行风流火灾时，由于火风压与风机风压一致，可造成主干风路风量增加，旁侧风路风量减少，甚至发生风流逆转，使灾害范围扩大。

（2）旁侧风路风流逆转的防治措施。矿井上行风流火灾时，应采取风流控制措施，防止旁侧风路风流逆转，使灾害扩大。根据布氏定理，应采取的措施包括：①控制火势，减少烟量，降低温度。例如，采取积极的直接灭火措施；通过在火源进风侧挂风帘、打临时密闭等措施减少火灾风路供风量；利用水幕降低火灾温度等。②保持主要通风机正常运转，不允许降压运行，甚至停止运转。③增加火灾风路的风阻，例如采取挂风帘、打临时密闭等措施增加火灾风路风阻，减小其供风量。④减小排烟通道的风阻。火灾时回风系统要加强维护，保持足够断面，有调节风门时要设法打开，防止冒顶堵塞排烟通道。

2. 下行风流火灾主干风路风流逆退及防治

下行风流火灾的特点是火风压与风机风压相反，即火风压成为风机风压的阻力，造成主干风路风量减小。当火风压大于临界值时，主干风路风流逆退。防治措施如下：

（1）控制火风压，例如直接灭火，控制火势，减少烟量，降低温度等。

（2）增大主要通风机对主干风路的风压，例如关闭旁侧风路的风门、风窗，挂风帘等，以增大主要通风机对主干风路的风压；主要通风机不得停止运转或降压运行等。

3. 火烟滚退及防治

在火源上风侧附近的巷道断面上出现两种不同的流向时，即巷道上部烟气逆风流动，经过一定的距离后又折返回火源的现象，称火烟滚退。且烟气生成量越大，火源温度越高，巷道风速越低，发生滚退的可能性越大。发生火烟滚退时，是主干风路逆退的预兆，火风压已经接近临界值，此时必须及时撤离灭火人员。

四、灭火方法

井下灭火方法可分为直接灭火法、隔绝灭火法和综合灭火法三类。

（一）直接灭火法

直接灭火法即用水、砂子或岩粉、挖除火源、化学灭火器、高倍数泡沫、惰性气体等方法来扑灭火灾。

1. 用水灭火

水是最广泛、最经济、最有效的常用灭火材料之一，一般采用水射流、水幕和灌浆三种形式。用水灭火的作用：水的热容量大，汽化热 2256.7 kJ/dm^3，冷却作用大；水汽化后可降低空气中的氧含量，并使燃烧物与空气隔绝，阻止其继续燃烧；水的强射流具有消焰的作用；同时水润湿可燃物后，可阻止燃烧范围扩大等。但是用水灭火，必须注意的问题如下：

(1) 水流不能直接射向火源中心，应从火源外围边缘逐渐向火源中心推进，以免生产大量的水蒸气和灼热的煤渣飞溅，伤及灭火人员，影响灭火速度。

(2) 应有足够的水量，杯水车薪不但难以灭火，而且可使燃烧范围扩大。但淹没法灭火只能在万不得已的情况下才能采用。

(3) 回风巷一定要保持畅通，保持正常的通风，使高温烟气和水蒸气直接导入回风流中，以防高温烟气和水蒸气伤人。有条件时可在下风侧设置水帘、水幕，对火灾气体起冷却作用，防止再生火源。

(4) 供水管路应与巷道风流方向一致，否则火灾往往可使巷道冒顶损坏供水管路，同时在风流下风侧作业也是十分危险的。

(5) 用水扑灭煤炭火灾时，要防止水煤气爆炸；扑灭电气设备火灾时，必须切断电源；由于水比油的密度大，油类火灾不可用水灭火。

2. 用砂子或岩粉灭火

砂子或岩粉不导电，灭火后不自燃，常用来扑灭油料、电气设备和电缆火灾，它能长时间覆盖在燃烧物上使其缺氧而熄灭。此外，砂子或岩粉可中断自由基的链式反应，达到熄灭火源的目的。因此，井下机电硐室应储备一定数量的砂子或岩粉。

3. 挖除火源

在火势不大、范围小、人员能够接近的火区，用水降温后可将燃烧物挖除，消灭火灾。在瓦斯矿井挖除火源是比较危险的，一定要强化组织工作，制定严格的安全措施，必须检查瓦斯浓度和温度，力争在最短时间内完成。

4. 用化学灭火器灭火

化学灭火器包括干粉灭火器、泡沫灭火器和二氧化碳灭火器。化学灭火器所含物质经过化学反应，生成的物质能降低燃烧物的温度，隔绝空气，同时降低氧含量，使火灾降温、窒息、熄灭，尤其是对矿井外因火灾的初期阶段有良好的灭火效果。

干粉灭火器是煤矿井下最常见的灭火器。其常以二氧化碳或氮气为动力，使用时拔出安全销，一只手按下手把，另一只手持喷射胶管对准火灾根部扫射，将灭火化学药剂喷出灭火。化学灭火药剂多为磷酸铵盐。磷酸铵盐受热分解，生成气体、水和糊状的五氧化二磷。水分蒸发可使火源降温，同时水蒸气降低了空气中的氧含量，不利于燃烧的发展；灭火剂热解产物抑制碳氢自由基的产生，破坏链反应；胶质物覆盖燃烧物表面，形成隔离膜阻断燃烧。

泡沫灭火器主要用于扑救油类火灾或木材棉麻等初起固体物火灾，但不能扑救带电设备火灾或气体火灾。该类灭火器一般将两种化学剂装于互不连通的一个容器中，使用时倒置使其混合，形成大量二氧化碳泡沫覆盖于火灾表面，使其窒息熄灭。

二氧化碳灭火器是将其内部的二氧化碳喷出灭火。液态二氧化碳喷出后迅速气化惰化燃烧物，同时起到降温的作用。当二氧化碳气体在火源周围空气中含量达 30% ~35% 时，物质的燃烧就会停止。二氧化碳灭火器主要由于扑救贵重设备、精密仪器仪表和少量油类的初起火灾。

5. 高倍数泡沫灭火

用机械的方法（风机）将空气吹入含有泡沫剂的水溶液，泡沫发生的倍数达 500 ~

1000 倍，较化学反应产生的泡沫高 1020 倍，所以称为高倍数泡沫灭火。大量泡沫覆盖在燃烧物上，隔绝其与空气的接触；泡沫中的水分蒸发，吸收热量；水蒸气稀释氧的浓度抑制燃烧；泡沫隔热性能好，救火人员可以借助泡沫接近火源，进行直接灭火。高倍数泡沫灭火具有速度快、效果好、恢复生产快等优点。

6. 惰性气体灭火

惰性气体不助燃，同时降低氧含量，而且在一定程度上有冷却作用。矿井灭火使用的惰性气体主要有氮气、二氧化碳、炉烟等。

氮气资源十分丰富，其在空气中的含量达 79%，且无毒，不助燃，不溶于水，不易被焦炭吸附，与空气密度接近，可达到任何地点。氮气在 -195.8 ℃时为液体，在 -208 ℃时为固体。液氮沸点低，在 0 ℃条件下气化，体积膨胀 643 倍，25 ℃条件下为 700 倍，1kg 液氮在 5 ℃条件下气化可吸收 412.5 kJ 的热量。用液氮灭火是一项先进的灭火技术。

氮气灭火具有窒息、抑爆、冷却作用，适用于大面积火区，或距离火区较远人员无法到达的区域。

二氧化碳具有良好的灭火的效果，尤其是扑灭低位火源，而且抑爆能力强。但二氧化碳成本高，溶于水，经过火区时易转化为有毒的一氧化碳，不易扑灭高位火源等。

（二）隔绝灭火法

隔绝灭火又叫隔绝窒息灭火。当火灾不能直接扑灭时，用防火墙（密闭）将火源或发火区域严密地封闭起来，防止新鲜空气进入火区。由于火区内产生的惰性气体（二氧化碳、氮气）浓度逐渐增高，氧浓度逐渐降低，从而使火区缺氧逐渐熄灭。这是一种消极灭火方法，多用于处理大面积火灾，特别是控制火灾发展。防火墙可分为临时防火墙和永久防火墙等。

1. 临时性防火墙

临时防火墙的作用是暂时阻断风流，控制火势发展，以便在它的掩护下砌筑永久性防火墙。传统的临时防火墙是木板抹黄泥的密闭墙。随着新技术、新材料、新工艺的不断出现，新型防火墙也应运而生。

目前使用的泡沫塑料快速临时防火墙以草帘、麻布等作底衬，将树脂及助剂经喷枪喷射于上面，几秒后便可成型。这种临时防火墙具有轻便、防潮、抗腐蚀、成型快、耐燃等特点。

快速防火气囊能在短时间内堵塞巷道，隔断风流。气囊用不燃的塑料制成，内充惰性气体或空气，是一种快捷实用的临时防火墙，且可重复使用。

伞式密闭又称伞式风幛，用乳胶玻璃丝纤维布做成。使用时挂在所需地点，借助风流压力在巷道内迅速张开而阻断风流。这种风幛携带方便，无须其他附属材料，一至两人用 10～15 s 就可挂好。

此外，传统的临时密闭方法仍有广泛的应用，如以木架为骨架，在其上面挂风幛或在上面钉木板等。当密闭区域存在爆炸危险时，可用砂袋密闭，俗称“防爆墙”。

构筑临时防火墙时，由于风量逐渐减小，瓦斯浓度不断升高，发生爆炸的危险性增加。因此，施工要迅速快捷，施工后及时撤出人员，经 24 h 不爆炸再砌永久性防火墙。

2. 永久性防火墙

永久防火墙用于永久隔绝火区，隔断风流，须坚固严密，不漏风，具有较强的耐压性。根据使用的材料，有木段、砖、料石、混凝土和砂袋等。为了提高密闭墙的可塑性，砌筑时可在周边槽内加1～2层木砖，构筑工艺和要求与永久密闭相同。防火墙要设置采集气样、测量温度的孔口和放水管，平时注意封闭严密。防火墙构筑完毕后，墙外应涂白，便于观察其密闭质量。

在瓦斯涌出量大的地区封闭火区时，应构筑防爆防火墙。在防火墙内砌上石垛或先用砂袋砌筑一段5 m左右的保护墙，然后在其保护下，再砌筑永久防火墙。在有水砂充填的矿井也可充填砂袋构筑防爆防火墙，其砂袋长度应达到5～10 m。当对防火墙的密封性、耐温性及抗压性要求高时，也可砌筑钢筋混凝土防火墙。

防火墙位置的选择是成败的关键，应遵循封闭范围尽可能小和构筑数量尽可能少以及有利于快速施工和管理的原则。具体要求如下：

（1）距离交叉点5～10 m为宜。过远必须解决墙前通风问题，否则易形成瓦斯积聚。

（2）防火墙前后5 m围岩稳定，支护完好，以保证防火墙的严密性。否则应喷浆或用填料予以封堵。

（3）墙体与火源之间不应有旁侧风路存在，以免火区封闭后风流逆转，造成火灾气体或瓦斯的爆炸。

（4）尽可能靠近火源，缩小火区。火区范围越小，爆炸性气体的体积越小，发生爆炸的威力越小，启封火区时也容易。

3. 火区封闭顺序

在多风路的火区建造防火墙时，应根据火区范围，火势大小，瓦斯涌出量等情况来决定封闭火区的顺序。一般是先封闭对火区影响不大的次要风路，然后封闭火区的主要进回风巷。

火区封闭顺序有3种：先封火区进风侧，后封火区回风侧；进风侧和回风侧同时封闭；先封火区回风侧，后封火区进风侧。

（1）先封闭进风侧，后封闭回风侧。一般来说，在火区的进风侧建立防火墙要比回风侧容易得多。只要封闭了进风侧的防火墙，进入火区的风量会大大减少，从而使火势减弱，涌出的烟量减少，这就有利于回风侧防火墙的建立。因此，在非瓦斯矿井中，通常都是先在进风侧构筑临时密闭，切断风流，控制火势，然后在火区回风侧构筑临时密闭，最后在临时密闭掩护下构筑永久密闭。

（2）进回风侧同时封闭。对于瓦斯矿井，火区进风侧和回风侧应同时封闭。一般是在进风侧先构筑临时密闭且留一定断面积的通风口，保证回风流瓦斯不超限，再构筑回风侧临时密闭，然后两端同时封闭，并尽快撤出人员。

由于这种方法能很快封闭火区，切断供氧，火区瓦斯也不容易达到爆炸界限，可保证人员的安全，所以它是瓦斯矿井封闭火区常用的封闭方法。

（3）先封闭回风侧，后封闭进风侧。该方法施工环境条件差，施工困难，危险性大，一般不采用。只有在火势不大、温度不高、无瓦斯存在时，为了迅速截断火源蔓延采用。

防火墙建立后，墙前压力局部升高，墙后压力局部下降。先封闭进风侧，若老空区瓦斯涌出量大时，会因墙后压力下降易使采空区瓦斯涌出量增加而达到爆炸界限。而首先封闭回风侧由于不利于采空区瓦斯涌出，可能要安全一些。如某救护队在处理某矿采区火灾时，当完成进风侧第一处密闭后，因火区负压增高，附近采空区内的瓦斯涌出通过火区，造成连续10次爆炸。

总之，在瓦斯矿井封闭火区时，应考虑火区内气压、瓦斯、风流状况、封闭空间、瓦斯达到爆炸浓度需要的时间等因素，正确选择封闭顺序、施工时间及密闭墙的位置。

（三）综合灭火法

实践证明，单独使用隔绝灭火方法，往往需要很长的时间，特别是在密闭质量不高，漏风较大的情况下，可能达不到预期目的。因此，在火区封闭后，还要采取一些其他的灭火措施，如向火区灌入泥浆、惰性气体或均压等手段，加速火灾熄灭，这就叫做综合灭火法。

五、火区管理和启封

矿井火灾密闭后，可认为火灾已经控制，但火源尚未熄灭，对矿井安全生产仍然是一个威胁。加强火区的管理，加速火区熄灭，启封火区恢复生产，是矿井通风灭火工作的重要内容。

1. 火区圈定

（1）火灾区。火灾区指火灾危及的区域。火灾区存在明火、烟雾和有害气体。当一氧化碳超过0.002%时，必须撤出人员，只准救护队员进入。

（2）火区。采取密闭灭火的方法对火灾区进行封闭管理的区域叫火区。火区的边界可以是自然边界或人工边界，是一个封闭的、有一定寿命的、可管理的边界，封闭时应尽可能缩小范围。火区封闭后，所有防火墙必须设置栅栏、警标，严禁人员进入。

（3）火区影响区。火区影响区通常指本煤层火区相邻区域以及邻近层下方的区域。在火区影响区域内，若没有可靠的安全措施，严禁各种采掘活动。

（4）冻结煤量。冻结煤量指因火灾暂时不能开采利用的煤量。

2. 火区管理

火区封闭后，配合灭火工作进行观察、检测、资料分析整理等，统称为火区的管理。

（1）绘制火区位置关系图。煤矿企业必须绘制火区位置关系图，注明所有火区和曾经发火的地点。每一处火区都要按形成的先后顺序进行编号，并建立火区管理卡片。火区位置关系图和火区管理卡片必须永久保存。

（2）建立火区管理档案。每个火区都要建立一份火区管理档案，详细记录发火日期、原因、位置、范围、防火墙厚度、建筑材料、灭火处理过程、注浆量、发火前后通风与气体分析情况和火区地质条件及开采情况。待火区注销后，注上火区注销的日期。

（3）防火墙管理。每个防火墙必须设专人管理，附近必须设置栅栏、警标，禁止人员入内，并悬挂说明牌。每个防火墙都要有编号，还应设记录板，记录防火墙内外瓦斯浓度、温度、压力和检查日期及检查人姓名。

（4）加强火区的检查工作。矿井应制定火区管理专项安全技术措施，落实火区管理责任制，建立健全火区检查与分析制度，加强火区的管理。

3. 火区检查与分析

凡是人工封闭地点火区边界均应经常检查，尤其是火区主要漏风的进回风侧主要防火墙、涌出一氧化碳的漏风地点、检查灭火效果的观测点。

检查内容包括：防火墙内的气体成分和空气温度、防火墙内外空气压差以及防火墙质量和漏风情况等。所有测定和检查结果必须记入防火记录，并进行测定结果分析。当发现封闭不严、有其他缺陷或火区有异常变化时，必须采取措施，及时处理。

火区检查与测定主要用于对火区情况的分析判断，为进一步采取措施提供依据。如根据不同测点的温度和气体成分，可分析判断火区位置；根据气体成分可利用爆炸三角形分析判断火区内混合气体的爆炸性；根据各项测定结果的变化情况，可分析判断火区变化趋势等。火情的分析与判断如下：

（1）分析测定结果，对照火区熄灭标准，判别火区熄灭程度。

（2）根据测定结果，判别火区变化趋势。一般规律包括：①氧气含量骤减，说明火区发展；氧气含量缓慢降低，说明火区在惰化；氧气含量升高，长期不下降，说明漏风严重；②一氧化碳含量增加是火势发展的表现，且发展越剧烈，火势越严重；③二氧化碳是火灾产物，剧烈增加说明火势发展；缓慢增加说明火区惰化；④甲烷是火灾气体的组成部分，非瓦斯矿井火灾时也会出现甲烷；⑤氢气是火灾产物，氢气的增加说明火势加剧。火区内氢气一般不超过1% ~2% ；⑥重烃气体成分是煤在热裂解过程中的产物，其浓度的增加说明火势加剧。

4. 火区启封

（1）火灾的熄灭条件。封闭区的火灾逐渐熄灭时，火区的气体成分、温度、压力等会发生明显的变化。根据这些变化可判别封闭的火区是否已经熄灭。《煤矿安全规程》规定，封闭的火区，只有经取样化验证实火已熄灭后，方可启封或注销。

《煤矿安全规程》规定，火区同时具备下列条件时，方可认为火已经熄灭：①火区内空气温度下降到30 ℃以下或与火灾发生前该区的日常空气温度相同；②火区内空气中的氧气浓度降到5.0%以下；③火区内空气不含有乙炔、乙烯，一氧化碳浓度在封闭期间内逐渐下降，并稳定在0.001%以下；④火区的出水温度低于25 ℃，或与火灾发生前该区的日常出水温度相同；⑤上述4项指标持续稳定的时间不得少于1个月。

（2）火区启封。在启封火区前，应对火区封闭后的全过程和观测所得的各种资料进行认真分析研究，对照火灾熄灭条件，确认火灾已经熄灭后，提出启封报告，制定专门的安全措施，准备相应的材料、设备和灭火器材才能进行启封工作。发现复燃征兆时，必须立即停止向火区送风，并重新封闭火区。

火区的启封有一次打开火区法和分段打开火区法。当火区范围不大，并确认火灾已经熄灭时，可以一次打开火区。首先打开火区回风侧的防火墙，由佩戴呼吸器的救护队员进入火区侦察，经侦察火灾确已熄灭时，再打开进风侧防火墙。注意要逐渐恢复通风，以排除有害气体。

如果火区范围较大，火区内可能积存大量有害气体，可以采用分段打开火区的方法，又称为锁风法。在火区的进风侧密闭墙外5 ~6 m处，构筑带门的临时密闭墙，由佩戴救护器的救护队员进入火区侦察，在临时密闭墙以里150 ~200 m的适当位置再构筑一道临时密闭墙；然后，用局部通风机做压入式通风，排出该段积存的有害气体，并加固支架。这样分段逐渐接近火源，侦察确认火区熄灭时，最后打开回风侧防火墙，排除有害气体。

无论采用哪种启封方法，在启封过程中都必须经常检查火区的气体，如果发现一氧化碳或复燃现象，要立即停止启封，并重新封闭火区。

应当注意：在启封火区工作完毕后的3 d内，每班必须由矿山救护队检查通风工作，并测定水温、空气温度和空气成分。只有在确认火灾完全熄灭、通风等情况良好后，方可进行生产。

复习思考题

1. 什么是矿井火灾？矿井火灾三要素是什么？
2. 矿井火灾是如何分类的？各分为哪几类？
3. 矿井火灾有什么危害？
4. 煤炭自燃的基本条件是什么？煤炭自燃有哪些特征？
5. 煤炭自燃发展过程分为哪几个阶段？各阶段有哪些特点？
6. 影响煤炭自燃倾向性的因素有哪些？
7. 简述开拓、开采、通风条件对自然发火的影响。
8. 我国目前煤层自燃倾向性鉴定采用什么方法？煤的自燃倾向性是如何分类的？
9. 什么是自然发火期？如何确定存在自然发火隐患或已自然发火？
10. 哪些人体生理感觉能够预报矿井自燃火灾的发生？
11. 我国预报自然发火常用的指标气体有哪些？如何进行自然发火预报？
12. 简述矿井火灾的预防措施。
13. 试述预防性灌浆的作用、灌浆方法及如何确定灌浆量。
14. 何谓均压防灭火技术？简述均压防灭火的原理。
15. 均压防灭火有哪些方法？
16. 发生火灾时的行动原则是什么？
17. 火灾时期控制风流的方法有哪些？这些方法应满足的基本要求是什么？
18. 何谓火风压？火风压是怎样产生的？火风压对矿井通风有哪些影响？
19. 简述矿井火灾时期风流紊乱的形式以及防治措施。
20. 矿井灭火的方法分为哪三大类？
21. 简述用水灭火的使用条件及注意事项。
22. 什么叫隔绝灭火法？封闭火区的顺序有几种？各适用于什么条件？
23. 火区管理的具体内容有哪些？
24. 简述火区启封的条件。

第五章 矿 井 水 害

第一节 概 述

凡是影响、威胁矿井安全生产，使矿井局部或全部被淹，造成人员伤亡或经济损失的井下涌水或地面水溃入井下所造成的灾害，统称为矿井水灾。

一、水害的危害

水害是煤矿五大自然灾害之一。由于煤矿是地下开采，在煤矿生产建设过程中，经常会遇到水害的威胁，主要表现在：

（1）由于矿井水的影响，使煤层顶底板破碎变软，施工困难，环境恶化。

（2）由于矿井涌水，矿井空气湿度增大，影响工人健康。

（3）由于排水，需要施工排水设施、安装排水设备和配备相应人员，增加煤炭开采成本。据某矿区估算，矿井涌水量为 1 m^3/min，排水扬程为 100 m，仅排水电费每年需要 10 万元左右。

（4）矿井水对设备、轨道、支架有腐蚀作用，缩短其使用寿命。

（5）由于矿井水的威胁，开采时需要留设防水煤柱，有的甚至难以开采。

（6）当矿井涌水量超过排水能力时，就会造成全矿井或局部被淹，甚至矿毁人亡。

矿井水害不仅影响矿工生命和财产的安全，而且还会破坏正常的生产秩序，使煤炭开采成本增加，降低煤炭开采经济效益，当涌水量大于排水能力时就会淹井。因此，矿井水害防治对安全生产和经济效益的提高有重大的现实意义。

二、矿井水灾水源

矿井在生产过程中，煤层附近各水体均可能通过各种通道进入矿井。矿井充水水源通过适当的导水通道，在未能预见的情况下突然涌入矿井所产生的出水事故，称为矿井突水（简称突水），包括突水、涌水、淋水、漏水、积水等形式。矿井水的来源是多方面的，主要有大气降水、地表水、地下水和老空积水。

1. 地面水源

（1）大气降水。大气降水即由天空降到地面的雨、雪、冰雹水通过渗透或裂隙等进入地下。大气降水是地下水的主要补给来源，因此所有矿井的充水都不同程度地受到降水的影响。降水对矿井充水的影响，既与降水的特点和降水强度有关，又与降水的入渗条件有关。对于有集中入渗通道的矿井，当发生较大强度的降水时，若矿井地面存在适宜的汇水条件和较大的过水断面，则极易造成涌水水害。同时，矿井充水滞后于降水的时间也短。

大气降水通过岩层的孔隙、裂隙渗入井下时，不仅与降水量大小、降水强度有关，更决定于地形及地表水系发育情况、岩层渗透性和渗透距离、植被等入渗条件，一般滞后雨季一段时间。且开采越浅，地层透水性越好，滞后时间越短，危害越大。由于大气降水渗入井下时有一个过程，一般为十几天至几十天不等，一般不至于构成对生命的威胁。但大气降水通过裂隙等通道溃入井下时，其特点近似于地表水，来势猛，往往构成对矿井安全的威胁。

（2）地表水。地表水即地表江、河、湖、泊、水库、坑塘中的水通过裂隙与井巷连通灌入井下。大气降水和地下水为其补给来源，同时它又与地下水互为补给来源。地表水体除了海洋水外，其他类型的地表水具有季节性，即在雨季积水或流水，而在旱季干涸无水。因此，矿井地面防水不可忽视季节性的河流、坑塘、聚水低洼地带等。地表水溃入井下时来势猛，往往形成水灾，给矿井安全带来威胁。

地表水体能否成为矿井充水水源，取决于地表水体与井巷之间的隔水地层性质、厚度以及有无直接或间接联系的通道，地表水涌入或灌入矿井的主要通道包括第四系松散砂砾层及基岩露头、小窑采空区、地表岩溶塌陷以及采煤形成的冒落断裂带与地表水体沟通等。

2. 地下水源

（1）含水层水。含水层水即地层中的含水层水，分冲积层水和承压水。冲积层水又称地表潜水，它赋存于第四系松散层内的流砂层、砂层及砂砾层等含水层内（或其他不同时代形成的含水松散层），覆盖在煤系地层之上，主要由大气降水和地表水补给。采矿冒裂带一旦与其贯通，冲积层水与流砂等将溃入井下，形成地面塌陷漏斗，俗称“开天窗”，将导致冲积层水害。

冲积层水涌水的特点是开始涌水时水量小，夹带泥沙，水色发黄，随着时间的推移涌水量逐渐增大。由于涌水有一个过程，一般不致构成对人的伤害。

我国煤系地层为侏罗纪、石炭纪、二叠纪，该地层有砾岩、流砂层、石灰岩等含水层，含水量大，压力高。其中处于两个隔水层中间的地下水称为承压水。

（2）断层水。断层破碎带内积存大量水，而且断层又是各含水层连通的通道，属“活水”，补给充分。断层水透水的特点是水来势猛，水量大，持续时间长，不堵水源通道不易疏干。

断层水多为黄色，很少挂红，无涩味。由于断层有破碎带，当采掘工作面接近时往往出现顶板来压、淋水增加的征兆，有时可在缝隙中见到淤泥等。

（3）老空水。老空水是采空区、老窑、旧巷道内的积水，它像一个地下水库，一旦回采或掘进与其相通，则会发生透水，轻则增大矿井涌水量，重则淹没巷道、工作面或采区，甚至造成人员伤亡。

老空水的特点是积存时间长，水量补给差，属于“死水”。因此，水酸度大，水味发涩，挂红，突水时来势猛，夹带矸石、煤泥等。老空水透水时往往有酸臭味的硫化氢气体涌出。

老空积水往往位置不清，水体几何形状极不规则，空间分布极不规律，其对矿井充水的影响常带有突发性。同时，老空积水往往都分布于矿井浅部，位置居高，突水量集中，瞬时水量大、持续时间短、流速快、来势凶猛，即使水量不大也往往造成人员伤亡。

（4）岩溶（陷落柱）水。由于石灰岩长期受水的侵蚀成为溶洞或陷落柱，其间积存大量的水，且沟通各含水层，突水急，水势猛，采掘过程中一旦与其贯通，往往造成灾害。

由于岩溶长期受水侵蚀，水呈灰色，带有臭味，有时有挂红现象，若没有水力联系时易排干。当有广泛水力联系时，可成为地下暗河。

应该注意的是，矿井充水大都是以某种水源为主，但接受多种水源补给。因此必须区分出矿井的直接充水水源和间接充水水源，同时还要研究两种水源直接的水力联系，为开展矿井防治水工作提供可靠依据。

三、矿井水灾原因

（1）地面防水措施不当或防洪设施管理不严，雨季山洪或塌陷裂隙灌入井下。
（2）水文地质资料不清，盲目施工。
（3）井筒标高低于历年洪水位，造成雨季山洪灌入井下。
（4）井筒位置选择不当。
（5）施工质量低劣，造成塌冒沟通含水层。
（6）小窑滥采滥掘，破坏防水煤（岩）柱。
（7）测量失误、违章作业等。

四、矿井充水程度

在煤矿生产中，把地下水涌入矿井的多少称为矿井充水程度。矿井充水程度的强弱主要取决于充水含水层的富水性、导水性、厚度和分布面积等。矿井充水程度反映了矿井水文地质条件的复杂程度和充水的强弱，常用矿井涌水量和含水系数表示。

1. 矿井涌水量

单位时间内流入矿井的水量称为矿井涌水量，用 Q 表示，单位为 m^3/h、m^3/min 或 t/h、t/min。根据矿井涌水量的大小，将矿井涌水程度划分为涌水量小的矿井（$Q<2\ m^3/min$）、涌水量中等的矿井（$Q=2\sim5\ m^3/min$）、涌水量大的矿井（$Q=5\sim15\ m^3/min$）、涌水量很大的矿井（$Q>15\ m^3/min$）。

由于矿井采掘地点、范围以及地面气候条件的不断变化，矿井涌水量也随之变化。矿井正常开采时的涌水量称为正常涌水量，其峰值称为最大涌水量。

2. 矿井含水系数

由于矿井生产能力不同，矿井涌水量不能真正衡量矿井水害程度。矿井充水程度的另一种表示方法是矿井含水系数，又称富水系数，指矿井每生产一吨煤的排水量。用 K_B 表示，单位为 m^3/t 或 t/t。根据含水系数的大小，矿井充水程度划分为充水性弱的矿井（$K_B<2\ m^3/t$）、充水性中等的矿井（$K_B=2\sim5\ m^3/t$）、充水性强的矿井（$K_B=5\sim10\ m^3/t$）、充水性极强的矿井（$K_B>10\ m^3/t$）。

五、矿井突水程度划分

为了衡量矿井突水的灾害程度，根据我国矿井突水情况，对我国含水层富水性和矿井突水点等级进行了划分。

1. 含水层富水性

含水层富水性是根据钻孔单位涌水量（q）划分的，即以口径 91 mm、抽水水位降深 10 m 的钻孔单位涌水量为准。含水层的富水性不决定是否突水，但是决定突水量的大小。根据含水层富水性，将含水层富水性分为弱富水性（$q \leqslant 0.1\ dm^3 \cdot s^{-1} \cdot m^{-1}$）、中等富水性（$0.1\ dm^3 \cdot s^{-1} \cdot m^{-1} < q \leqslant 1.0\ dm^3 \cdot s^{-1} \cdot m^{-1}$）、强富水性（$1.0\ dm^3 \cdot s^{-1} \cdot m^{-1} < q \leqslant 5.0\ dm^3 \cdot s^{-1} \cdot m^{-1}$）、极强富水性（$q > 5.0\ dm^3 \cdot s^{-1} \cdot m^{-1}$）。

含水层的富水性取决于含水介质特征、厚度、分布面积、补给条件等因素。相同的充水岩层，在地形平缓且其厚度大、倾角小的，较地形陡峻条件下且其厚度小、倾角大的更易于接受降水补给，对矿井充水影响大。

2. 突水点等级

根据突水量，突水点等级标准分为小突水点（$Q \leqslant 60\ m^3/h$）、中等突水点（$60\ m^3/h < Q \leqslant 600\ m^3/h$）、大突水点（$600\ m^3/h < Q \leqslant 1800\ m^3/h$）、特大突水点（$Q > 1800\ m^3/h$）。

六、矿井水灾危害程度

煤矿生产中，矿井突水造成灾害影响生产的危险程度，一般用突水系数和水文地质影响因素来表示。

1. 矿井突水系数

所谓矿井突水系数，是指含水层静水压力与隔水层厚度的比值，用 K_{sh} 表示，即

$$K_{sh} = \frac{p}{M}$$

式中 K_{sh}——突水系数，kPa/m；

p——含水层静水压力，kPa；

M——隔水层厚度，m。

该式的物理意义为单位厚度隔水层所能承受的极限水压。显然，含水层静水压力越大，隔水层厚度越小，突水危险性越大。不同矿区的经验值见表 5-1。

表 5-1 某些矿区突水系数的经验值

矿 区	突水系数	矿 区	突水系数
峰峰	64.7 ~ 74.6	淄博	58.9 ~ 137.3
焦作	58.9 ~ 98.1	井陉	58.9 ~ 147.3

上式考虑了岩石厚度而未考虑岩石性质和承载能力。根据不同的岩性和承载能力，可对上式中 M 值进行修正，西安煤研所提出的修正值见表 5-2。

表 5-2 岩石等级系数

岩石名称	换算系数	岩石名称	换算系数
砂岩	1.0	铝土页岩	0.5
砂质页岩	0.7	断层带岩石	0.35

在煤矿开采中，由于矿山压力的影响，往往造成隔水层的破坏，突水危险性增加。考虑到采矿时矿山压力的影响，西安煤研所提出矿井突水系数如下计算公式：

$$K_{sh}=\frac{p}{M-C_p}$$

式中　C_p——矿山压力（主要为回采）造成底板破坏导水厚度，m。

根据统计，$K_{sh}=660\sim720$ kPa/m 时为突水临界值，即大于该值时有突水危险，且超出越多突水危险性越大，否则相反。

2. 水文地质影响因素

根据矿井及其周边是否存在老空积水、矿井受采掘破坏或影响的含水层性质和富水性及补给条件、矿井涌水和突水分布规律及水量大小、煤矿开采受水害威胁程度以及防治水工作难易程度等，把矿井水文地质类型划分为简单、中等、复杂、极复杂4种。

矿井水文地质类型一般每3~5年重新确定一次，但发生重大突水事故后（突水量首次达300 m^3/h以上或死亡3人以上）应在1年内重新确定矿井水文地质类型。

七、矿井水文地质类型划分

根据国家现行《煤矿防治水规定》，从矿区水文地质条件、井巷充水特征出发，根据受采掘破坏或影响的含水层富水性、补给条件、矿井涌水量、突水量、突水系数、开采受水害威胁程度和防治水工作难易程度等，把矿井水文地质划分为简单、中等、复杂、极复杂4个类型，见表5-3。

表5-3　矿井水文地质类型划分

分类依据		类别			
		简单	中等	复杂	极复杂
受采掘破坏或影响的含水层及水体	含水层地质及补给条件	受采掘破坏或影响的孔隙、裂隙、岩溶含水层，补给条件差，补给来源少或极少	受采掘破坏或影响的孔隙、裂隙、岩溶含水层，补给条件一般，有一定的补给水源	受采掘破坏或影响的主要是岩溶含水层、厚层砂砾石含水层、老空水、地表水，其补给条件好，补给水源充沛	受采掘破坏或影响的主要是岩溶含水层、老空水、地表水，其补给条件很好，补给水源极其充沛，地表泄水条件差
	单位涌水量 q/($L\cdot s^{-1}\cdot m^{-1}$)	$q\leqslant0.1$	$0.1<q\leqslant1.0$	$1.0<q\leqslant5.0$	$q>5.0$
矿井及周边老空水分布情况		无老空积水	存在少量老空积水，位置、范围、积水量清楚	存在少量老空积水，位置、范围、积水量不清楚	存在大量老空积水，位置、范围、积水量不清楚
矿井涌水量/($m^3\cdot h^{-1}$)	正常 Q_1	$Q_1\leqslant180$ $Q_1\leqslant90$★	$180<Q_1\leqslant600$ $90<Q_1\leqslant180$★	$600<Q_1\leqslant2100$ $180<Q_1\leqslant1200$★	$Q_1>2100$ $Q_1>1200$★
	最大 Q_2	$Q_2\leqslant300$ $Q_2\leqslant210$★	$300<Q_2\leqslant1200$ $210<Q_2\leqslant600$★	$1200<Q_2\leqslant3000$ $600<Q_2\leqslant2100$★	$Q_2>3000$ $Q_2>2100$★

表5-3（续）

分类依据	类别			
	简单	中等	复杂	极复杂
突水量 $Q_3/(m^3 \cdot h^{-1})$	无	$Q_3 \leqslant 600$	$600 < Q_3 \leqslant 1800$	$Q_3 > 1800$
开采受水害影响程度	采掘工程不受水害影响	矿井偶有突水，采掘工程受水害影响，但不威胁矿井安全	矿井时有突水，采掘工程、矿井安全受水害威胁	矿井突水频繁，采掘工程、矿井安全受水害严重威胁
防治水工作难易程度	防治水工作简单	防治水工作简单或易于进行	防治水工程量较大，难度较高	防治水工程量大，难度高

注：1. 有★符号的为西北地区指标。
2. 单位涌水量以井田主要充水含水层中有代表性的为准。
3. 在单位涌水量 q、矿井涌水量 Q_1、Q_2 和矿井突水量 Q_3 中，以最大值为分类依据。
4. 同一井田煤层较多，且水文地质条件变化较大时，应当分煤层进行矿井水文地质类型划分。
5. 按分类依据就高不就低的原则，确定矿井水文地质类型。

第二节 地面防治水

地面防治水是指在地面修筑防排水工程，防止或减少大气降水和地表水渗入井下。尤其是矿井涌水水源主要为大气降水和地表水的矿井，地面防治水尤为重要。

一、防止井口灌水

井口和工业场地内主要建筑物的标高应在当地历年最高洪水位以上，平原应高出历年最高洪水标高0.5 m，丘陵山区应高出1 m。在山区还必须避开可能发生泥石流、滑坡的地段。井口和工业场地内建筑物的标高低于当地历年最高洪水位时，必须修筑堤坝、沟渠或采取其他防排水措施等，以防暴雨、山洪从井口灌入井下，造成灾害。

二、防止地表水渗入井下

1. 河流改道

在矿井范围内有常年性河流流过且与矿井充水含水层直接相连，河流渗漏范围大，堵水难奏效时，可考虑河流改道。但河流改道工程量大、投资多，需经技术经济考虑。

2. 整铺河床

当通过井田的河流渗水性强时，可在渗漏地段用黏土、料石或水泥铺垫河底，防止或减少渗漏。如京西门头沟矿，地面沟渠较多，雨季是矿井水的主要补给源，其中长4.4 km的主沟渠占漏入水量的61%，河床铺底后矿井涌水量大幅度减少。

3. 堵塞通道

因采掘活动引起地面沉降、开裂、塌陷而形成矿井进水通道时，可用黏土或水泥填堵封闭。填堵塌陷裂隙可沿缝隙挖深0.4～0.8 m、两边各宽0.3～0.5 m的沟，填入片石或石块，上部填入黏土或灰土夯实至平。

三、挖沟排截水

山坡地区或山前平原矿井，可在井田上部垂直水流来水方向沿等高线布置排洪沟、渠，拦截、引流洪水，使其绕过矿区。

四、修防洪堤隔绝水源

煤系地层有露头时，为防止地表水体通过露头沿岩层进入井下，可修堤隔绝。如河南宜洛矿煤系地层露头为宜洛河床，雨季河水上涨淹没露头，河水沿岩层进入井下，使矿井涌水量大幅度上升。采取修防洪堤隔绝水源措施后，效果显著。

五、防止矿井地表积水

对于矿井开采后引起的地表沉降内洼地、塌陷区、沼泽等处，应在堵、排的基础上充填，防止积水渗入井下。如徐州韩桥、青山泉两矿五井，暴雨4 h后井下见黄水，涌水量可猛增4~5倍，而天晴3~5 d后，井下水量明显减小。矿井采取防、排、治结合的防水措施，在近山区以蓄水为主；在矿区外围挖排洪沟，以排放为主；在矿区内部以导流为主，导排结合。采取这些措施后，矿区水害得到了根本性的治理。

六、注浆堵截

当地表水无法解决时，可用注浆方法将渗水通道封堵，中断其进入矿井的通道。

七、加强防水机制和制度建设

汛前做好雨季防汛准备和检查工作是矿井防治水的重要措施之一。雨季到来之前，建立健全防汛组织，建立预防暴雨洪灾事故的机制和制度，编制水害事故应急救援预案，落实防汛责任，抓紧各种防汛物资和防汛措施的落实，汛时加紧检查，建立汛期预警和预防机制，及时采取防范措施。

第三节　井 下 防 治 水

井下水害隐伏性强，来势猛，较地表水和大气降水具有更大的危害性。煤矿防治水工作必须坚持“预测预报、有疑必探、先探后掘、先治后采”的原则，采取“防、堵、疏、排、截”的综合治理措施。

“预测预报”是在加强矿井水文地质工作，查清矿井水文地质条件的基础上，对矿井的水文地质类型、水害隐患及威胁程度进行分析研究，并通过相应的水文地质工作对矿井水文地质条件进行分采区、分工作面评价圈定安全区、临界危险区和危险区，以消除开采活动的盲目性。

“有疑必探”是在预测预报的基础上，对存有水害威胁的可疑地点、区域或块段采用物探、化探、钻探等方法和手段进行必要的探查，以探明可疑区域或水害隐患的情况。

“先探后掘”是在综合探查的基础上，探明没有水患威胁后，方可进行巷道的掘进施工，以确保安全。巷道掘进必须坚持“不探不进”的探水原则。

“先治后采”是指经探查后，对存在有水害威胁的作业地点和隐患区域，采取有针对性的治理措施，水患威胁消除后才能进行采掘活动。

“防”是对矿井边界、导水断层、承压含水层、导水陷落柱等采取留设防水煤（岩）柱或通过改变采煤方法来预防水害，并对其他可能诱发矿井水害的水源、通道实施加固、隔离、阻断等措施。

“堵”即针对有安全隐患的矿井充水水源、涌水通道，应当超前进行注浆封堵，或对强含水层、隔水层进行注浆加固处理。

“疏”主要是指对能疏干的含水层疏干，对于底板承压含水层不能疏干的，通过疏放水，把水压降到安全值以下，即疏水降压，从而实现安全开采。

“排”指建立安全可靠的矿井排水系统，同时将排水和供水相结合，使矿区水资源得到综合利用。

“截”指通过开挖沟渠，修筑堤坝，防水帷幕等截流措施，拦截地表河流、水库和池塘等地表水、松散层水及承压水导水通道。

一、加强水文地质工作和开拓开采措施

（一）加强水文地质工作

水文地质工作是各项防治水工作的基础和依据。查明矿井水源和可能涌水的通道，可为矿井防治水提供依据。为此，必须做好以下工作：

1. 水文观测

（1）收集地面气象、降水量与河流水文资料，如流速、流量、水位、枯水期、洪水期等；查明地表水体的分布、水量和补给、排泄条件；查明农田浇灌水对矿井及居民区影响；查明洪水泛滥时对矿区、工业广场及居民区的影响程度。

（2）通过探水钻孔和水文地质观测孔，观测各种水源的水压、水位和水量的变化规律，查明矿井水的来源及矿井水和各种水源间关系等。

（3）观测矿井涌水量与季节和气候变化的关系等。

2. 矿井水文地质

（1）掌握冲积层的厚度和组成，各分层的透水、含水性及与构造水的关系。

（2）掌握断层和裂隙的位置、错动距离、延伸长度，破碎带范围及其含水和导水性能。

（3）掌握含水层与隔水层数量、位置、厚度、岩性，各含水层的涌水量、水压、渗透性、补给排泄条件及与开采煤层的距离，勘探钻孔的填实状况及其透水性能。

（4）调查老窑和现采小窑的开采范围、开采经过、开采煤层及深度，积水区域及分布状况，勘探钻孔的封堵情况。

（5）掌握开采过程中围岩破坏及地表塌陷情况，观测塌陷带、断裂带、沉降带的高度，以及采动对涌水量的影响，判断是否透水等情况。

（二）合理开拓开采

在加强水文地质工作，查明矿井水源参数的同时，采取合理划分井田和开拓开采等措施，是减少矿井涌水量、提高经济效益的重要措施之一。

（1）联合布置，整体防水。有水力联系的矿井，可布置多井开采，统一疏干，整体防水，以便形成大面积“降落漏斗”。

（2）加大开采强度。如在条件允许时，采取多水平开采、提高矿井产量、缩短服务年限等，可减少矿井排水时间，减少相对涌水量，降低吨煤成本。

（3）合理的采煤方法和顶板控制方法。在煤层上部有水体时，采用使上部岩层和隔水层不致破坏或破坏较轻的采煤方法和顶板控制方法，防止水体通过破坏裂隙进入矿井。

（4）慎重选择井筒的位置。井筒为矿井的主要通道和枢纽，应避免穿过大断层、含水地带等水文地质复杂的地区。

二、井下探放水

煤矿常用的探水方法有物探法（如地面电法勘探法和井下电法勘探法）、化学探水法和钻探法。钻探是水文地质调查、矿产资源勘探及验证物探成果的主要手段。这里的探水是指采矿过程中用超前勘探方法，查明采掘工作面顶底板、侧帮和前方等水体的具体空间位置和状况等，其目的是为有效防治矿井水害做好必要准备。

超前作业地点对积水所进行的探查与疏放，称之为探放水。放水是指为了预防水害事故，在探明水体的情况下，利用钻孔等方法和流量控制措施将水体放出。根据探放对象可分为探放老窑（空）水、探放断层水、探放钻孔水、探放承压含水层水及探放陷落柱水等。

凡是采掘工作面受水害影响的矿井，应首先开展充水条件分析，坚持预测预报、有疑必探、先探后掘、先治后采的原则。当采掘工作面接近充水的小窑、老空、含水量大的断层和水文地质条件复杂和极复杂的地区时，必须探水前进。同时必须编制探放水设计，采取防治水、瓦斯和其他有害气体危害等安全措施。

（一）探水原则

采掘工作面遇下列情况之一者，必须确定探水线路进行探水。

（1）接近水淹或可能积水的井巷、老空或相邻煤矿时。

（2）接近含水层、导水断层、暗河、溶洞和导水陷落柱时。

（3）打开防隔水煤（岩）柱放水前。

（4）接近可能与河流、湖泊、水库、蓄水池、水井等相通的断层破碎带时。

（5）接近有出水可能的钻孔时。

（6）接近水文地质条件复杂的区域时。

（7）采掘破坏影响范围内有承压含水层或含水构造、煤层与含水层间的防隔水煤（岩）柱厚度不清可能突水时。

（8）接近有积水的灌浆区时。

（9）接近其他可能突水地区时。

此外，接近底板导水裂隙有透水危险，或接近区域有突水征兆时也必须探水。

《安全生产违法行为行政处罚办法》规定：矿山企业井下采掘作业没有按照有关规定采取探水前进的，责令改正，可以并处二万元以下的罚款。

（二）探水起点的确定

采掘工作面探水前，必须编制探放水设计，确定探水警戒线，并采取防治瓦斯和其他有害气体危害等安全措施。通常将积水区域划分为“三线”：积水线、探水线和警戒线，并标注在采掘工程平面图上。积水线即积水区域范围线，在该线上标注水位标高、积水量等资料；警戒线是由积水线外推 60 m，一般用红线表示；采掘活动进入警戒线后必须探水前进，边探边掘。

探水线可根据积水区位置、范围、水文地质条件以及资料可靠程度等因素综合考虑确定。但必须满足下列要求：

（1）本矿老窖、采空巷道、硐室积水，位置准确，水压不大于 1 MPa，探水最小距离：岩石中不小于 20 m，煤中不小于 30 m。

（2）本矿积水，有图纸资料，位置不甚确定时，探水最小距离不小于 60 m。

（3）有图纸资料的小窖，探水最小距离不小于 60 m；没有图纸资料的小窖边探边掘。水量大、水压高时，100～150 m 以外开始探水前进。

（4）巷道附近有断层、陷落柱时，探水最小距离不小于 60 m。

（5）石门揭开含水层时，最小探水距离不小于 20 m。

（三）探水钻孔的布置

探水钻孔布置一般为扇形，如图 5－1 所示。

1. 超前距离（$L_{超}$）

巷道允许掘进终止位置与探水孔终孔位置间距离，称为超前距离。巷道掘进到此处后，开始施工下一轮探水钻孔。超前距离一般不小于 20 m，薄煤层中最小不小于 8 m，岩石中最小不小于 5 m。

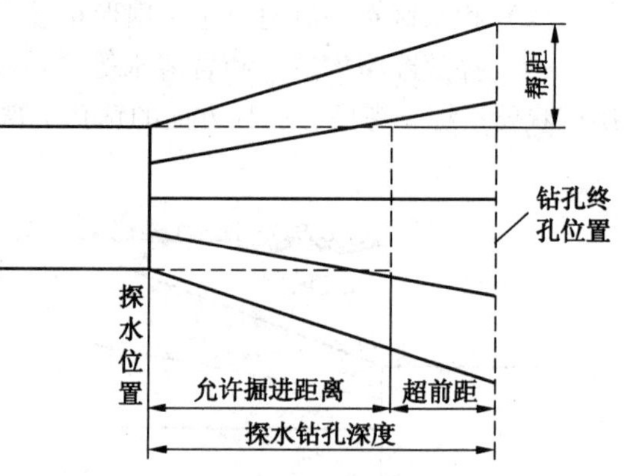

图 5－1　探水钻孔主要参数示意图

探放老空时，超前钻距应根据水压、煤（岩）层厚度和强度及安全措施等情况确定，但最小水平钻距不得小于 30 m，止水套管长度不得小于 10 m。

沿岩层探放含水层、断层和陷落柱等含水体时，探水钻孔超前距离和止水套管长度应符合表 5－4 的要求。

表 5－4　岩层中探水钻孔超前钻距和止水套管长度

水压/MPa	钻孔超前钻距/m	止水套管长/m
＜1.0	＞10	＞5
1.0～2.0	＞15	＞10
2.0～3.0	＞20	＞15
＞3.0	＞25	＞20

2. 探水钻孔深度与掘进距离

探水钻孔深度与煤层赋存稳定性、探水设备和管理水平等因素有关，一般采用 40 m，每次探水后允许掘进 20～30 m，然后再探再掘，循环进行。

3. 帮距（$L_{帮}$）

为使探水钻孔能控制到巷道两帮，探孔一般呈扇形布置。巷道两帮与外斜孔终孔位置的间距称为帮距。帮距一般等于超前距，或略小于超前距 1 ~ 2 m。

4. 钻孔密度

为防止漏探，探孔应有一定密度。掘进工作面允许掘进终止位置探孔间距离称钻孔密度。探孔密度一般不大于 3 m，一般布置 5 个，最少 3 个，应对巷道前进方向及上、下、左、右都有探水作用。

5. 钻孔直径

钻孔直径应满足既有利于积水的流出，又要防止冲垮煤层的要求。钻孔直径一般取 42 mm，最大不宜大于 75 mm（探水钻孔兼作堵水或疏水用时除外）。

6. 探水钻孔布置方式

探水钻孔布置方式应根据水文地质资料可靠程度、所探水源性质、积水区位置、煤层情况等综合考虑。一般布置方式如下：

（1）三面受水威胁地区一般呈扇形布置，如图 5 – 1 所示。

（2）积水区在一侧时可呈半扇形布置，如图 5 – 2 所示。

（3）探放断裂构造水和岩溶水等，钻孔必须沿掘进方向的前方及下方布置。与探断层产状要素综合考虑，底板方向的钻孔不得少于 2 个，如图 5 – 3 所示。

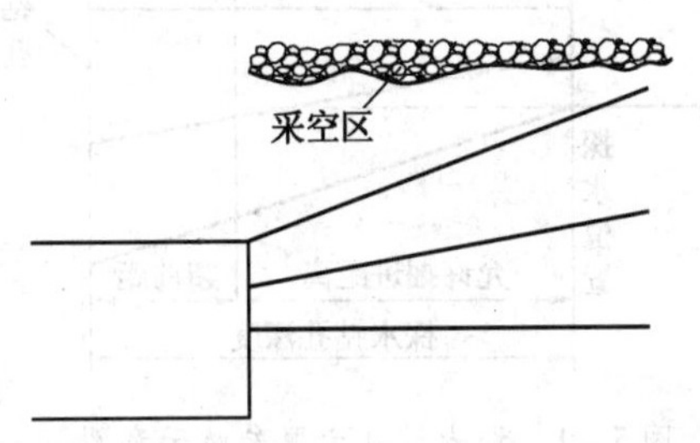

图 5 – 2　积水区在一侧时的探水钻孔布置

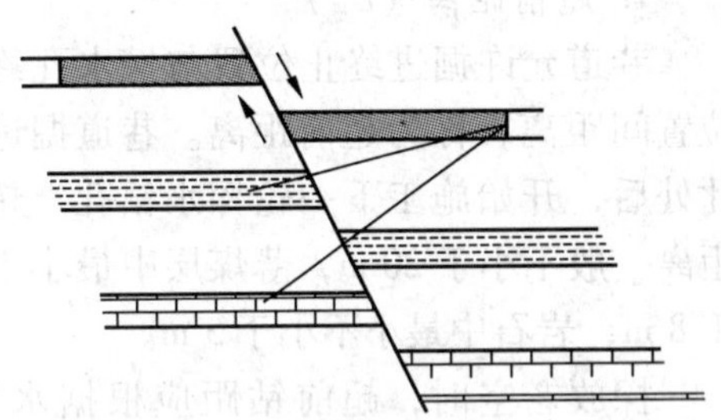

图 5 – 3　探断层水的探水钻孔布置

（4）煤层内原则上不得探放水压高于 1 MPa 的充水断层水、含水层水及陷落柱水等，如确实需要探水时，可先建防水闸墙，并在闸墙外向内探放水。

（5）中厚煤层钻孔布置应根据巷道层位确定，既能探前方积水，又能探巷道上下积水，如图 5 – 4 所示。

（6）探强含水层水时，钻孔采用扇形布置，但孔数可适当减少。

（7）探放老空水、陷落柱水和钻孔水等，探水钻孔应成组布设，并在巷道前方的水平面和竖直面内呈扇形。钻孔终孔位置平距不大于 3 m，厚煤层各钻孔终孔的垂距不大于 1.5 m。

（8）上山探水时，一般应双巷掘进，其中一条超前探水和汇水，另一条用来安全撤人。双巷间每隔 30 ~ 50 m 掘一联络巷并设挡水墙。

7. 钻探时的安全注意事项

（1）加强钻孔附近的巷道支护，背好帮顶，并在工作面迎头打好坚固的立柱和拦板后方可安装钻机。

（2）钻机应安装平稳、牢固；电缆吊挂整齐，严格执行停送电制度；打钻地点或其附

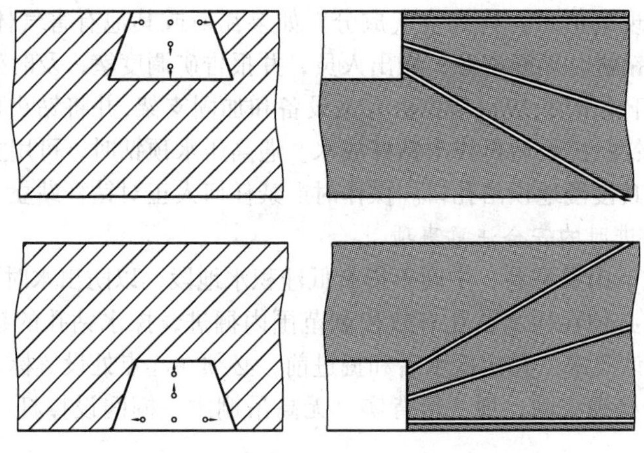

图 5-4 中厚煤层钻孔布置

近安设专用电话，保持与泵房、调度室联系，与邻近地区保持信号联系。

(3) 预先开掘安全躲避硐，制定包括撤人的避灾路线等安全措施。清理巷道，挖好排水沟。探水钻孔位于巷道低洼处时，必须配备与探放水量相适应的排水设备。在下山探放水，应具备排出预计最大涌水量的排水能力，并安排专人看泵。

(4) 依据设计，确定主要探水孔位置时，应由测量人员进行标定。负责探放水工作的人员必须亲临现场，共同确定钻孔方位、倾角和钻孔布置数目以及钻进的深度。必须使用专用探放水设备，严禁用煤电钻探放水。

(5) 在预计水压大于 0.1 MPa 的地点探水时，应预先固结套管，经注浆固定进行耐压试验。耐压试验的压力应大于水压的 2.0 倍，持续时间不少于 20 min，不合格的应重新封孔。套管口应安装抗压能力大于水压 2.0 倍的闸阀。套管深度必须在探放水设计中规定。

(6) 钻孔内水压大于 1.5 MPa 时，应采用反压和有防喷装置的方法钻进，并制定防止孔口管和煤（岩）壁突然鼓出的措施。若钻眼已涌水，且压力大时，需采取反压措施。

(7) 检查瓦斯和其他有害气体。钻孔中发现有害气体或有害气体喷出时，在加强通风的同时，可用事前准备好的黄泥、木塞封堵。若无法处理时，应立即停止工作，切断电源，将人员撤至安全地点。

(8) 钻进时，一般每推进 10 m 或更换钻具时应丈量一次钻杆，核实深度，消除误差，并在终孔前复核一次。要特别注意判别煤、岩层变化并记录换层深度。

(9) 探放水钻进发现煤岩松软、片帮、来压或钻眼中水压、水量突然增大和顶钻等透水征兆时，必须立即停止钻进，但不得拔出钻杆。要固定钻杆并记录深度，立即向矿调度室汇报，派人监测水情。如发现情况危急，必须立即撤出所有受水威胁地区的人员到安全地点，然后采取措施，进行处理。

(10) 探放老空水前，首先要分析查明老空水体的空间位置、积水量和水压。探放钻孔先用不大于 50 mm 孔径钻透，然后根据需要再扩孔，一般不得大于 75 mm，以防钻孔成为涌水通道。探放水孔必须钻入老空水体，并要监视放水全过程，核对放水量，直到老空水放完为止。钻孔接近老空，预计可能有瓦斯或其他有害气体涌出时，必须有瓦斯检查工或矿山救护队员在现场值班，检查空气成分。如果瓦斯或其他有害气体浓度超过有关规定，必须立即停止钻进，切断电源，撤出人员，并报告矿调度室，及时处理。

（11）抽出钻杆放水时，应重新检查有关设备和加固支架，并将钻头再进入原深度 1 m 以上，清除积存的淤泥、碎石后再拔出钻杆放水。遇高压水顶钻时，可用立轴卡瓦和逆止阀交替控制钻杆，使其慢慢地顶出孔口。操作时严禁任何人正对钻杆站立。

8. 探水巷道掘进时的安全注意事项

（1）探水的上下山及平巷，中间不得有低洼积水地段，以防出水时人员被堵。

（2）探水巷道必须在探水钻孔有效控制范围内掘进，探水钻孔的超前距、帮距和钻孔密度必须符合设计要求。每次探水后和掘进前，必须在起点处设置标志，并挂牌警示。

（3）巷道支护必须牢固，顶、帮背实，无高吊棚脚，棚间设撑杆，使巷道有较强的抗水淹冲击能力。

（4）按设计钻孔的预计流量修建水沟，并将流入巷道的石碴碎块等障碍物清理干净，巷道通风必须良好。

（5）巷道与积水区的间距小于探水规定的超前距，或有出水征兆时，应将掘进工作面正前方和两帮支架加固，刹紧背严，加以密闭，另选安全地段探水。

（6）后煤层上山探水巷必须沿底板掘进，巷道内不得有浮煤。

（7）探水巷道必须加强出水预兆的观察，发现异常时应立即停工处理。若情况紧急时，必须立即发出警报，撤出受水危险地点的人员。

（8）严格执行“三不爆破”制度：掘进工作面或炮眼有出水征兆时不爆破；探水钻孔超前距不够时不爆破；工作面支架不牢固或空顶距离超过规定时不爆破。

（9）必须现场交接班，交清允许掘进剩余长度，巷道中、腰线与允许前进方位关系等。

9. 放水及放水后的安全注意事项

（1）探到积水后，要复核原有积水资料，制定放水安全措施，确定放水量和防水孔个数，清理水泥仓、水沟，调整排水能力。

（2）设置堰板，派专人监视放水情况，记录放水量，发现异常及时处理。

（3）加强放水地点的通风和有害气体的检查，并安设瓦斯检测报警仪。

（4）放水结束时，要核对放水量与预计积水量的误差，并查明原因，以防残存积水。

（5）受地表水强烈补给的老空区，放水后一般应进行一个水文年的观察后方可掘透老空。恢复巷道和透老空前，必须进行扫孔和补孔检查。

（6）掘透老空时两侧应有掩护孔，并在有风流进出透老空的钻孔点标高以上掘进，以防淤泥、碎石或放水标高以下残留积水的危害。

（7）进入老空区后，凡是无法观测前方老空区状况、遇见实煤区或致密的矸石充填区时，仍必须探水前进，以防残留积水的危害。

10. 其他安全措施

（1）在有突然大量涌水的巷道探水时，应事前在探水工作面附近设置临时水闸门或临时水闸墙。

（2）编制探放水安全技术措施，规定好报警联络信号、突水时的应急措施和避灾路线等。

(3) 放水工作应尽量避开雨季进行。

(4) 探放水工作必须由专职人员担任，并经培训合格持证上岗；必须熟悉探放水设备的性能、探放水方法、透水预兆和应急措施等；必须严格按设计施工，确保施工质量。

三、井下放水

井下放水，即有计划地将地下水放出来，以降低采掘时的涌水量，避免采掘中突水，这是矿井防治水中最积极、最有效的措施。放水的基本方法有钻孔法和巷道法，其中巷道法多用于疏放含水层水。

1. 疏放老空水

老空形状不规则，塌冒后可能与其他水源沟通，水文情况复杂。放水前，必须估计积水量，根据矿井排水能力和水仓容量，控制放水流量，防止淹井；放水时，必须设专人监测钻孔出水情况，测定水量和水压，做好记录。若水量突然变化，必须及时处理，并立即报告矿调度室。疏放老空水的方法如下：

(1) 直接放水。当老空水没有补给水源，矿井有足够的排水能力时，可利用探水钻孔直接放水。

(2) 先堵后放。当老空水与断层、溶洞、河流等水源有联系，动水储量大，补给强，不堵住水源无法排干或排干需要较长时间时，应先堵后放，即堵截补给水源后再放水。

(3) 先放后堵。对于补给量不大或季节性补给水源，可选择适当时机排水，然后建防漏水、堵水工程。

(4) 先隔后放。当老空水与地表水体或强充水含水层存在密切的水力联系，探放后可能给矿区带来长期的排水负担和相应的突水危险时，则可先行隔离，留待矿井后期处理，但隔离煤柱留设必须绝对可靠，并要注意沿煤层顶、底板岩层的裂隙水绕流问题。

2. 疏放含水层水

疏放含水层水可分为预先疏放、并行疏放和联合疏放。预先疏放就是井巷开拓前，利用地面深井降水孔，安装潜水泵或深井水泵排水，常用于煤层赋存浅的矿井。并行疏放就是在开拓巷道的同时进行疏放水，常用的有疏干巷道和疏干钻孔等，是我国煤矿目前应用最广泛的一种疏干方式。联合疏放就是采用地面和井下两种疏干方式，主要用于地质条件复杂的矿井。

(1) 利用疏干巷道疏放。当煤层顶板断裂带以下有含水层时，可提前掘出采区巷道，使水通过裂隙经巷道放出。一般用提前掘进回采与准备巷道作为放水巷，既不设专门的巷道与设备，又能保证放水效果。回采与准备巷道提前掘出的时间视放水时间、水量、速度而定，不宜过长或过短。

当煤层底板有含水层时，可将疏水巷布置于底板中。但在强含水层中布置放水巷时，需要矿井有足够的排水能力。

(2) 利用钻孔放水。利用钻孔放水可分为地面钻孔放水和井下钻孔放水。地面钻孔放水是利用地面钻孔，用深井泵或潜水泵把含水层水排至地面，使开采地段煤层处于疏干漏斗之上。井下钻孔放水是每隔一定距离向含水层打钻，将水放出，使煤层不受水害威胁。

3. 疏放水时的安全注意事项

（1）根据水的性质、水压、补给性等估计积水量，并根据水仓和排水能力确定放水量。

（2）设专人监测钻孔出水情况，测定出水参数，发现异常情况及时上报处理。

（3）放水过程中随时注意水量变化，当水量由大变小时，应反复下钻，以防钻孔被堵造成排干假象。

（4）经常检查有害气体，防止由钻孔涌出伤人，尤其是老空区放水。

（5）排除下山积水时，应加强水面通风并派救护队员检查有害气体情况。

（6）规定人员撤退路线，沿途要有适当的照明，保证路线畅通。

四、截水

当水源补给强，无法疏干或疏干不经济时，可采取隔离水源或截水的防水措施，方法有设防水闸门、防水闸墙、防水煤（岩）柱等。

（一）防水闸门

在矿井有突水危险的采掘区域，为防止突水时淹井，应在其附近设置防水闸门。防水闸门由混凝土门垛、门扇、放水管、放气管、压力表等组成，主要有平板型、圆弧拱型等基本形式。门扇视运输需要而定，一般宽 0.9～1 m，高 1.8～2.0 m，有单扇和双扇，有矩形门和圆形门等。门扇一般采用平面形，当压力超过 2.5～3.0 MPa 时可采用球面形。防水闸门应符合下列要求：

（1）防水闸门硐室和水闸墙位置选择应满足下列要求：所选位置应不受采动影响。位置应选在致密的岩层内，同时要避开断层及破碎带，不宜设在煤层中。为减少工程量，保证隔离效果，应尽可能选在窄断面巷道内。为便于施工与灾后恢复生产，隔离设施的设置地点应从通风、运输、放水和安全等多方面因素考虑。

（2）防水闸门的设计要可靠，并确保施工质量。防水闸门应当由有资质的单位采用定型设计，由持有许可证的厂家制造。

（3）防水闸门和闸门硐室不得漏水。闸门竣工后，应按照设计要求进行验收，否则，不得投入使用；对新掘进巷道内建筑的防水闸门，应按规定进行注水耐压试验；防水闸门内巷道的长度不得大于 15 m，试验压力不得低于设计水压，其稳压时间应在 24 h 以上，试验时须有专门安全措施。

（4）加强对矿井防水闸门的检查和维护，建立检查维护管理制度，实行挂牌管理，并落实责任单位和责任人。

（5）防水闸门硐室前、后两端，应分别砌筑不小于 5 m 的混凝土护碹，碹后用混凝土填实，不得空帮、空顶。防水闸门硐室和护碹必须采用高标号水泥进行注浆加固，注浆压力应符合设计要求。

（6）防水闸门来水一侧 15～25 m 处应加设 1 道挡物箅子门。防水闸门与箅子门之间不得停放车辆或堆放杂物。来水时先关箅子门，后关防水闸门。如果采用双向防水闸门，应在两侧各设 1 道箅子门。

（7）通过防水闸门的轨道、电机车架空线、带式输送机等必须灵活易拆；通过防水闸门墙体的各种管路和安设在闸门外侧闸阀的耐压能力，都必须与防水闸门所设计压力相一致；电缆、管道通过防水闸门墙体时，必须用堵头和阀门封堵严密，不得漏水。

（8）防水闸门必须安设观测水压的装置，并有放水管和放水闸阀。

（9）矿井发生透水关闭防水闸门时，应注意下列问题：当井下发生突然涌水或出现突水预兆危及矿井安全时，应立即做好关闭防水闸门的准备工作。关闭防水闸门前，认真贯彻关闭闸门的安全技术措施和意外事故的应急措施，认真做好关闭前的各项准备工作，撤出防水闸门以内所有人员，提前拆除穿过防水闸门的架空线和活动轨，将防水闸门附近及水沟内杂物清理干净，保持防水闸门以外的避灾路线畅通无阻，检修排水设备，清挖水仓，将水仓内的积水排至最低水位。关闭防水闸门以里的所有挡物箅子门；将防水闸门附近临时通风的局部通风机和临时直通地面电话安装妥当。几个防水闸门或水闸墙需要一次关闭时，其关闭顺序应是先关闭所在位置较低的，然后关闭所在位置较高的，依次进行。关闭防水闸门以前，需要通知邻近各有关矿井时，应说明本矿防水闸门关闭时间、封闭地区位置、最高静止水位和可能造成的影响，并要求近期内对井下各涌水点水量变化和井上各水文钻孔的水位变化进行定时观测。各矿的观测资料要及时进行交流，互通情报。防水闸门关闭以后，在保证安全前提下，应定期对防水闸门进行观测，并做好观测记录。

（10）矿井透水关闭的防水闸门，由于生产的需要开启时，应注意下列事项：①防水闸门开启前，需编制开启防水闸门的安全技术措施；②防水闸门开启前，应对井下排水、供电系统进行一次全面检查；排水能力要与防水闸门硐室放水管的放水量相适应；水仓要清理干净，水沟要保持畅通无阻；③开启防水闸门应先打开放水管，有控制地泄压放水；当水源已经封闭或已疏干，水压降到零位时，方可打开防水闸门；如果水压不能降到零位，必须承压开启时，可在不损坏防水闸门的情况下，制定安全措施，当水压降到设定水压之后，方可强制开门；④同时有几个防水闸门需要开启时，应按先高后低的顺序依次开启；⑤防水闸门打开以后，首先由专业人员检查瓦斯和巷道情况；只有在恢复通风系统，消除一切不安全因素以后，方可准许其他人员进入闸门以内工作。

（二）防水闸墙

防水闸门和水闸墙是井下防水的主要安全设施。凡水患威胁严重的矿井，在井下巷道设计布置中，必须在适当位置设置防水闸门和水闸墙，使矿井形成分翼、分水平或分采区隔离开采。在水患发生时，能够使矿井分区隔离，缩小灾情影响范围，控制水势危害，确保矿井安全。

防水闸墙分临时性和永久性两种。临时性防水闸墙是在有出水可能的采掘工作面事先准备好截水材料，如木板、石块、砂袋等。一旦突水，利用截水材料将水堵截在较小范围，以利于临时抢险。永久性防水墙用混凝土或钢筋混凝土构筑，用于堵截某一个区域开采结束后的涌水。永久性防水墙可分为平面形、圆柱形、球形三种。平面形施工容易，但抗压强度低；球形抗压强度高，但施工复杂，故常用圆柱形，如图 5-5 所示。当水压很大时，可采用多段防水闸墙，如图 5-6 所示。

井下需要构筑水闸墙时，必须由有资质的单位进行设计，并严格按设计施工，且进行竣工验收。否则，不得投入使用。水闸墙的日常维护以及技术管理等，必须严格执行《煤矿安全规程》有关规定。

（三）留设防水煤（岩）柱

在水体下、含水层下、承压含水层上或导水断层附近采掘时，为防止地表水或地下水溃入工作地点，需要留设一定宽度或高度的煤（岩）柱，这部分煤（岩）柱称防隔水煤

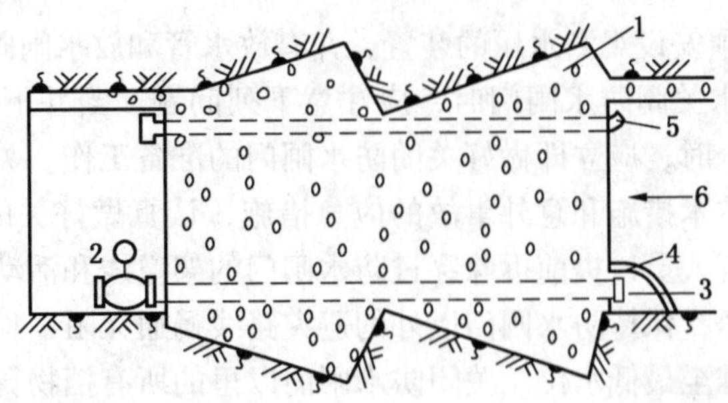

1—截口槽；2—水压表；3—放水管；4—保护栅栏；5—细管；6—来水方向

图 5-5 圆柱形防水闸墙

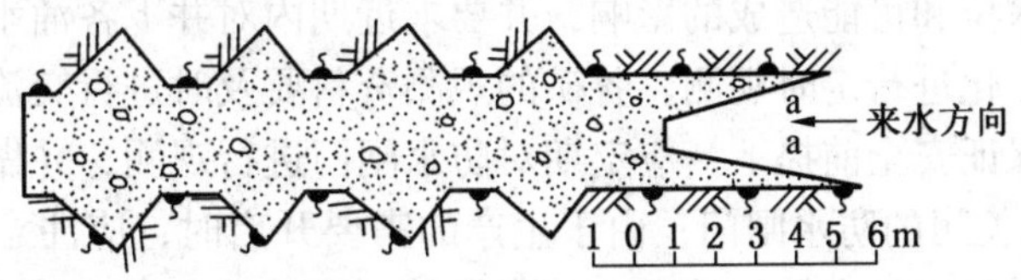

图 5-6 多段防水闸墙

(岩) 柱，一般按所处位置分类，如断层煤（岩）柱、井田边界煤（岩）柱、相邻水平采区煤（岩）柱等。

1. 防水煤（岩）柱留设

相邻矿井的分界处，必须留防隔水煤（岩）柱。矿井以断层分界时，必须在断层两侧留设防隔水煤（岩）柱。受水害威胁的煤矿，有下列情况之一者，必须留设防隔水煤（岩）柱：

(1) 煤层露头风化带。

(2) 在地表水体、含水冲积层下和水淹区临近地带。

(3) 与强含水层间存在水力联系的断层、断裂带或强导水断层接触的煤层。

(4) 有大量积水的老窑和采空区。

(5) 导水、充水的陷落柱与岩溶洞穴、地下暗河。

(6) 分区隔离开采边界。

(7) 受保护的观测孔、注浆孔和电缆孔等。

2. 防水煤（岩）柱留设原则

(1) 在有突水威胁，但又不宜疏放水，或疏放水不经济的地区采掘时，必须留设防水煤（岩）柱。

(2) 防水煤（岩）柱是地下资源的一部分，留设后一般不能再利用。因此，在安全可靠的基础上应把煤（岩）柱的尺寸降到最低限度，以提高资源的回收率。

(3) 要合理留设防水煤（岩）柱，考虑地质构造、水文地质条件、煤层赋存条件、围岩物理力学性质、岩石的组合结构以及采煤方法、开采强度、支护形式等综合因素。

(4) 一个井田、一个地质单元的防水煤（岩）柱应在总体开采设计中确定，以免给以后的开采和煤（岩）柱的留设带来不利的影响。

（5）多煤层开采的矿井，防水煤（岩）柱的留设应综合考虑，以免某一煤层的开采破坏另一煤层的煤（岩）柱，引起部分甚至整个防水煤（岩）柱的失效。

（6）在同一个地点有两种以上的留设条件时，所留设的煤（岩）柱必须满足所有留设要求。

（7）要加强防水煤（岩）柱的管理，煤（岩）柱一旦留设不得破坏，不得从事采掘活动，修建其他设施时应保证煤（岩）柱的完整性。巷道必须穿过煤（岩）柱时，必须加强巷道支护等，以防由于煤（岩）柱的破坏影响整个防水功能。

（8）各矿井应有结合自己水文地质和开采技术实际条件的留设数据，如果根据邻近矿井实际资料以比拟法留设时，应适当加大安全系数。

（9）防水岩柱必须是有一定厚度的黏土质隔水岩层，或裂隙不发育、含水性极弱的岩层，否则将失去隔水作用。

3. 煤（岩）柱尺寸

煤矿各类防隔水煤（岩）柱的尺寸，应根据矿井的地质构造、水文地质条件、煤层赋存条件、围岩物理力学性质、开采方法及岩层移动规律等因素综合考虑。防水煤（岩）柱一般按经验比拟或分析计算确定，留设方法见矿井防治水规定，一般留设尺寸如下：

（1）采区边界（采区间）各为 10 m。

（2）矿井边界（矿井间）各为 20 m，矿井间断层边界各为 30 m。

（3）落差大、含水断层，一侧留 30 ~ 50 m；落差较大断层，一侧留 10 ~ 15 m；采区内小断层，一般不留设。

五、注浆堵水

注浆堵水技术是煤矿防治水最重要的手段之一，疏堵结合已成为煤矿防治水的一个重要原则。疏是煤矿治水的根本，不疏就无法消除水害的威胁。当涌水量很大，排水已不可能或不经济时，可用注浆堵截水源通道，然后再排水。"先堵后排"是理想的防治水方案，这样既可大大节约排水费用，又可最大限度地减小对自然水环境的破坏程度。

注浆就是把水泥浆或化学浆通过管道压入含水层或隔水层的孔隙、井巷及突（出）水口，经扩散、凝结、硬化，与围岩固结成不透水或微透水的整体，达到加固地层、堵截水源的目的。注浆材料分硅酸盐类（如水泥、黄土、粉煤灰等）和化学浆类（如水玻璃、丙凝、树脂、甲醛、丙酮等）。在一般情况下，凡是水泥浆能解决问题的尽量不用化学浆，化学浆用于弥补水泥浆的不足，解决一些水泥浆难以解决的问题。

注浆方法可分为井下注浆和地面注浆。井下注浆是在井下造浆，利用注浆泵通过注浆管路，由注浆钻孔向含水层内注浆。该方法具有易操作、工艺简单等特点，但劳动强度大，注浆效果差。地面注浆是由地面建集中注浆站造浆，通过送料钻孔和井下管路送浆，利用注浆孔向含水层注浆。该方法的注浆管路长，但能连续造浆、注浆，注浆效率高、效果好。

利用注浆的方法防治矿井水害，与疏干降压的方法相比，有利于地下水资源的保护，被淹井巷恢复生产快，排水费用少，广泛用于封堵矿井突水点和含水层改造与加固等。

1. 井筒预注浆

《煤矿安全规程》规定，井巷穿含水层、地质构造带前，必须编制探放水和注浆堵水设计。当井筒淋水严重时，应注浆堵水。当含水层富水性较弱时，可在井筒内直接注浆；当井筒预计穿过较厚裂隙含水层或裂隙含水层较薄但层数较多时，可选用地面预注浆。注浆起始深度应定在风化带以下较完整的岩层内；终止深度应大于井筒要穿过的最下部含水层的埋藏深度或超过井筒深度 10 ~ 20 m。

2. 注浆封堵突水点

据统计，80% ~90% 的突水点发生在断层带或陷落柱及其附近，其导水通道为断层带及断层带附近含水层的岩溶导水裂隙带以及陷落柱。根据突水点附近的地质构造，查明降压漏斗形态，分析突水前后水文观测资料，探明突水补给水源的充沛程度或来水含水层的富水性以及突水通道的性质和大小等，编制注浆堵水方案。注浆前后要做好矿井排水对比分析工作。

3. 含水层改造与加固

我国许多煤矿普遍受底板水的严重威胁，其水压大，有的达到 5 MPa 以上。在采掘活动中，由于岩层的原始平衡状态遭到破坏，巷道或采煤工作面底板在水压和矿山压力的共同作用下，底板隔水层发生变形，产生底鼓及突水事故。这种底板突水在我国华北的煤田中屡见不鲜，采取的防治水措施一是疏干降压，二是注浆加固底板。当煤层底板充水含水层富水性强且水压高，或煤层隔水底板存在变薄带、构造破碎带、导水断裂带，需采用疏水降压方法实现安全开采，但疏排水费用太高，浪费地下水资源且经济上不合理，这时采用含水层改造与隔水层加固的注浆治水方法实属上策。

含水层改造与加固是 20 世纪 80 年代中后期发展起来的注浆治水方法。该技术主要针对煤层底板水害的防治，它利用采煤工作面已掘出的上下风道，向工作面煤层底板打钻注浆，改造含水层或加固隔水层，封堵其裂隙并提高其隔水强度。

当采煤工作面内有导水的断层、裂隙或陷落柱时，应按有关规定留设防隔水煤（岩）柱，也可采用注浆方法封堵导水通道，否则不准回采。对注浆改造的工作面可先进行物探，查明水文地质条件，根据物探资料打孔注浆改造，再用物探与钻探验证注浆改造效果。

4. 帷幕截流注浆

帷幕截流注浆就是在矿井充水或补给水源来水方向，打一排钻孔注浆截流，形似帷幕而得名。为此，必须查清主要水源补给方向、过水断面或水源主要进水口地段及过水量，垂直和平面上的隔水边界等。帷幕线的选择和钻孔密度应满足以下要求：

（1）帷幕线必须布置在主要进水口地段，并斜交或垂直于地下水流方向。

（2）帷幕线应与主要含水层的节理、裂隙走向斜交，或利用主要岩溶裂隙走向布置钻孔。

（3）钻孔必须有一定密度，帷幕底界和两端必须隔水或相对隔水，主要过水断面必须封堵严密，不产生绕流，以达到隔水的目的。

为了达到预期的注浆效果，应首先查明注浆地情况，制定注浆堵水方案，然后进行方案施工。注浆堵水方案内容应包括确定注浆堵水部位、钻孔布置、浆料材料与配比、数量、注浆方法、系统、施工工艺和方法等，以及堵水效果观测与安全措施等。

六、矿井排水

矿井排水系统与相应防水系统的建立是煤矿安全生产必备的五大环节之一。因此，煤矿必须配备与矿井涌水量相匹配的水泵、排水管道、配电设备和水仓等。矿井排水系统必须满足以下基本要求：

1. 水泵

矿井必须有工作、备用和检修的水泵。工作水泵应能在 20 h 内排出矿井 24 h 的正常涌水量（包括充填水及其他用水）。备用水泵的能力应不小于工作水泵能力的 70%。工作和备用水泵的总能力，应能在 20 h 内排出矿井 24 h 的最大涌水量。检修水泵的能力应不小于工作水泵能力的 25%。

水文地质条件复杂和极复杂的矿井，可在主泵房内预留安装一定数量水泵的位置，或另外增加排水能力。

2. 排水管道

排水管道必须有工作和备用水管。工作水管的能力应能配合工作水泵在 20 h 内排出矿井 24 h 的正常涌水量。工作和备用水管的总能力，应能配合工作和备用水泵在 20 h 内排出矿井 24 h 的最大涌水量。

3. 配电设备

配电设备应与工作、备用和检修水泵相匹配，并能保证全部水泵同时运转。要保证双电源、双回路供电，以便一路电源发生故障时，另一路电源能立即供电，保障排水系统的不间断正常工作。

4. 水仓

主要水仓必须有主仓和副仓，当一个水仓清理时，另一个水仓能正常使用。

新建、改扩建矿井或生产矿井的新水平，正常涌水量在 1000 m^3/h 以下时，主要水仓的有效容量应能容纳 8 h 的正常涌水量。正常涌水量大于 1000 m^3/h 的矿井，主要水仓有效容量可按下式计算：

$$V = 2(Q + 3000)$$

式中 V——主要水仓的有效容量，m^3；

Q——矿井正常涌水量，m^3/h。

矿井最大涌水量与正常涌水量相差大的矿井，排水能力和水仓容量应由有资质的设计部门编制专门设计。有突水淹井危险的矿井，可另行增建抗灾强排水系统。

水仓进口处应设置箅子。对水砂充填、水力采煤和其他涌水中带有大量杂质的矿井，还应设置沉淀池。水仓的空仓容量必须经常保持在总容量的 50% 以上。

水泵、水管、闸阀、排水系统的配电设备和输电线路，必须经常检查和维护。在每年雨季以前，必须全面检修一次，并对全部工作水泵和备用水泵进行一次联合排水试验，发现问题及时处理。水仓、沉淀池和水沟中的淤泥，应及时清理，每年雨季前必须清理 1 次。

第四节　透水事故的处理

一、透水预兆

当发现采掘工作面有透水预兆时，必须立即停止工作，报告矿调度室，采取有效措施，防止突水事故的发生。一般的透水预兆如下：

(1) 煤层发潮发暗。干燥、光亮的煤因水的渗入而发潮发暗，若挖去表面仍如此，说明附近有水源。

(2) 巷壁煤帮“挂汗”。这是由于压力水通过微细孔隙凝聚于煤岩表面而形成水珠，使巷道湿度增加，出现雾气。

(3) 采掘工作面气温降低。如1 g水蒸发可吸收2.4 kJ的热量，可使1 m^3 空气的温度下降1.9 ℃。

(4) 巷道中出现雾气。含水煤层温度低，热空气进入时发生雾气。

(5) 底鼓或淋水加大。含水煤（岩）层变软，受积水区静水压力影响和矿山压力影响，出现底鼓、淋水。

(6) 水叫。高压积水经过煤岩缝隙外泄时发出“嘶嘶”的摩擦声。

(7) 有害气体增加。一般积水区内都存在有害气体，如硫化氢、二氧化碳、甲烷等，尤其是老空水。

(8) 煤壁“挂红”。这是由于水中含铁的氧化物或硫铁矿物等在煤岩表面沉积铁锈所形成。

(9) 涌水。若开始涌水时水量小，以后逐渐增大，且水清时，一般距水源较远。若涌水混浊，说明距离水源已近，应立即采取安全措施。

二、透水时的措施

1. 现场人员行动原则

灾害发生时，现场人员必须遵守“灭、报、撤、躲”的行动原则。首先要尽量了解判断突水地点和灾害程度，在保证安全的前提下，就地取材，加固采掘工作面，设法堵住突水点，迅速组织抢救，把事故消灭在萌芽状态或控制在一定范围，防止事故扩大。同时将灾情报告跟班领导和矿调度室。当灾情较大无法抢救或威胁到生命安全时，应避开水头，有组织地沿着避灾路线撤退到安全地区。若撤退路线唯一的出口被淹时，应到其他高处静卧避灾，等待救援。

由于老空水为死水，酸度大，且涌水时往往有硫化氢涌出。若老空突水被堵，切不可饮用和接近水面。

2. 透水时的应急措施

(1) 迅速判定水灾的性质，了解突水地点、影响范围、静止水位，估计突出水量、补给水源及有影响的地面水体。

(2) 掌握灾区范围，搞清事故前人员分布，根据事故地点和可能波及的地区撤出人员。有人被堵井下时，分析被困人员可能躲避的地点，分析生存条件，制订营救方案。

(3) 立即通知泵房人员，启动全部排水设备，把水仓水位降到最低限度，争取较长的缓冲时间。

(4) 切断灾区电源，检查水闸门是否灵活、严密，并派专人看守，待命做好关闭有关地区防水闸门的准备。关闭水闸门时必须查点人数，看人员是否全部撤出。

(5) 检查排水设施和输电线路，了解水仓容量。若突水中夹带大量泥砂浮煤时，应在水仓入口处设分段挡墙，使其沉淀，减少淤积。

(6) 根据突水量和矿井排水能力，积极采取排、堵、截水的技术措施，防止整个矿井被淹。同时要加强通风，设专人经常检查有毒有害气体，防止瓦斯和其他有害气体的积聚和发生熏人事故。特别是水位下降时，积存在被淹井下巷道内的有毒有害气体会大量涌出。

(7) 矿井透水量超过排水能力，淹井不可避免时，待下部水平人员撤出后，可采用向下部水平或采空区放水的措施。如果下部水平人员尚未撤出，主要排水设备受到威胁时，可用黏土袋、砂袋构筑防水墙，堵住泵房和通往下部水平的巷道，以保证水泵正常的排水工作。

(8) 当采取各种措施后仍不能避免淹井时，井下人员应迅速向安全地区撤退，安全升井。

(9) 排水后进行侦察、抢险时，要防止冒顶、掉底和二次突水。

3. 被堵人员的生存条件分析

发生透水后常常有人被困在井下，应本着积极抢救的原则，分析遇险人员生存条件，采取一切必要的措施抢救，如强力排水，通过压气管道或打钻送风、送食物等。

遇险人员生存的时间，与避灾环境、食物、水、空气、体能有关，一般主要分析避难场所的空气质量，以此估算遇险人员能生存的最长时间。人员可生存的空气极限值：氧气不少于10%，二氧化碳不多于10%，一氧化碳不多于0.04%，硫化氢不多于0.02%，二氧化氮不多于0.01%，二氧化硫不多于0.02%。

在实际中，往往计算氧气降到10%和二氧化碳增加到10%所需的时间，取两者最小值估计人员能生存的最长时间。人员平卧不动时每人耗氧量为0.237 dm^3/min，呼出二氧化碳量为0.197 dm^3/min；若避难人员年轻、性情急躁，不能安静平卧，则每人耗氧量按0.3～0.4 dm^3/min 计算。

水灾被堵人员若积极创造生存条件，可大大延长避灾待救的时间。

三、被淹井巷的恢复

1. 排水方法

当矿井突水后淹没井巷，若突水量有限，与其他水源无联系时，可直接排干恢复生产。当突水动储量大时，需先堵突水通道，再排干积水恢复生产。

恢复被淹井巷前，应提供突水淹井调查报告，其主要内容如下：

(1) 突水淹井过程、突水点位置、突水时间、突水形式、水源分析、淹没速度和涌水量变化等。

(2) 突水淹没范围、估算积水量。

(3) 预计排水中的涌水量。查清淹没前井巷各个部分的涌水量，推算突水点的最大涌水量和稳定涌水量，预计恢复中各不同标高段的涌水量，并设计一条恢复过程中排水量曲线。

(4) 提供分析突水原因用的有关水文地质点（孔、井、泉）的动态资料和曲线，水文地质平面图、剖面图，矿井充水性图和水化学资料等。

2. 排水恢复生产的注意事项

(1) 设专人跟班定时测定涌水量和下降水面高程，严格做好记录。

(2) 观察记录恢复后井巷的冒顶、片帮和淋水等情况。

（3）观察记录突水点的具体位置、涌水量和水温等，并进行突水点素描。

（4）定时对地面观测孔、井、泉等水文地质点进行动态观测，并观察地面有无塌陷、裂缝现象等。

（5）排除井筒和下山的积水及恢复被淹井巷前，必须制定防止被水封住的有害气体突然涌出的安全措施。井筒内及井口附近严禁火源，排水过程中要十分注意通风工作。由矿山救护队检查水面上的空气成分，发现有害气体，必须及时处理。

（6）排干积水修复井巷时，要特别注意防止冒顶和坠井事故。

矿井恢复后，应全面整理淹没和恢复两个过程的图纸和资料，确定突水原因，提出避免事故重复发生的措施意见，并总结排水恢复中水文地质工作的经验和教训。

复习思考题

1. 造成矿井水灾的水源有哪些？不同的水源透水时有哪些预兆？
2. 发生矿井水灾的原因有哪些？
3. 地面防治水有哪些措施？
4. 井下防治水的主要措施有哪些？
5. 井下探水有何规定？
6. 什么是探水的“三线”？有何规定？
7. 疏放水应注意哪些事项？
8. 什么情况下留设防水煤柱？煤柱尺寸如何确定？
9. 注浆堵水的适用条件有哪些？
10. 矿井透水的一般预兆有哪些？
11. 透水时现场人员的行动原则有哪些？
12. 如何判断被堵人员的生存条件？

第六章　矿山其他安全技术

第一节　顶板灾害及其防治

我国煤矿顶板条件差异较大，多数大中型煤矿属于Ⅱ类、Ⅲ类顶板。人们在地下进行采掘活动中，如果对煤层顶板控制不当，顶板就易冒落，轻则影响生产，重则造成人员伤亡，这就是顶板事故。煤矿井下冒顶是最常见、最易发生的事故，特别是在中小煤矿中，冒顶事故次数占煤矿事故的60% ~70%，伤亡人数占50% ~60%（伤者居多）。

一、冒顶事故预兆

发生顶板事故时，受岩块撞击、挤压、掩埋窒息等可造成人员伤亡和设备损坏，同时堵塞风路、阻断风流，形成局部微风甚至无风，造成瓦斯积聚，破坏正常的生产秩序。此外，局部冒顶如不及时维护，高冒处容易积聚瓦斯，甚至发生瓦斯事故。

冒顶一般都有预兆，发现预兆时及时采取应急措施，对减少伤亡具有重要的现实意义。冒顶的一般预兆如下：

（1）发出响声。岩层下沉断裂，顶板压力急剧加大时，木支架会发出劈裂声，紧接着出现折梁断柱现象；金属支柱的活柱急速下缩，也发出很大声响。

（2）掉渣。顶板严重破裂时，出现顶板掉渣，掉渣越多，说明顶板压力越大。

（3）片帮煤增多。因煤壁所受压力增大，变得松软，片帮煤比平时要多。

（4）顶板裂缝。顶板有裂缝并张开，裂缝增多。

（5）顶板出现离层。检查顶板要用“问顶”的方法，俗称“敲帮问顶”。如果声音清脆，表明顶板完好；顶板发出“空空”的响声，说明上下岩层之间已经脱离。

（6）漏顶。大冒顶前，破碎的伪顶或直接顶有时会因背顶不严和支架不牢固出现漏顶现象，形成棚顶托空、支架松动而造成冒顶。

（7）有淋水。顶板的淋水量有明显增加。

二、冒顶事故分类及预防

煤矿井下冒顶一般按冒顶力学原因分类，分为推垮型冒顶、压垮型冒顶和漏冒型冒顶。此外，还可能出现综合类型的冒顶。

预防冒顶措施主要从防推、防压、防漏 3 个方面入手，即采场支架对顶板应能支得起、护得好、稳得住。采场支架或支柱必须具有较大的初撑力，同时支架的可缩量又能适应垮落带或断裂带岩层的下沉量。确定支护参数时，必须从最不利的条件出发，如遇较大断层带应采用固结法处理破碎顶板；工作面两端巷道超前工作面 20 m 或更大范围内应加强支护；工作面与两端巷道交接处应使用一对迈步抬棚；单体支柱工作面两端机头、机尾处要用“四对八梁”支护。

（一）采煤工作面大面积冒顶事故

大部分的冒顶事故发生在采煤工作面，尤其是大面积冒顶。原因有两个方面：一是对采场顶板、底板情况及活动规律不清楚，二是顶板控制措施没有落实到位。只要能用正确的理论和手段实现对顶板的监测，掌握顶底板情况及其活动规律，并提前采取针对性措施，绝大部分顶板事故是可以预防的。

1. 推垮型冒顶事故

推垮型冒顶是由平行于层面方向的顶板力推倒采场支架而导致的冒顶。推垮型冒顶一般发生于倾斜分层下行垮落金属网假顶走向长壁采煤法，以及煤层直接顶较坚硬时岩层呈大块状垮落冲入采场推倒支柱。

当顶板运动时，在煤层的层面方向产生较大的推力推倒支架，造成采煤工作面切顶事故，常见有3种形式：一是在采空区悬顶状态下向煤壁方向推垮支架；二是工作面沿倾斜方向推进时向采空区方向推垮支架；三是工作面沿走向推进时沿倾斜方向推垮支架。

推垮型冒顶一般容易发生在复合顶板或人工顶板的工作面。原因之一是离层，如果支架的初撑力小，支架插入松软的顶、底板或浮煤上，支柱下缩或下沉，而顶板上位硬岩层并未下沉或下沉速度比下位软岩层缓慢，造成硬、软岩层下沉不同步，就可能产生离层。原因之二是断裂，在原生裂隙、次生裂隙作用下，由于裂隙的切割，顶板下位软岩层形成一个六面体，此岩块与上位硬岩层脱离，四周与原岩层断开或以采空区为邻，下面由单体支架支撑，如果没有约束，岩块连同支撑它的单体支架将处于不稳定的状态。原因之三是去路与推力，当岩块周围、采空区侧或沿倾斜方向下侧有一个自由空间时，岩块就有了去路；当又有一定的倾角时，在自重力作用下，这个岩块就又有了向去路方向的推力。原因之四是推力大于阻力。只有当岩块向下滑动的推力大于阻止它下滑的阻力时，才能发生推垮型冒顶。

推垮型冒顶事故的预防措施主要是保证支架的初撑力，使下位岩层与上位岩层不离层，并使上、下位岩层间产生的摩擦阻力足以防推。对于综采工作面，主要是预防游离顶板推倒支架。

由于构造等原因，直接顶可能形成沿工作面煤壁的断裂。为预防倒架，可提高支架的初撑力，将下位岩层顶紧上位岩层，使上、下位岩层间产生的摩擦阻力足以防推。

工作面初放阶段，直接顶初次垮落与基本顶初次来压是这段时间控制顶板的关键，其所需的支架工作阻力及初撑力可能比正常生产期间大。直接顶初次垮落时，控制顶板的关键在于沿放顶线切断直接顶；基本顶初次来压时，控制顶板的关键在于当靠煤壁处基本顶断裂线刚露出煤壁时，支架的工作阻力能支撑住垮落带岩层的重量。

1）金属网下推垮型冒顶

据事故案例统计，煤层倾角在20°以上的倾斜分层走向长壁采煤法回采，铺设金属网人工顶板下行垮落法管理顶板，若再生顶板没有足够的形成时间回采第二分层时，金属网上的碎矸石与上部断裂的大块硬岩之间存在空隙，从而形成悬浮顶板。若工作面内使用单体支柱，可能发生金属网下推垮型冒顶事故。

预防金属网下推垮型冒顶的措施主要是提高支柱初撑力以及增加支架的稳定性，此外，还应注意以下5个方面：

（1）回采第二分层及以下分层时用内错式布置开切眼，避免金属网上碎矸之上存在空隙。

（2）用提高支柱初撑力的方法，让网上碎矸顶紧上位硬岩块，以增加支架稳定性。

（3）用“整体支架”增加支架的稳定性。可以用金属支柱铰接顶梁加拉钩式连接器的整体支架，或用金属支柱铰接顶梁加倾斜木梁对接棚子的整体支架。

（4）采用伪俯斜工作面，增加抵抗顶板下推力的阻力。

（5）初次放顶时要保证把金属网下放到底板。如分层工作面的开切眼内错布置，初次放顶前应把开切眼靠采空区一侧的金属网剪断。

2）采空区冒矸冲入采场的推垮型冒顶

若煤层直接顶是石灰岩等较坚硬岩层，当其呈大块状在采空区垮落时，可能顺着已垮落的矸石堆冲入采场，从根部推倒采场单体支柱，从而导致推垮型冒顶。

预防采空区冒矸冲入采场的推垮型冒顶的措施主要有以下两个方面：

（1）用挑顶等办法使采空区小块冒矸超过采高，从而使大块冒矸无法冲入采场。

（2）用切顶墩柱或特种支柱切断顶板，一方面减小冒矸面积，另一方面阻挡冒矸使其不得冲入采场。

急倾斜煤层工作面，利用俯伪斜分段走向密集支柱采煤法或俯伪斜掩护支柱采煤法时，如果密集支柱初撑力不足或稳定性不好，密集支柱倾斜间距过大或密集支柱走向控顶距离过小，采空区冒矸也可能冲倒支柱，冲入采场，造成冒顶事故。可在密集支柱下方设斜撑支柱加固以及在两道密集支柱之间设丛柱加强支护和防矸。

2. 压垮型冒顶事故

压垮型冒顶是由垂直于层面方向的顶板力压坏采场支架而导致的冒顶。当直接顶比较薄，厚度小于煤层采高的2～2.5倍时，或直接顶上面基本顶分层基础岩层的厚度小于4 m时，基本顶在煤壁中断裂来压时，可能导致压垮型冒顶事故。实践证明，基本顶断裂点距煤壁的距离随着基本顶和采场的条件不同而不同，一般为一两米至十几米不等。压垮型冒顶可分为垮落带基本顶岩块压坏采场支架导致的冒顶、垮落带基本顶岩块冲击压坏采场支架导致的冒顶、垮落带或断裂带基本顶旋转下沉时压坏采场支架导致的冒顶。

按压垮的方向不同，压垮型冒顶事故有向煤壁方向压垮和向采空区方向压垮两种形式。这类事故发生时，支架首先被来自顶板方向的作用力压弯、压断或压入松软底板而失去支撑作用，引起顶板垮落。

在工作面初次来压和周期来压时，由于基本顶断裂，使顶板急剧下沉，支架受力增大，特别是顶板发生台阶式下沉时，如果工作面支架的强度不足，就会发生压垮型冒顶，如图6－1所示。

(a) 基本顶断裂下沉

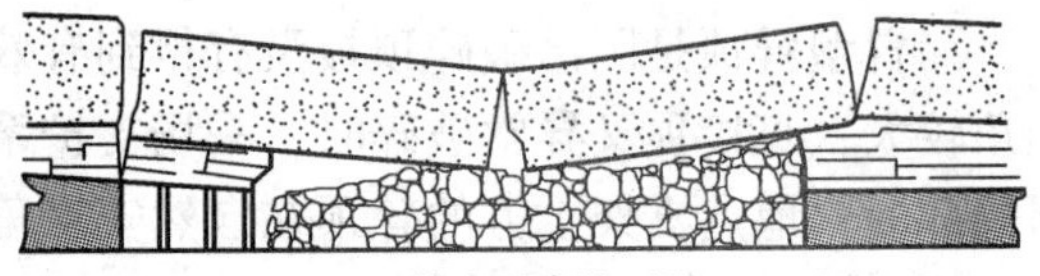

(b) 基本顶台阶下沉

图6－1　基本顶断裂下沉和台阶下沉

压垮型冒顶事故的预防措施主要如下：

（1）支架的工作阻力应能支撑住工作空间及采空区上方垮落带岩层的重量。垮落带基本顶往往在工作面前方煤壁内断裂，随着工作面推进，一方面基本顶前端断裂面要露出煤壁，另一方面基本顶岩块要旋转、下沉、触矸。当基本顶后端触矸时，基本顶岩块可能再断裂。可见，当垮落带基本顶岩块前端已露出工作面煤壁，后端又未触矸时，基本顶岩块的全部重量均由采场支架承担，对支架而言，这是最不利条件。此外，采场支架还要承担支架上方直接顶岩层的重量。

(2) 支架的初撑力应能保持直接顶与基本顶之间或最下位岩层与其上位岩层之间不离层，以避免支架受较大的冲击载荷。

(3) 支架的可缩量应能够适应垮落带基本顶的下沉量。当有厚层难冒落顶板时，还应适应断裂带的下沉量。

(4) 对顶板来压进行预测预报。在基本顶来压期间，采取加强支护的措施，防止压垮型冒顶事故的发生。通过地压观测，研究顶板活动规律，以掌握工作面的初次来压和周期来压步距，顶板下沉量及下沉速度，支柱工作阻力及压缩量，支柱下缩速度及其各种变化情况。

对顶板来压进行预测预报，不仅要用测力计、测杆等进行支柱工作阻力、支柱下缩量、顶板下沉量观测，还要在采煤工作面的运输巷、回风巷或工作面超前钻孔中安设地压观测仪器，测得基本顶在煤壁前方断裂的位置，预报工作面来压台阶下沉最危险时间和工作面来压地点，根据其顶板性质及地质构造情况来预报来压强度。

(5) 当煤层顶板极坚硬时，可采用人工强制放顶和高压注水弱化顶板，减少顶板活动时对采煤工作面的影响。

(6) 基本顶的初次来压前，采煤工作面空间上方的顶板压力比较小，基本顶跨距比较大，来压时比较突然，影响范围比较广。因此，可在基本顶初次来压阶段，加大工作面控顶距，使支架的支撑力后移，防止发生切顶事故。

(7) 如果工作面出现台阶下沉，必须采取加强支护措施，采用特殊支架支护工作面，防止台阶下沉造成切顶压垮事故。

同时，采煤工作面超前 20 m 或更大范围内的两端巷道，因受工作面前方支承压力的作用，受压较大，为防压坏支架应加强支护。通常做法：超前煤壁 20 m 范围内的两巷必须加强支护；在大采高综采及综采放顶煤工作面，两巷应超前 50 m 或更大范围加强支护；如果是保护层开采，则超前煤壁 30 m 或更大范围内的两巷必须加强支护，防止超前压力引起工作面前方两巷煤与瓦斯突出。

3. 漏冒型冒顶事故

漏冒型冒顶包括大面积漏冒型冒顶、靠煤壁附近局部冒顶、采场两端局部冒顶以及放顶线附近局部冒顶。

漏冒型冒顶是因已破碎顶板没有得到有效防护受重力作用冒落而导致的冒顶。当煤层倾角较大，直接顶又异常破碎时，采场支护系统中如果某个地点失效发生局部漏冒，则紧邻局部漏冒地点支架上方的碎顶在自然安息角以上部分会在重力作用下冒落，从而使该支架失稳倾倒，引发该支架控制的其余碎顶也冒落。这种现象会沿工作面往上逐个支架发生。因此，只要某个地点发生局部漏冒，破碎顶板就有可能从这个地点开始沿工作面往上全部漏空，造成大量支架失稳倾倒，导致漏垮工作面。

大面积冒顶预防措施主要有以下 5 个方面：

(1) 选用合适的支柱，使工作面支护系统有足够的支撑力与可缩量。综采支架的选型应遵循下述原则：当垮落带中只有直接顶时宜选用掩护式；当垮落带中无直接顶而且煤层倾角又较小时宜选用支撑式；其他条件宜选用支撑掩护式。采高大于2.5～3.0 m且煤质又酥松时，应选用带有护帮装置的架型，而且端面距不宜超过340 mm。

（2）单体支柱工作面，如果直接顶板比较软弱，支柱必须带顶梁，顶梁上还需背板，甚至要全封闭背护。支柱的柱距不宜大于0.7 m，梁头顶紧煤壁，端面距不宜超过200 mm，必要时梁端要掏梁窝。采煤后及时支护。

（3）实践表明，支架初撑力愈大，顶板下沉量愈小，端面冒高也愈小。掩护式及支撑掩护式支架由于本身有向煤壁的推力，初撑力愈大，推力愈大，愈有利于控制端面冒落。综采支架的初撑力应保证端面冒高不超过300 mm，单体支柱的初撑力应保证端面冒高不超过200 mm。

（4）对于软弱破碎顶板，主要是用采场支架将其护好。应用自移支架的综采工作面，支架宜选用掩护式或支撑掩护式；应用单体支柱的工作面，支柱上应有顶梁，顶梁上要有背板和护顶材料，甚至要全封闭背护，柱距宜小于0.7 m。

（5）严防爆破、推移刮板输送机等工序弄倒支架引发局部漏冒。采场内任何一处出现小型冒顶，必须及时进行护顶，防止引起漏冒型冒顶。

由于漏冒型冒顶顶板黏结性差，较破碎，因此支护系统的初撑力不宜过大，否则会人为破坏顶板的完整性而导致漏冒型冒顶事故的发生。初撑力的大小应与防压、防推一起考虑。

4. 综合类冒顶事故

综合类冒顶可分为厚层难冒顶板导致的冒顶、地质破坏带附近的局部冒顶和大块游离顶板导致的冒顶。

1）厚层难冒顶板导致的冒顶

对于基础岩层厚度大于4 m的砂岩、石灰岩难冒顶板，通常要形成大面积悬露，有时达几千平方米，甚至几万平方米。这样大面积的顶板在极短时间内冒落下来，不仅会产生严重的冲击破坏力，而且会把已采空间的空气瞬时挤出，形成巨大的暴风，破坏力极强，还可能引发瓦斯事故。

大面积来压前一般都有明显的预兆，如煤壁片帮严重、煤体破裂声音清脆响亮、木支柱折断、柱帽压裂并发出声响、煤体应力增大和钻孔变形等。厚层难冒落顶板大面积冒顶的预防措施主要如下：

（1）增大工作面长度，使厚层难冒顶板初次破断时呈竖O－X型。

（2）厚层难冒顶板下面自由空间高度不大于其基础岩层厚度的一半。

（3）对单体支柱工作面，考虑到采空区冒矸块度较大，放顶线上的支柱应有足够的支撑力与稳定性，以免被冒矸推倒，条件允许时应尽量使用墩柱。

（4）在开采煤层群时，当下煤层的顶板较软，上煤层的顶板为厚层难冒顶板时，可先开采下煤层，使上煤层及其顶板位于下煤层采后顶板的断裂带内，产生松动和断裂，但又保持一定的完整性。这样一来，当开采上煤层时，也可避免厚层难冒顶板所造成的威胁。

（5）用深孔爆破强制放顶法处理顶板。

（6）利用深孔注水改变坚硬顶板难以冒落的性能。

（7）采用充填法管理顶板以控制大面积冒落。

2）地质破坏带附近的局部冒顶

地质破坏带主要是指煤层和顶板岩层中的断层。由于断层附近顶板压力大、破碎，对于单体支柱工作面，若支护不好时易发生冒顶事故。因而在断层附近应增大支护密度，提高支护初撑力，甚至用木垛加强支护，护好碎顶，并用戗棚、戗柱增加支架稳定性。

对于综采工作面，遇到长度大于5 m的平行工作面的断层时，容易发生局部冒顶。此时，支架若有较大的富余阻力，工作面可照常推进；否则应调整工作面与断层斜交通过断层。

3）大块游离顶板导致的冒顶

由于地质构造、旧巷及采动等原因，造成煤层直接顶板中存在大块游离顶板。它们上面与上覆岩层黏结力很小或不黏结，甚至离层，四周与原岩层断开，下面为采空空间。这些大块游离顶板在一定条件下会导致或大或小的冒顶事故。

大块游离顶板导致的冒顶事故包括：复合顶板推垮型冒顶、冲击推垮型冒顶、大块游离顶板旋转推垮型冒顶。

（1）复合顶板推垮型冒顶。复合顶板是指煤层的直接顶易与其上位岩层离层，厚度为0.5~3.0 m的岩层或岩层组。例如，留厚度0.5~3.0 m的煤皮法采煤时，煤皮与顶板又易分离，这时采煤工作面也处在复合顶板之下。倾斜分层下行垮落开采厚煤层时，第二分层及以下分层可能处在再生的复合顶板之下。

采场中容易发生推垮型冒顶的地点主要包括：开切眼附近，地质破坏带附近，旧巷附近，掘进工作面巷道时破坏了复合顶板的地点，局部冒顶区附近，倾角大的地段，顶板岩层含水地段等。

复合顶板推垮型冒顶的预防措施主要有以下几个方面：①做好顶板的预测预报工作，首先预测预报顶板下滑的可能性，包括是否存在下滑的条件，顶板在倾斜方向上是否被切断而失去上部的牵制作用，是否存在允许顶板下滑的空间等。然后判断顶板可能下滑的地点和时间；②加强日常顶板控制，防止出现局部冒顶事故；③正确进行支护控制设计；④合理选择厚煤层下分层开切眼位置，开采厚煤层下分层时，应将下分层开切眼布置在基本顶中部断裂线之外，即第一次来压步距的一半处；⑤应用伪俯斜工作面并使垂直工作面方向向下倾斜4°~6°，这个措施的目的是限定六面体只能沿工作面下侧推移，而这条路线阻止推移的摩擦阻力较大；应当指出，当煤层沿走向起伏不平时，会影响这个措施的效果；⑥掘进工作面巷道时，不破坏复合顶板；⑦工作面初采时不要反推；⑧控制采高，使直接顶冒落后能超过采高；⑨应用戗柱、戗棚，且迎着六面体可能推移的方向支设；⑩提高单体支柱的初撑力，采用“整体支架”等。

（2）冲击推垮型冒顶。当煤层顶板的下位分层容易离层而且工作面又使用单体支柱时，存在发生冲击推垮型冒顶事故的危险。基本顶来压时，如果直接顶已离层，也可能产生冲击推垮型冒顶。预防冲击推垮型冒顶的措施主要如下：①提高支柱的初撑力，避免下位分层离层；②提高支护系统的稳定性，避免被推垮；③尽量缩小工作面控顶距，避免上位岩层在控顶距内垮落。

（3）大块游离顶板旋转推垮型冒顶。岩性中等稳定及以上的顶板，在采空区往往出现较长悬顶。当煤层顶板存在断层、裂隙、层理或薄弱岩层时，煤层顶板被切割成大块游离顶板，厚度可达6 m，长度可达20 m。这个游离顶板可能旋转而下，把工作面单体支柱向煤壁推倒，造成推垮型冒顶事故。

预防大块游离顶板旋转推垮型冒顶的措施：加强顶板动态监测工作，判断游离顶板的范围。待游离顶板全部都处在放顶线以外的采空区时，再用绞车回柱。沿工作面倾斜方向15~20 m设置一道走向关矸木支柱，回柱时不予回撤。当采场顶板出现大于5 m的平行工作面的断层时，在断层附近特别容易形成大块游离顶板。断层附近顶板垮落带的范围可能扩大，造成游离顶板下的支架将承受更大的载荷。预防这种大块游离顶板旋转推垮型冒顶，除正常采取上述措施外，必要时要用木垛加强支护。

如果大块游离顶板的尺寸相对较小，在采空区没有悬顶，但它沿工作面推进方向的长度超过一次放顶步距，在回柱后，游离顶板就会旋转，可能推倒采场支架导致冒顶。此外，在金属网人工顶板下回柱放顶时，由于网上有大块游离顶板，也可能会发生因游离顶板旋转而推倒采场支架的冒顶。预防这些情况下的旋转推垮型冒顶的措施基本相同，只是在加强顶板动态监测工作中，对整层开采的情况要预计可能发生旋转推垮的范围，对倾斜分层金属网人工顶板开采的顶分层要详细记录采空区冒下大块顶板的尺寸、形状，以及在走向、倾斜的具体位置。为预防发生这种类型的冒顶，有条件时也可以应用液压系统移动的切顶墩柱。

(二) 采煤工作面局部冒顶事故

局部冒顶一般属于漏冒型冒顶，采煤工作面最容易发生局部冒顶的地点包括：靠煤壁附近局部冒顶、采场两端局部冒顶、放顶线附近局部冒顶和断层带附近的局部冒顶等。

局部冒顶事故是最常见的事故，由于范围小，伤亡人数少，容易被人忽视。据统计，局部冒顶占采煤工作面冒顶事故的70%左右，事故中死亡的人数占总冒顶事故死亡人数的60%~70%，重伤人数则高达80%以上。

局部冒顶事故具有一定的规律性，绝大部分发生在临近断层、褶曲轴部等地质构造带范围内。其原因之一是已破碎的顶板未能及时支护而局部冒落。二是基本顶下沉使直接顶破坏支护系统，造成局部冒落。

1. 靠近煤壁附近的局部冒顶

由于原生构造以及采动等原因，在一些煤层的直接顶中，存在“人字劈”“升斗劈”，或其他形状的游离岩块，如图6-2所示。由于受采煤机割煤或爆破落煤震动的影响，直接顶中的游离岩块或破碎顶板如果支护不及时，或第一排支架顶梁前端至煤壁的距离过大，这类游离岩块可能突然冒落，造成局部冒顶事故。在炮采工作面，如炮眼的角度布置不合理，就有可能在爆破时崩倒支架而导致局部冒顶。当基本顶来压时，煤层本身强度低，煤质软，易片帮，扩大了无支护空间，也可能导致局部冒顶。

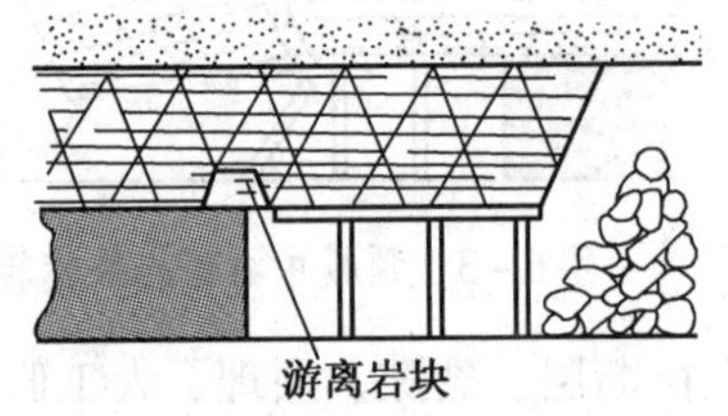

图6-2 顶板中游离岩块

靠近煤壁附近的局部冒顶预防措施主要包括：

(1) 采用及时的支护方式，提高支架的初撑力，并使端面距液压支架不超过340 mm，单体液压支柱不超过200 mm。如综采时及时移架支护；单体柱采用横板连锁棚子、正悬臂交错金属顶梁支架，正、倒悬臂梁支架和贴帮支柱，长钢梁抬棚，以及长钢梁对棚迈步支架等。

(2) 综合机械化采煤工作面当采高大于2.5~3.0 m时，支架应带护帮装置，以免煤壁片帮扩大到无支护空间。当工作面过断层构造带顶板破碎时，可对破碎的直接顶注入树脂黏结剂，使顶板固化，以防冒顶发生。

（3）炮采时，炮眼布置及装药量应合理，尽量避免崩倒支架。顶眼距顶板不小于0.2 m，爆破时尽量不破坏顶板。

（4）尽量使工作面与煤层的主节理方向垂直或斜交，避免煤壁片帮。一旦煤壁片帮，应及时掏梁窝超前支护，防止冒顶。

（5）在架设支架前必须敲帮问顶，以防落矸伤人，严禁工人在无支护空顶区内进行操作。

2. 上下出口的局部冒顶

上下出口位于采煤工作面与巷道交接处，控顶范围较大。且上下出口受巷道和工作面双重压力的作用，岩石易于松动破碎。同时，掘进巷道时，因巷道支架初撑力一般都较小，直接顶易破碎，如果直接顶是由薄及软弱岩层组成时，更易松动破碎。上下出口处要经常进行工作面输送机机头、机尾的拆卸、安装和推移刮板输送机等工作，支、撤支架较为频繁，顶板被扰动的次数较多，顶板破碎的概率就大。若直接顶中存在与层面斜交的裂隙组，就有可能推倒支柱造成局部冒顶。

工作面上下出口局部冒顶的防治措施如下：

（1）两巷超前工作面20 m范围内及工作面端头必须加强支护，支护系统必须完善可靠，工作面上下出口和巷道连接处20 m范围内，炮采不得低于1.6 m，机采不得低于1.8 m。两巷超前支护一般使用抬棚。工作面端头支护机采一般使用端头支架，单体液压支柱工作面一般采用四对迈步Π型钢梁抬棚支护，或在机头机尾处采用双楔铰接顶梁支护。

（2）支架必须具有足够的支撑力，支护密度和质量符合有关规定。

（3）在顶板来压的方向上打戗柱、斜棚、木跺等。

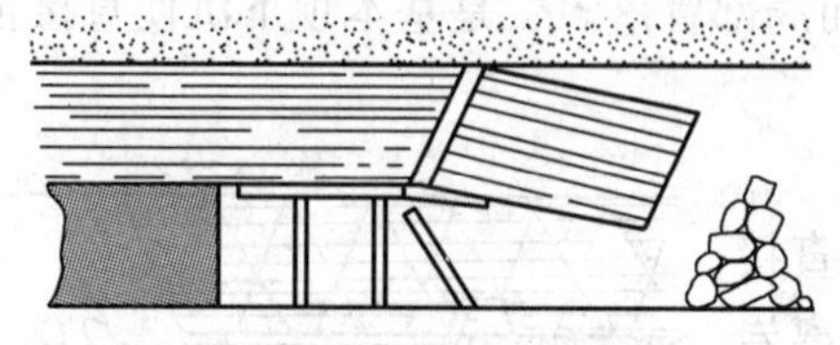
图6-3　顶板中游离岩块旋转

3. 放顶线附近的局部冒顶

放顶线附近局部冒顶主要发生在使用单体支柱的工作面。如图6-3所示，在工作面放顶线上的支柱受力不均，当人工回拆受压力较大的支柱时，顶板就会冒落下来。如果回柱工人未能及时迅速退到安全地点，就有可能造成伤亡事故。当顶板中存在由断层、裂隙、层理、人工假顶等形成的大块游离岩块时，回柱后这些游离岩块就会发生旋转，推倒工作面支架而发生局部冒顶事故。这种情况在分段回柱回撤最后一根支柱时，尤其容易发生。

放顶线附近局部冒顶预防措施包括：

（1）加强顶板控制，尤其是记录大块岩块的位置及尺寸。

（2）为了防止大块游离岩块在回柱时旋转而推倒工作面支架，造成冒顶事故，应在大岩块下面采用打木垛等特殊支护手段加强支护。当大岩块长度沿走向超过一次放顶步距时，要加大控顶距。当大岩块全部处于放顶线以外时，再用绞车回掉支柱。

（3）为防止大块游离岩块旋转推倒支架，在放顶线上可架设液压切顶支架。

4. 断层带附近的局部冒顶

断层带附近往往顶板裂隙发育、破碎，断层带附近经常会发生局部冒顶。以炮采为例，应采取的防治措施如下：

（1）适宜的过断层的方法。当断层落差较小，断层附近顶板较为完整时，工作面可以硬推硬过；对于断层落差不太大，工作面输送机能推过时，可采用挑顶挖底或用顶柱支撑过断层，如图 6－4 所示。若遇到走向断层并且影响范围较小时，可直接通过；若遇到倾斜断层，且范围较大时，可通过调整工作面推进方向使其与断层斜交逐步推过；当遇到断层落差较大，影响范围也较大时，可采用开探巷来探明断层的范围，通过另掘开切眼或补巷绕过断层。

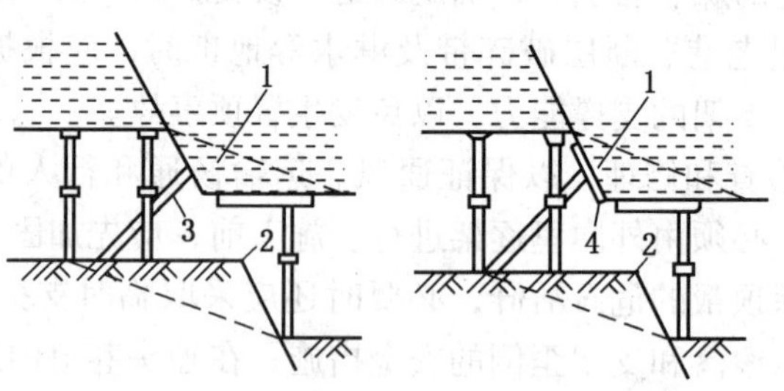

1—挑顶；2—挖底；3—顶柱；4—托板

图 6－4　用挑顶挖底或用顶柱支撑过断层

（2）加强断层带附近的支护。当断层的落差较小，顶板、底板或断层面比较平整，而且断层带附近顶板不破碎时，一般可用带帽点柱、棚子支护等支护方式。当断层附近的顶板较破碎，顶板压力较大时，可以采用一梁二柱或一梁三柱的棚子，顶板与棚梁之间要背严打紧。

当工作面遇到较大的断层，采高在 2.5～3.0 m 时，在断层破碎地点，要垂直断层面打带帽顶柱，柱根要支在硬底上，可以留底煤，在底煤上铺底梁，再在底梁上架设支柱。底煤的侧面用木板或竹笆挡好，并可在外面加木垛，以防底煤塌落。若不留底煤，可先打超前托梁，然后再由下向上架好木垛。

5. 陷落柱附近的局部冒顶

过陷落柱的方法与过断层相似，根据陷落柱破碎程度不同可采用套棚、木垛、撞楔法过陷落柱。

三、巷道冒顶的预防与处理

当巷道围岩应力比较大、围岩本身又比较软弱或破碎、支架的支撑力和可缩量又不够时，已被应力破裂的围岩或本来就是破碎的围岩，在较大应力作用下，可能损坏支架，造成巷道冒顶事故。

（一）巷道冒顶事故的预防措施

依据影响巷道冒顶的因素和施工中引起片帮冒顶的原因，应采取以下措施：

（1）合理布置巷道。服务年限长、断面大的矿井主要巷道，如矿井主要运输巷、回风巷，采区主要进回风巷，应布置在好维护的煤层或底板岩层中。采煤工作面上下区段巷道应尽量采用沿空掘巷和沿空留巷，且要少掘交叉巷道和上下重叠的巷道。

（2）选择合理的断面尺寸和断面形状。巷道断面越大越难维护；圆形、拱形巷道较其他形状断面易于维护等。同时，要采用经济合理的支护形式和支护密度，严格质量标准等。

（3）严禁超空顶距作业。严格执行《煤矿安全规程》规定，掘进工作面严禁空顶作业。靠近掘进工作面 10 m 内的支护，在爆破前必须加固。爆破崩倒、崩坏的支架必须先行修复，之后方可进入工作面作业。修复支架时必须先检查顶、帮，并由外向里逐架进行。

在松软的煤、岩层或流砂性地层及断层破碎带中掘进巷道时，必须采取前探支护或其他措施。在坚硬和稳定的煤、岩层中，确定巷道不设支护时，必须制定安全措施。

（4）巷道掘进通过老巷、断层破碎带及淋水等地带时，应根据实际情况，制定专项措施，加强支护，提高支架的支撑能力，以免发生冒顶事故。

（5）加强巷道的检查和修理，以保证通风、运输畅通和行人的安全。修理、更换支架和刷大巷道断面时，必须由外向里逐架进行。施工前，应先加固邻近的支护，拆除原有支护后，必须及时排除顶帮的危石活矸，必要时还应采取临时支护措施；在倾斜巷道中，必须有防止矸石、物料滚落和支架歪倒的安全措施；在独头巷道内进行维修时，维修点以里应停止掘进或从事其他工作，以免发生冒顶堵人事故等。

（二）巷道冒顶时的应急措施

处理冒顶事故的首要任务是抢救遇险人员和恢复通风。一般应按下列步骤进行：

（1）迅速查清冒顶被堵、被压人员的位置、人数，并设法与他们取得联系，配合救护队抢救。

（2）尽快向被堵、被压人员输送新鲜空气、饮料和食物。

（3）派专人检查瓦斯、观察周围顶板变化。加强冒顶范围的支护，维护好抢险人员的安全退路。

（4）根据巷道冒顶事故的范围大小、地压情况等，采取不同的抢救方法救人。同时，加强顶板的观察和必要的维护，防止救人时再次冒落使事故扩大等。

（三）处理巷道冒顶的方法

根据冒顶性质和范围，处理方法有撞楔法、搭凉棚法、木垛法和锚喷支护法等。

1. 撞楔法

当巷道冒顶处顶板岩石破碎，动则就会继续冒落，而无法进行处理冒落物和架棚时，可采用撞楔法处理。如图 6-5 所示，若巷道局部顶板冒落，宽度不超过顶梁长度，冒落的岩（煤）矸又不多时，可首先加固紧靠冒顶处的支架，防止倒塌。然后沿该架棚子的梁上向冒顶区打入撞楔（如铁钎、带尖的圆木或木板），用荆笆或板皮背严，防止矸石（煤）流入巷道，必要时撞楔可密集排列打入，然后再清理矸石，架设支架直到穿过冒顶区。

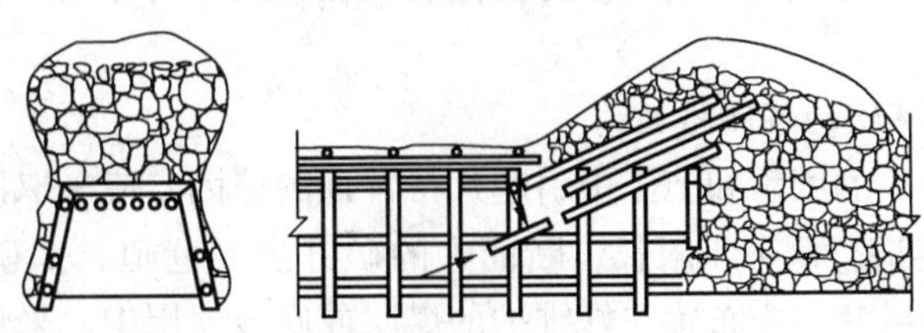

图 6-5　巷道冒顶范围较小的处理方法

2. 巷道冒落范围较大时的处理方法

（1）小断面快速修复法。若巷道冒顶范围大，压住运输机、影响通风、行人或独头巷道冒顶有人员被堵时，可用撞楔法先架设比原巷道规格小得多的临时支架处理冒顶，待抢救出人员或恢复通风、运输后，再处理大断面冒顶，架设永久支架。

（2）一次架设永久支护修复法。这一方法为撞楔法的一种形式，只不过是全断面一次修复，在每一次撞楔后，在巷道两侧掏槽挖柱窝，立柱腿，上顶梁。顶梁与撞楔之间在不影响下次打撞楔的情况下应背实，然后在此架顶上侧向前打撞楔，直到通过冒顶区。

（3）搭凉棚法。在巷道冒落的拱高不超过 1 m，冒顶长度又不大，而且顶板岩石不再继续冒落时，可用 5 ~ 8 根长料搭在冒顶两头完好的支架上组成“凉棚”，然后在“凉棚”的掩护下，进行出矸、架棚等。架完棚以后，再在凉棚上用材料把顶接实。由于瓦斯较空气轻，易在高冒处积聚，这种方法在高瓦斯矿井不宜使用。

（4）木垛法。在巷道冒顶范围较大，冒落空洞以上顶板岩石基本稳定时，可用木垛法处理巷道冒顶。方法是先将靠近冒顶处附近的完好支架下扶好两排抬棚，并用拉条拉紧，打上撑木，使其稳固可靠，再在上面架设穿杆，然后在穿杆上架木垛，如图 6 – 6 所示。

第一个木垛架完后，在其穿杆下架设密集支架，棚距不超过 0.3 m，随架随出矸，并与后面支架连成整体。接着架设第二个木垛，依次类推一直到处理完巷道冒顶。

（5）木垛和小棚子结合法。当巷道冒顶高度超过 5 m 时，可采用木垛和小棚子结合的方法处理巷道冒顶，如图 6 – 7 所示。用木垛和小棚子结合的方法处理巷道冒顶，不但节省坑木，而且又加快了处理速度。

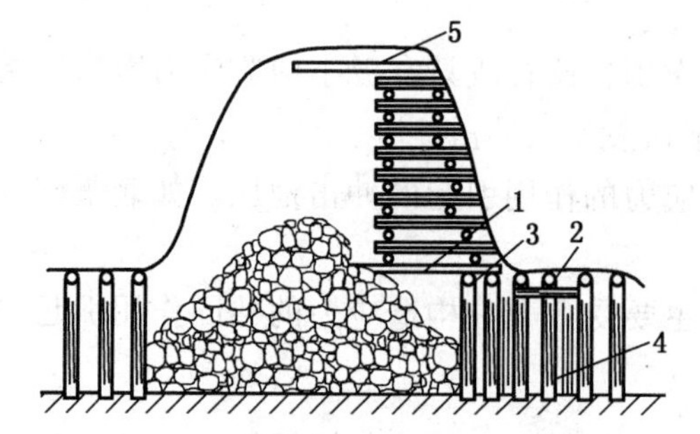

1—穿杆；2—拉条；3—并排支架；4—抬棚；5—护顶穿杆

图 6 – 6　木垛法处理巷道冒顶

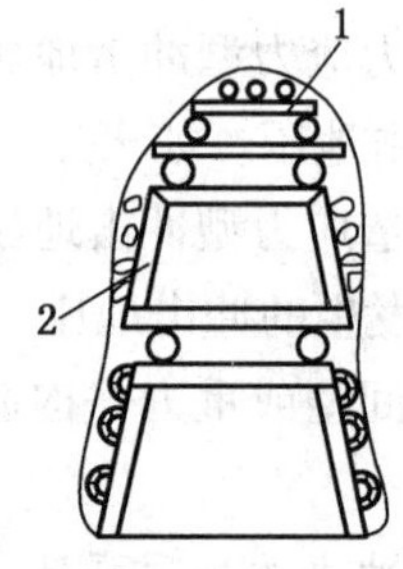

1—木垛；2—小棚子

图 6 – 7　木垛和小棚子结合法处理巷道冒顶

3. 使用锚喷方法处理掘进巷道冒顶

（1）当巷道顶板冒落高度较高，整个巷道被矸石堵塞，清理矸石会引起巷道顶板继续冒落时，可采用先向帮顶打入穿楔护住顶、帮，清理穿楔下面的部分矸石后，喷射一层混凝土，胶结穿楔范围的矸石成一整体，形成临时支护。然后架设金属骨架，再喷一层混凝土，把金属支架完全封闭在混凝土喷层内。

（2）当巷道顶板冒落高度不是太高，在短时间内不会继续冒落的情况下，可采用锚喷支护进行处理。人员站在冒落的矸石上，向冒顶区内的顶板喷一层 20 ~ 30 mm 厚的混凝土封顶，防止顶板继续冒落，然后安装锚杆。锚杆安装完毕后再喷射一层 60 ~ 100 mm

厚的混凝土，然后清理冒落矸石，并随清理随进行两帮的锚喷支护，最后再进行冒顶区永久支护。

第二节　冲击地压及其防治

冲击地压是指在开采过程中，积聚在煤岩体中的能量，瞬间释放出来，产生一种以突然、急剧、猛烈破坏为特征的动力现象。冲击地压常伴随有很大的声响、岩体震动和冲击波，在一定范围内可以感到地震；有时向采掘空间抛出大量的碎煤或岩块，形成煤尘飞扬，释放出大量的瓦斯，形成逆流有时达数千米。冲击地压具有很大的破坏性，是煤矿重大灾害之一。

一、冲击地压的特征及分类

（一）冲击地压的特征

（1）突发性。发生前一般无明显前兆，冲击过程短暂，持续时间为几秒到几十秒。

（2）破坏性。冲击强度一般为里氏震级 1～3 级，很少大于 4 级。往往造成煤壁片帮、顶板下沉、底鼓、支架折损、巷道堵塞、人员伤亡。

（3）复杂性。井下开采煤矿都有冲击地压发生的可能，但大多发生在柱式或短壁式采煤法，综合机械化长壁采煤工作面不多；相当一部分冲击地压是由爆破而诱发的；50%以上是发生在煤柱内。

（二）冲击地压的分类

1. 根据原岩（煤）体的应力状态分类

（1）重力应力型冲击地压，主要受重力作用，没有或只有极小构造应力影响的条件下引起的冲击地压。如枣庄、抚顺、开滦等矿区发生的冲击地压。

（2）构造应力型冲击地压，主要受构造应力的作用引起的冲击地压。如北票矿务局和天池煤矿发生的冲击地压。

（3）中间型或重力—构造型冲击地压，主要受重力和构造应力的共同作用引起的冲击地压。

2. 根据冲击的显现强度分类

（1）弹射。一些单个碎块从处于高应力状态下的煤或岩体上射落，并伴有强烈声响，属于微冲击现象。

（2）矿震。它是煤、岩内部的冲击地压，即深部的煤或岩体发生破坏，煤、岩并不向已采空间抛出，只有片帮或塌落现象，但煤或岩体产生明显震动，伴有巨大声响，有时产生煤尘。较弱的矿震称为微震，也称为煤炮。

（3）弱冲击。煤或岩石向已采空间抛出，但破坏性不很大，对支架、机器和设备基本上没有损坏；围岩产生震动，一般震级在 2.2 级以下，伴有很大声响；产生煤尘，在瓦斯矿井中可能有大量瓦斯涌出。

（4）强冲击。部分煤或岩石急剧破碎，大量向已采空间抛出，出现支架折损、设备移动和围岩震动，震级在 2.3 级以上，伴有巨大声响，形成大量煤尘和产生冲击波。

3. 根据震级强度和抛出的煤量分类

（1）轻微冲击（Ⅰ级）。抛出煤量在 10 t 以下，震级在 1 级以下的冲击地压。

（2）中等冲击（Ⅱ级）。抛出煤量在 10～50 t，震级在 1～2 级的冲击地压。

（3）强烈冲击（Ⅲ级）。抛出煤量在 50 t 以上，震级在 2 级以上的冲击地压。

冲击地压中等及以上的矿井为重大危险源，矿井必须采取技术上、行为上和管理上的控制消除其危险的发生。同时，矿井必须制定相应的事故应急救援预案。

二、影响冲击地压发生的因素

1. 自然条件

（1）煤岩的力学性质。煤岩的强度越高，引发冲击地压所要求的应力越小，越容易发生冲击地压；否则相反。

（2）顶底板条件及煤层厚度。当煤层顶板厚度大、致密、坚硬时，易发生冲击地压。尤其是坚硬、厚层砂岩顶板，容易积聚大量的弹性能，在破断或滑移过程中，弹性能突然释放，形成震动，诱发冲击地压。如发生严重冲击地压的抚顺矿区，顶板为厚而坚硬的油页岩；义马矿区基本顶为致密坚硬的胶质砾石。底板坚硬，使煤体易于积聚能量，导致冲击地压的发生。煤层倾角和厚度局部突然变化地带，是局部地质构造应力积聚地带，易发生冲击地压。

（3）开采深度。随着开采深度的增加，煤层中的自重应力增加，煤岩体中聚积的弹性能增加，发生冲击地压的可能性增大。在开采浅部时，有的煤层虽然具有冲击危险，因煤体应力不大，未能达到临界破坏条件，因而不会发生冲击地压。当开采深度加大，达到冲击地压的临界深度时，就可能发生冲击地压。

（4）地质构造。地质构造对冲击地压有重要影响。当地质构造区域积聚大量的弹性能，在该区域或附近有采掘活动时，由于采掘活动的影响，就会诱发冲击地压的发生。而在构造应力易于释放的区域，如向斜、背斜翼部宽缓的区域，很少或不发生冲击地压。

2. 开采技术因素

影响冲击地压发生的开采技术因素主要有两个方面：一是采掘引起应力集中，增大了冲击地压发生的危险性；二是震动、改变煤岩受力状态等诱发冲击地压。

（1）采煤方法。采用不同的采煤方法，所产生的矿山压力及其分布规律也不同。一般来说，短壁体系采煤方法由于巷道交岔点多，遗留煤柱也多，容易形成多处支承压力叠加而引发冲击地压。因此，对于具有冲击地压危险的煤层最好采用长壁式采煤法。如北京房山矿采用短壁式采煤方法开采 15 槽煤层时，在掘进中曾多次发生冲击地压，改为倒台阶采煤方法以后，从未发生过。

（2）煤柱。煤柱是开采中的孤立体，是产生应力集中的地点，孤岛形和半岛形煤柱可能受几个不同方向集中应力的叠加作用，因而在煤柱附近最易发生冲击地压。煤柱上的集中应力不仅对本煤层开采有影响，而且还向下层煤传递应力，使下部煤层产生冲击地压。

（3）采掘顺序。采掘顺序对于矿山压力的大小和分布影响很大。巷道相向掘进、工作面相向回采以及在采煤工作面的支承压力带内开掘巷道，都会使支承压力叠加而可能发生冲击地压。因此，应避免同一区段两翼的工作面同时接近上山。此外，若由于开采顺序不当，使相邻区段追逐采煤，采煤工作面形状不规则或留下待采煤柱等，也都会形成集中应力区，给冲击地压的发生创造条件。

（4）顶板控制。顶板本身不仅是载荷的一部分，而且还能传递上部岩层重力。顶板控制方法不同，煤体的支承压力也不一样。煤柱支承法控制顶板时，由于煤柱承受着整个开采空间上覆岩层重量，煤柱上集中应力很大，不但在煤柱本身发生冲击地压，而且对下部煤层开采造成困难，增加发生冲击地压的危险性。

（5）爆破。爆破产生震动引起动载荷。一方面能使煤层中的应力迅速重新分布，达到极限平衡状态甚至破坏其平衡；另一方面能迅速地解除煤壁边缘侧向约束阻力，使受力状况发生变化，由三向受力向两向受力转化，使其抗压强度下降，形成冲击地压。因此，爆破具有诱发冲击地压的作用。

三、冲击地压的预测

为减少冲击地压对煤矿安全生产的危害，在开采有冲击危险的煤层时，必须进行预测。《煤矿安全规程》规定，开采冲击地压煤层时，冲击危险程度和采取措施后的实际效果，可采用钻粉率指标法、地音法、微震法等确定。

1. 顶板动态法

冲击地压发生之前，总是有一些预兆，表现为煤岩向已采空间的运动及顶板岩层断裂声加剧，采空区有雷声，顶板下沉，煤壁片帮。煤层打眼时，钻杆卡住不易拔出，支柱折断，柱帽压缩，采煤工作面和巷道压力有明显的增大现象等。

2. 钻粉率指标法

钻粉率指标法又称钻粉率指数法或钻孔检验法。它是根据打一定直径的钻孔，不同深度时排出的钻屑量及其变化规律来判断岩体内应力集中情况，鉴别发生冲击地压的倾向和位置。在钻进过程中，在规定的深度范围内，出现危险煤粉量或钻杆被卡死的现象时，则认为具有冲击危险，应采取相应的预防措施。

3. 微震法或地音监测法

岩石在压力作用下发生变形、破坏过程中，必然产生声响和震动，以脉冲形式向周围岩体传播，产生应力波或声发射现象。这种声发射也称地音。因此，用微震仪或地音仪记录这一系列地震波，根据地震波的强弱变化规律和正常地震波相比较，可以判断煤层或岩体发生冲击的倾向程度。

4. 工程地震探测法

用人工方法造成地震，探测这种地震波的传播速度，编制出波速与时间的关系图，波速增大段表示有较大的应力作用，结合地质和开采技术条件分析、判断发生冲击地压的倾向度。

5. 综合测定法

为了能够更准确地判断出发生冲击地压的地点和时间，可同时采用上述两种以上的方法，根据多因素的变化综合加以确定。国内外常使用的有钻屑法、地音监测法、地质及开采技术条件分析等综合方法。

四、冲击地压的防治

根据冲击地压的成因和发生机理，防治冲击地压主要从两方面入手：一是降低应力的集中程度；二是改变煤岩体的物理力学性能，以减弱积聚弹性能的能力和释放速度。

(一) 避免应力集中

1. 合理的开采方法

开采有冲击地压危险的煤层时，应尽量采用长壁式采煤法，全部垮落法管理顶板。煤柱支撑法、房柱式及其他留煤柱的开采方法，都有利于冲击地压的发生。

2. 避免形成孤立煤柱

划分井田和采区时，应保证有计划的合理开采，避免形成应力集中的孤立煤柱。有条件的采区可跨上山开采和沿空掘巷（或留巷）等无煤柱开采技术，避免应力集中。

3. 合理的巷道布置

开采有冲击危险的煤层时，应尽量将主要巷道和硐室布置在底板岩石中。回采巷道应尽可能避开支撑压力峰值，采用宽巷掘进，少用或不用双巷掘进或多巷平行掘进。

4. 合理安排开采顺序

要合理安排开采顺序，防止采煤工作面三面被采空区包围，形成“半岛”。采区的采煤工作面应采用后退式朝一个方向推进，避免相向回采与掘进，以免应力叠加。

5. 开采保护层

开采煤层群时，开拓巷道要有利于保护层开采。首先开采无冲击地压的煤层为保护层，且优先开采上保护层。当所有煤层都有冲击地压危险时，应先开采冲击地压危险性最小的煤层。

对于地质构造等特殊区域，应采取避免或减缓应力集中或叠加的开采顺序。如在向斜或背斜构造区，应从轴部开始回采；构造盆地应从盆底回采；有断层或采空区的煤层应从断层或采空区处回采。

(二) 释放积聚在煤岩体中弹性能

1. 钻孔卸压

钻孔卸压就是利用钻孔降低煤体中积聚的弹性能。一般采用 75 ~ 100 mm 孔径，孔径越大效果越好（有的已达 300 mm），孔深应超过前方应力集中带一定距离。由于钻孔后煤体受力状态和支承压力的分布发生了变化，应力集中峰值向煤体深部转移。当支承压力超过煤层孔壁稳定范围时，钻孔被破坏。且支承压力越高，钻孔破坏越严重，钻孔的卸压效果越好。

2. 卸压爆破

卸压爆破即在安全条件下，用爆破的方法使煤层松动，从而释放煤体积聚的能量。一是在高应力区附近打钻，在钻孔中装药进行爆破，通过爆破改变支承压力带的形状和减小峰值，这种方法叫卸载爆破。二是在具有冲击危险的区域进行大药量的爆破，人为地在工作人员撤出后通过爆破诱发冲击地压而使能量释放，这种方法叫诱发爆破。

3. 煤层预注水

煤层预注水后降低了煤体的弹性和强度，使应力集中区降低并移向深部，从而减小冲击的危险性。如大同、抚顺、北京、枣庄、天池等矿区，在具有冲击危险的煤层或顶板岩层进行注水，收到了明显的效果。

4. 强制放顶

强制放顶主要是对坚硬难冒落顶板采取的一种措施。通过爆破作业使大面积悬而不垮的坚硬难冒落顶板随开采活动而冒落，从而消除诱发冲击地压的潜在危险因素。

五、开采有冲击地压煤层时应注意的问题

（1）开采有冲击地压煤层的矿务局（公司）、煤矿都应有专人负责防治冲击地压的工作。应装备微震、地音监测等装备，进行冲击地压预测预报工作。

（2）开采有冲击地压的煤层，掘进工作面临近大型地质构造、采空区和通过其他集中应力区以及回收煤柱时，必须制订专项安全技术措施。

防治冲击地压的措施中，必须规定发生冲击地压时的撤人路线。每次发生冲击地压后，必须组织人员到现场进行调查，记录好发生前的征兆、发生经过、有关数据及其破坏情况，并制订恢复工作的防治措施。

（3）开采有冲击地压危险煤层的工作人员，都必须接受有关防治冲击地压基本知识的教育，熟悉冲击地压发生的原因、条件和征兆以及应急措施。

（4）有严重冲击地压煤层在开拓时，应在岩层或无冲击地压的煤层中掘进集中巷道。开采时，在采空区不得留有煤柱。如果在采空区留有煤柱，必须将煤柱的位置尺寸以及影响范围标在采掘工程平面图上。永久硐室不得布置在有冲击地压的煤层中。

（5）开采煤层群时，首先开采无冲击地压或弱冲击地压煤层作为保护层。开采保护层后，在被保护层中确实受到保护的地区，可按无冲击地压煤层进行采掘工作。在未受保护的地区，必须采取放顶卸压、煤层注水、打卸压钻孔、超前爆破松动煤体或其他防治措施。开采有严重冲击地压的单一煤层和无保护层可采的煤层时，必须采取规定的防治冲击地压的措施。

（6）保护层有效范围的划定方法和保护层回采的超前距离，应根据对矿井实际考察的结果确定。

（7）开采有冲击地压煤层时，冲击危险程度和采取措施后的实际效果，可采用钻屑法、地音法、微震法或其他方法验证。对有冲击地压危险的煤层，可根据预测预报等实际考察资料和积累的数据，划分煤层的冲击地压危险程度等级，以便按其等级制定冲击地压的综合防治措施。

（8）对有冲击地压的煤层，应根据顶板岩性掘进宽巷或沿采空区边缘掘进巷道。巷道支护应采用可缩性支架，严禁采用混凝土、金属等刚性支架。

（9）有严重冲击地压的厚煤层中，所有巷道都应布置在应力集中圈以外。煤巷双巷掘进时，两条平行巷道之间的煤柱不得小于8 m，联络巷道应与两条平行巷道成直角。

（10）开采有冲击地压的煤层，应采用垮落法控制顶板，并提高切顶支架的工作阻力，采空区中所有支柱必须回净。

（11）有冲击地压的煤层中，在1个或相邻的2个采区中，同一煤层的同一阶段，在应力集中的影响范围内，不得布置2个工作面同时相向或向背回采。如果2个工作面相向掘进，在相距30 m时，必须停止其中一个掘进工作面，以免引起严重冲击危险；停产3d以上的采煤工作面，恢复生产的前一班，应鉴定冲击地压危险程度，以便采取安全措施。

（12）严重冲击地压的煤层中，采掘工作面的爆破撤人距离和爆破后进入工作面的时间，必须在作业规程中明确规定。

（13）在三面或四面被采空区所包围的地区和构造应力区进行回采和回收煤柱时，必

须制定防治冲击地压的安全措施。

第三节　矿井热害防治

一、矿井高温的危害

1. 严重影响矿工身体健康

煤矿井下为重体力劳动，最适宜的温度为 15～20 ℃。温度过高影响人体散热，破坏人体热平衡，人体的调节器官处于极度紧张状态，将出现心率加快、头疼、恶心、中暑、昏迷，甚至死亡。

2. 影响矿井安全生产

高温高湿环境使职工心跳加快、头晕，出现注意力不集中等现象，严重的甚至出现中暑，极易引发安全事故。据国外调查统计，当矿井作业点的空气湿球温度达到 28.9 ℃时，开始出现中暑死亡事故。

3. 高温引发机电设备故障率增加

矿井高温高湿环境影响机电设备的正常运转，使机电设备故障率上升。井下机电设备、电缆主要是通过与环境的对流来散发本身所产生的热量，当环境温度、湿度过高时，必将导致设备散热困难，以致发生设备故障。据国外调查统计表明：机电设备在相对湿度 90% 以上、气温 30～34 ℃的地点工作时，其事故率比在 30 ℃的地点工作高 3.6 倍。

4. 降低劳动生产率

在矿井高温高湿环境条件下，职工出勤率和劳动生产率下降。气温超过规定的 26 ℃指标时，温度每提高 1 ℃，劳动生产率降低 6%～8%。根据国外调查统计，风速 2 m/s，气温 30 ℃时，劳动生产率降低 72%。

高温灾害不同于其他灾害，一年四季持续，对生产的影响时间长、范围广、涉及人员多，而且治理困难。为降低热害对矿井安全生产的影响，《煤矿安全规程》规定，采掘工作面的气温不得超过 26 ℃，机电设备硐室不得超过 30 ℃。当采掘工作面的气温超过 30 ℃，机电设备硐室超过 34 ℃时，必须停止工作。同时，AQ 标准规定，开采容易自燃、自燃煤层及地温高的矿井的采煤工作面应设置温度传感器；机电硐室内应设置温度传感器。

二、矿井热害的形成原因

（1）围岩原始温度。围岩原始温度是指井巷周围未被通风冷却的原始岩层温度。地层在恒温带以下，正常情况下深度每增加 100 m，温度升高 3 ℃左右。我国高温矿井的地温率一般为 2.7～4.5 ℃/100 m。因此在许多深井中，围岩原始温度高，将热量传递给井下风流，往往是造成矿井高温的主要原因。

我国矿井地热类型分两级。原始岩石温度为 31～37 ℃的地区为一级热害区；原始岩石温度大于 37 ℃的地区为二级热害区。在我国预测的煤炭资源总储量中，有 73.2% 的储量埋藏深度在 1000 m 以下，预测围岩温度为 39～45 ℃，属于二级热害区。由此可见，矿井热害防治工作在采矿业发展中具有十分重要的意义。

（2）机电设备放热。在现代矿井中，由于机械化水平不断提高，尤其是采掘工作面的装机容量急剧增大，机电设备放热已成为不容忽视的主要热源。装机总容量为1300 kW的采煤工作面可使风量为30 m^3/s 的风流温度上升约11 ℃。但由于井下湿度较大，很大一部分热量被水分吸收蒸发，实测使风流温升的热量约占转换的30%；带式输送机和刮板输送机占10% ~20%；局部通风机耗能几乎全部转化为热能传给风流。同时，井下变电所、泵房、绞车房散热对采掘工作面温度也有一定程度的影响。

（3）地面气温。地面空气进入井下后，在井巷流动过程中与矿内热源不断进行热、湿交换，且进风线路随着季节的变化呈周期性变化，一年四季内的温度波动一般为3 ~10 ℃。但随着矿井采深和通风距离的加大，矿内气温受地面季节的影响越来越小。

（4）运输中煤炭及矸石的放热。在以运输机巷作为进风巷的采区通风系统中，运输中的煤炭和矸石的放热是一种比较重要的热源。

（5）矿物及其他有机物的氧化放热。井下矿物及其他有机物的氧化放热，是造成矿井升温的原因之一。如井下的煤、岩、坑木、充填材料、油、布料等能氧化发热，使井下气温升高。其中，以煤的氧化放热量最为显著。如每生成2 g二氧化碳，即体积比空气中二氧化碳升高0.1%，可使1 m^3 空气温度升高14.5 ℃。

（6）人员散热。人员在静止或休息时的代谢产热量为90 ~115 W，在从事繁重体力劳动时为470 W。在人员比较集中的采掘工作面，人员散热对工作面的气候条件也有一定的影响。

（7）地下热水散热。热容量大的地下水是强载热体，当通过某些构造通道涌入矿井，或大气降水渗入地下被深部岩温加热后涌入矿井等，都可使风流温度升高。如神火集团梁北矿，煤层底板寒武纪灰岩涌水温度高达43 ℃。

（8）矿井通风。单位时间内流入井下的风量称通风强度。若进入井下的风流温度低，通风强度越大，温度越低，则矿井温度越低，否则相反。

空气的压缩与膨胀对风流温度也有一定程度的影响。空气向下流动由于受压缩而产生热量，一般1 ℃/100 m。空气向上流动由于膨胀而降低温度，一般为0.8 ~0.9 ℃/100 m。

三、矿井热害的防治措施

矿井热害的防治就是把井下作业地点的气温控制在规定的温度以下。然而对于开采深度较深，或局部地热异常的矿井，若不采取有效的降温措施，是满足不了上述要求的。目前，矿井热害防治措施主要包括：

（一）通风降温

1. 加大风量

当采掘工作面温度不大于28 ℃，围岩温度不太高，且矿井增加风量具有一定空间时，增风降温是高温矿井最简单、最经济的措施之一。加大风量不仅可以降低温度，而且还可以有效地改善人体的散热条件，增加人体舒适感。如平顶山八矿将采煤工作面风量由990 m^3/min 增加到1280 m^3/min 时，气温降低2.5 ℃，降温效果明显。

但增风降温并不总是有效的。当风量增加到一定程度时，增风降温的效果就会减弱。同时增风降温还受到井巷断面和通风机能力以及防尘等因素的制约。

加大风量的措施主要有加大通风机能力，优化通风系统合理供风，采取降阻措施减少通风阻力，加强通风管理防止漏风等。

2. 选择合理的矿井通风系统

巷道布置和通风系统对矿内气温有直接的影响，在确定矿井开拓开采和通风系统时，应选择有利于降温的布置方式。

（1）尽可能减少进风线路的长度。要尽可能选择进风线路短的通风方式，且将进风巷道布置在低温岩层或低热导率的岩层，尽量避开局部热源对矿井进风的影响。区域式、对角式通风线路短于中央式。

（2）合理的采区通风系统。在选择采区通风系统时，在安全条件允许的情况下，尽量采用轨道上山进风、运输机上山回风的方式，避免将煤炭在运输过程中的散热和设备散热带进工作面。

（3）改变采煤工作面通风系统。我国矿井多采用U型通风系统，若将其改变为W型通风系统，不仅缩短了风路，增加了风量，起到明显的降温效果，而且大大降低了通风阻力。

（4）采煤工作面采用下行通风。在条件许可时，采煤工作面可采用下行风。下山开采风流从上部巷道进入工作面时，不仅进风线路短，风流加热的机会小，而且减少了煤炭运输过程中的放热和运输设备散热的影响，因此可降低工作面风流温度。

此外，巷道双巷掘进较单巷掘进有利于降温；充填法控制顶板比垮落法控制顶板有利于降温等。

（二）隔热疏导

所谓隔热疏导就是采取各种有效措施将矿井热源与风流隔离开来，或将热流直接引入矿井回风流中，避免矿井热源对风流的直接加热，从而达到降温的目的。隔热疏导的措施主要包括：

1. 巷道隔热

巷道隔热主要用于矿井局部地温异常的区段。目前较为可行的方法是在高温岩壁与巷道支架之间充填隔热材料，如炉灰、喷涂隔热塑料泡沫等。

2. 管道和水沟隔热

矿内热水通过对流和加热岩层的方式将热传递给风流。如黄石胡家湾矿实测，风流流经热水涌出巷道时，风流升温热量的82%来自热水，18%来自围岩。因此，对高温矿井，温度高的压气管道和排热水管应尽量设在回风流中，如果必须设在进风流中时，应采取隔热措施。尤其是热水型高温矿井的排水系统，水沟应加盖隔热板，管道应加强隔热。同时，对热水涌出量大的矿井，应根据热水涌出水源，采取超前将热水疏干、注浆堵水等措施降低矿井涌水量。对局部地点涌出的高温热水，可通过钻孔将热水直接排至地面。

3. 井下发热量大的大型机电硐室应独立回风

现代化矿井井下大型机电硐室设备多，容量大，发热量也大。如果这些设备的散热直接进入进风流，将引起矿井风流较大的温升。因此，大型机电硐室（如中央变电所、泵房、绞车房等）应建立独立的回风系统。

（三）个体防护

对个别气候条件恶劣的地点，由于技术或经济上的原因，如不能采取其他降温措施时，对矿工进行个体防护也是一种有效的方法。矿工个体防护的主要措施就是让矿工穿戴轻便、冷却背心或冷却帽，其作用是防止环境热对流和热辐射对人体的侵害。同时使人体自身的产热量传给冷却服或冷却帽中的冷媒。

国外一些国家已研制出了许多种适合井下使用的矿工冷却服和冷却帽，如南非研制生产的干冰冷却背心、德国研制生产的冰水冷却背心等。近年来，国内也研制出了同类产品在煤矿井下试用，并取得了较好效果。

(四) 人工制冷降温

当采用一般的降温措施不能有效地解决采掘工作面的高温问题时，就必须采用人工制冷降温。应用各种空气热湿处理手段，来调节和改善井下作业地点的气候条件，使之达到规定标准。目前，常用的人工制冷降温方法有井下局部制冷降温、井下集中制冷降温和地面集中制冷降温。

当一个采掘工作面或边远区域的个别工作面出现高温热害，且具备排热条件时，可采取井下局部制冷降温措施。根据制冷量，一般选择矿用冷风机组或冷水机组，安装在采掘工作面进风巷附近，通过隔热风筒将冷媒输送到工作面，达到降温的目的。

井下集中制冷降温就是把制冷站建在井下，通过保冷管道将冷媒输送到全矿井或一个采区的多个工作面，达到降温的目的。井下集中制冷降温供冷距离短，冷量损失少，降温效果好，但制冷设备必须防爆。

地面集中制冷降温就是把制冷站建在地面井口附近，用管道将冷媒输送到井下，以满足全矿井或多个高温工作面的降温需要。地面集中制冷系统简单，制冷量大，设备无需防爆，冷凝热排放方便。但输送距离过大时冷损失大，降温效果差。

除上述措施外，煤层注水不仅可防治瓦斯和矿尘，而且水分蒸发可带走大量热量。在进风巷放置冰块、利用调热圈巷道进风等措施，都可起到一定的降温作用。由于矿井的高温原因各不相同，热害程度也轻重不一。因此，在进行矿井降温设计时，应对具体问题作具体分析，因地制宜、有针对性地采取降温措施，才能收到良好效果。

第四节　矿井电气安全

所谓电气安全技术，就是为了消除电气事故，保证安全所采用的技术措施的统称。电气事故主要包括触电事故、静电危害、电气火灾和爆炸，也包括危及人身安全的线路故障和设备故障。

一、触电事故及其预防

触电事故是指人体与带电体接触时所造成的人体伤害。触电事故是电气事故中最为常见的，往往突然发生，在极短时间内造成严重后果，死亡率极高。触电事故一般分为电击和电伤。

(一) 触电事故

1. 电击

电击是指电流通过人体所造成的伤害，甚至危及生命。电击分为直接接触电击和间接接触电击。直接接触电击是指人体有意或无意与危险的带电部分直接接触导致的电击。间接接触电击是指电气设备因故障，使原本不带电的外壳带电，人体接触而遭受的电击。

2. 电伤

电伤即指电流的热效应、化学效应、机械效应给人体造成的伤害，造成电伤的电流比较大，往往在肌体表面留下伤痕。电伤包括电烧伤、电烙印、皮肤金属化、机械损伤、电光眼等。

3. 煤矿井下常见的触电事故

（1）人身触及已经破皮漏电的导线或由于漏电而带电的设备金属外壳，造成触电伤亡。

（2）停电检修时，由于停错电或维修完毕后送错电而造成维修人员触电伤亡。

（3）误送电造成触电伤亡。

（4）违反有关规定进行带电作业、移动电气设备，造成触电伤亡。

（5）在停车场乘坐煤车时，电车的直流架空线没有断电，或违章爬乘煤车时触及带电的架空线而触电伤亡。

（6）在设有电车架空线的巷道中行走，肩扛金属长钎子或金属撬棍并高高翘起，碰触架空线而触电。

（7）高压电缆停电以后，由于电缆的电容量较大，还储有大量电能，必须放电。如果没有放完电就去触摸带电的火线，必然要造成触电伤亡，而且电缆越长越危险。

（二）预防触电事故的措施

1. 预防直接接触电击

（1）对于重要的电气设备首先要采取空间和时间上的防护，如设置栅栏、护网等。

（2）利用绝缘材料对带电体进行封闭和隔离，将人体可能触及的电气设备的带电部分全部封闭在外壳内，并设置闭锁机构；对于无法用外壳封闭的电气设备的带电部分，采用栅栏门隔离，并设置闭锁机构。

（3）对电机车架空线等无法隔离的裸露带电导体，要安装在一定高度，防止人员无意触及。

（4）保证带电体与地面、带电体与其他设备、带电体与人体、带电体之间有必要的安全间距。

2. 预防间接接触电击

（1）保护接地是最基本的电气防护措施，井下电气设备设置保护接地，当设备的绝缘损坏，电压窜到其金属外壳时，可把外壳上的电压限制在安全范围内，防止人身触及带电设备外壳而造成触电事故。

（2）工作接地指正常情况下有电流通过，利用大地代替导线的接地。

（3）重复接地指零线上除工作接地以外的其他点的再次接地，以提高 TN 系统的安全性能。

（4）保护接零指电气设备正常情况下不带电的金属部分与配电网中性点之间金属性的连接，用于中性点直接接地的三相四线制低压电网。

（5）速断保护指通过切断电路达到保护目的的措施，常用的有熔断器和电流脱扣器。

3. 防止直接和间接接触电击

（1）双重绝缘指兼有工作绝缘和保护绝缘的绝缘。

（2）加强绝缘指在绝缘强度和机械性能上具备双重绝缘同等能力的单一绝缘。

（3）安全电压。对接触机会非常多的电气设备，如照明、信号、监控、通信和手持式电气设备等，除加强手柄的绝缘外，还必须采用较低的电压等级。如：手持式煤电钻和照明装置的额定电压不应大于127 V，矿井监控设备的额定电压不应大于24 V等。

（4）电气隔离。通过隔离变压器实现工作回路与其他电气回路的电气隔离，将接地电网转换为范围很小的不接地电网。

（5）漏电保护。在井下高、低压供电系统中，装设漏电保护装置，防止供电系统漏电造成人身触电和引起瓦斯或煤尘爆炸。

4. 维修电气装置时要使用保安工具

如绝缘杆和绝缘夹钳；绝缘手套和绝缘靴；绝缘垫和绝缘站台；携带式电压指示器和电流指示器；登高安全用具，包括梯子、高凳、脚扣和安全带；临时接地线、遮拦和标示牌等。

5. 保证检修安全

（1）严格完善的工作记录和操作记录。

（2）实行严格的工作监护制度和工作许可制度。

（3）检修工作需要切断供电时，应当按照《煤矿安全规程》规定严格执行挂牌制度。

二、电气火灾及其预防

由电气设备引发的火灾，不仅烧毁设备，而且往往引起电缆、皮带、支架以及煤等可燃物起火，甚至火势借风流蔓延，烧毁巷道或井筒，是矿山重大电气事故之一。此外，燃烧时还会产生大量的有毒有害气体，危及井下作业人员安全。高温火苗又容易引起瓦斯、煤尘爆炸。

1. 电气火灾的预防措施

统计资料表明，电气火灾的主要起因是电气设备、电缆接线盒多种故障造成，而与设备相连的电缆被引燃则是火灾扩大的主要原因。此外继电保护装置失灵，设备和电缆的阻燃性差，无火灾监测装置、现场灭火装置长期闲置失效等因素，也是造成井下重大火灾的间接因素。为此，应采取如下预防措施：

（1）及时掌握井下供电系统的阻抗，计算、校验高低压电气设备及电缆的动稳定性和热稳定性，校验和整定供电系统中的各级继电保护，使之灵敏、快速、可靠。装设完善的选择性漏电保护装置。

（2）按照允许温升的条件，正确选择、使用和安装电气设备及电缆。

（3）为了防止低压电网的短路和过负荷引起火灾，必须使用熔断器、限流热继电器、电动机综合保护等保护装置。使用熔断器时，应注意熔体额定电流与电缆最小截面的配合；使用限流热继电器时，应注意热元件的选定和电磁元件的整定；使用电动机综合保护时，应特别注意根据所保护电动机的额定电流来选定保护装置的分档和刻度电流，并注意短路保护的灵敏度校验。

（4）电气设备与电缆连接部分的接点不应松动，在运行中应经常检查和修理。橡套软电缆损坏处的修理应该用热补。高压电缆接线盒应采用经鉴定推广的冷浇注电缆胶，取代易碎裂的沥青电缆胶；运行中需要经常拆开的橡套电缆接头，必须使用插销连接。

（5）变压器油应定期取样试验，若其绝缘性能降低时，必须经过过滤和再生处理，提高其绝缘性能，并经耐压试验后，才能使用。

（6）井下照明灯必须有保护罩或使用冷光源的日光灯等。

（7）在煤矿井下低压系统中必须使用不延燃橡套电缆。

2. 电气灾害的综合防治措施

（1）严格执行煤矿井下供电的“十不准、三无、四有、二齐、三全、三坚持”等制度。

（2）坚持使用合格的防爆电器，加强防爆电器的维护管理，杜绝防爆电器失爆。

（3）保证井下供电三大保护系统完整、状态良好、动作灵敏可靠。

（4）加强井下电缆的管理。对电缆的选用、敷设、连接必须按《煤矿安全规定》要求进行，并设专人进行检查和维护。

三、静电的危害及防治

静电对煤矿安全的威胁越来越突出，若疏于管理就会发生因静电放电引起瓦斯燃烧、爆炸事故。随着新材料、新工艺在煤矿的应用，井下产生静电机会增多。如采煤机、掘进机在切割、破碎煤、岩石的过程中可能在煤壁、岩壁上产生静电；带式输送机的传动带与煤、滚筒、托辊快速摩擦会产生静电；各类排水、通风、压气、瓦斯抽采等管道，由于高速流动的流体与内壁相摩擦，也会产生静电等。静电防治措施如下：

1. 保护接地

接地是防止静电荷积累的途径之一，它是将带电物体上产生的静电荷通过接地导线引入大地，避免出现高电位，减少物体对地的电位差。

2. 减少表面电阻

物体表面电阻的大小，决定了物体表面泄漏电荷的能力。表面电阻小于 $10^9\ \Omega$ 的物体，在良好接地的情况下，其消失速率与积累速率相近，这样就不会有大量电荷的积聚。因此，减小物体的表面电阻是目前煤矿井下主要的防静电措施。

减少表面电阻有两种方法：一是在物体表面喷涂防静电漆。这是一层导电性能较好的薄膜附着物，能降低其表面电阻，防止电荷的积聚。二是添加导电剂，即向高电阻材料中添加导电材料，使其电阻降低的处理方法。

选用煤矿井下设备时，必须符合 AQ 标准和有关规定。

3. 增加井下产生静电物体周围的湿度

这种方法只对吸潮性物质有效，通常井下湿度较大，一些物体表面存在大量的杂质离子和易于溶解的物质，当表面有一定的湿度时，其电阻值就会降低，表面电阻就减小。

四、电气操作、检修的注意事项

（1）电气设备的检查、维护、修理和调整工作，必须由电气维修工进行。电气维修工必须经过专门培训，考核合格，持证上岗。高压电气设备的修理和调整工作，应有施工安全技术措施。在特殊情况下，采区电工可对变电所内高压电气设备进行停送电操作，但不得擅自打开电气设备进行修理。

（2）检修和搬迁井下电气设备电缆和电线前必须停电；用与电源电压相适应的验电器验电，确认无电后再在三相上挂装接地线，对电气设备进行放电（控制设备内部安有放电装置的不受此限)。验电、接地、放电工作，在煤矿井下应在瓦斯浓度为1.0%以下时进行。所有开关的闭锁装置必须能可靠地防止擅自送电、防止擅自开盖操作，开关把手在切断电源时必须闭锁，并悬挂“有人工作，不准送电”字样的警示牌，只有执行这项工作的人员才有权取下此牌送电。

(3) 部分停电作业应有遮挡。检修完毕恢复送电时，应由原操作人员取下标示牌，然后合闸送电。

(4) 高压线路倒闸操作时，必须实行操作制度和监护制度，操作人员必须填写操作票。操作票中必须写明被操作设备的线路编号及操作顺序。严禁带负荷拉开隔离开关。

(5) 操作时必须有两人执行，一人操作、一人监护。操作中必须执行监护复诵制度，操作人员必须使用试验合格的绝缘工具，戴绝缘手套，穿绝缘靴或站在绝缘台上。手持式电气设备的操作手柄和工作中必须接触的部分，必须有良好绝缘。

(6) 井下防爆电气设备的运行、维护和修理工作，必须符合防爆性能的各项技术要求，失爆设备严禁继续使用。电气设备必须按照检修周期升井检修，确保其性能完好。

(7) 矿井应根据《煤矿安全规程》的规定对电气设备和电缆进行检查、调整。检查和调整结果应记入专用的记录簿内。检查和调整中发现的问题，应指派专人限期处理。

(8) 电气设备使用的绝缘油的物理、化学性能检测和电气耐压试验，每年应进行1次，操作频繁的电气设备使用的绝缘油，应每6个月进行1次耐压试验。油断路器经3次切断短路故障后，其绝缘油应加试1次耐压试验，并检查有无游离碳。不符合标准的绝缘油必须及时处理或更换。油浸电气设备的绝缘油量应定期检查，并保持规定油量。更换和试验矿用设备绝缘油应有记录。

第五节 提升运输安全技术

一、立井提升事故及预防措施

立井提升事故主要有断绳、蹾罐、过卷、卡罐、溜罐、跑车、断轴等，较常见的是断绳、蹾罐和过卷事故。这些事故一旦发生，就有可能造成群死群伤的严重后果。

立井提升事故预防措施主要如下：

(1) 立井中升降人员应使用罐笼或带乘人间的箕斗。在井筒内作业或因其他原因需要使用普通箕斗或救急罐升降人员时，必须制定安全措施。

(2) 立井运输采用吊桶装置时，必须采用不旋转提升钢丝绳；吊桶必须沿钢丝绳罐道升降；吊桶上方必须装保护伞；吊桶边缘上不得坐人，装有物料的吊桶不得乘人；用自动翻转式吊桶升降人员时，必须有防止吊桶翻转的安全装置；严禁用底开式吊桶升降人员。

(3) 提升矿车的罐笼内必须装有阻车器。

(4) 装设防止过卷装置。当提升容器超过正常终端停止位置（或出车平台）0.5 m时，必须能自动断电，并能使保险闸发生制动作用。同时在过卷高度或过放距离内，应安设性能可靠的缓冲装置。缓冲装置应能将全速过卷（过放）的容器或平衡锤平稳地停住，并保证不再反向下滑（或反弹）。

（5）升降人员或升降人员和物料的单绳提升罐笼、带乘人间的箕斗，必须装设可靠的防坠器。

（6）井口、井底和中间运输巷的安全门必须与罐位和提升信号连锁：罐笼到位并发出停车信号后安全门才能打开；安全门未关闭，只能发出调平和换层信号，但不能发出开车信号；安全门关闭后才能发出开车信号；发出开车信号后，安全门不能打开。

（7）井口、井底和中间运输巷都应设置摇台，并与罐笼停止位置、阻车器和提升信号系统连锁：罐笼未到位，不能放下摇台，不能打开阻车器；摇台未抬起，阻车器未关闭时，不能发出开车信号。

二、机车运输事故及预防措施

电机车运输行车伤亡事故主要有列车行驶过程中与在巷道中行走的人员相撞、在轨道狭窄处和障碍物多及人员无法躲避的地点与人员相撞以及人员违章蹬、扒、跳车过程中的伤害事故。列车运行常见事故有撞车、追尾、掉道、碰人等。

机车运输事故预防措施主要包括：

（1）列车或单独机车都必须前有照明，后有红灯。

（2）正常运行时，机车必须在列车前端。

（3）同一区段不得行驶非机动车辆。如果需要行驶时，必须经井下运输调度站同意。

（4）列车通过的风门必须能够接收到声光信号装置。

（5）巷道内应装设路标和警标。机车行进到巷道口、硐室口、弯道、道岔、坡度较大或噪声较大等地段以及前面有车辆或视线有障碍时，都必须减低速度，并发出信号。

（6）必须有用矿灯发送紧急停车信号的规定。非危险情况下，任何人不得使用紧急停车信号。

（7）两机车或两列车在同一轨道同一方向行驶时，必须保持不少于100 m的距离。

（8）在弯道或司机视线受阻的区段，应设置列车占线闭锁信号；在新建和改扩建的大型矿井井底车场和运输大巷，应设置信号集中闭锁系统。

三、倾斜井巷运输事故及预防措施

倾斜井巷运输事故包括钢丝绳断裂跑车、连接件断裂跑车、矿车底盘槽钢断裂跑车、连接销窜出脱钩跑车、制动装置不良跑车和工作失误造成跑车等。

倾斜井巷运输事故预防措施主要包括：

（1）按规定设置可靠的防跑车装置和跑车防护装置，实现“一坡三挡”，加强检查、维护、试验，健全安全责任制。

（2）倾斜井巷运输用的钢丝绳连接装置，在每次换钢丝绳时，必须用2倍于其最大静载荷重的拉力进行试验。

（3）对于钢丝绳和连接装置必须加强管理，设专人定期检查试验，发现问题及时处理。

（4）矿车要设专人检查。矿车的连接钩环、插销的安全系数不得小于6，至少每2年进行一次2倍于最大静载荷重的拉力试验。

（5）矿车之间的连接、矿车和钢丝绳之间的连接必须使用不能自行脱落的装置。

（6）把钩工要严格执行操作规程，开车前必须认真检查各防跑车装置和跑车防护装置的安全功能。

（7）斜井串车提升，严禁蹬钩。行车时，严禁行人。运送物料时，每次开车前把钩工必须检查牵引车数、各车的连接和装载情况。

（8）绞车操作工要严格执行操作规程，开车前必须认真检查制动装置及其他安全装置，操作时要准、稳、快，特别要注意防止松绳冲击现象。

（9）保证斜井轨道和道岔的质量合格。

（10）保持斜井完好的顶、帮支护，并使运行轨道干净无杂物。

（11）滚筒上钢丝绳至少保留 3 圈以上的余量，绳头固定牢固，防止发生绳头抽出。

四、刮板输送机事故及预防措施

刮板输送机伤人事故的类型有断链伤人、飘链伤人、机头机尾翻翘伤人、中部槽拱翘伤人、运料伤人、摔倒伤人、刮板链伤人、吊中部槽伤人、液力偶合器喷液伤人、联轴器对转轮无罩伤人、信号误动作伤人，以及工作面电缆落入中部槽被拉断而发生火花引起瓦斯、煤尘爆炸等造成人身伤亡。

刮板输送机事故预防措施包括：

（1）凡是转动、传动部位应按规定设置保护罩或保护栏杆；机尾应设护板；在适当位置设置行人过桥，以便行人横越输送机。

（2）严禁在输送机槽内行走，更不准乘坐刮板输送机。

（3）输送机不应运送材料，需要运物料时，必须制定安全措施。操作顺序：放料时，要顺刮板输送机运行方向，先放长料的前端，后放尾端；取料时先取尾端，严禁先取前端。

（4）严格执行停机处理故障、停机检修设备的制度。停机后在开关处要挂上“有人工作、禁止开机”的警示牌，并与采煤机闭锁。严禁运行中清扫刮板输送机。

（5）采煤工作面的刮板输送机，必须沿着输送机设置警铃信号和急停按钮，其间距不得超过 15 m。开机前先发出信号，后点动试车，待观察没有异常情况时再正式开机。

（6）移动刮板输送机的液压装置必须完整可靠。移动刮板输送机时，必须有防止冒顶、片帮伤人和损坏设备的安全措施。

（7）刮板输送机机头、机尾必须打牢锚固柱。

（8）刮板输送机两侧电缆要按规定吊挂，特别是工作面移动的电缆要管理好，防止落入机槽内被刮坏或拉断而造成事故。

（9）必须有维护保养制度，保证设备性能良好。

（10）刮板输送机的液力偶合器必须指定专人负责维护，按规定注难燃液。易熔合金塞熔化后，必须立即排除故障，然后更换。易熔合金塞必须符合标准，严禁用其他物品代替。

五、带式输送机事故及预防措施

带式输送机运输可能造成的事故主要有输送带着火、断带伤人、滚筒卷人、下运飞车等。预防措施如下：

（1）选用合格的防静电阻燃输送带，认真检修维护，保证带式输送机经常处于良好的工作状态。

（2）完善带式输送机各种保护装置。要装设烟雾、温度保护装置和自动洒水装置，并保证动作可靠。机头传动部、机尾滚筒、液力耦合器等处都要安装保护罩和防护栏。

（3）改善带式输送机的工作环境。装载时要均匀，防止局部超载或偏载，及时更换磨损超限的输送带。

（4）带式输送机两侧必须有足够的安全距离，必须保证距支护或碹墙距离不小于 0.5 m，行人侧不小于 0.8 m。

（5）带式输送机巷道要有足够的照明，并备有相应的消防灭火器材。

（6）除按照规定允许乘人的带式输送机以外，其他带式输送机严禁乘人。

（7）在带式输送机巷中，行人经常跨越的地点必须设置行人过桥。

（8）确保通信设施灵敏可靠。

（9）制定带式输送机的操作规程，司机必须严格按规程作业。

（10）运行中的带式输送机严禁检修。

（11）在清理机头、机尾和滚筒附近的浮煤时，应停机进行。

（12）行人在机巷中行走、停留时，必须离开带式输送机机架。

六、猴车运输事故及预防措施

猴车（架空乘人索道）运送人员可能发生的人身伤害事故有落绳伤人、打滑飞车、车座撞人和摔伤事故等。主要预防措施如下：

（1）乘坐猴车时，必须遵守猴车的乘车规定。

（2）猴车主要保护设施不完善时，严禁运行。

（3）在主要变坡点、拐弯处必须设有突发事件紧急停车的拉线开关。

（4）乘坐猴车时严禁打闹，乘坐中严禁将脚触及地面。

（5）第一次乘坐猴车时，必须指定老工人做安全监护。

（6）人员必须在指定的上下车区域内上下。

（7）猴车在运行中，如果没有下行人员、全部为上行人员（或没有上行人员、全部为下行人员）时应间隔乘人，避免全线满乘。

七、无轨胶轮车运输事故与预防措施

无轨胶轮车是煤矿辅助运输的重要设备之一，主要用来运输设备、材料及人员。胶轮车运输事故主要有胶轮车在行驶过程中撞伤巷道中行走的人员、撞坏巷道中的设备和电缆，由于人员扒、蹬、跳等违章行为造成伤亡事故等。

无轨胶轮车运输事故预防措施如下：

（1）加强胶轮车司机的理论和实际操作培训，提高胶轮车司机业务水平。

（2）开车前，首先对胶轮车的制动系统、电气系统及各种安全保护进行检查，确认制动系统安全可靠、电气系统无失爆、安全保护灵敏、有效，方可开车。

（3）开车时，应先检查车辆周围环境，确认胶轮车附近无人员和影响运行的障碍物时，方可启动车辆。

（4）胶轮车在错车、拐弯、通过巷道交叉口时，必须鸣笛减速。

（5）胶轮车在通过风门时，应鸣笛停车，将手把打到空挡，拉住手刹，同时熄火。司机离开驾驶室后应将车辆打掩。

（6）胶轮车在巷道中行驶要严格执行“行车不行人，行人不行车”的规定。

（7）同一巷道内，同一方向两胶轮车之间的距离不得小于 50 m。

（8）在下坡巷道内行驶时，严禁熄火溜车。

（9）胶轮车运行的巷道瓦斯浓度超过 1% 时，必须熄火停车。

（10）胶轮车运行的巷道必须设置路标和安全警示牌板。

（11）胶轮车必须配备足够数量的灭火器。

八、人力推车事故与预防

人力推车时，不注意前、后行人和车辆，或放飞车，或侧向推车，造成碰伤、撞伤、挤伤等伤人事故。人力推车事故的预防措施主要包括：

（1）一次只准推 1 辆车。严禁在矿车两侧推车。同向推车的间距，在轨道坡度小于或等于 5‰时，不得小于 10 m；坡度大于 5‰时，不得小于 30 m。坡度大于 7‰时，严禁人力推车。

（2）推车时必须时刻注意前方。在开始推车、停车、掉道、发现前方有人或有障碍物，或从坡度较大的地方向下推车以及接近道岔、弯道、巷道口、风门、硐室出口时，推车人必须及时发出警号。

（3）推车时禁止蹬车、搭车，严禁放飞车。

（4）坡度较大的地方停放车辆时，必须用可靠的制动器或木楔稳住。

（5）在有机车运行的巷道里进行人力推车时，事先必须向调度申请，讲清情况，得到许可后方能进行。推车完成后必须及时通知调度，以恢复正常运输。

复习思考题

1. 工作面大面积冒顶事故有哪些？如何防治？
2. 巷道冒顶事故防治方法有哪些？
3. 冲击地压发生的机理是什么？
4. 冲击地压的防治措施有哪些？
5. 矿井热害的形成原因是什么？
6. 矿井热害的防治措施有哪些？
7. 什么是触电事故？煤矿井下常见的触电事故有哪些？
8. 预防触电事故的措施有哪些？
9. 矿井中怎样防止电气火灾？
10. 防治静电危害的措施有哪些？
11. 如何预防机车伤人事故？
12. 预防斜井跑车事故的措施有哪些？
13. 预防带式输送机事故的措施有哪些？

第七章 矿 山 救 护

由于煤矿生产的特殊性，决定了煤矿管理的复杂性和事故的多发性，因此必须建立预防与防护的思想体系。为了全面贯彻执行“安全第一、预防为主、综合治理”的安全生产方针，保护矿工生命安全与健康和国家财产不受损失，行之有效地防止灾害事故发生，一旦灾害发生时及时救灾，最大限度地减少损失，《中华人民共和国安全生产法》规定，煤矿企业必须建立安全生产事故应急救援组织。《煤矿安全规程》规定，煤矿企业必须编制年度灾害预防和处理计划，并根据具体情况及时修改；同时，还要教育职工掌握生产事故的规律和预防措施，以及在发生事故时如何救灾和避灾等。

第一节 矿井灾害预防处理计划与事故预案

一、矿井灾害预防与处理计划

由于煤矿环境特殊，井下的条件复杂多变，受灾害的威胁大，发生各种灾害事故的可能性大。而且一旦发生重大事故，伤亡人员多、影响范围大、中断生产时间长，损坏井巷工程与生产设备严重，处理也比较困难。

当矿井发生事故后，如何安全、迅速、有效地抢救人员，控制和缩小事故影响范围及其危害程度，防止事故扩大，将事故造成的人员伤亡和财产损失降到最低限度，是救灾工作的关键。因此，掌握煤矿重大事故处理的原则、方法和技术，是十分必要的。

（一）《年度灾害预防和处理计划》的内容及要求

《年度灾害预防和处理计划》是处理事故与抢险救灾的原则，编制时必须坚持预防为主、防治并重、实事求是和慎重对待的原则。根据影响矿井安全生产的自然因素、开采技术条件、安全装备和管理水平，针对可能发生的各种灾害事故作出评估，编制有针对性的预防和处理措施。

《年度灾害预防和处理计划》编制的基本内容包括矿井可能发生的重大灾害、预防各种重大灾害的措施、组织灾区人员撤离和自救措施、处理重大灾害的措施、处理灾害所必备的技术资料以及处理事故时各有关单位和人员的职责等。

1. 矿井概况

在介绍矿井概况时，矿井安全基本条件要重点介绍。如煤层赋存情况、瓦斯等级与涌出量、自然发火倾向性与发火期、水文地质条件与涌水量、煤尘爆炸性与爆炸指数、顶底板类型与厚度，以及矿井通风方式、通风方法、供风量、风压大小、瓦斯抽采系统、安全监测监控条件等。

2. 确定矿井可能发生的重大灾害

根据矿井自然条件和生产条件以及矿井以往事故规律和教训，进行全面的调查分析，确定矿井可能发生灾害的种类、地点、波及范围以及发生前的预兆。

3. 确定预防各种重大灾害的措施

根据矿井可能发生的各种重大灾害事故，有针对性地分别确定出预防灾害事故发生和阻止灾害事故蔓延的技术上、行为上和管理上的控制措施，并提出各种预防措施的实施要求和责任人。

4. 确定灾区人员自救措施

矿井灾害事故发生时，首要任务是保证灾区和可能波及区域人员的安全和组织救灾。《年度灾害预防和处理计划》中应就下列事项作出规定：

（1）通知灾区和受灾害威胁区域人员撤离的方法和组织自救的方法。

（2）现场人员控制灾害事故的方法、实施措施步骤及使用条件。

（3）灾区和受灾害威胁区域人员撤离避灾路线。避灾路线应有适当的照明、路标等。

（4）发生事故时井下人员的统计方法及入井人员和人数的控制方法。

（5）事故抢救处理应急措施，如抢险救援人员行动路线、控制灾害扩大的措施、撤出灾区人员的措施、为避灾人员创造生存条件的措施等。

5. 制定处理重大灾害的原则措施

各种灾害发生时，都必须把抢救灾区人员放在第一位，一切措施都必须有利于灾区人员的撤出。同时，根据灾害事故性质、发生地点、发生原因和波及范围，确立防治灾害事故的行为准则和处理行动纲领，制定防止灾害事故蔓延扩大的措施。如发生瓦斯、煤尘爆炸时，要尽快救人、灭火和恢复通风；发生火灾时，要尽快救人、灭火和控制风流；发生瓦斯突出、大面积冒顶事故时，要尽快救人和恢复通风等。同时，就下列问题进行规定：

（1）《年度灾害预防和处理计划》的启动程序、响应等级和保障措施。

（2）救灾指挥部成员召集顺序、通知方法和行动要求。

（3）救灾材料库位置，材料、设备、工具的储备品种与数量及管理要求。

（4）救护队召请方法等。

6. 处理灾害事故所必备的技术资料

（1）矿井通风系统图、反风试验报告以及保证反风设施完好的检查报告。

（2）矿井供电系统图和井下通信系统图。

（3）采掘工程平面图、井上下对照图。

（4）井下消防洒水管路、排水管路和压风管路、灌浆管路和充填管路系统图。

（5）地面和井下消防材料库位置及其储备材料、设备、工具的品名和数量登记表。

（6）救灾指挥部组成及各成员联系方式等。

7. 处理灾害事故的组织领导和有关人员的职责

成立重大灾害事故救灾处理指挥部，矿长担任总指挥，总工程师和有关副矿长以及救护队长担任副总指挥，成员由调度、安监、技术、通风、地测、生产、机电、物资供应、保卫、医务等有关部门的负责人组成。同时，要明确规定各成员和有关部门的职责及具体要求等。

（二）《年度灾害预防和处理计划》的执行与注意事项

（1）《年度灾害预防和处理计划》一般由矿总工程师负责组织通风、技术、生产等单位有关人员编制，并组织有关领导和基层单位、安监及矿山救护队集体讨论补充。

（2）《年度灾害预防和处理计划》编制完成后必须每年提前 1 个月报上级主管部门批

准。

(3) 已批准的《年度灾害预防和处理计划》由矿长负责组织实施，应立即向全体职工（包括救护队员）贯彻，组织学习，并熟悉避灾路线。各基层单位的领导和主要技术人员应负责组织本单位职工学习，并进行考试。没有学习或考试不及格，不熟悉《年度灾害预防和处理计划》有关内容的干部和工人，不准下井工作。

(4) 在每季度开始前 15 d，矿总工程师应根据矿井自然条件和采掘工程的变动情况等，组织有关部门进行修改和补充。《年度灾害预防和处理计划》如有修改补充，还应组织职工重新学习。

(5) 每年必须至少组织 1 次矿井救灾演习。对演习中发现的问题，必须采取措施，立即改正。

二、煤矿事故处理指导性原则和应急预案

煤矿企业应按照《煤矿安全规程》和有关规定要求，编制《煤矿安全生产事故应急预案》，规范煤矿企业应急管理工作，提高应对风险和防范事故的能力。

生产安全事故的应急处理成功与否，指挥者的分析、判断与决策起着关键性作用。事故的突发性往往给指挥者心理上产生巨大的冲击，引起指挥者不能冷静、沉着、全面地考虑问题，造成决策失误。特别是事故发生后急于救人抢险，不管客观条件允许与否，作出一些脱离实际的错误决策，造成伤亡事故扩大。

(一)《煤矿安全生产事故应急预案》的编制

《煤矿安全生产事故应急预案》是矿井针对各类可能发生的事故所制订的应急处理和抢救处理方案，是应对煤矿事故的综合性文件。在全面分析矿井危险源和生产各环节事故隐患与治理的基础上，根据危险因素、可能发生的事故类型及危害程度，确定相应的防范措施，依据法律、法规以及行业有关管理规定、技术规范和标准要求编制《煤矿安全生产事故应急预案》。

《煤矿安全生产事故应急预案》在编制方法、结构上与《年度灾害预防和处理计划》有相近之处，但涉及事故的范围更大、面更广，具有更强的针对性和可操作性。《煤矿安全生产事故应急预案》一般分为综合《煤矿安全生产事故应急预案》和专项《煤矿安全生产事故应急预案》，专项《煤矿安全生产事故应急预案》往往可为综合《煤矿安全生产事故应急预案》内容的一部分，也可单独编制。综合《煤矿安全生产事故应急预案》一般应包括下列内容：

1. 总则

简述《煤矿安全生产事故应急预案》编制的目的、作用、适用范围、应急工作原则等。

2. 矿井的危险性分析

矿井的危险性分析主要应包括矿井概况、危险源与风险分析、重大事故隐患与治理情况等，尤其是矿井的基本安全条件，应详细介绍。

3. 组织机构与职责

这主要包括应急组织体系、指挥机构与职责等。

应急救援指挥机构可根据事故类型、性质和应急工作的需要，设置相应的应急救援工作小组，并明确各小组的成员、工作任务及事前、事发、事中、事后的各个过程中的职

责。

组织机构和人员以及职责，可以用结构图的形式表示。

4. 预防与预警

预防与预警主要包括危险源监控，如危险源监测监控的方式、方法，以及采取的预防措施；预警行动，如预警的条件、方式、方法和信息的发布程序；信息报告与处置，如事故信息报告与处置办法。

5. 应急响应

应急响应主要包括响应分级、响应程序等。根据事故危害程度、影响范围和单位控制事态的能力，将事故分为不同的等级。按照分级负责的原则，明确应急响应级别，其程序如图 7－1 所示。

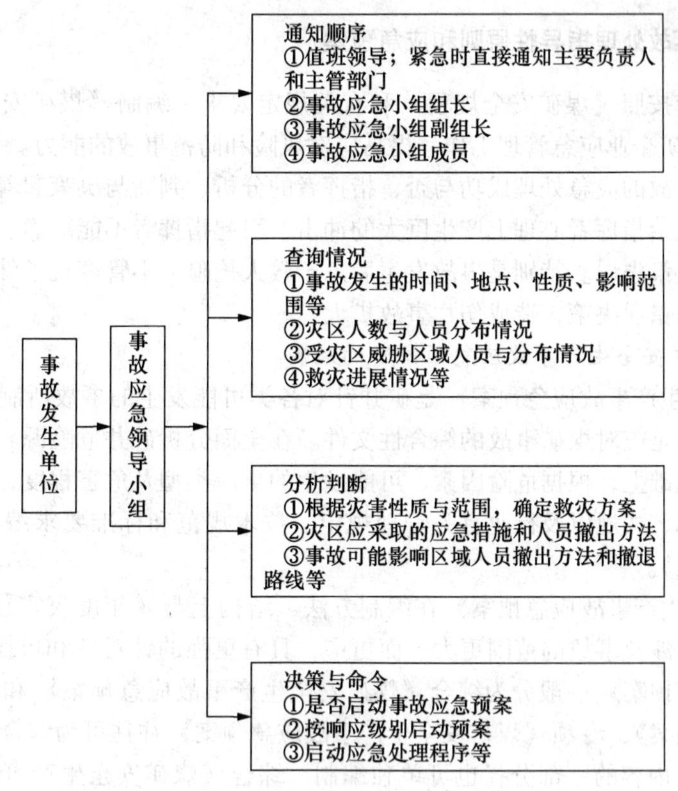

图 7－1　事故应急响应程序

6. 信息发布

当事故应急处理结束后，进入调查处理和结案处理程序，并按规定程序及时准确上报和向新闻媒体发布信息。

7. 后期处置

后期处置主要包括污染物处理、事故后果影响消除、生产秩序恢复、善后赔偿、抢险过程和应急救援能力评估及应急预案的修订等。

8. 保障措施

保障措施主要内容包括通信与信息保障、应急队伍保障、应急物资准备保障、经费保障和其他保障等。各种保障措施是事故抢险救灾的必备物质基础和应急工作顺利进行的必要条件，《煤矿安全生产事故应急预案》应明确保障的内容、数量、使用范围、责任人以及管理与监督方法等。

9. 培训与演练

为提高矿井对突发事件的应急能力与水平，矿井应制订培训计划，对应急人员进行培训，并组织应急演练。同时做好宣传教育和告知工作，组织职工进行学习。

10. 奖惩

明确事故应急救援工作中奖励和处罚条件等。

（二）事故预防与预警

在事故预防与事故处理的关系上，必须坚持关口前移、预防为主。只有以预防为主，才能防微杜渐、防患于未然，把事故和职业危害消灭在萌芽之中。因此，事故预防与预警是应急管理的第一道防线，是预防事故发生的重要关口和安全管理的关键环节。“隐患险于明火，防范胜于救灾，责任重于泰山”，这充分说明了预防的重要性。

1. 事故预防措施

“预防为主”是实现安全第一的前提条件。矿井应根据煤层开采自然条件和开采技术与管理条件，熟悉和掌握生产过程中的不安全因素，从管理角度研究如何有效地预防、控制事故，制定相应的安全措施，达到防止灾变、控制事故发生的目的。

煤矿事故可分为瓦斯（煤尘）爆炸事故、煤（岩）与瓦斯突出事故、火灾事故、水害事故、顶板事故、冲击地压事故、提升运输事故、电气安全事故等。矿井应本着实事求是、认真对待的态度，根据各种事故发生发展规律，制定结合本矿实际、针对性强、可操作性强、效果好的事故预防措施。

事故预防措施是多方面的，如预防瓦斯事故的措施内容应包括落实矿井瓦斯管理制度；加强瓦斯抽采管理；建立健全瓦斯和通风监测监控系统；加强通风管理；加强爆破过程中的瓦斯管理；瓦斯积聚的处理措施；预防瓦斯爆炸引燃火源的措施；预防瓦斯爆炸范围扩大的措施；加强瓦斯事故隐患排查与安全程度评估，建立健全安全管理体系和管理制度等。

2. 事故预警

事故预警是指根据事故发生前预兆，作出相应判断响应，及时发布预警信息并采取预警行动的过程。如瓦斯突出、矿井突水、顶板来压、煤炭自燃等事故发生前都有明显的预兆，瓦斯超限、局部通风机停风、设备故障与停电等传感器的报警等。矿井应建立出现事故预兆时应采取的应急措施。

当矿井采用自动监测系统时，瓦斯超限的报警、断电和断电范围在《煤矿安全规程》中进行了规定。其他不同地点瓦斯超限预警时，《煤矿安全规程》作出了停止工作、切断电源、撤出人员、查明原因、进行处理的规定。其他事故预警时，《煤矿安全规程》均有明确的规定，这里不再赘述。

1）企业应急救援预警行动

根据煤矿生产过程中发现的事故预兆，企业应急救援指挥机构应采取以下措施：①及时发布和传递预警信息，按程序向有关领导报告；②下达预警指令，启动预警行动方案，执行相应预防性处置措施；③密切跟踪事态发展，检查措施执行情况并做好相应的应急准备；④企业应急机构根据现场情况进入应急准备阶段；⑤一旦形成事故时，按照响应级别启动相应的应急预案。

2）报警系统及程序

（1）设立预警报告专用电话（一般应设在调度室），预防与预警的工作职责纳入应急管理系统中，明确预警管理机构办公室、预防与预警负责人及相关应急救援单位的联系电话。

（2）需要报告预警信息时，现场工作人员要立即向调度室报告。报告内容包括出现事故征兆的具体内容、地点、发现事故征兆的简要经过、预警区域作业内容、人员分布等。

（3）调度员接到预警报告后，立即按照预警电话通知顺序，通知相关负责人和有关单位，通知受威胁地点的人员撤离。特别紧急的预警信息要直接向单位主要负责人和上级管理部门报告。

（4）预警基本情况包括事故征兆发生的单位、时间、地点、可能发生的事故类别；事故征兆发现的简要经过；可能发生事故的原因初步判断；已采取的措施及当前事故抢险处置情况等，必要时附现场简图。

（5）汇报内容包括：可能发生的事故性质、地点，可能的影响范围，预警区域涉及的巷道、通风系统、风流情况及瓦斯浓度等。

3）现场人员避灾与求援的响应方式

（1）发现明显事故预兆时，现场人员都应以最快的方式在最近的地点立即向矿调度报告，请求救援。报告方式如井下调度电话、井下有线通信系统、井下无线应急通信系统等。

（2）矿调度室应按照“应急预案的响应程序”进行报告，并按照要求请求专业应急抢险队伍进行处置。

（3）根据矿调度室下达的预防与预警处置措施，立即采取现场应急措施。

（4）情况紧急时，可越级报告或现场应急处置后再行报告。

（5）出现明显事故征兆时，现场人员在向外求援的同时，要做好自救、互救和避灾的一切准备工作。

（6）采用自动监测监控系统发出声光报警信号时，或系统自动断电后，调度室要立即核查报警区域情况。报警区域作业单位的当班负责人应立即将情况向调度室报告，并按调度室下达的预防与预警意见处置。

报警区域作业单位的当班负责人要立即落实调度室下达的处置措施，并根据情况的变化继续报告预警信息。

第二节　矿　山　救　护

矿山救护队是处理矿井灾害的专业性队伍。《煤矿安全规程》规定，所有煤矿必须有矿山救护队为其服务。煤矿企业应设立矿山救护队，不具备单独设立矿山救护队条件的煤矿企业，应与就近的救护队签订救护协议或联合建立矿山救护队。矿山救护队必须经国家资质认证，取得合格证后方可从事矿山救护工作。

一、矿山救护组织

1. 国家矿山救援指挥中心

国家矿山救援指挥中心是国家矿山救护及其应急救援委员会的办事机构，负责组织、指导和协调全国矿山救护及应急救援的日常工作；组织研究制定有关矿山救护的工作条例、技术规程、方针政策；组织开展矿山救护技术的国际交流；组织指导矿山救护的技术培训和救护队的资质审查认证，以及对安全产品的性能检测和生产厂家的质量保证体系的检查。

2. 省级矿山救援指挥中心

省级矿山救援指挥中心负责组织、指导和协调所辖区域的矿山救护及其应急救援工作，业务上接受国家矿山救援指挥中心的领导。

3. 区域救护大队

在产煤地区合理划分为若干区域，在每个区域选择一个交通位置适中、战斗力较强的矿山救护队，作为重点建设的矿山救护中心，即区域矿山救护大队。区域矿山救护大队是区域内矿山抢险救灾技术支持中心，其主要任务是制定区域内的各矿救灾方案，协调使用大型救灾设备和人员，实施区域力量协调救灾；培训矿山救护队指战员；参与矿山救护队技术装备的开发和试验；必要时执行跨区域的应急救援任务。

4. 矿山救护队

矿山救护大队由 2 个以上中队组成，是完备的联合作战单位，配有齐备的救护装备，设置相应的管理与办事机构和必要的管理人员、技术人员与医务人员，是本矿区的救护指挥中心、演习训练中心和培训中心，负责矿井重大灾变事故的处理。

矿山救护中队是独立作战的基层单位，由 3 个以上的小队组成，直属中队由 4 个以上的小队组成。矿山救护中队距服务矿井一般不超过 10 km 或行车时间一般不超过 15 min。

矿山救护小队是执行作战任务的最小战斗集体，由 9 人以上组成。

矿井根据生产规模、自然条件、灾害情况应设置辅助矿山救护队，原则上应由 3 个以上的小队组成，由符合条件的工人、工程技术人员和干部兼职。辅助矿山救护队直属矿长领导，业务上受矿总工程师和矿山救护队指导。

由于救护工作的特殊性，救护队成员的年龄、体能、文化业务知识必须符合有关规定，并经常参加培训与业务学习以及救灾演练和深入矿井熟悉情况等。

二、矿山救护队的任务

1. 专职矿山救护队的任务

（1）救护井下遇险遇难人员。

（2）处理井下灾害事故。

（3）参加危及井下人员安全的地面灭火工作。

（4）参加排放瓦斯、震动爆破、启封火区、反风演习和其他需要使用氧气呼吸器的安全技术工作。

（5）参加审查《年度灾害预防和处理计划》，协助矿井搞好安全和消除事故隐患等矿井预防性工作。①宣传安全生产方针，协助通风安全部门做好煤矿事故的预防工作；②经常深入服务矿井熟悉情况，如生产与安全监测监控等系统的情况；各生产区域人员分布情况；矿井主要硐室的位置及情况；事故隐患及安全生产动态等；③协助矿井搞好探查老窑，恢复旧巷等需要使用氧气呼吸器的安全技术工作；④协助矿井对井下职工、工程技术人员进行自救互救培训与救护知识的教育和自救器使用与管理；⑤负责辅助救护队的培训和业务领导工作。

2. 辅助救护队的任务

（1）做好矿井事故的预防工作，控制和处理矿井初期事故。

（2）引导和救助遇险人员脱离灾区，积极抢救遇险遇难人员。

（3）参加需要使用氧气呼吸器的安全技术工作。

（4）协助矿山救护队完成矿井事故处理工作。

（5）搞好矿井职工自救与互救知识的宣传教育工作。

三、矿山救护队的工作制度和原则

矿山救护队必须认真贯彻安全第一的方针，以救护工作为中心，以提高战斗力为重点，把抢救事故遇险人员和国家、集体财产作为自己的神圣职责，时刻保持高度的警惕，坚持“加强战备，严格训练，主动预防，积极抢救”的原则，做到“招之即来，来之能战，战之能胜”。

为了能迅速进行救护工作，救护队实行准军事化管理，24 h 轮流值班，所有救护设备、救护急用材料及服装等始终处于准备妥善状态，并存放在救护车上，以保证闻警时1 min内出动，30 min 内到达事故现场。

四、矿山救护队的常用技术装备

1. 氧气呼吸器

氧气呼吸器是一种与外界空气隔绝的个体防护装置，是救护队员在井下执行抢险救灾任务或其他技术工作时，为了防止缺氧窒息和有毒有害气体的危害，必须佩戴的一种救护装备。目前我国正在进行用正压氧气呼吸器取代负压氧气呼吸器的换代工作，以彻底避免由于呼吸器的气密问题而导致救护队自身伤亡事故。

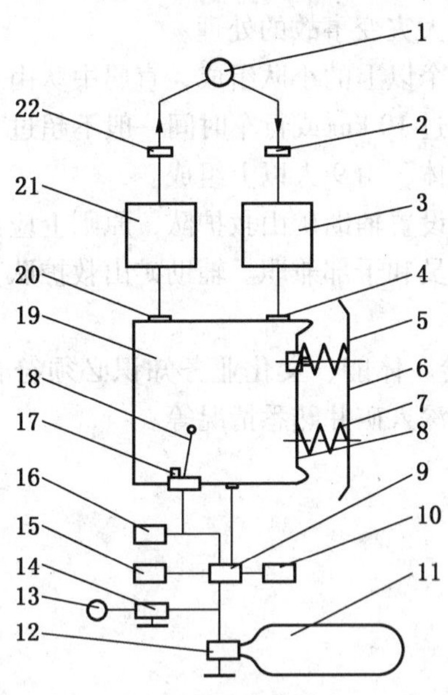

1—呼吸标准接口；2—呼气单向阀；3—二氧化碳吸收罐；4—O 形接口；5—排气阀；6—支承板；7—调节弹簧；8—承压板；9—减压阀膛室；10—高压手动补给按钮；11—高压氧气瓶；12—高压氧气瓶开关；13—压力表；14—压力表开关；15—中压调节；16—安全阀；17—定量孔；18—自动补给阀；19—呼吸袋；20—O 形接口；21—冷却器；22—吸气单向阀

图 7－2　PB4 型正压氧气呼吸器工作系统图

目前，救护队使用的正压氧气呼吸器有 PB4 型、KF－1 型、HYZ4 型等，这里仅以 PB4 型为例，进行简要介绍。

（1）PB4 型正压氧气呼吸器结构。PB4 型正压氧气呼吸器结构如图 7－2 所示。呼吸器整个工作系统主要由低压呼吸循环再生部分、正压自动调节部分和高中压联合供氧部分组成。

低压呼吸循环再生系统工作时，佩戴呼吸器人员的呼吸气流方向如下：呼气时，呼气口→呼气单向阀→二氧化碳吸收罐→呼吸袋；吸气时，呼吸袋→冷却器→吸气单向阀→吸气口。

正压自动调节部分由呼吸袋、支承板、调节弹簧、承压板、排气阀、自动补给阀组成。

高中压联合供氧部分由高压氧气瓶、高压氧气瓶开关、压力表、压力表开关、高压手动补给按钮、减压阀膛室、中压调节、安全阀、定量孔、自动补给阀组成。

（2）PB4 型正压氧气呼吸器工作原理。当氧气瓶处于关闭状态时，整个供氧源被切断，此时，弹簧的压力作用将承压板下压造成呼吸袋被压瘪，自动补给阀已被承压板下压的力打开。当工作人员佩用呼吸器时，打开氧气瓶开关，呼吸袋内瞬间充氧，弹簧被压缩，在呼吸袋内形成 350 Pa 左右的压力，使自动补给阀自动关闭。在打开氧气瓶开关的同时，定量孔以 1.4 dm^3/min 的流量向呼吸袋供氧。当工作人员劳动强度小，耗氧量小于 1.4 dm^3/min 时，呼吸袋承压板上移压缩弹簧。当压力达到 800 Pa 时，排气阀开始排气。当工作人员劳动强度大，耗氧量大于 1.4 dm^3/min 时，承压板自动下降，降至 350 Pa 左右的压力时，自动补给阀又自动供氧。因此，保证呼吸压力始终大于大气压力，这就形成了正压呼吸系统。

2. 自动苏生器

自动苏生器是一种自动进行正负压人工呼吸的急救装置，它适用于抢救如胸部外伤、中毒、溺水、触电等原因造成的呼吸抑制或窒息的伤员。ASZ－30 型自动苏生器的工作原理如图 7－3 所示。

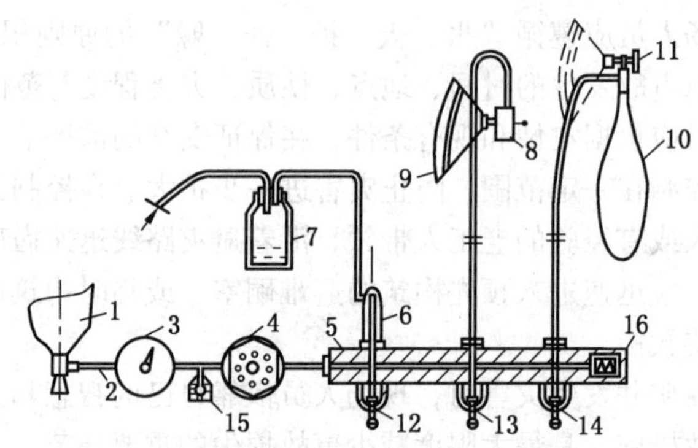

1—氧气瓶；2—氧气管；3—压力表；4—减压器；5—配气阀；6—引射器；7—吸引瓶；8—自动肺；9—面罩；10—储气囊；11—呼吸阀；12、13、14—气路开关；15—逆止阀；16—安全阀

图 7－3 ASZ－30 型自动苏生器工作原理示意图

氧气瓶的高压氧气经氧气管、压力表，再经减压器将压力减至 0.5 MPa，然后进入配气阀。在配气阀上有 3 个气路开关，即 12、13、14。开关 12 通过引射器和导管相连，其功能是在苏生前，借引射器造成高气流，先将伤员口中的泥、黏液、水等污物抽到吸引瓶内。开关 13 利用导气管和自动肺连接，自动肺通过其中的引射器喷出氧气时吸入外界一定量的空气，二者混合后经过面罩压入伤员的肺内，然后，引射器又自动操纵阀门，将肺部气体抽出，呈现着自动进行人工呼吸的动作。当伤员恢复自主呼吸能力之后，可停止自动人工呼吸而改为自主呼吸下的供氧，即将面罩通过呼吸阀与储气囊相接，储气囊通过导气管和开关 14 连接。储气囊中的氧气经呼吸阀供给伤员呼吸用，呼出的气体由呼吸阀排

出。

为了保证苏生抢救工作不致中断，应在氧气瓶压力接近 3 MPa 时，改用备用氧气瓶供氧，备用氧气瓶使用两端带有螺旋的导管接到逆止阀上。此外，在配气阀上还备有安全阀，它能在减压后氧气压力超过规定数值时排出一部分氧气，以降低压力，使苏生工作可靠进行。

此外，为了检查或校验氧气呼吸器的性能，必须配备氧气呼吸器校验仪；为了给氧气呼吸器充氧，必须配备氧气充填泵；为了测定灾害环境参数，必须配备气体检测设备；同时，还必须配备适合灾害环境下的通信设备、防护服，救护伤员必备的探测设备、自救器、千斤顶等，这里不再介绍。

第三节　矿　工　自　救

所谓自救，就是矿井发生意外灾害时，在灾区或灾变影响区域的每个工作人员进行救灾和保护自己的方法。在事故初期，矿工若能及时采取措施正确开展自救与互救，不仅可减少灾害程度，而且可减少伤亡和事故后遗症等。所谓互救，就是在有效自救的前提下救护他人的方法。

一、发生事故时在场人员的行动原则

事故发生后，现场人员应遵循"报、灭、护、撤、躲"的原则积极参加救灾与自救。首先应尽量了解和判断事故发生的时间、地点、性质、灾害程度与范围，迅速向跟班领导和矿调度室报告。同时应根据灾情和现有条件，在保证安全的前提下，采取一切尽可能的措施将事故消灭掉或控制在一定范围，防止灾害进一步扩大。在控制无效或危及生命安全时，应由在场的负责人或有经验的老工人带领，沿着避灾路线迅速撤离危险区域。当撤退路线被堵无法撤退时，应迅速进入预先构筑的避难硐室，或临时构筑避难硐室，或其他安全地点妥善避灾，等待救援。

大量事实证明，在矿井发生灾害时，现场人员依靠自己的智慧和力量，积极、正确地采取救灾、自救、互救措施，是最大限度减少事故损失的重要环节。

二、矿井灾变自救的准备工作

煤矿生产客观上存在着诸多不安全因素，灾害事故发生的可能性大。因此，每一个从事煤矿生产的工作人员，必须牢固树立预防与防护的思想，熟知安全生产基本知识、矿井灾害预兆和发生规律与预防措施，熟知事故发生后的应急措施和避灾方法，学会熟练使用自救器。因此，《煤矿安全规程》规定，煤矿企业职工必须进行安全培训。未经安全培训的，不得上岗作业。

（1）熟悉所在矿井的事故处理预案和灾害预防与处理计划。要了解矿井和所在工作区域的安全条件和可能发生的灾害事故，掌握事故发生的征兆，思想上要有"敌情"观念，时刻保持警惕。一旦事故发生危及人身安全时，要沉着冷静，选择最短的避灾路线撤离灾区。

（2）熟悉矿井的避灾路线和安全出口。在井下作业时，要熟悉作业区域巷道的布置、

安全出口、避灾路线和避灾硐室的位置等。同时，避灾路线都要有明确的标示和适当的照明，巷道交叉口要设路标。

（3）掌握避灾方法，学会使用自救器。每一个下井的人员，都必须熟知井下自救设施的位置、种类、正确使用方法和注意事项，必须随身携带自救器。

（4）掌握救护伤员的基本方法和现场急救技术。当事故发生后，在保障安全的条件下，积极参加抢险救灾，抢救遇险、遇难人员，将灾害造成的伤亡降到最低限度。

三、灾变自救互救方法

1. 瓦斯（煤尘）爆炸时的自救与互救

在矿井灾害事故中，瓦斯事故无论是事故起数和伤亡人数都是第一位的。尤其是煤矿发生的特大伤亡事故中，大部分是瓦斯爆炸事故。瓦斯、煤尘爆炸时产生巨大的声响、高温、高温火焰冲击波和有毒气体，在瞬间造成严重的人员伤亡和矿井破坏。

瓦斯（煤尘）爆炸时的自救要点如下：

（1）灾害发生时，一定要镇静、清醒，不要惊慌失措，乱喊乱跑，应立即背向声响和气浪传来的方向，面部朝下卧倒，头部要尽量低，双手置于身体下，双目紧闭，用衣服尽量将身体的裸露部分盖严。条件许可时，可躲在水沟中或坚固的障碍物后面。

（2）在爆炸或气浪传来的瞬间，要屏住呼吸，用湿毛巾捂住口鼻，防止吸入有毒的高温气体和灼伤气管、内脏。

（3）迅速取下自救器，按照使用方法戴好，高温气浪的冲击过后，应立即辨别方向，以最短的距离进入新鲜风流区，并按照避灾路线尽快逃离灾区。

（4）若无法逃离灾区时，应设法进入避难硐室，或在顶板坚固、支护完整、无有害气体、有水源或距水源较近的地方构筑临时避难所暂避，等待救援。等待救援时要注意稳定情绪，可利用风筒、压气等改善生存条件。

（5）若爆炸发生于掘进工作面且爆炸较弱时，可戴好自救器撤至新风中。对于附近的伤员要协助其戴好自救器，帮助其撤至新风中。若爆炸造成巷道破坏，退路被阻，伤员受伤又不重时，应戴好自救器，千方百计疏通巷道，撤至新风中。

进入新风后，要立即向调度室报告。

（6）若爆炸发生在采煤工作面，且巷道未被堵死，通风系统未被破坏时，爆炸产生的有害气体易被及时排除，在进风侧的人员一般不会受到伤害，在回风侧的人员要迅速戴好自救器，选择最近的路线撤至新风中。

2. 火灾时的自救与互救

在井下，无论任何人发现烟气或明火等火情时，应立即向现场领导人汇报，并迅速通知附近作业人员。现场人员要立即组织起来，在尽可能判明事故性质、地点及灾害程度、蔓延方向等情况的同时，尽一切可能直接灭火，并迅速向矿调度室报告。

若现场人员无力救灾，或人身安全受到威胁，或火灾发生在其他地区，接到撤退命令时，要立即安全撤退。撤退时不可惊慌失措，盲目行动。首先戴好自救器，最好利用平行巷道，迎着新鲜风流绕过火区，进入安全地点。

在有烟雾的巷道中撤退时，应注意以下事项：

（1）在有烟雾的巷道里停留避难或建立避灾场所的可能性不大，应采取果断措施迅速撤到有新鲜风流的巷道。

（2）必须及时戴好自救器。若自救器失效，可用湿毛巾掩捂口鼻以防高温和有毒气体的伤害。

（3）位于火源进风侧的人员，应迎风撤退。位于火源回风侧的人员，当距火源较近时，附近有脱险的通道，而且又有脱险的把握时，可以逆烟流撤退，迅速穿过火区撤到火源的进风侧。当位于火源回风侧距火源较远时，在烟气没有到达之前可顺风撤退；若在撤退途中遇到烟气时，应迅速戴好自救器，并尽快通过捷径绕到新风中。

（4）撤退途中，要注意巷道的出口位置。在烟雾不严重的情况下，应尽量躬身弯腰，低头快速前进。在烟雾大、视线不清的情况下，可摸着巷壁、管道或轨道前进，以免错过出口。

（5）在高温浓烟的巷道中撤退时，还应注意利用巷道积水浸湿毛巾、衣物，向身上淋水等办法进行降温，或是利用随身衣物遮挡头部，以减缓高温火烟的刺激与伤害。

（6）在自救器有效时间内不能安全撤退时，应寻找有压风管路的地点，用压风呼吸。

（7）无论在多么危险紧急的情况下，都不要惊慌，不要狂奔乱跑。否则容易疲劳，降低抵抗能力、分析能力、行动能力。同时，过度的紧张和恐惧还会造成精神及行动的失常。

3. 煤与瓦斯（二氧化碳）突出时的自救与互救

（1）戴隔离式自救器保护自己。在有煤与瓦斯突出危险的地区工作时，要随身携带自救器。一旦突出发生，要立即打开戴好自救器迅速外撤。在掘进工作面的人员要撤到反向风门以外，并注意关好反向风门后继续外撤。

（2）进入避难地点。若退路被堵，可到矿井专设的避难所暂避。也可利用压风自救装置自救，等待救护队的救援。避灾时要发出求救信号，设法与外界取得联系。

（3）在新鲜风流中的人员，要及时向领导或调度室报告，并迅速组织起来，听从统一指挥，积极参加救援工作。要设立安全哨，防止没有戴自救器的人员进入。

（4）设专人检查瓦斯，检查矿灯防爆情况，不得扭动矿灯，以防瓦斯爆炸。同时还要注意防止二次突出的发生。

4. 冒顶时的自救与互救

煤矿井下冒顶是最常见、最易发生的事故。冒顶一般都有预兆，当发现冒顶征兆时，要迅速撤退到安全地点，脱离灾区；若险情已经发生，要靠近煤帮贴身站立或到木垛处避灾；若冒顶被堵，可有节奏地敲击管道、钢轨、巷壁发出求救信号，并积极组织起来配合外部的营救工作；若身体被埋，切记不可用猛烈挣扎的办法脱险，以免事故扩大。

一旦发生冒顶事故，现场人员要立即展开自救与互救。在救护中要注意以下事项：

（1）当冒落的煤矸埋压住人时，不可惊慌失措，要在有经验的干部或老工人的指挥下，严密监视冒落的顶板及两帮情况，先由外向里进行临时支护，打通安全退路，防止顶板继续冒落伤人，再组织人力迅速抢救被埋的遇险者。

（2）抢救时要仔细分析遇险者的位置和被压情况，尽量不要破坏冒落矸石的堆积状态，小心谨慎地把遇险者身上的冒落物搬开，救出伤员。若矸石太大，应多人用撬杠、千斤顶等工具从四周将大矸石抬起来，用木柱撑牢，再将伤员救出；千万不要盲目用镐刨、锤打、拉扯等方法，以免加重遇险者的伤势。

（3）救出的伤员要立即进行止血、包扎、骨折固定等救护措施，发生休克时要及时予以抢救，并迅速送往医院急救。

（4）若被堵在独头巷道内，被堵人员要沉着、冷静，不要惊慌混乱，要根据现场情况自救。若无法自救时，要找安全地点静坐，保持体力，减少耗氧量，等待救援。

（5）若冒顶面积较大，处理时间较长，被堵人员要静卧休息，减少氧气消耗。有压气管路时可打开放气供人呼吸。要注意节约使用矿灯、食物和水。若冒落煤矸不多，有可能扒通出口时，应在有老工人监视顶板的情况下，采取轮流攉扒的办法进行自救，并间断性敲打金属物，发出求救信号。

5. 透水时的自救与互救

矿井透水一般都有预兆，发现透水预兆时，要立即向调度室汇报。若情况紧急，透水已经发生时，必须立即发出警报，及时撤出所有受水害威胁的人员。同时，迅速采取果断措施，设法堵住突水点，并注意以下事项：

（1）撤退时要服从命令，不可慌乱，要注意往高处走，切不可进入透水点附近或下方的独头巷道，并沿着预定的避灾线路撤退。若照明或指示路标破坏，或迷失方向，应朝着有风流通过的上山巷道方向撤退。

（2）位于透水点下方的人员，撤退时要靠近巷道一侧，以防水中滚动的矸石等撞伤。遇到水势很猛和很高的水头时，要尽力屏住呼吸，用手拽住管道、支柱等物，防止呛水、溺水或被水头打翻，奋力闯过水头，迅速撤往安全地点。

（3）当撤退路线被水堵隔无法撤出时，应选择地势最高、距离井筒或大巷最近的地点，或到上山独头巷道暂时躲避。被堵人员要有长时间被堵的思想准备，要注意节约使用矿灯和食物，有规律地敲打铁管、铁轨发出求救信号。同时，要发扬团结互助精神，共同克服困难；要忍饥静卧，降低消耗，坚定信心，等待救援脱险。

（4）若透水来自老空、老窑积水，往往有硫化氢、瓦斯等有害气体的涌出，撤离时要迅速戴好自救器，以防中毒或窒息。

（5）撤离途中经过水闸门时，确认人员已经完全撤出后，要立即紧紧关闭水闸门。

（6）撤退人员需要从竖井梯子间升井时，应遵守秩序，禁止慌乱和争抢，行动中手要抓牢，脚要站稳，切实注意自己与他人的安全。

（7）长时间被困人员，发觉救护队来救时，切不可兴奋和慌乱。得救后，切不可吃硬质和过量的食物，同时避开强烈光线，以防发生意外。

6. 矿井运输事故时的自救与互救

随着矿井开采规模的扩大，运输距离和环节增加，运输事故所占的比重越来越大。每个矿工都应严格执行运输环节有关规定，做好自主保安，避免事故的发生。同时，还要熟悉发生运输事故时的自救与互救方法。

（1）墩罐时乘坐人员的自救与互救措施。墩罐的强烈冲击可造成人员内伤、腿部骨折等伤害。当罐笼下降到距离停罐位置 30 m 左右时就要减速，当到达此处还不减速时，乘坐人员就要做好思想准备，采取措施防止墩罐对自己的伤害。

当罐笼内人员不多时，应分散到两边，乘罐人员两手握紧罐内的扶手，提气使手用劲，有条件时可以使两腿悬空，以便墩罐时减少或免除对人特别是腿部的伤害。

当罐笼内人员较多时，未握住扶手的人也应靠两边站，并抓住握住扶手的人，将两腿弯曲，以减轻对乘罐人员的伤害。

墩罐事故发生后，未受伤人员应立即在现场为创伤矿工进行止血、包扎和骨折临时固定等急救处理，并迅速运送升井到医院救治。

（2）罐笼断绳时乘坐人员的自救与互救。乘罐人员发现罐笼运行情况出现异常时，如向上运行突然变为向下运行并减速停止，向下运行突然速度加快并减速停止时，即可基本断定罐笼发生了断绳事故。乘罐人员应握紧罐笼内的扶手，不能握扶手的应抓住握扶手的人，以免罐笼快速停止时摔伤或出现其他伤害。

在罐笼由保险装置的作用减速并停稳后，乘罐人员一定要镇静，切不可在罐笼中来回奔跑、推拉，发求信号应以呼叫为主，以保持罐笼的平衡。

罐笼停止处不论是否靠近立井的梯子间，遇险人员都不要打开罐笼冒险进入梯子间。否则，会破坏罐笼的平衡，从而导致坠罐事故的发生。同时，进入梯子间的过程中有很大的危险性，稍不小心将会摔入井筒底部。因此，乘坐人员必须耐心等待救援。

救助罐笼断绳后遇险人员的方法：如罐笼停在梯子间这一边，可在对罐笼采取固定保险措施后，搭木板让遇险人员直接进入梯子间脱险；如罐笼停在另一边，可使另一罐笼到达停罐处，再采取安全措施将遇险人员撤到营救罐笼上，然后提升出井。

（3）斜井人车断绳后乘坐人员的自救。斜井人车都有断绳保险装置，断绳后会使人车自动停止下来，乘坐人员一般不会发生严重伤害。乘坐人员发现人车运行情况出现异常时，如向上运行突然变为向下运行并减速停止，向下运行突然速度加快并减速停止，即可基本断定人车发生了断绳事故。断绳后乘坐人员的自救措施包括：

在人车运行发生断绳时，乘坐人员应握紧车内的坐椅靠背或扶手，以免人车快速停止时摔伤和出现其他伤害。

在人车运行发生上述变化的过程中，乘车人员千万不能跳车；当人车停稳后，乘车人员要立即下车。

人车发生断绳事故后，跟车工应打乱点，发出事故信号，通知矿井有关人员及时组织抢救。

（4）斜井人车掉道时乘坐人员的自救。斜井人车掉道后，因绞车司机不知道，因此不会立即停止，人车仍按原方向在轨道外运行。此时，人车会产生强烈的震动和颠簸，跟车工应立即发出停车信号。乘车人员要握紧车内的坐椅靠背或扶手，以防止或减轻人体的伤害。同时，无论震动和颠簸多么厉害，乘车人员千万不能跳车。人车停止后，乘车人员要立即下车。

（5）倾斜井巷跑车时遇险人员的自救。倾斜井巷跑车时，发生剧烈且异常的声响，可看到车轮与钢轨摩擦的火花。此时，遇险人员应立即采取自救措施。若附近有躲避硐室时，应立即进入躲避硐室避灾；当来不及进入躲避硐时，应靠巷道贴帮避灾；若巷道架设棚子支架时，应靠近支架贴帮避灾或抓住棚梁将身体向上收缩，使奔跑的车辆从下部通过；当巷道中有水沟时，可躲在水沟中避灾；当巷道中敷设有管道时，应钻在管道下面贴巷道帮避灾。

（6）钢丝绳牵引带式输送机发生事故时乘坐人员的自救与互救。牵引钢丝绳断后，输送带会停止运动，对乘坐人员一般不会造成大的伤害。这时，乘坐人员应立即下输送带，并通知有关人员进行处理。若断口附近乘坐的人员被输送带打伤或盖住时，应迅速拉开输送带，救出遇险人员。并根据创伤情况，进行止血、包扎、骨折临时固定等急救处理。倾斜井巷输送带拉断后，乘坐人员不仅要迅速下输送带，还要注意观察输送带的下滑情况，采取措施进行躲避，防止输送带下滑伤人。

四、矿工自救设施与设备

1. 避难硐室

避难硐室是设置在采掘工作面等人员比较集中地区附近的避灾设施，其构筑要求已在瓦斯突出防护措施中讲述。进入避难硐室避灾时，应注意下列事项：

（1）应在硐室外留有衣物、矿灯等明显标志，以便得到及时救护。

（2）避难时应保持安静，避免不必要的体力和空气消耗。

（3）室内要注意节约照明，只留一盏矿灯照明，其余矿灯关闭，以备撤退时使用。

（4）在硐室内可间断敲打铁器、岩石等，发出呼救信号。

2. 自救器

《煤矿安全规程》规定，每一入井人员必须随身携带自救器。自救器是一种体积小、携带轻便，但作用时间较短的供矿工个人使用的呼吸保护仪器。可分为过滤式和隔离式两类，隔离式自救器又有化学氧和压缩氧两种。当煤矿井下发生事故时，矿工佩戴它可以通过充满有害气体的井巷，迅速离开灾区。

（1）过滤式自救器。我国目前生产的过滤式自救器有 AZL 和 MZ 系列，是用于矿井发生火灾或瓦斯爆炸时防止一氧化碳中毒的呼吸保护装置。它适用于环境空气中氧气浓度不小于 18%、一氧化碳浓度不大于 1.5%、环境温度不大于 50 ℃的条件。由于这类自救器使用环境受限，国家已明令禁止在煤矿使用。

以 AZL－40 型为例，过滤式自救器的外形与原理如图 7－4 所示。它的原理是滤毒罐

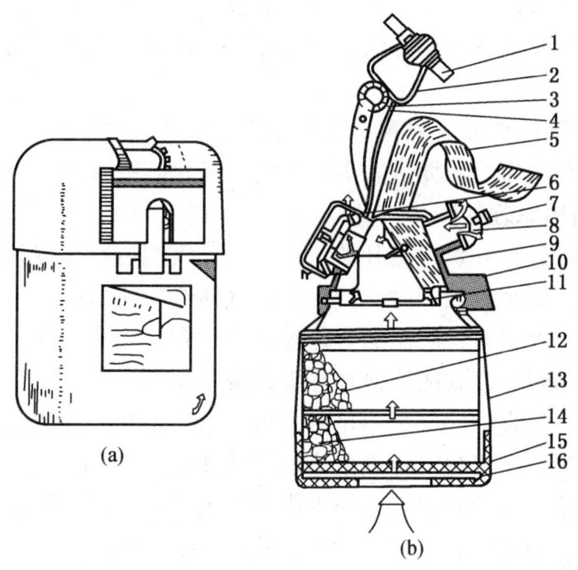

1—鼻夹；2—鼻夹弹簧；3—鼻夹提醒片；4—鼻夹绳；5—头带；6—呼气阀；7—牙垫；8—口具；9—降温器；10—下腭托；11—吸气阀；12—触媒层；13—滤尘纱布袋；14—干燥剂；15—滤尘层；16—底盖

图 7－4　AZL－40 型过滤式自救器

中装有一氧化碳氧化触媒，当一氧化碳经过时转化为无毒的二氧化碳。人员佩用时，空气经滤尘层过滤和干燥层干燥，进入触媒层发生氧化反应，将其中的一氧化碳气体转化为无毒的二氧化碳气体后，经呼吸阀和降温器由口具送入人体，人体呼出的气体经呼气阀排出。

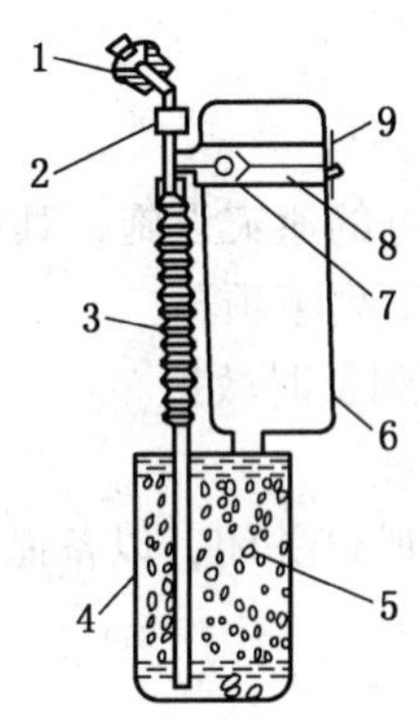

1—口具；2—降温盒；3—呼吸导管；4—生氧罐；5—生氧剂；6—气囊；7—排气阀；8—尼龙绳；9—硬壁

图 7-5　AZG-40 型化学氧自救器工作原理

(2) 隔离式化学氧自救器。隔离式化学氧自救器是一种自生氧闭路呼吸系统的自救装置，佩戴者的呼吸气路与外界空气完全隔绝。生氧剂有碱金属超氧化物型和氯酸盐氧烛型两类，我国目前生产的主要有 AZG 系列、AZH 系列以及 OSR 系列等。下面以 AZG-40 型为例介绍其结构、工作原理和使用方法。

图 7-5 所示为 AZG-40 型隔离式化学氧自救器原理示意图。佩戴人员从肺部呼出的气体经口具、降温盒、呼吸导管进入生氧罐。呼出气体中的二氧化碳及水汽和生氧罐中的生氧剂发生化学反应生成氧气并进入气囊。佩戴人员吸气时，气囊中的气体再经过生氧剂、呼吸导管、降温盒、口具而被吸入人体肺部，完成整个呼吸循环。

当气囊中充满气体膨胀时，气囊压力升高，借助气囊力量拉开排气阀，排出多余的呼出废气，保证气囊在正常压力下工作，并且减少了二氧化碳和水汽进入生氧罐，从而调节了氧气发生速度，延长了使用时间。

为了满足佩戴人员刚佩戴时的供氧需要，自救器设置了快速启动装置。启动装置为密闭在玻璃容器中的稀硫酸，打开仪器时玻璃容器被打破，流出的硫酸与生氧剂发生剧烈反应，放出大量氧气，供佩戴者开始呼吸之用，弥补了佩戴初期生氧剂反应速度较慢、生氧不足的问题。

(3) 隔离式压缩氧自救器。隔离式压缩氧自救器是一种可反复多次使用的自救器，每次使用后只需要重新将氧气瓶充满并更换新的二氧化碳吸收剂即可。我国目前生产的主要有 AZY 系列，其结构原理如图 7-6 所示。

自救器佩戴使用时，打开氧气瓶开关后，高压氧气通过减压器和定量孔以定量供气方式的流量进入气囊内。佩戴者吸气时，气囊中的气体经净化器过滤二氧化碳后，再经呼吸软管、口具吸入肺部；呼气时，呼出的气体经呼吸软管、净化器过滤二氧化碳后，再送入气囊内。从而，形成单管往复式闭路循环呼吸系统。

当呼吸耗氧量大、气囊中储气量不足时，可通过手动补给阀快速向气囊注入氧气，以保证人体正常呼吸的需要。当呼吸耗氧量小、气囊中储气量过足时，气囊膨胀压力增高，排气阀借助气囊内的压力自动开启，向外界排除多余气体，以保证正常压力下的呼吸。

(4) 自救器使用方法和注意事项。当井下发生灾害事故，需要佩戴自救器逃生时，应迅速佩戴自救器。自救器的外壳上一般都有佩戴方法示意图或文字说明，其方法步骤大同小异。以隔离式化学自救器为例，其佩戴步骤为扳断封口条→拉开封口带→取出过滤罐扔掉外壳→咬口具→上鼻夹→摘下矿帽，戴好头带→戴好矿帽，撤离灾区。

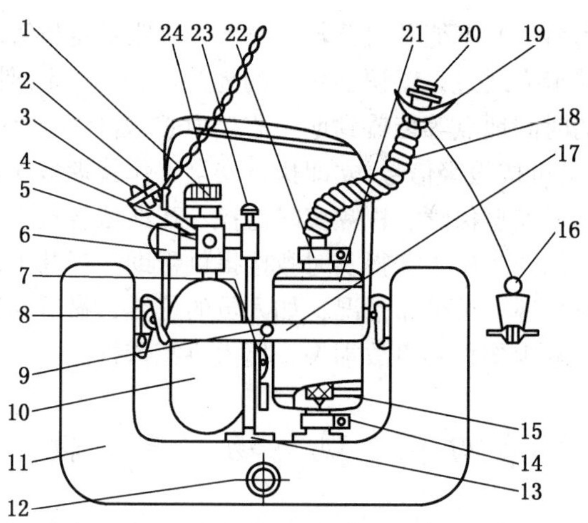

1—减压器；2—拉环；3—防松环；4—开关手柄；5—丝堵；6—压力表；7—胶管；8—挂钩；9—紧固螺栓；10—氧气瓶；11—气囊；12—排气阀；13—胶管接头；14—下卡箍；15—盲盖；16—鼻夹；17—紧固带；18—呼吸软管；19—口具；20—口具塞；21—清净罐；22—上卡箍；23—手动补给钮；24—腰钩

图7-6　AZY系列压缩氧自救器结构原理示意图

自救器在使用中要注意下列事项：①使用自救器的人员，事前必须经过严格的训练，以防佩戴不当失去防护作用而造成中毒；②佩戴者要忍耐口腔干热。佩戴自救器后，外壳逐渐变热，呼吸气温升高，这说明自救器工作正常；③撤退时应匀速行走，呼吸尽量保持均匀，可作深长呼吸。当感到氧气不足或呼吸阻力大时，可放慢行走速度；④佩戴自救器时，口腔产生的唾液，可咽下或自然流入降温盒；在未达到安全地点以前，千万不可取下鼻夹或口具，以防止中毒或窒息；⑤因冒顶等原因无法撤退时，应佩戴自救器静坐待救，并应尽量保持最小呼吸量，以延长自救器使用时间，以利救援；⑥自救器应定期进行漏气检查。不得使用失效、过期、漏气的自救器。携带时要防止撞击、垫坐。

3. 压风自救装置

压风自救装置是一种安装使用方便，而且效果好的自救装置，在预防瓦斯突出的安全防护措施中已介绍，这里不再叙述。

4. 矿工生命三级保障系统

在现代化矿井中，一个工作面的走向长度一般达2000～3000 m，自救器的有效工作时间多为40～50 min。显然，在工作面发生事故时，佩戴自救器在其有效工作时间内撤出灾区有时是有困难的。为了延长自救器工作时间，势必增大其体积，平时携带又成为“负担”。为了解决这个问题，大型矿井采取了矿工生命三级保障系统。它是集合多级防护手段，保护矿工在有毒有害大气中进行自救和避难脱险的综合性设备。内容包括：在采掘工作面作业的人员随身携带应急自救器（一级）；在大巷或采掘工作面附近设置矿工集体供氧装置，包括压风式自救装置、化学氧供氧器、救护点、移动式压缩气瓶自救装置、集体供氧器等（二级）。在井底车场附近设置救护装备存放硐室（三级），存放自救器、工具、灭火设备、其他救护设备等。

5. 井下人员跟踪定位管理系统

通过对近些年几起煤矿伤亡事故的统计分析，造成伤亡的主要原因是地面与井下人员的信息沟通不及时，以至地面人员难以及时动态掌握井下人员的分布和作业情况，难以进行精确人员定位，发生事故时不能及时营救。井下人员跟踪定位管理系统就是由入井人员随身携带的标示卡，持卡人通过设置识别系统的地点时被系统识别，系统读取卡中信息，并将信息和人员通过的时间地点等传输到地面监控中心，若标示卡无效或进入限制通道等，系统自动报警，值班人员可按报警信号，立即执行安全工作管理程序。

系统具有统计考勤、安全保障、视频实时监控、瓦斯浓度报告、事故救援等功能。虽然它不属于自救设备，但能为矿工获得及时救援提供帮助。当井下发生冒顶、透水、爆炸等事故时，系统可及时掌握人员分布情况，如人员的位置、撤退路线、环境情况等，为及时准确制定救灾方案，减少伤亡和事故损失，提供决策依据。

第四节　现　场　急　救

现场急救的目的，在于挽救濒临死亡人员的生命，尽可能减轻伤员的痛苦。现场急救的关键在于“及时”和救护的方法。据统计，人员受伤后 2 min 内进行急救的成功率可达 70%，4 ~5 min 内进行急救的成功率可达43%，15 min 后进行急救的成功率则较低。现场急救搞得好，可减少 20% 的伤员死亡。

一、现场急救原则

灾害事故创伤急救处置过程中，必须遵守“三先三后”的救护原则，即对窒息（呼吸道完全堵塞）或心跳呼吸刚停止不久的伤员，必须先复苏后搬运；对出血伤员，必须先止血，后搬运；对骨折伤员，必须先固定，后搬运。并根据伤情，按危重伤员、重伤员、轻伤员的抢救顺序，分类实施救护工作。

二、现场急救步骤

（1）检查呼吸、心跳和瞳孔是否已经放大以及对光的反应。若呼吸、心跳已停止，但瞳孔没有放大，则处于假死状态，应立即进行人工复苏术；若瞳孔已经放大，一般已经死亡。

（2）止血。

（3）治疗休克。

（4）对骨折进行包扎。

（5）包扎伤口。

（6）搬运出井，送医院救治。

三、现场急救技术与方法

现场急救技术包括人工呼吸、心脏复苏、创伤止血、创伤包扎、骨折临时固定和伤员搬运等。

1. 人工呼吸

当呼吸停止，心脏仍然跳动或刚停止跳动时，用人工呼吸的方法供给人体组织所需氧气的方法，称人工呼吸。人工呼吸适用于触电休克、溺水、有害气体中毒、窒息等引起呼吸停止出现假死的伤员。人工呼吸常用方法有口对口人工呼吸法、口对鼻人工呼吸法、仰卧举臂压胸人工呼吸法和俯卧压背人工呼吸法等。

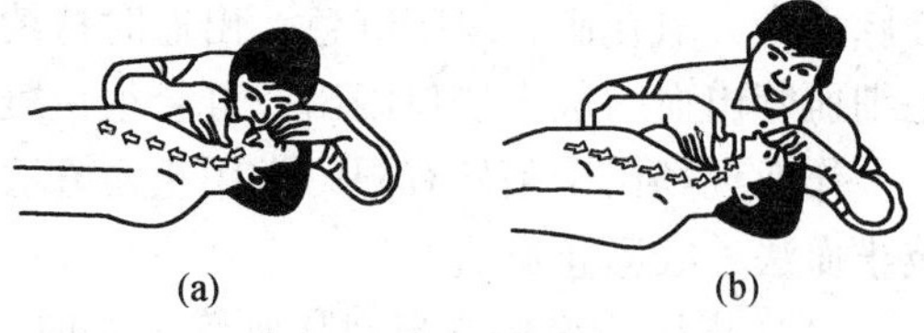

图 7－7　口对口人工呼吸法

以口对口人工呼吸法为例，如图 7－7 所示。首先畅通伤员呼吸道，方法为将伤员平放仰卧，解开腰带、领扣和衣服，并注意保温；垫高肩部，头部尽量后仰；撬开口并清除口中污物，舌外拉；然后一手掐住伤员鼻子，紧贴伤员的嘴大口吹气。频率每分钟 14～16 次为宜，持续时间以伤员恢复自主性呼吸或真正死亡为止。

当伤员紧咬牙齿，无法撬开时，可采用口对鼻人工呼吸法。

图 7－8 所示为仰卧举臂压胸人工呼吸法，适用于非二氧化氮、二氧化硫等破坏肺组织的有害气体中毒。对于溺水伤员，由于在人工呼吸的同时需要控水，可采用俯卧压背人工呼吸法，如图 7－9 所示。

图 7－8　仰卧举臂压胸人工呼吸法

图 7－9　俯卧压背人工呼吸法

2. 心脏复苏

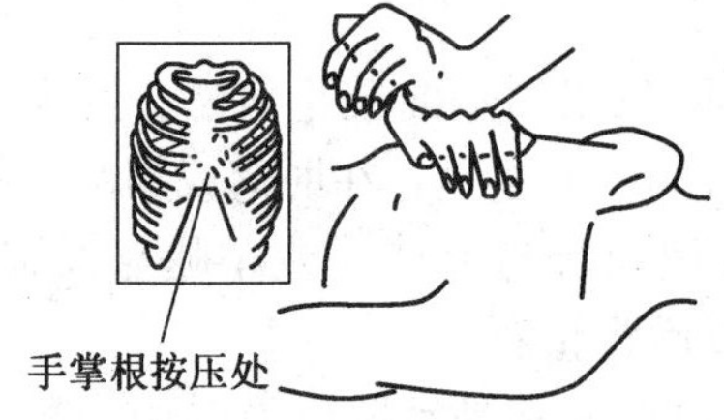

图 7－10　胸外心脏按压法

心脏复苏方法有心脏按摩和心前区叩击法。心脏骤停时，依靠外力挤压心脏，暂时维持血液循环功能的方法，称心脏按摩，又叫胸外心脏按压术，如图 7－10 所示。让伤员仰卧，头低于心脏，按压者跪在旁侧，两手重叠，掌根置于伤员胸骨中、下 1/3 处，两肘伸直，借助自身重量急促向下压胸骨，使其下陷 3～4 cm，然后松开。如此反复进行，每分钟 60～80 次，持续时间以摸到脉搏，瞳孔缩小，面有红润，即可停止。

若伤员心脏与呼吸均已停止，在胸外心脏按摩的同时，还必须进行口对口人工呼吸。若两人操作时应注意配合；若只有一人操作时，一般每吹气一次，挤压胸骨 3～4 次。

由于心脏在停搏半分钟之内应激性强，可采用心前区叩击术，即将拳头举至距胸壁一尺高左右，连续叩击 3～5 次。若恢复心跳则表示复苏成功，否则应立即进行胸外心脏按压术。

3. 机械性外伤止血

一个人的血量一般有 4500 cm^3 左右，若失血超过 1000 cm^3，就有生命危险。因此，止血必须争分夺秒进行，尤其是动脉出血最危险。

动脉血含氧，呈鲜红色，出血时随心脏跳动呈搏动性喷出，时间稍长就有生命危险；

静脉血含二氧化碳，呈暗红色，出血时持续从伤口溢出，短时间内一般不会有生命危险；毛细血管出血一般由伤口浸出，且会很快凝固。

作业现场由于条件有限，常用止血方法包括：指压止血法、压迫包扎止血法、加垫曲肢止血法、绞紧止血法等。

（1）指压止血法。当动脉血管出血时，可用手指压迫血管应急止血，为包扎止血赢得准备时间。不同部位动脉血管出血的指压位置如图 7－11 所示。

(a) 桡、尺动脉压迫部位

(b) 掌动脉压迫部位

(c) 锁骨下动脉压迫部位

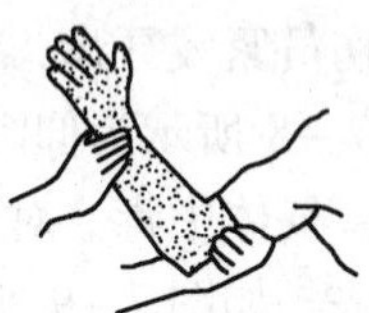

(d) 肱动脉压迫部位

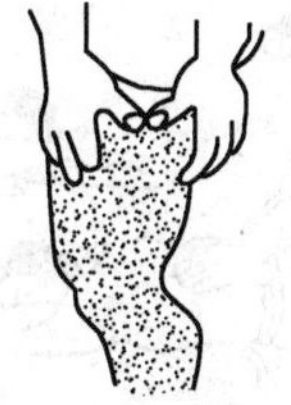

(e) 股动脉压迫部位

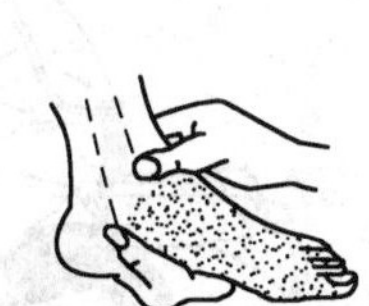

(f) 胫前、后动脉压迫部位

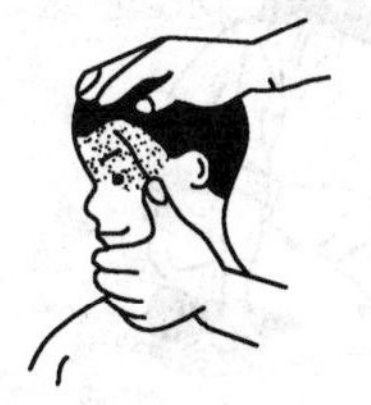

(g) 颞动脉压迫部位

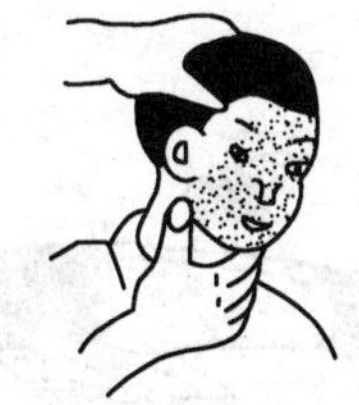

(h) 面动脉压迫部位

图 7－11　指压止血法控制范围

（2）加垫曲肢止血法。当小臂或小腿创伤出血时，可采用加垫曲肢止血法，其方法是利用肘关节或膝关节的弯曲功能压迫血管以达到止血目的。方法是：在肘窝或腘窝内放入棉垫或布垫，然后使关节弯曲到最大限度，再用绷带把前臂与上臂（或小腿与大腿）固定，如图 7－12 所示。如果伤肢有骨折，必须先固定以后再止血。

（3）绞紧止血法。绞紧止血法适用于四肢大血管出血，尤其是动脉出血时的一种有效止血方法。其方法是利用止血带（灾害现场可用橡皮管、三角巾、绷带、毛巾、手帕、腰带等代替），绕肢体绑扎、绞紧、打结固定，达到止血目的，如图 7－13 所示。在绑扎和绞止血带时，不要过紧或过松。过紧会造成皮肤神经损伤，过松则不能起到止血作用。

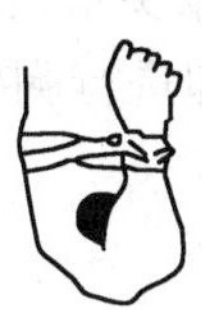

图 7－12　加垫曲肢止血法

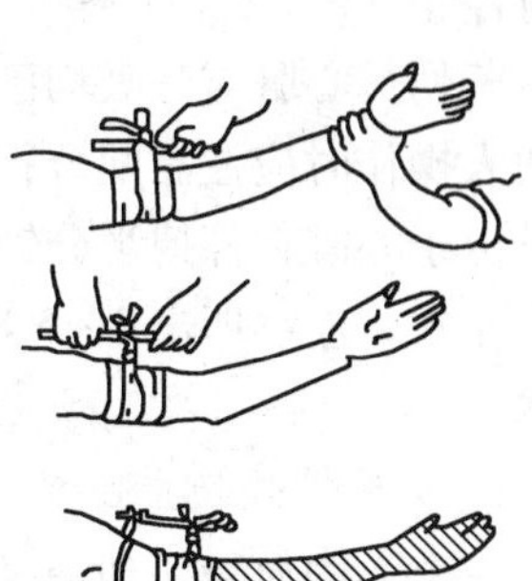

图 7－13　绞紧止血法

（4）加压包扎止血法。加压包扎止血法是适用于小血管及毛细血管创伤的止血方法。即在创伤的局部先用消毒纱布块、棉垫或干净毛巾（布料）覆盖在伤口上，再用绷带、布带或三角巾加压缠紧，达到止血的目的。当有骨折时，应固定后再加压包扎止血。

（5）内脏损伤。对内脏损伤咯血的伤员，首先要使其取半躺半坐姿势，以利于呼吸和防止窒息。同时劝慰伤员不要惊慌，以免呼吸加快，血压升高，使出血量增加。对受挤压的肢体，不得按摩、热敷或绑止血带，以免加重伤情。

4. 创伤包扎

创伤伤口是细菌侵入人体的入口，若伤口被感染就会影响到伤员健康恢复，甚至危及生命。及时和正确的包扎，不仅可起到止血的作用，而且又可保持伤口的清洁，防止感染。对有骨折或脱臼的伤员来说，包扎还可以起到固定的作用。

在煤矿井下最常见的创伤是头部外伤和四肢外伤。这类创伤采用的包扎材料主要有绷带、三角巾、四头带、胶布等。若抢救现场没有上述包扎材料时，可利用衣服、毛巾等代替。

5. 骨折临时固定

骨折是煤矿比较多见的创伤。对骨折者，首先用毛巾或衣物作衬垫，要就地取材进行止血、包扎和临时固定，然后搬运。若伤员的受伤部位出现剧烈疼痛、肿胀、变形以及不能活动等现象时，就有可能是发生骨折了。图 7－14 所示为常见部位骨折临时固定方法示

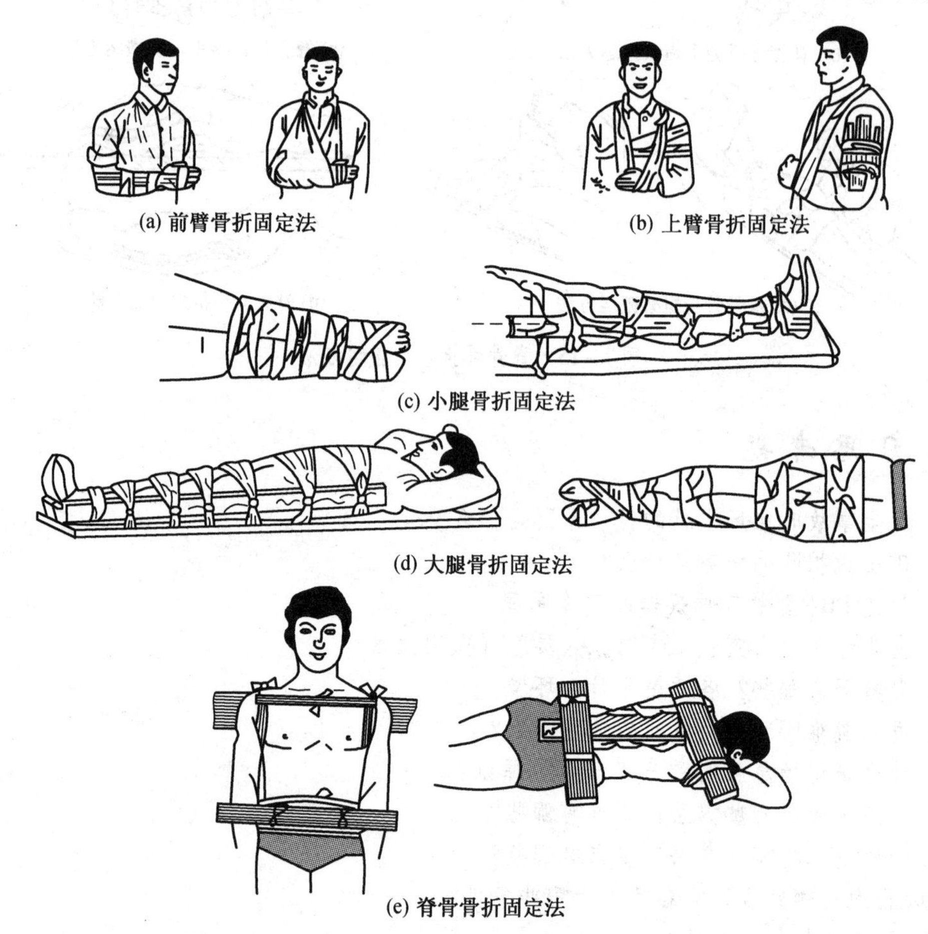

图 7－14　骨折临时固定

意图。对脊骨骨折的伤员，不要让其立、坐，要十分注意搬运方法，防止错位截瘫。

6. 伤员搬运

伤员在井下经过应急处置后就要迅速搬运升井送医院救治。搬运伤员的方法得当与否不但直接影响救治效果，而且会给伤员留下痛苦甚至终身残疾，甚至造成死亡。

井下搬运伤员的方法有：用担架搬运、单人徒手搬运和多人徒手搬运等。究竟采用哪种搬运方法，要根据伤员的伤情、现场条件和抢救人员的力量来确定。

值得注意的是，当伤员伤及脊骨时，要十分注意搬运方法，以防脊骨错位造成截瘫。当徒手搬运时，要 3 人以上协助；当用担架搬运时，要用硬板担架；伤及腰、颈时要垫起并固定，如图 7－15 所示。

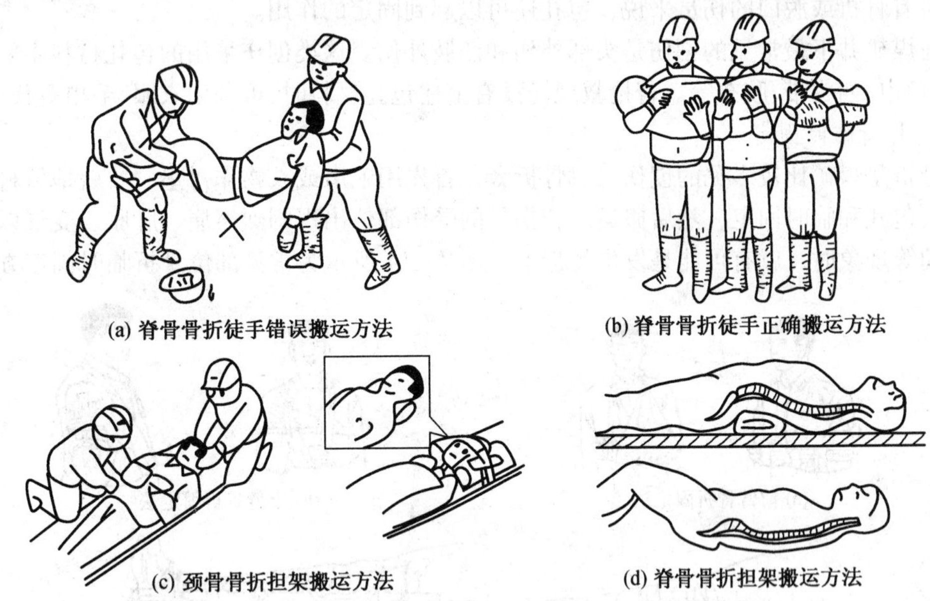

图 7－15　脊骨骨折伤员搬运方法

复习思考题

1. 发生事故时在场人员的行动原则是什么？
2. 矿山救护队的任务是什么？
3. 简述 PB4 型氧气呼吸器的工作原理。
4. 发生爆炸、火灾、水灾时，人员怎样撤出灾区？
5. 自救器有哪些？各适用于什么环境？
6. 进入避难硐避难待救时应注意什么？
7. 什么是现场急救的“三先三后”原则？
8. 人工呼吸有哪些方法？要点有哪些？
9. 心脏复苏有哪些方法？要点有哪些？
10. 止血有哪些方法？各适用于哪些条件？
11. 脊骨骨折如何搬运？

附录　重大危险源与重大安全隐患

一、重大危险源

煤矿井工开采符合下列条件之一的为重大危险源：

（1）高瓦斯矿井。

（2）煤与瓦斯突出矿井。

（3）有煤尘爆炸危险的矿井。

（4）水文地质条件复杂的矿井。

（5）煤层自然发火期不大于6个月的矿井。

（6）煤层冲击倾向为中等及以上的矿井。

二、重大安全隐患

《国务院关于预防煤矿生产安全事故的特别规定》和国家安全生产总局《煤矿重大安全生产隐患认定办法》规定，下列为重大安全生产隐患：

1. 超能力、超强度或者超定员组织生产的

有下列情形之一的，为超能力、超强度或者超定员组织生产：

（1）矿井全年产量超过矿井核定生产能力的。

（2）矿井月产量超过当月产量计划10%的。

（3）一个采区内同一煤层布置3个（含3个）以上回采工作面或5个（含5个）以上掘进工作面同时作业的。

（4）未按规定制定主要采掘设备、提升运输设备检修计划或者未按计划检修的。

（5）煤矿企业未制定井下劳动定员或者实际入井人数超过规定人数的。

2. 瓦斯超限作业的

有下列情形之一的，为瓦斯超限作业：

（1）瓦斯检查员配备数量不足的。

（2）不按规定检查瓦斯，存在漏检、假检的。

（3）井下瓦斯超限后不采取措施继续作业的。

3. 煤与瓦斯突出矿井，未依照规定实施防突出措施的

有下列情形之一的，为煤与瓦斯突出矿井，未依照规定实施防突出措施：

（1）未建立防治突出机构并配备相应专业人员的。

（2）未装备矿井安全监控系统和抽放瓦斯系统，未设置采区专用回风巷的。

（3）未进行区域突出危险性预测的。

（4）未采取防治突出措施的。

（5）未进行防治突出措施效果检验的。

（6）未采取安全防护措施的。

（7）未按规定配备防治突出装备和仪器的。

4. 高瓦斯矿井未建立瓦斯抽放系统和监控系统，或者瓦斯监控系统不能正常运行的

有下列情形之一的，为“高瓦斯矿井未建立瓦斯抽放系统和监控系统，或者瓦斯监控系统不能正常运行”：

（1）1个采煤工作面的瓦斯涌出量大于5 m^3/min或1个掘进工作面瓦斯涌出量大于3 m^3/min，用通风方法解决瓦斯问题不合理而未建立抽放瓦斯系统的。

（2）矿井绝对瓦斯涌出量达到《煤矿安全规程》规定而未建立抽放瓦斯系统的。

（3）未配备专职人员对矿井安全监控系统进行管理、使用和维护的。

（4）传感器设置数量不足、安设位置不当、调校不及时，瓦斯超限后不能断电并发出声光报警的。

5. 通风系统不完善、不可靠的

有下列情形之一的，为“通风系统不完善、不可靠”：

（1）矿井总风量不足的。

（2）主井、回风井同时出煤的。

（3）没有备用主要通风机或者两台主要通风机能力不匹配的。

（4）违反规定串联通风的。

（5）没有按正规设计形成通风系统的。

（6）采掘工作面等主要用风地点风量不足的。

（7）采区进（回）风巷未贯穿整个采区，或者虽贯穿整个采区但一段进风、一段回风的。

（8）风门、风桥、密闭等通风设施构筑质量不符合标准，设置不能满足通风安全需要的。

（9）煤巷、半煤岩巷和有瓦斯涌出的岩巷的掘进工作面未装备甲烷风电闭锁装置或者甲烷断电仪和风电闭锁装置的。

6. 有严重水患，未采取有效措施的

有下列情形之一的，为“有严重水患，未采取有效措施”：

（1）未查明矿井水文地质条件和采空区、相邻矿井及废弃老窑积水等情况而组织生产的。

（2）矿井水文地质条件复杂没有配备防治水机构或人员，未按规定设置防治水设施和配备有关技术装备、仪器的。

（3）在有突水威胁区域进行采掘作业未按规定进行探放水的。

（4）擅自开采各种防隔水煤柱的。

（5）有明显透水征兆未撤出井下作业人员的。

7. 超层越界开采的

有下列情形之一的，为“超层越界开采”：

（1）国土资源部门认定为超层越界的。

（2）超出采矿许可证规定开采煤层层位进行开采的。

（3）超出采矿许可证载明的坐标控制范围开采的。

（4）擅自开采保安煤柱的。

8. 有冲击地压危险，未采取有效措施的

有下列情形之一的，为“有冲击地压危险，未采取有效措施”：

（1）有冲击地压危险的矿井未配备专业人员并编制专门设计的。

（2）未进行冲击地压预测预报、未采取有效防治措施的。

9. 自然发火严重，未采取有效措施的

有下列情形之一的，为“自然发火严重，未采取有效措施”：

（1）开采容易自燃和自燃的煤层时，未编制防止自然发火设计或者未按设计组织生产的。

（2）高瓦斯矿井采用放顶煤采煤法采取措施后仍不能有效防治煤层自然发火的。

（3）开采容易自燃和自燃煤层的矿井，未选定自然发火观测站或者观测点位置并建立监测系统、未建立自然发火预测预报制度，未按规定采取预防性灌浆或者全部充填、注惰性气体等措施的。

（4）有自然发火征兆没有采取相应的安全防范措施并继续生产的。

（5）开采容易自燃煤层未设置采区专用回风巷的。

10. 使用明令禁止使用或者淘汰的设备、工艺的

有下列情形之一的，为“使用明令禁止使用或者淘汰的设备、工艺”：

（1）被列入国家应予淘汰的煤矿机电设备和工艺目录的产品或工艺，超过规定期限仍在使用的。

（2）突出矿井在2006年1月6日之前未采取安全措施使用架线式电机车或者在此之后仍继续使用架线式电机车的。

（3）矿井提升人员的绞车、钢丝绳、提升容器、斜井人车等未取得煤矿矿用产品安全标志，未按规定进行定期检验的。

（4）使用非阻燃皮带、非阻燃电缆，采区内电气设备未取得煤矿矿用产品安全标志的。

（5）未按矿井瓦斯等级选用相应的煤矿许用炸药和雷管、未使用专用发爆器的。

（6）采用不能保证2个畅通安全出口采煤工艺开采（三角煤、残留煤柱按规定开采者除外）的。

（7）高瓦斯矿井、煤与瓦斯突出矿井、开采容易自燃和自燃煤层（薄煤层除外）矿井采用前进式采煤方法的。

11. 年产6万吨以上的煤矿没有双回路供电系统的

有下列情形之一的，为“年产6万吨以上的煤矿没有双回路供电系统”：

（1）单回路供电的。

（2）有两个回路但取自一个区域变电所同一母线端的。

12. 新建煤矿边建设边生产，煤矿改扩建期间，在改扩建的区域生产，或者在其他区域的生产超出安全设计规定的范围和规模的

有下列情形之一的，为“新建煤矿边建设边生产，煤矿改扩建期间，在改扩建的区域生产，或者在其他区域的生产超出安全设计规定的范围和规模”：

（1）建设项目安全设施设计未经审查批准擅自组织施工的。

（2）对批准的安全设施设计做出重大变更后未经再次审批并组织施工的。

（3）改扩建矿井在改扩建区域生产的。

（4）改扩建矿井在非改扩建区域超出安全设计规定范围和规模生产的。

（5）建设项目安全设施未经竣工验收并批准而擅自组织生产的。

13. 煤矿实行整体承包生产经营后，未重新取得安全生产许可证和煤炭生产许可证，从事生产的，或者承包方再次转包的，以及煤矿将井下采掘工作面和井巷维修作业进行劳务承包的

有下列情形之一的，为“煤矿实行整体承包生产经营后，未重新取得煤炭生产许可证和安全生产许可证，从事生产的，或者承包方再次转包的，以及煤矿将井下采掘工作面和井巷维修作业进行劳务承包”：

（1）生产经营单位将煤矿（矿井）承包或者出租给不具备安全生产条件或者相应资质的单位或者个人的。

（2）煤矿（矿井）实行承包（托管）但未签订安全生产管理协议或者载有双方安全责任与权力内容的承包合同进行生产的。

（3）承包方（承托方）未重新取得煤炭生产许可证和安全生产许可证进行生产的。

（4）承包方（承托方）再次转包的。

（5）煤矿将井下采掘工作面或者井巷维修作业对外承包的。

14. 煤矿改制期间，未明确安全生产责任人和安全管理机构的，或者在完成改制后，未重新取得或者变更采矿许可证、安全生产许可证、煤炭生产许可证和营业执照的

有下列情形之一的，为“煤矿改制期间，未明确安全生产责任人和安全管理机构，或者在完成改制后，未重新取得或者变更采矿许可证、安全生产许可证、煤炭生产许可证和营业执照”：

（1）煤矿改制期间，未明确安全生产责任人进行生产的。

（2）煤矿改制期间，未明确安全生产管理机构及其管理人员进行生产的。

（3）完成改制后，未重新取得或者变更采矿许可证、安全生产许可证、煤炭生产许可证、营业执照以及矿长资格证、矿长安全资格证进行生产的。

15. 有其他重大安全生产隐患的

“有其他重大安全生产隐患”，是指省、自治区、直辖市人民政府负责煤矿安全生产监督管理的部门、煤矿安全监察机构，根据实际情况认定的可能造成重大事故的其他重大安全生产隐患。

参考文献

［1］国家安全生产监督管理总局，国家煤矿安全监察局．煤矿安全规程［M］．北京：煤炭工业出版社，2011.

［2］国家安全生产监督管理总局，国家煤矿安全监察局．防治煤与瓦斯突出规定［M］．北京：煤炭工业出版社，2009.

［3］国家安全生产监督管理总局，国家煤矿安全监察局．煤矿防治水规定［M］．北京：煤炭工业出版社，2009.

［4］常现联．煤矿安全［M］．北京：煤炭工业出版社，2009.

［5］温永康．瓦斯防治［M］．北京：煤炭工业出版社，2011.

［6］郝玉柱．矿尘防治［M］．北京：煤炭工业出版社，2011.

［7］王培强．煤矿安全法律法规［M］．北京：煤炭工业出版社，2012.

［8］庞国强．矿井火灾防治［M］．北京：煤炭工业出版社，2011.

图书在版编目（CIP）数据

煤矿安全/常现联，冯拥军主编．--2版．--北京：煤炭工业出版社，2015

"十二五"职业教育国家规划教材

ISBN 978-7-5020-4629-3

Ⅰ.①煤… Ⅱ.①常… ②冯… Ⅲ.①煤矿—矿山安全—高等职业教育—教材 Ⅳ.①TD7

中国版本图书馆 CIP 数据核字（2014）第199158号

煤矿安全　第2版

（"十二五"职业教育国家规划教材）

主　　编　常现联　冯拥军
责任编辑　周鸿超
编　　辑　郝　岩
责任校对　邢蕾严
封面设计　晓　杰

出版发行　煤炭工业出版社（北京市朝阳区芍药居35号　100029）
电　　话　010-84657898（总编室）
010-64018321（发行部）　010-84657880（读者服务部）
电子信箱　cciph612@126.com
网　　址　www.cciph.com.cn
印　　刷　煤炭工业出版社印刷厂
经　　销　全国新华书店

开　　本　787mm×1092mm 1/16　**印张**　16　**字数**　379千字
版　　次　2015年3月第2版　2015年3月第1次印刷
社内编号　7484　　**定价**　29.00元